J'aime les maths CE2

Guide pédagogique

Frédéric Rzanny
Conseiller pédagogique

Avec la coopération de :
Olivier Graff
Inspecteur de l'Éducation nationale

Patrice Gaspard
Conseiller pédagogique

Marie-Pierre Sadlocha
Conseillère pédagogique

Cet ouvrage respecte l'orthographe recommandée par le ministère de l'Éducation nationale pour l'écriture des nombres.

8, RUE FÉROU 75278 PARIS CEDEX 06
WWW.EDITIONS-BELIN.COM

Belin : ÉDITEUR INDÉPENDANT DEPUIS 1777

Illustrations : Corinne Tarcelin

ISBN : 978-2-7011-9204-8

Sommaire

Introduction

À l'école élémentaire, la classe de CE2 est une classe importante dans la scolarité de l'élève. C'est l'entrée dans le cycle des approfondissements où il va poursuivre le processus d'acquisition de connaissances et de compétences, amorcé au CP et au CE1.

Cette progressivité implique, pour l'élève, la maîtrise d'un certain nombre de connaissances et de compétences transversales et disciplinaires exigibles en fin de cycle des apprentissages fondamentaux (cycle 2).

Avant d'aborder le CM1, où la mobilisation des compétences sera plus importante tout comme la capacité d'abstraction nécessaire à la compréhension et à la mémorisation des différentes notions, l'élève de CE2, lecteur et scripteur plus confirmé, va être amené à devoir mémoriser davantage de notions et procédures mathématiques tout en les articulant avec les connaissances acquises au CP et au CE1.

Il va également devoir poursuivre l'automatisation des procédures de calcul amorcées au CP et au CE1 tout en automatisant de nouvelles procédures.

Cela va requérir une forte mobilisation de sa mémoire et l'enseignant de CE2 doit y accorder une attention et une rigueur toutes particulières.

Les caps essentiels comme la maîtrise du symbolisme mathématique, l'entrée dans le calcul mental, l'étude des techniques opératoires au service de la résolution de problèmes, l'étude des figures géométriques... ont été amorcés au cours préparatoire, retravaillés et affinés au CE1.

Cependant les connaissances et procédures mathématiques, pour être définitivement et solidement ancrées, doivent être remobilisées et approfondies dans le cadre de situations d'apprentissage dynamiques et différenciées.

Le cahier élève est conçu pour guider, au mieux, l'élève dans ce parcours d'apprentissage mathématique et doit lui permettre de construire durablement les acquisitions fondamentales.

I. Présentation générale de l'ouvrage

Quels sont les points forts de l'ouvrage ?

Ils sont d'ordre pédagogique mais également organisationnel.

• Aspects pédagogiques

- Cet ouvrage est **ancré dans les programmes officiels**: Socle commun des connaissances et des compétences, Livret personnel de compétences, Bulletins Officiels de l'Éducation Nationale.
- Il s'appuie sur les dernières **recherches en didactique des mathématiques.**
- L'entrée par la **situation problème**, faisant émerger les représentations des élèves, est privilégiée. Une place importante est accordée aux écrits de recherche et à la prise en compte du **statut de l'erreur** dans la construction des notions et concepts.
- La maîtrise des **lexiques mathématiques** est également privilégiée.
- La **progressivité** des apprentissages est prépondérante.
- La prise en compte de l'hétérogénéité des élèves en termes de **différenciation pédagogique** est constante, des outils sont mis à la disposition de l'enseignant pour gérer aux mieux cette hétérogénéité. Il s'agit, notamment, de tableaux d'accompagnement personnalisé, fournis dans le guide pédagogique, qui précisent les difficultés rencontrées par les élèves ainsi que les aides à mettre en place lors de la situation de découverte.

• Aspects organisationnels

Cet ouvrage propose :
- Une **structure par domaine de compétences**: ceci confère davantage de souplesse à l'enseignant car il peut avancer au rythme des élèves à l'intérieur de chaque domaine mathématique. Une programmation par période est également proposée en page 6 du cahier-élève.
- Une **organisation de type « classeur »** avec des intercalaires de différentes couleurs pour les domaines mathématiques. Ceci donne davantage de **lisibilité** à l'élève qui identifie clairement chaque domaine mathématique ainsi que les apprentissages associés.
- Une harmonisation au niveau des **titres des séances** qui correspondent aux compétences des programmes : l'élève sait ainsi ce qu'il apprend.
- Une **structuration des séances déclinée** à l'identique en Nombres, Calcul, Géométrie, Grandeurs et mesures et Organisation et gestion de données, ce qui permet d'optimiser les apprentissages (voir détail ci-après). Des repères sont donnés à l'élève pour apprendre mais également pour évoluer dans l'ouvrage.
- Un **traitement spécifique pour le calcul mental**, permettant la construction et la hiérarchisation de procédures.

Dans le cahier-élève, une mascotte apparaît sous la forme d'un lapin à côté des exercices dans une logique d'aide à la compréhension et de renforcement des consignes.

Quelles sont les étapes d'une séance ?

❶ « **Découvrons ensemble** » : il s'agit d'une situation de découverte collective de la notion mathématique à étudier. Elle est directement liée à la situation de manipulation mise en place, en classe, en amont, par l'enseignant.

❷ « **Je sais faire** » : cette étape vient immédiatement après la situation de découverte. C'est un exercice que l'élève doit effectuer en individuel et qui reprend certaines composantes de la situation de découverte.

❸ « **Retenons ensemble** » : c'est la synthèse de la leçon ; phase d'institutionnalisation où le savoir prend une valeur et une forme collectives. Les élèves sont totalement associés à leur apprentissage en complétant cette synthèse à l'écrit, par eux-mêmes. Le lexique mathématique est mis en évidence. Une affiche de référence est créée à cette occasion.

❹ « **Je m'entraîne** » : il s'agit d'exercices de difficulté progressive afin que l'élève puisse réinvestir la notion étudiée. Une étoile bleue signale les exercices que toute la classe doit effectuer et les étoiles orange identifient les exercices d'approfondissement.

❺ « **J'entretiens mes connaissances** » : des fiches d'exercices d'entretien sont proposées dans ce guide pédagogique. Chaque exercice comporte des variables de différenciation pour accompagner chaque élève en fonction de son niveau. Ces exercices d'entretien permettent de maintenir actives les connaissances et procédures déjà apprises.

❻ « **Évaluation** » : des fiches d'évaluation sont également à disposition de l'enseignant pour une utilisation en fin de période. Elles comportent des repères métacognitifs qui permettent à l'élève (et à l'enseignant) d'estimer son niveau de compétence et d'avoir un regard sur l'évolution de ses propres apprentissages.

II. Présentation de la démarche des différents domaines

Nombres / Calcul

L'élève de CP a commencé à effectuer ces deux sauts non naturels que sont le **passage** de la connaissance de symboles à la connaissance du système numérique français pour pouvoir désigner, à l'écrit comme à l'oral, l'ensemble des nombres entiers, et le **passage** de l'utilisation du dénombrement au calcul. L'élève de CE1 a appris à mobiliser ses acquis dans une dynamique continue d'acquisition des notions mathématiques et d'automatisation des procédures conjointement à leur utilisation lors de la résolution de problèmes. L'élève de CE2 va être amené à continuer ce processus d'automatisation. Il va devoir faire preuve de davantage de rapidité et d'organisation et de hiérarchisation mentale des données pour calculer. Son apprentissage doit lui permettre, dans un champ numérique étendu (nombres jusqu'à 999 999), de développer et d'approfondir ses intuitions mathématiques qui consistent à:
- utiliser certains résultats en les ayant auparavant mémorisés (résultats des tables d'addition, des tables de multiplications, double, moitié, triple, tiers, quadruple, quart...) afin de réduire le coût de certains calculs;
- s'appuyer sur la numération: recherche de compléments, utilisation d'arbres à calculs;
- utiliser des outils algorithmiques: tableaux de nombres, droites graduées.

La démarche proposée dans cet ouvrage s'appuie sur ces principes. Forts de ces constats, nous détaillons ci-après les points incontournables de notre démarche pédagogique dans les domaines « Nombres » et « Calcul ».

• Les nombres

L'enseignement des notions liées aux nombres nécessite la mise en œuvre de **cinq types de situations de référence** incontournables que l'on retrouve dans le **cahier** élève:
- les situations d'**échanges** pour travailler l'écriture chiffrée du nombre;
- les situations de groupements;
- les situations amenant à **repenser les groupements par rapport aux échanges**;
- les situations abordant les **algorithmes de calcul** (dans les deux systèmes de numération);
- les situations d'exploration des règles de la numération orale et de mise en relation avec la numération de position (chiffrée).

Ces situations de référence sont développées dans le cadre d'un champ numérique étendu jusqu'au million.

• Le calcul mental (voir plus loin)

• Le calcul posé

L'enseignement de **techniques opératoires pour l'addition, la soustraction, la multiplication et la division** doit se faire en leur donnant du sens. Une situation de référence est ainsi liée avec la technique opératoire enseignée et ses éventuelles dispositions intermédiaires.

Il est essentiel de **se fixer une technique de calcul** et de s'y tenir durablement. Nous avons fait le choix d'utiliser la technique usuelle en France pour l'addition et la soustraction (différences égales) ainsi que pour la multiplication et la division. Ces quatre opérations sont étudiées en relation avec la numération. Au CE2, l'addition, la soustraction et la multiplication comportent des retenues. La division comporte un dividende à 3 chiffres, un reste nul et un quotient entier.

• La résolution de problèmes

Au CE2, il s'agit de permettre aux élèves de continuer à résoudre des problèmes du champ additif (ce terme regroupant addition et soustraction) mais également des problèmes du champ multiplicatif (multiplication et division). Il s'agit de continuer à leur permettre d'améliorer leurs capacités à automatiser le processus de reconnaissance de l'opération.

L'apprentissage suppose d'être attentif à différents points:
- la compréhension de l'énoncé;
- la diversité des formes de présentation (variété des habillages);
- la progressivité de l'élaboration de procédures plus efficaces et de l'automatisation des procédures utilisées.

Tous les **problèmes additifs ou soustractifs** ne sont pas résolus avec le même taux de réussite. Cela tient principalement à leur inégale difficulté.

La **typologie** suivante présente les différentes catégories de problèmes additifs et soustractifs traités au CE2:
- Recherche de la composition de deux transformations. *« J'enlève 8 jetons de mon enveloppe, puis j'ajoute 13 jetons dans mon enveloppe. Combien y a-t-il de jetons en plus ou en moins dans l'enveloppe ? »* (*cf.* cahier-lélève p. 70)
- Recherche de l'une des deux transformations de la composition de deux transformations. *« J'enlève 8 jetons de mon enveloppe. Puis j'ajoute des jetons dans mon enveloppe. À la fin de ces deux actions j'ai ajouté 17 jetons dans mon enveloppe. Combien avais-je ajouté de jetons dans mon enveloppe ? »* (*cf.* cahier élève p. 80)

Il est indispensable d'entretenir les connaissances et de reprendre ces types de problèmes et leur classification régulièrement, tout au long de l'année, dans des contextes variés et différents. C'est un ancrage à long terme qui est visé.

Il en va de même pour les problèmes du **champ multiplicatif**. Les situations proposées dans un contexte de distribution, de partage et de groupement relèvent de **problèmes de multiplication et de division**.
- Les problèmes de multiplication faisant appel à une **addition réitérée**. *« J'ai 7 enveloppes de 378 jetons. Combien ai-je de jetons en tout ? »* (*cf.* cahier élève p. 78)
- Les problèmes de division. Deux types de problèmes sont à distinguer dans le cadre de la **division**.
- Les problèmes de **division-partage** (valeur d'une part ?) *« Je dois partager 1848 jetons en 7 enveloppes. Combien y a-t-il de jetons dans chaque enveloppe ? »* (*cf.* cahier-élève p. 86). Résoudre un problème de division-partage revient à calculer la valeur d'un paquet connaissant le nombre de paquets identiques que l'on peut faire dans une collection.
- Les problèmes de **division-groupements** (nombre de parts ?) *« Je dois faire des enveloppes de 105 jetons avec 1545 jetons. Combien faudra-t-il d'enveloppes ? »* (*cf.* cahier élève p. 90). Résoudre un problème de division-groupements revient à calculer le nombre de paquets identiques que l'on peut faire dans une collection connaissant la valeur d'un paquet.

Enfin, à titre de synthèse, cet ouvrage propose de résoudre des problèmes portant sur les quatre opérations étudiées depuis le cours préparatoire (*cf.* cahier élève p. 96).

Calcul Mental

L'exercice du calcul mental ne se résume pas à la connaissance des tables d'addition et de multiplication. Le calcul mental est la **mise en œuvre de procédures** (algorithmes de calcul) où les résultats mémorisés (tables ou faits numériques) interviennent comme des connaissances de base. Les **procédures** doivent être enseignées de manière à être **automatisées**.

De très nombreux élèves disent, en calcul mental, avoir « posé l'opération dans leur tête ». Cela implique une gestion très lourde et peu efficace dès que les tâches se complexifient.

Les cinq temps du calcul mental				
Temps	**Durée**	**Intitulé**	**Objectif**	**Descriptif**
1	**15 min**	Découverte (jeux)	Expérimenter des procédures de calcul mental autour de situations d'apprentissage ludiques et interactives	Les élèvent jouent et expérimentent les **situations d'apprentissages proposées dans le guide pédagogique** tout en réfléchissant aux procédures qu'ils utilisent.
2	**30 min**	Structuration de la leçon	Construire des algorithmes de calcul et les institutionnaliser en vue de l'automatisation	Les élèves jouent de nouveau pendant 5 min. Puis, pendant 25 minutes : - ils formulent les stratégies et procédures utilisées ; - avec le maître, ils hiérarchisent les procédures, la plus efficace est isolée ; - une affiche de référence est construite ; - chaque élève en récupère une version, en petit format, à coller dans le **cahier de leçons**[1].
3	**15 min**	Entraînement	Permettre aux élèves de réinvestir les résultats et procédures afin d'en favoriser la mémorisation et l'automatisation	- Les élèves rappellent oralement la « leçon » ou une relecture orale collective est effectuée. - Les **exercices du cahier-élève, dictés par le maître**, sont effectués sur l'ardoise au signal (procédé La Martinière) avec correction immédiate. La rapidité est de mise car, l'objectif est d'automatiser. Les erreurs sont systématiquement analysées. On gagne 1 point par bonne réponse et on communique son total de points gagnés au maître en fin d'exercice.
4	**15 min**	Entretien	Permettre aux élèves de continuer à mobiliser les acquis : faits numériques et procédures en lien avec la compétence travaillée	- Les élèves effectuent, sur l'ardoise, des exercices supplémentaires, dictés par le maître, qui s'apparentent à des petits problèmes et qui sont proposés dans le Guide pédagogique.
5 Fin de période	**15 min**	Évaluation	Permettre à l'enseignant d'évaluer les acquis des élèves s'agissant de la mémorisation des tables et des faits numériques et le degré d'automatisation des procédures. Permettre aux élèves de mesurer leurs acquis.	- Elle est différée et programmée en fin de période. - Sur une fiche évaluation, les élèves effectuent des exercices dictés par le maître, qui reprennent ou pas la forme de ceux travaillés en amont. - L'enseignant corrige les exercices et restitue les fiches aux élèves pour correction avant de débuter la séance suivante. - Des groupes de besoins peuvent être composés afin de remédier aux difficultés persistantes éprouvées par certains élèves.

1. Il s'agit du cahier que chaque enfant reçoit, en début d'année, et qui permet de garder la trace des leçons formalisées en classe. Une partie de ce cahier est dédiée au calcul mental. L'élève y colle les facs-similés des affiches produites lors de la phase de structuration de la leçon.

Si on amène les élèves à utiliser, de manière quasi systématique et automatique, les différentes procédures mobilisant des **décompositions canoniques, additives ou soustractives**, cela réduit le coût en mémoire et en calculs intermédiaires, ce qui rend les élèves plus efficaces et performants en calcul.

Par ailleurs, la recherche a montré qu'une pratique régulière du calcul mental améliore, certes, les habiletés calculatoires des élèves, mais permet également **d'accélérer le processus de reconnaissance de l'opération** en jeu dans de nombreux problèmes numériques standards. Cette approche pédagogique du calcul mental doit être proposée très tôt aux élèves (dès le CP et approfondie au CE1 et au CE2) afin de permettre un ancrage solide et durable des compétences des élèves en calcul mental et, par capillarité, de leurs habiletés mathématiques en général.

Le programme de CE2 en calcul mental repose sur les **48 compétences** mathématiques abordées dans cet ouvrage. Pour chaque compétence, la **séance** comporte **5 temps d'apprentissages** à enchaîner.

Les quatre premiers temps se pratiquent sur la semaine (**1 séance de CM chaque jour**), le cinquième temps, consacré à l'évaluation, est différé et programmé en fin de période (*cf.* tableau ci-dessus).

Géométrie

Les connaissances géométriques travaillées au cycle des apprentissages fondamentaux constituent une première approche de ce qui est à travailler et à structurer au cycle 3. Ainsi, lors de la résolution de la plupart des problèmes géométriques au CE2, dans la continuité du travail amorcé au CP et au CE1, les élèves, habitués à prélever des propriétés de façon perceptive, vont être amenés à utiliser les instruments de géométrie pour vérifier les hypothèses émises.

L'instrumentalisation de la géométrie à ce stade doit permettre de développer la capacité à reconnaître les figures par la vérification de leurs propriétés et celle de les construire à l'identique ou d'établir des représentations mentales qui permettent de « commencer à penser l'espace ».

Conscients de la nécessité de ne pas imposer un seul schéma de construction des concepts géométriques, nous proposons une approche concrète de l'espace de validation pratique mais aussi une géométrie schématique (ou une modélisation des objets de l'espace) validée par le raisonnement et l'utilisation des instruments.

Cette **démarche** centrée sur les quatre verbes d'actions : reconnaître, décrire, nommer et reproduire déclinés dans les paliers 1 et 2 « Reconnaître, nommer et décrire les figures planes et les solides usuels » du Socle commun des compétences a pour objectif principal de permettre aux élèves de passer à une étude fondée sur le recours aux instruments de tracé et de mesure.

Le **vocabulaire**, dans les tâches complexes proposées, est alors directement lié à l'action et permet de construire dans une démarche scientifique un vocabulaire spécifique concret.

En effet, la **progression des apprentissages** présentés a tenté de prendre en compte une répartition équitable de l'ensemble des variables didactiques, des procédures diverses et des multiples possibilités de présentation des objets d'apprentissage.

Pour construire une figure plane nous proposons un modèle, une description ou un programme de construction et les diverses procédures instrumentées ou à main levée pour réussir une construction identique au modèle (proche ou éloigné) sur des supports variés, à partir d'objets imposés (ou non) pour débuter la construction. Ces tâches complexes, initient chez l'élève, la nécessité d'identifier mentalement les objets (solides ou figures) à construire d'une part et de dérouler mentalement la chronologie des actions à effectuer d'autre part.

Pour reconnaître une figure ou un solide il en va de même par le choix de supports multiples : empreintes de solides, représentations, figure seule (en position prototypique ou non) ou figure complexe, descriptions par le choix de situations adaptées nécessitant d'autres procédures que la reconnaissance perceptive soit des procédures telles que la reconnaissance par superposition (symétrie) ou reconnaissance par les instruments et l'utilisation des propriétés en jeu.

Les situations sont supports d'une utilisation du **vocabulaire en action**, elles exigent la connaissance et la verbalisation des propriétés de l'objet d'apprentissage pour l'identifier parmi d'autres objets, elles contraignent à se décentrer pour décrire le processus de construction ou « programme de construction ».

La « **boîte à outils** » qui apparaît dans chaque double-page, offrant un visuel des instruments, permet à l'élève de choisir l'instrument pour une ou plusieurs de ses propriétés (règle qui trace, règle qui mesure) pour réaliser le tracé demandé. Choisir un outil devient un acte réfléchi et non plus un acte d'imitation. Ces choix favorisent alors la mise en place d'une catégorisation mentale des instruments de géométrie et prouvent leur mise en relation directe avec les propriétés, découvertes ou mémorisées, des figures abordées.

Grandeurs et mesures et OGD

Ces deux domaines sont abordés selon la même démarche.

Lire et écrire les nombres jusqu'à 999

► Cahier-livre p. 8

ENTRETIEN ET ÉVALUATION
- Fiche d'entretien p. 188
- Évaluation, exercice 1, p. 259

Objectifs

- Apprendre à lire et à écrire les nombres en lettres jusqu'à 999.
- Connaître différentes écritures des nombres et passer de l'une à l'autre.

Activité de découverte

Associer différentes écritures des nombres.

Organisation	• Binômes, puis réinvestissement (individuel).
Matériel	• Par binôme : 12 étiquettes-nombres (*cf.* matériel photocopiable en Annexe), 1 enveloppe, 1 ardoise. • Cahier-livre, exercice 1
Durée	• 10 minutes

• Mise en situation

Mettre les élèves par deux. Chaque binôme reçoit une enveloppe contenant 12 étiquettes avec des nombres écrits en chiffres, en lettres, et sous la forme *c, d, u.*

Consigne élève : *« Videz le contenu de votre enveloppe. Associez les étiquettes qui vont ensemble ».*

Mise en commun : Mettre en évidence les différents tris effectués par les élèves en les faisant coller au tableau.
- Faire reformuler les stratégies en utilisant la bonne terminologie : centaines, dizaines et unités. Faire lire les nombres.
- Hiérarchiser les procédures. Isoler la plus efficace : étiquettes regroupées par trios avec les différentes écritures des nombres : chiffrée, littérale, sous forme *x*c, *y*d et *z*u.

Conclusion de l'activité :
- Expliciter : « *Un même nombre peut s'écrire différemment* ».
- Conclure : « Il faut connaître les différentes façons d'écrire les nombres : en chiffres, en lettres (mots), sous la forme *centaines, dizaines et unités et en faisant attention à ce qu'on entend.*
- Écrire au tableau : « *Exemple* : *neuf-cent-quatre-vingt-trois = 983 = 9c 8d et 3u* »

• Accompagnement personnalisé

Difficultés rencontrées par l'élève	Aide proposée
• L'élève ne parvient pas à entrer dans l'activité.	• Associer deux étiquettes et faire trouver la troisième. Faire verbaliser les nombres. • Utiliser le nombre 645 à titre d'exemple, sur l'ardoise.
• L'élève ne parvient pas à lire les nombres.	• Mettre en correspondance ce qu'on entend (désignation orale) et ce qu'on voit (écritures). Donner des indices relatifs aux chiffres des unités, dizaines ou centaines.
• L'élève ne parvient pas à associer le nombre écrit en chiffres à son écriture sous la forme *x*c, *y*d et *z*u.	• Repasser par les constellations de plaquettes (100 et 10) pour isoler les centaines, dizaines puis les unités.

• Réinvestissement dans le cahier-livre : « Découvrons ensemble »

Faire relier les étiquettes représentant le même nombre. Laisser 5 minutes.

Je sais faire

Organisation	• Individuel
Matériel	• Cahier-livre, exercice 2
Durée	• 5 minutes

Exercice 2 : associer les différentes écritures des nombres.

Différenciation :

- ***Simplification*** : Relier, avec l'élève, le nombre 534 à titre d'exemple.

Retenons ensemble

Organisation	• Individuel
Matériel	• Cahier-livre
Durée	• 10 minutes

Synthèse de la leçon
- Faire procéder à une lecture silencieuse individuelle de l'écrit de référence.
- Procéder à une lecture magistrale.
- Faire compléter le texte par les élèves avec les mots à retenir : **mots-nombres, treize, cinquante.**
- Dire : « *Attention cent s'écrit avec un « s » à la fin s'il y a un mot-nombre devant et rien derrière !* ».
- Vérifier, en passant dans les rangs, la validité des écrits.

Je m'entraîne

Organisation	• Individuel
Matériel	• Cahier-livre, exercices 3, 4, 5, 6, 7, 8 et 9
Durée	• 20 minutes

Exercice 3 : compléter différentes écritures des nombres.

Différenciation :

- ***Simplification*** : consulter l'écrit de référence. Faire lire chaque nombre à l'oral et demander ce qu'on entend.
- ***Complexification*** : faire écrire le nombre qui précède chaque nombre dans les trois écritures.

Exercice 4 : écrire les nombres sous la forme littérale.

Différenciation :

- ***Simplification*** : consulter l'écrit de référence. Faire lire chaque nombre à l'oral et demander ce qu'on entend.
- ***Complexification*** : faire écrire les nombres sous la forme *x*c, *y*d et *z*u.

Exercice 5 : écrire les nombres en écriture chiffrée.

Différenciation :

- *Simplification* : consulter l'écrit de référence. Faire lire chaque nombre à l'oral et demander ce qu'on entend.
- *Complexification* : faire écrire les nombres sous la forme *xc*, *yd* et *zu*.

Exercice 6 : combiner des mots-nombres pour écrire des nombres en lettres.

Différenciation :

- *Simplification* : consulter l'écrit de référence. Faire écrire 322 en première ligne.
- *Complexification* : écrire, sur l'ardoise, tous les nombres trouvés, en chiffres.

Exercice 7 : combiner des chiffres pour écrire des nombres.

Différenciation :

- *Simplification* : consulter l'écrit de référence. Faire écrire 156 en première ligne.
- *Complexification* : écrire, sur l'ardoise, tous les nombres trouvés, en lettres.

Exercice 8 : écrire un nombre à trois chiffres en respectant des contraintes.

Différenciation :

- *Simplification* : consulter l'écrit de référence.
- *Complexification* : écrire, sur l'ardoise, le plus grand nombre pair à trois chiffres, en chiffres et en lettres.

Exercice 9 : combiner puis ranger des mots-nombres en respectant des contraintes.

Différenciation :

- *Simplification* : consulter l'écrit de référence. Rappeler la notion d'ordre croissant.
- *Complexification* : écrire, sur l'ardoise, tous les nombres trouvés, en chiffres.

Décomposer un nombre jusqu'à 999

► Cahier-livre p. 10

ENTRETIEN ET ÉVALUATION

• Fiche d'entretien p. 189
• Évaluation, exercice 2, p. 259

Dans cette fiche, insister sur le rôle des parenthèses dans les décompositions canoniques, qui aident les élèves à bien identifier les différents groupements.

Objectifs

• Apprendre à décomposer les nombres (décompositions additive et canonique).
• Savoir décomposer un nombre en s'appuyant sur des groupements par 100 et 10.

Activité de découverte

Associer différentes écritures des nombres

Organisation	• Binômes, puis réinvestissement (individuel).
Matériel	• Par binôme : 12 étiquettes-nombres (*cf.* matériel photocopiable en Annexe), 1 enveloppe, 1 ardoise. • Cahier-livre, exercice 1
Durée	• 10 minutes

• Mise en situation

Mettre les élèves par deux. Chaque binôme reçoit une enveloppe contenant 12 étiquettes

Consigne élève : *« Videz le contenu de votre enveloppe. Associez les étiquettes qui vont ensemble ».*

Mise en commun : Mettre en évidence les différents tris effectués par les élèves en les faisant coller au tableau.
- Faire reformuler les stratégies en utilisant la bonne terminologie : nombres et décompositions. Faire lire les nombres, les décompositions additives et canoniques.
- Hiérarchiser les procédures. Isoler la plus efficace : étiquettes regroupées par trios avec les différentes écritures des nombres : chiffrée, décompositions additives et canoniques.

Conclusion de l'activité :
- Expliciter : « *Un même nombre peut se décomposer à l'aide de l'addition et de la multiplication* ».
- Conclure : « Il faut savoir décomposer les nombres *en utilisant l'addition et la multiplication avec les nombres 100 et 10.*
- Écrire au tableau : « *Exemple : 325 = 100 + 100 + 100 + 10 + 10 + 5 = (3 × 100) + (2 × 10) + 5* ».
Cela va plus vite de décomposer avec la multiplication.

• Accompagnement personnalisé

Difficultés rencontrées par l'élève	Aide proposée
• L'élève ne parvient pas à entrer dans l'activité.	• Associer deux étiquettes. Faire verbaliser les décompositions. • Décomposer le nombre 856 à titre d'exemple, sur l'ardoise.
• L'élève ne parvient pas à associer le nombre écrit en chiffres à son écriture décomposée.	• Repasser par les groupements de plaquettes (100 et 10) pour visualiser la décomposition. • Faire comprendre que : 100 + 100 + 100 = 3 × 100 ; cela va plus vite de décomposer avec la multiplication.

• Réinvestissement dans le cahier-livre : « Découvrons ensemble »

Faire relier les différentes écritures du même nombre. Laisser 5 minutes.

Je sais faire

Organisation	• Individuel
Matériel	• Cahier-livre, exercice 2
Durée	• 5 minutes

Exercice 2: associer chaque nombre à ses décompositions.

Différenciation:

- *Simplification*: Examiner, avec l'élève, le nombre 234 à titre d'exemple. Mettre en correspondance le chiffre des centaines dans l'écriture chiffrée du nombre et la multiplication: 2 × 100 puis l'écriture additive 100 + 100.

Retenons ensemble

Organisation	• Individuel
Matériel	• Cahier-livre
Durée	• 10 minutes

Synthèse de la leçon

- Faire procéder à une lecture silencieuse individuelle de l'écrit de référence.
- Procéder à une lecture magistrale.
- Faire compléter le texte par les élèves avec les mots à retenir: **addition, multiplication, additive, multiplicative.**
- Vérifier, en passant dans les rangs, la validité des écrits.

Je m'entraîne

Organisation	• Individuel
Matériel	• Cahier-livre, exercices 3, 4, 5, 6, 7, 8 et 9
Durée	• 20 minutes

Exercice 3: compléter des décompositions additives et canoniques.

Différenciation:

- *Simplification*: consulter l'écrit de référence. Faire le lien avec la numération orale.
- *Complexification*: faire décomposer chaque nombre en changeant l'ordre des chiffres.

Exercice 4: écrire une décomposition additive pour chaque nombre.

Différenciation:

- *Simplification*: consulter l'écrit de référence.
- *Complexification*: faire décomposer le nombre 633 sur l'ardoise.

Exercice 5: écrire une décomposition canonique pour chaque nombre.

Différenciation:

- *Simplification*: consulter l'écrit de référence.
- *Complexification*: faire décomposer le nombre 442 sur l'ardoise.

Exercice 6: écrire une décomposition additive et canonique pour chaque nombre.

Différenciation:

- *Simplification*: consulter l'écrit de référence.
- *Complexification*: faire décomposer les nombres 534 et 453 sur l'ardoise.

Exercice 7: écrire une décomposition additive et canonique pour chaque nombre contenant un zéro.

Différenciation:

- *Simplification*: consulter l'écrit de référence.
- *Complexification*: faire décomposer les nombres 620 et 909 sur l'ardoise.

Exercice 8: écrire les nombres en chiffres à partir de leur décomposition additive ou canonique.

Différenciation:

- *Simplification*: consulter l'écrit de référence.
- *Complexification*: faire écrire les nombres en lettres.

Décomposer, des deux façons, un nombre écrit en lettres: neuf-cent-cinquante-huit.

Exercice 9: décomposer un nombre en respectant des contraintes.

Différenciation:

- *Simplification*: consulter l'écrit de référence.
- *Complexification*: faire décomposer le plus grand nombre pair à trois chiffres, sur l'ardoise.

Comparer, ranger et encadrer les nombres jusqu'à 999

► Cahier-livre p. 12

ENTRETIEN ET ÉVALUATION

• Fiche d'entretien p. 190
• Évaluation, exercice 3, p. 260

Objectifs

- Comparer des nombres et des sommes de nombres à trois chiffres.
- Ordonner des nombres dans l'ordre croissant et dans l'ordre décroissant.

Activité de découverte

Comparer et ranger les prix de différents voyages.

Organisation	• Binômes , puis réinvestissement (individuel).
Matériel	• Par binôme : 1 enveloppe, 2 cartes-somme et 3 cartes-voyage : carte-somme A : 429 €, carte-somme B : 899 €. Carte voyage 1 : République Dominicaine (889 €) ; Carte voyage 2 : Bretagne (419 €) ; Carte voyage 3 : Maroc (467 €). • Cahier-livre, exercice 1 et ardoise.
Durée	• 20 minutes

• Mise en situation

Distribuer une enveloppe par binôme. L'enveloppe contient les deux cartes-somme et les trois cartes-voyage.

Consignes élève : *« Sortez les éléments de votre enveloppe. Rangez les voyages, en fonction de leur prix, dans l'ordre croissant. Choisissez une carte somme ». « Quel(s) voyage(s) allez-vous pouvoir faire avec la somme dont vous disposez ? ».*

Mise en commun : Répondre à la question en comparant les chiffres des centaines, puis des dizaines et enfin celle des unités des sommes en euros.
- Utiliser les signes de comparaison des nombres : 429 < 467
429 < 889 donc avec la somme A on ne pourra aller ni en République Dominicaine, ni au Maroc. On pourra aller en Bretagne car 429 > 419.
- 899 > 419 et 899 > 467 et 899 > 889 donc avec la somme B on pourra aller partout.

Conclusion de l'activité : Pour comparer des nombres à trois chiffres, on compare d'abord les chiffres des centaines. S'ils sont égaux, on compare les chiffres des dizaines puis ceux des unités en cas d'égalité des chiffres des dizaines.
Exemple : pour comparer 8**8**9 et 8**9**9 on remarque que 8 < 9 pour les **dizaines** donc **889 < 899**.
- Demander combien il aurait fallu d'argent pour aller en Bretagne puis au Maroc.

• Accompagnement personnalisé

Difficultés rencontrées par l'élève	Aide proposée
• L'élève ne sait pas comparer deux nombres.	• Faire entourer puis comparer le chiffre des centaines de chaque nombre, puis le chiffre des dizaines en cas d'égalité du chiffre des centaines et enfin le chiffre des unités en cas d'égalité du chiffre des dizaines.
• L'élève inverse les deux signes de comparaison.	• Donner des moyens mnémotechniques pour connaître et mémoriser l'orientation spatiale des deux signes (l'ouverture la plus grande est du côté du nombre le plus grand et l'ouverture la plus petit est du côté du nombre le plus petit).

• Réinvestissement dans le cahier-livre : « Découvrons ensemble »

Faire reporter les éléments de réponse dans la rubrique « découvrons ensemble » : laisser 7/8 minutes aux élèves pour comparer, ranger et encadrer les nombres.

Je sais faire

Organisation	• Individuel
Matériel	• Cahier-livre, exercice 2
Durée	• 8 minutes

Exercice 2 : savoir comparer des nombres à l'aide des signes < et >.

Différenciation :
- *Simplification* : Faire entourer le chiffre des centaines / dizaines de chaque nombre de la première colonne.

Retenons ensemble

Organisation	• Individuel
Matériel	• Cahier-livre
Durée	• 10 minutes

Synthèse de la leçon
- Faire procéder à une lecture silencieuse individuelle de l'écrit de référence.
- Procéder à une lecture magistrale.
- Faire compléter le texte par les élèves avec les mots à retenir : **comparer, ordre, encadré.**
- Vérifier, en passant dans les rangs, la validité des écrits.

Je m'entraîne

Organisation	• Individuel
Matériel	• Cahier-livre, exercices 3, 4, 5, 6, 7, 8, 9 et 10.
Durée	• 20 minutes

Exercice 3 : savoir comparer un nombre en utilisant les signes < et >.

Différenciation :
- *Simplification* : consulter l'écrit de référence.
- *Complexification* : écrire le plus petit nombre et le plus grand nombre de l'exercice.

Exercice 4 : savoir comparer un nombre par rapport à un nombre de centaines.

Différenciation :
- *Simplification* : consulter l'écrit de référence.
- *Complexification* : écrire le nombre voisin qui convient dans l'inégalité.

Exercice 5 : savoir encadrer un nombre entre deux centaines.

Différenciation :
- *Simplification* : consulter l'écrit de référence.
- *Complexification* : encadrer chaque nombre au plus près.

Exercice 6 : savoir encadrer un nombre au plus près.

Différenciation :
- *Simplification* : consulter l'écrit de référence.
- *Complexification* : encadrer chaque nombre entre deux centaines.

Exercice 7 : savoir ranger des nombres dans l'ordre croissant, savoir encadrer entre deux centaines.

Différenciation :
- *Simplification* : consulter l'écrit de référence.
- *Complexification* : encadrer le plus grand nombre au plus près.

Exercice 8: savoir ranger des nombres dans l'ordre décroissant, savoir encadrer au plus près.

Différenciation:

- *Simplification*: consulter l'écrit de référence.
- *Complexification*: encadrer le plus grand nombre entre deux centaines.

Exercice 9: savoir comparer des nombres en respectant des contraintes.

Différenciation:

- *Simplification*: consulter l'écrit de référence.
- *Complexification*: encadrer chaque nombre au plus près.

Exercice 10: savoir encadrer le résultat d'une addition dans un contexte donné.

Différenciation:

- *Simplification*: consulter l'écrit de référence.
- *Complexification*: encadrer la somme entre deux centaines.

Se repérer dans la suite des nombres jusqu'à 999

► Cahier-livre p. 14

ENTRETIEN ET ÉVALUATION

• Fiche d'entretien p. 191
• Évaluation, exercice 4, p. 260

Objectifs

• Ordonner les nombres inférieurs à 999.
• Comprendre l'aspect algorithmique des nombres et connaître particulièrement la régularité de leur écriture.
• Connaître et utiliser les outils d'aide à la mise en ordre des nombres: la droite graduée.

Activité de découverte

Reconstituer un puzzle composé de droites graduées.

Organisation	• Groupes de 4 élèves, puis réinvestissement (individuel).
Matériel	• Par groupe: 2 puzzles découpés (*cf.* matériel photocopiable en Annexe), 1 enveloppe, 1 ardoise. • Cahier-livre, exercice 1
Durée	• 20 minutes

• Mise en situation

Mettre les élèves par équipes de 4 et distribuer une enveloppe, contenant les pièces découpées des deux puzzles de 4 pièces, par groupe (4 pièces chacun).

Consigne élève: *«Reconstituer les puzzles de la suite des nombres et compléter les cases vides avec les nombres manquants». Laisser les élèves chercher une règle qui permette de reconstituer les droites graduées.*

Mise en commun: Faire émerger les différentes démarches utilisées pour reconstituer le puzzle. Faire émerger la notion de droite graduée et faire verbaliser les moyens de repérage.
- Faire constater les régularités: ajout d'une unité pour passer à la graduation suivante, notion d'écart constant entre les nombres qui se suivent.
- Dire: «*Pour passer à la graduation suivante sur la droite graduée, on ajoute ..... au nombre.*»

Conclusion de l'activité:
- Expliciter: «La **droite graduée** aide à reconstituer la suite des nombres.».
- Conclure: «Il faut se repérer par rapport aux **graduations** et connaître l'écart entre les nombres pour compléter la suite des nombres».

• Accompagnement personnalisé

Difficultés rencontrées par l'élève	Aide proposée
• L'élève ne pense pas à ranger les nombres dans l'ordre pour reconstituer le puzzle.	• Rappeler que les nombres se situent dans l'ordre croissant, comme sur la bande numérique.
• L'élève ne sait pas ranger les nombres dans l'ordre.	• Examiner, avec l'élève, le début de chaque suite. Faire verbaliser l'écart entre les nombres qui se suivent. Faire pointer chaque graduation en énumérant les nombres.

• Réinvestissement dans le cahier-livre: «Découvrons ensemble»

Reporter les éléments de réponse dans la rubrique «découvrons ensemble»: laisser 7/8 minutes aux élèves pour effectuer le report

Je sais faire

Organisation	• Individuel
Matériel	• Cahier-livre, exercice 2
Durée	• 5 minutes

Exercice 2: savoir utiliser des droites graduées pour compléter une suite de nombres.

Différenciation:

- *Simplification*: Examiner, avec l'élève, le début de la suite. Faire verbaliser l'écart entre les nombres qui se suivent. Faire pointer chaque graduation en énumérant les nombres.

Retenons ensemble

Organisation	• Individuel
Matériel	• Cahier-livre
Durée	• 10 minutes

Synthèse de la leçon
- Faire procéder à une lecture silencieuse individuelle de l'écrit de référence.
- Procéder à une lecture magistrale.
- Faire compléter le texte par les élèves avec les mots à retenir: **droite, graduation, écart.**
- Vérifier, en passant dans les rangs, la validité des écrits.

Je m'entraîne

Organisation	• Individuel
Matériel	• Cahier-livre, exercices 3, 4, 5, 6, 7, 8, 9 et 10.
Durée	• 20 minutes

Exercice 3: savoir utiliser une droite graduée pour compléter une suite de nombres.

Différenciation:
- ***Simplification***: examiner, avec l'élève, le début de la suite. Faire verbaliser l'écart entre les nombres qui se suivent. Faire pointer chaque graduation en énumérant les nombres.
- ***Complexification***: faire continuer la suite oralement jusqu'à 830 puis, par écrit, sur l'ardoise, jusqu'à 900.

Exercice 4: identifier l'écart entre les termes consécutifs d'une suite de nombres figurant sur une droite graduée pour la compléter.

Différenciation:
- ***Simplification***: examiner, avec l'élève, le début de la suite. Faire verbaliser l'écart entre les nombres qui se suivent. Faire pointer chaque graduation en énumérant les nombres.
- ***Complexification***: faire continuer la suite oralement jusqu'à 660. Puis trouver les quatre termes précédents et les écrire, dans l'ordre, sur l'ardoise.

Exercice 5: continuer une suite de nombres figurant sur une droite graduée dont l'écart est donné.

Différenciation:
- ***Simplification***: consulter l'écrit de référence. Rappeler la notion d'écart constant.
- ***Complexification***: trouver les quatre termes précédents et les écrire, dans l'ordre, sur l'ardoise.

Exercices 6 et 7: écrire une suite de nombres sur une droite graduée dont l'écart et le premier terme sont donnés.

Différenciation:
- ***Simplification***: consulter l'écrit de référence. Rappeler la notion d'écart constant.
- ***Complexification***: trouver les quatre termes suivants et les écrire, dans l'ordre, sur l'ardoise.

Exercice 8: construire une droite graduée pour y écrire une suite de nombres donnée, d'écart 1.

Différenciation:
- ***Simplification***: consulter l'écrit de référence. Aider l'élève à construire, à l'aide des carreaux, le début de la droite graduée. Placer, avec lui, les premières graduations et les trois premiers termes de la suite.
- ***Complexification***: imposer un écart de 2 puis faire construire une seconde droite graduée sur une feuille à carreaux.

Exercices 9 et 10: trouver le dernier terme d'une suite de nombres dont l'écart et le premier terme sont donnés.

Différenciation:
- ***Simplification***: consulter l'écrit de référence.
- ***Complexification***: imposer une suite de 20 nombres (exercice 9) et une suite de 10 nombres (exercice 10).

Connaître les expressions: double, moitié ou demi

► Cahier-livre p. 16

ENTRETIEN ET ÉVALUATION
• Fiche d'entretien p. 192
• Évaluation, exercice 5, p. 260

Objectifs
• Connaître et utiliser les notions de double, de moitié, de demi et les relations qui les lient.
• Calculer le double ou la moitié d'un nombre.

Activité de découverte

Associer des nombres à leur double et à leur moitié

Organisation	• Binômes, puis réinvestissement (individuel).
Matériel	• Par binôme: 12 étiquettes-nombres (*cf.* matériel photocopiable en Annexe), 1 enveloppe, 1 ardoise. • Cahier-livre, exercice 1
Durée	• 10 minutes

• Mise en situation
Mettre les élèves par deux. Chaque binôme reçoit une enveloppe contenant 12 étiquettes.

Consigne élève: *«Videz le contenu de votre enveloppe. Associez les étiquettes qui vont ensemble».*

Mise en commun: Mettre en évidence les différents tris effectués par les élèves en les faisant coller au tableau.
- Faire reformuler les stratégies en utilisant la bonne terminologie: doubles et moitiés. Faire lire les nombres.
- Hiérarchiser les procédures. Isoler la plus efficace: étiquettes regroupées par trios avec les doubles et les moitiés des nombres.

Conclusion de l'activité:
- Expliciter: *«Prendre le double d'un nombre, c'est le multiplier par deux. Prendre la moitié d'un nombre c'est le diviser par deux». Pour la moitié, on peut aussi dire «un demi». Exemple: un demi de 8, c'est 4.*
- Conclure: *«Le double d'un nombre est ce nombre multiplié par deux. La moitié d'un nombre est ce nombre divisé par deux».*
- Écrire au tableau: *«Exemples: double: 100 × 2 = 200 moitié ou demi 100 : 2 = 50».*
Remarque: pour passer de la moitié d'un nombre à son double, on multiplie par 4.

• Accompagnement personnalisé

Difficultés rencontrées par l'élève	Aide proposée
• L'élève ne parvient pas à entrer dans l'activité.	• Associer deux étiquettes et faire trouver la troisième. Faire verbaliser les nombres. • Utiliser le nombre 400 à titre d'exemple, sur l'ardoise.
• L'élève ne parvient pas à trouver le double.	• Repérer le double du premier chiffre à gauche.
• L'élève ne parvient pas à trouver la moitié.	• Repérer la moitié du premier chiffre à gauche.

• Réinvestissement dans le cahier-livre : « Découvrons ensemble »

Faire relier les étiquettes représentant le double ou la moitié des nombres.
Laisser 5 minutes.

Je sais faire

Organisation	• Individuel
Matériel	• Cahier-livre, exercice 2
Durée	• 5 minutes

Exercice 2 : identifier le double ou la moitié d'un nombre.

Différenciation :

- ***Simplification*** : Relier, avec l'élève, le nombre 430 à titre d'exemple. Faire formuler : 860 c'est le double de 430, on reconnaît 8, le double de 4 et 60, le double de 30.

Retenons ensemble

Organisation	• Individuel
Matériel	• Cahier-livre
Durée	• 10 minutes

Synthèse de la leçon

- Faire procéder à une lecture silencieuse individuelle de l'écrit de référence.
- Procéder à une lecture magistrale.
- Faire compléter le texte par les élèves avec les mots à retenir : **double, moitié, demi.**
- Vérifier, en passant dans les rangs, la validité des écrits.

Je m'entraîne

Organisation	• Individuel
Matériel	• Cahier-livre, exercices 3, 4, 5, 6, 7, 8, 9, 10 et 11
Durée	• 20 minutes

Exercice 3 : identifier les propositions de doubles ou de moitiés erronées.

Différenciation :

- ***Simplification*** : consulter l'écrit de référence. Faire lire la première proposition à l'oral. Aider l'élève à valider et à expliciter.
- ***Complexification*** : faire corriger les erreurs.

Exercice 4 : calculer le double ou la moitié de nombres donnés.

Différenciation :

- ***Simplification*** : consulter l'écrit de référence. Faire formuler : « la moitié c'est un demi. »
- ***Complexification*** : faire écrire le double du double de 308.

Exercice 5 : retrouver un nombre en fonction d'indices donnés.

Différenciation :

- ***Simplification*** : rappeler ce qu'est un nombre pair. Faire dire, à titre d'exemple, que pour 4, la moitié c'est 2 et le double c'est 8.
- ***Complexification*** : demander de créer un « *Qui suis-je ?* ».

Exercice 6 : calculer le double du double de nombres donnés.

Différenciation :

- ***Simplification*** : consulter l'écrit de référence. Faire formuler $20 \times 2 \times 2 = 20 \times 4 = 80$.
- ***Complexification*** : calculer le double du double du double du plus petit nombre de l'exercice.

Exercice 7 : calculer la moitié de la moitié de nombres donnés.

Différenciation :

- ***Simplification*** : consulter l'écrit de référence. Faire formuler $200 : 2 : 2 = 200 : 4 = 50$.
- ***Complexification*** : calculer la moitié de la moitié de la moitié de 800.

Exercice 8 : écrire le double d'un nombre à trois chiffres en respectant des contraintes.

Différenciation :

- ***Simplification*** : consulter l'écrit de référence. Rappeler le sens du mot impair.
- ***Complexification*** : écrire, sur l'ardoise, le double du double de ce nombre.

Exercice 9 : écrire la moitié d'un nombre à trois chiffres en respectant des contraintes.

Différenciation :

- ***Simplification*** : consulter l'écrit de référence. Rappeler le sens du mot pair.
- ***Complexification*** : écrire, sur l'ardoise, la moitié de 996, de 994 et de 992.

Exercice 10 : déterminer le double du double d'un nombre dans un contexte donné.

Différenciation :

- ***Simplification*** : consulter l'écrit de référence. Dire « *Hugo possède combien ?* »
- ***Complexification*** : Résoudre le problème si Hugo possède 56 euros.

Exercice 11 : déterminer la moitié de la moitié d'un nombre dans un contexte donné.

Différenciation :

- ***Simplification*** : consulter l'écrit de référence. Dire « *Lisa possède combien ?* »
- ***Complexification*** : Résoudre le problème si Lisa possède 600 euros.

Découvrir le nombre 1000

► Cahier-livre p. 18

ENTRETIEN ET ÉVALUATION

• Fiche d'entretien p. 193

Objectifs

• Apprendre à réaliser des groupements et des échanges.
• Connaître les notions d'unité de mille, de centaine, de dizaine et d'unité.

Activité de découverte

Dénombrer une grande quantité de post-it.

Organisation	• Groupes de 4 élèves, puis réinvestissement (individuel).
Matériel	• 10 blocs de 100 post-it par groupe. • Cahier-livre, exercice 1
Durée	• 10 minutes

• Mise en situation

Chaque groupe a reçu des blocs de post-it pour la classe.

Consigne élève : *« Combien y a-t-il de post-it ? »*

Mise en commun : partager / échanger sur les résultats afin de permettre les interactions.
- Faire reformuler les stratégies en utilisant la bonne terminologie : groupements/paquets de cent, groupements/ paquets de dix.
- Procédures attendues :
  - 10 groupements par 100 et 0 unités ;
  - 1 groupement par 1000.
- Hiérarchiser les procédures. Isoler la plus efficace : 1 groupement par 1000.

Conclusion de l'activité : affiner la réflexion au niveau du vocabulaire à utiliser.
- Faire émerger le vocabulaire en commentant la manipulation (gestes pour le groupement) réalisée par un élève devant le groupe-classe.
- Expliciter : « *On se rappelle : 1 paquet de cent s'appelle une **centaine**. Quand on groupe 10 paquets 100 post-it, on en a 1000. Cela fait une **unité de mille**.* »
- Conclure : « *Pour compter plus vite le nombre de post-it, on peut former une unité de mille (1 paquet de 1000 post-it) en groupant 10 paquets de 100.* »

• Accompagnement personnalisé

Difficultés rencontrées par l'élève	Aide proposée
• L'élève ne parvient pas à réaliser des groupements.	• Aider à manipuler les blocs de 100. Poser la question : « *Tu veux faire des paquets de combien ?* »
• L'élève ne comprend pas l'intérêt du groupement de paquets de 100 par 10.	• Réexpliquer les groupements successifs par 10 puis par 100 pour réunir le contenu d'un bloc. Dire : « *On continue à grouper les blocs de cent par ?* »

• Réinvestissement dans le cahier-livre : « Découvrons ensemble »

Faire entourer en violet 10 blocs de 100 post-it.
Faire compléter les phrases avec l'écriture chiffrée correspondante : laisser 5 minutes.

Je sais faire

Organisation	• Individuel
Matériel	• Cahier-livre, exercice 2 • Crayon de couleur violet
Durée	• 5 minutes

Exercice 2 : **Réaliser une collection de mille** éléments (effectuer un groupement par 1000).

Différenciation :

- *Simplification* : aider l'élève à formuler : « 1 centaine c'est un groupement de cent feuilles *(dix paquets de dix)* et à compléter : « *Une unité de mille c'est...* »
Faire énumérer oralement lors du dessin.

Retenons ensemble

Organisation	• Individuel
Matériel	• Cahier-livre
Durée	• 10 minutes

Synthèse de la leçon
- Procéder à une lecture silencieuse individuelle de l'écrit de référence.
- Procéder à une lecture magistrale.
- Faire compléter le texte par les élèves avec les mots à retenir : **cent, mille.**
- Vérifier, en passant dans les rangs, la validité des écrits.

Je m'entraîne

Organisation	• Individuel
Matériel	• Cahier-livre, exercices 3, 4, 5, 6, 7 et 8
Durée	• 20 minutes

Exercice 3 : coder une collection.

Différenciation :

- *Simplification* : consulter l'écrit de référence. Aider à l'identification des paquets de 100 puis faire entourer en violet un groupe de 10 enveloppes de 100 timbres. Faire verbaliser le comptage.
- *Complexification* : écrire le nombre de timbres en écriture littérale.

Exercice 4 : représenter une collection.

Différenciation :

- ***Simplification*** : consulter l'écrit de référence. Faire lire le nombre 1003 oralement et poser la question : « *On va devoir représenter combien de paquets de 100 ?* ». Faire verbaliser lors du dessin.
- ***Complexification*** : écrire le nombre de craies en écriture littérale.

Exercice 5 : appliquer les règles de la numération de position pour valider ou invalider une proposition d'écriture de nombre correspondant à des groupements donnés.

Différenciation :

- ***Simplification*** : consulter l'écrit de référence. Faire écrire 1 005.
- ***Complexification*** : écrire chaque nombre en écriture littérale.

Exercices 6 et 7 : appliquer les règles de la numération de position pour écrire ou compléter l'écriture de nombres, en chiffres.

Différenciation :

- ***Simplification*** : consulter l'écrit de référence. Aider à compléter en indiquant l'un des chiffres manquant dans le nombre.
- ***Complexification*** : écrire chaque nombre en écriture littérale.

Exercice 8 : appliquer les règles de la numération de position pour écrire un nombre en respectant des contraintes données.

Différenciation :

- ***Simplification*** : consulter l'écrit de référence.
- ***Complexification*** : faire écrire le plus petit nombre impair à 4 chiffres.

Lire et écrire les nombres jusqu'à 9 999

► Cahier-livre p. 20

ENTRETIEN ET ÉVALUATION

• Fiche d'entretien p. 194
• Évaluation, exercice 1, p. 261

Objectifs

• Apprendre à lire et à écrire les nombres en lettres jusqu'à 9 999.
• Connaître différentes écritures des nombres et passer de l'une à l'autre.

Activité de découverte

Associer différentes écritures des nombres

Organisation	• Binômes, puis réinvestissement (individuel).
Matériel	• Par binôme : 12 étiquettes-nombres (*cf.* matériel photocopiable en Annexe), 1 enveloppe, 1 ardoise. • Cahier-livre, exercice 1
Durée	• 10 minutes

• Mise en situation

Mettre les élèves par deux. Chaque binôme reçoit une enveloppe contenant 12 étiquettes.

Consigne élève : *« Videz le contenu de votre enveloppe. Associez les étiquettes qui vont ensemble ».*

Mise en commun : Mettre en évidence les différents tris effectués par les élèves en les faisant coller au tableau.
- Faire reformuler les stratégies en utilisant la bonne terminologie : unités de mille, centaines, dizaines et unités. Faire lire les nombres.
- Hiérarchiser les procédures. Isoler la plus efficace : étiquettes regroupées par trios avec les différentes écritures des nombres : chiffrée, littérale, sous forme um, c, d et u.

Conclusion de l'activité :
- Expliciter : « *Un même nombre peut s'écrire différemment* ».
- Conclure : « *Il faut connaître les différentes façons d'écrire les nombres : en chiffres, en lettres (mots), sous la forme unités de mille, centaines, dizaines et unités et en faisant attention à ce qu'on entend.*
- Écrire au tableau : « *Exemple : mille-neuf-cent-quatre-vingt-trois = 1 983 = 1um 9c 8d et 3u.* »

• Accompagnement personnalisé

Difficultés rencontrées par l'élève	Aide proposée
• L'élève ne parvient pas à entrer dans l'activité.	• Associer deux étiquettes et faire trouver la troisième. Faire verbaliser les nombres. • Utiliser le nombre 6 643 à titre d'exemple, sur l'ardoise.
• L'élève ne parvient pas à lire les nombres.	• Mettre en correspondance ce qu'on entend (désignation orale) et ce qu'on voit (écritures). Donner des indices relatifs aux chiffres des unités, dizaines, centaines ou unités de mille.
• L'élève ne parvient pas à associer le nombre écrit en chiffres à son écriture sous la forme e um, f c, g d et h u.	• Repasser par les constellations de plaquettes (1 000, 100 et 10) pour isoler les unités de mille, centaines, dizaines puis les unités.

• Réinvestissement dans le cahier-livre : « Découvrons ensemble »

Faire relier les étiquettes représentant le même nombre. Laisser 5 minutes.

Je sais faire

Organisation	• Individuel
Matériel	• Cahier-livre, exercice 2
Durée	• 5 minutes

Exercice 2 : **Associer les différentes écritures des nombres.**

Différenciation :

- ***Simplification*** : relier, avec l'élève, le nombre 2 534 à titre d'exemple.

Retenons ensemble

Organisation	• Individuel
Matériel	• Cahier-livre
Durée	• 10 minutes

Synthèse de la leçon
- Faire procéder à une lecture silencieuse individuelle de l'écrit de référence.
- Procéder à une lecture magistrale.
- Faire compléter le texte par les élèves avec les mots à retenir: **mots-nombres, quarante, cent, mille.**
- Dire: « *Attention cent s'écrit avec un « s » à la fin s'il y a un mot-nombre devant et rien derrière ! Mille est invariable !* ».
- Vérifier, en passant dans les rangs, la validité des écrits.

Je m'entraîne

Organisation	• Individuel
Matériel	• Cahier-livre, exercices 3, 4, 5, 6, 7, 8 et 9
Durée	• 20 minutes

Exercice 3: compléter différentes écritures des nombres.

Différenciation:
- ***Simplification***: consulter l'écrit de référence. Faire lire chaque nombre à l'oral et demander ce qu'on entend.
- ***Complexification***: faire écrire le nombre qui précède chaque nombre dans les trois écritures.

Exercice 4: écrire les nombres sous la forme littérale.

Différenciation:
- ***Simplification***: consulter l'écrit de référence. Faire lire chaque nombre à l'oral et demander ce qu'on entend.
- ***Complexification***: faire écrire les nombres sous la forme um, c, d et u.

Exercice 5: écrire les nombres en écriture chiffrée.

Différenciation:
- ***Simplification***: consulter l'écrit de référence. Faire lire chaque nombre à l'oral et demander ce qu'on entend.
- ***Complexification***: faire écrire les nombres sous la forme um, c, d et u.

Exercice 6: combiner des mots-nombres pour écrire des nombres en lettres.

Différenciation:
- ***Simplification***: consulter l'écrit de référence. Faire écrire 1 188 en première ligne.
- ***Complexification***: écrire, sur l'ardoise, tous les nombres trouvés, en chiffres.

Exercice 7: combiner des chiffres pour écrire des nombres.

Différenciation:
- ***Simplification***: consulter l'écrit de référence. Faire écrire 2 156 en première ligne.
- ***Complexification***: écrire, sur l'ardoise, tous les nombres trouvés, en lettres.

Exercice 8: écrire un nombre à quatre chiffres en respectant des contraintes.

Différenciation:
- ***Simplification***: consulter l'écrit de référence.
- ***Complexification***: écrire, sur l'ardoise, le plus grand nombre impair à quatre chiffres, en chiffres et en lettres.

Exercice 9: combiner puis ranger des mots-nombres en respectant des contraintes.

Différenciation:
- ***Simplification***: consulter l'écrit de référence. Rappeler la notion d'ordre croissant.
- ***Complexification***: écrire, sur l'ardoise, tous les nombres trouvés, en chiffres.

Décomposer un nombre jusqu'à 9 999

► Cahier-livre p. 22

ENTRETIEN ET ÉVALUATION
• Fiche d'entretien p. 195
• Évaluation, exercice 2, p. 261

Objectifs

• Apprendre à décomposer les nombres (décompositions additive et canonique).
• Savoir décomposer un nombre en s'appuyant sur des groupements par 1000, 100 et 10.

Activité de découverte

Associer différentes écritures des nombres

Organisation	• Binômes, puis réinvestissement (individuel).
Matériel	• Par binôme: 12 étiquettes-nombres (*cf.* matériel photocopiable en Annexe), 1 enveloppe, 1 ardoise. • Cahier-livre, exercice 1
Durée	• 10 minutes

• Mise en situation

Mettre les élèves par deux. Chaque binôme reçoit une enveloppe contenant 12 étiquettes.

Consigne élève: « *Videz le contenu de votre enveloppe. Associez les étiquettes qui vont ensemble* ».

Mise en commun: Mettre en évidence les différents tris effectués par les élèves en les faisant coller au tableau.
- Faire reformuler les stratégies en utilisant la bonne terminologie: nombres et décompositions. Faire lire les nombres, les décompositions additives et canoniques.
- Hiérarchiser les procédures. Isoler la plus efficace: étiquettes regroupées par trios avec les différentes écritures des nombres: chiffrée, décompositions additives et canoniques.

Conclusion de l'activité:
- Expliciter: « *Un même nombre peut se décomposer à l'aide de l'addition et de la multiplication* ».

- Conclure : « *Il faut savoir décomposer les nombres en utilisant l'addition et la multiplication avec les nombres 1000, 100 et 10.* »
- Écrire au tableau : « *Exemple : 1325 = 1000 + 100 + 100 + 100 + 10 + 10 + 5 = (1 × 1000) + (3 × 100) + (2 × 10) + 5* »

• Accompagnement personnalisé

Difficultés rencontrées par l'élève	Aide proposée
• L'élève ne parvient pas à entrer dans l'activité.	• Associer deux étiquettes. Faire verbaliser les décompositions. • Décomposer le nombre 1332 à titre d'exemple, sur l'ardoise.
• L'élève ne parvient pas à associer le nombre écrit en chiffres à son écriture décomposée.	• Repasser par les groupements de plaquettes (1000, 100 et 10) pour visualiser la décomposition du nombre. • Faire comprendre que : 1000 + 100 + 100 = (1 × 1000) + (2 × 100)

• Réinvestissement dans le cahier-livre : « Découvrons ensemble »

Faire relier les différentes écritures du même nombre. Laisser 5 minutes.

Je sais faire

Organisation	• Individuel
Matériel	• Cahier-livre, exercice 2
Durée	• 5 minutes

Exercice 2 : associer chaque nombre à ses décompositions.

Différenciation :

- ***Simplification*** : Examiner, avec l'élève, le nombre 3 214 à titre d'exemple. Mettre en correspondance le chiffre des unités de mille dans l'écriture chiffrée du nombre et la multiplication : 3 × 1000 puis l'écriture additive 1000 + 1000 + 1000.

Retenons ensemble

Organisation	• Individuel
Matériel	• Cahier-livre
Durée	• 10 minutes

Synthèse de la leçon

- Faire procéder à une lecture silencieuse individuelle de l'écrit de référence.
- Procéder à une lecture magistrale.
- Faire compléter le texte par les élèves avec les mots à retenir : **1000, additive, multiplicative.**
- Vérifier, en passant dans les rangs, la validité des écrits.

Je m'entraîne

Organisation	• Individuel
Matériel	• Cahier-livre, exercices 3, 4, 5, 6, 7, 8 et 9
Durée	• 20 minutes

Exercice 3 : compléter des décompositions additives et canoniques.

Différenciation :

- ***Simplification*** : consulter l'écrit de référence. Faire le lien avec la numération orale.
- ***Complexification*** : faire décomposer chaque nombre en changeant l'ordre des chiffres.

Exercice 4 : écrire une décomposition additive pour chaque nombre.

Différenciation :

- ***Simplification*** : consulter l'écrit de référence.
- ***Complexification*** : faire décomposer le nombre 2633 sur l'ardoise.

Exercice 5 : écrire une décomposition canonique pour chaque nombre.

Différenciation :

- ***Simplification*** : consulter l'écrit de référence.
- ***Complexification*** : faire décomposer le nombre 4442 sur l'ardoise.

Exercice 6 : écrire une décomposition additive et canonique pour chaque nombre.

Différenciation :

- ***Simplification*** : consulter l'écrit de référence.
- ***Complexification*** : faire décomposer les nombres 1534 et 1453 sur l'ardoise.

Exercice 7 : écrire une décomposition additive et canonique pour chaque nombre contenant un zéro.

Différenciation :

- ***Simplification*** : consulter l'écrit de référence.
- ***Complexification*** : faire décomposer les nombres 1620 et 7802 sur l'ardoise.

Exercice 8 : écrire les nombres en chiffres à partir de leur décomposition additive ou canonique.

Différenciation :

- ***Simplification*** : consulter l'écrit de référence.
- ***Complexification*** : faire écrire les nombres en lettres. Décomposer, des deux façons, un nombre écrit en lettres : cinq-mille-neuf-cent-cinquante-huit.

Exercice 9 : décomposer un nombre en respectant des contraintes.

Différenciation :

- ***Simplification*** : consulter l'écrit de référence.
- ***Complexification*** : faire décomposer le plus grand nombre pair à quatre chiffres, sur l'ardoise.

Comparer, ranger et encadrer les nombres jusqu'à 9 999

► Cahier-livre p. 24

ENTRETIEN ET ÉVALUATION

• Fiche d'entretien p. 196
• Évaluation, exercice 3, p. 262

Objectifs

• Comparer des nombres et des sommes de nombres à quatre chiffres.
• Ordonner des nombres dans l'ordre croissant et dans l'ordre décroissant.

Activité de découverte

Comparer et ranger les prix de différentes voitures.

Organisation	• Binômes, puis réinvestissement (individuel).
Matériel	• Par binôme : 1 enveloppe, 2 cartes-somme et 3 cartes-voiture. Carte somme A : 6 429 €, carte somme B : 8 899 € Carte voiture 1 : berline 5 portes (8 889 €) Carte voiture 2 : petite citadine (6 419 €) Carte voiture 3 : camionnette (7 467 €) • Cahier-livre, exercice 1 et ardoise.
Durée	• 20 minutes

• Mise en situation

Distribuer une enveloppe par binôme. L'enveloppe contient les deux cartes-somme et les trois cartes-voiture.

Consignes élève : *« Sortez les éléments de votre enveloppe. Rangez les voitures, en fonction de leur prix, dans l'ordre croissant. Choisissez une carte somme ». « Quelle(s) voiture(s) allez-vous pouvoir acheter avec la somme choisie ? ».*

Mise en commun : Répondre à la question en **comparant les chiffres** des unités de mille, des centaines, puis des dizaines et enfin des unités des sommes en euros.
– Utiliser les signes de comparaison des nombres.
6 429 < 7 467 et 6 429 < 8 889 donc avec la somme A on ne pourra acheter ni la camionnette, ni la berline. On pourra acheter la petite citadine car 6 429 > 6 419.
8 889 > 6 419, 8 899 > 7 467 et 8 899 > 8 889 donc avec la somme B on pourra acheter l'une des trois voitures, au choix.

Conclusion de l'activité : Pour comparer des nombres à quatre chiffres, on compare d'abord les chiffres des unités de mille. S'ils sont égaux, on compare les chiffres des centaines, des dizaines puis ceux des unités en cas d'égalité des précédents.
Exemple : pour comparer 8 889 et 8 899 on remarque que 8 < 9 pour les **dizaines** donc **8 889 < 8 899**.

• Accompagnement personnalisé

Difficultés rencontrées par l'élève	Aide proposée
• L'élève ne sait pas comparer deux nombres.	• Faire entourer puis comparer le chiffre des unités de mille de chaque nombre, puis le chiffre des centaines, des dizaines et enfin le chiffre des unités en cas d'égalité des chiffres précédents.
• L'élève inverse les deux signes de comparaison.	• Donner des moyens mnémotechniques pour connaître et mémoriser l'orientation spatiale des deux signes (l'ouverture la plus grande est du côté du nombre le plus grand et l'ouverture la plus petit est du côté du nombre le plus petit).

• Réinvestissement dans le cahier-livre : « Découvrons ensemble »

Faire reporter les éléments de réponse dans la rubrique « découvrons ensemble » : laisser 7/8 minutes aux élèves pour comparer, ranger et encadrer les nombres.

Je sais faire

Organisation	• Individuel
Matériel	• Cahier-livre, exercice 2 • Crayon de bois et gomme
Durée	• 8 minutes

Exercice 2 : savoir comparer des nombres à l'aide des signes < et >.

Différenciation :
– ***Simplification*** : Faire entourer le chiffre des unités de mille / centaines / dizaines de chaque nombre de la première colonne.

Retenons ensemble

Organisation	• Individuel
Matériel	• Cahier-livre
Durée	• 10 minutes

Synthèse de la leçon
– Faire procéder à une lecture silencieuse individuelle de l'écrit de référence.
– Procéder à une lecture magistrale.
– Faire compléter le texte par les élèves avec les mots à retenir : **comparer, unités de mille, encadrer.**
– Vérifier, en passant dans les rangs, la validité des écrits.

Je m'entraîne

Organisation	• Individuel
Matériel	• Cahier-livre, exercices 3, 4, 5, 6, 7, 8, 9 et 10
Durée	• 20 minutes

Exercice 3 : savoir comparer un nombre en utilisant les signes < et >.

Différenciation :
- *Simplification* : consulter l'écrit de référence.
- *Complexification* : écrire le plus petit nombre et le plus grand nombre de l'exercice.

Exercice 4 : savoir comparer un nombre par rapport à un nombre d'unités de mille.

Différenciation :
- *Simplification* : consulter l'écrit de référence.
- *Complexification* : écrire le nombre voisin qui convient dans l'inégalité.

Exercice 5 : savoir encadrer un nombre entre deux unités de mille.

Différenciation :
- *Simplification* : consulter l'écrit de référence.
- *Complexification* : encadrer chaque nombre au plus près.

Exercice 6 : savoir encadrer un nombre au plus près.

Différenciation :
- *Simplification* : consulter l'écrit de référence.
- *Complexification* : encadrer chaque nombre entre deux unités de mille.

Exercice 7 : savoir ranger des nombres dans l'ordre croissant. Savoir encadrer entre deux unités de mille.

Différenciation :
- *Simplification* : consulter l'écrit de référence.
- *Complexification* : encadrer le plus grand nombre au plus près.

Exercice 8 : savoir ranger des nombres dans l'ordre décroissant. Savoir encadrer au plus près.

Différenciation :
- *Simplification* : consulter l'écrit de référence.
- *Complexification* : encadrer le plus grand nombre entre deux unités de mille.

Exercice 9 : savoir comparer des nombres en respectant des contraintes.

Différenciation :
- *Simplification* : consulter l'écrit de référence.
- *Complexification* : encadrer chaque nombre au plus près.

Exercice 10 : savoir encadrer le résultat d'une addition dans un contexte donné.

Différenciation :
- *Simplification* : consulter l'écrit de référence.
- *Complexification* : encadrer la somme entre deux unités de mille.

Se repérer dans la suite des nombres jusqu'à 9 999

► Cahier-livre p. 26

ENTRETIEN ET ÉVALUATION

• Fiche d'entretien p. 197
• Évaluation, exercice 4, p. 262

Objectifs

• Ordonner les nombres inférieurs à 9 999.
• Comprendre l'aspect algorithmique des nombres et connaître particulièrement la régularité de leur écriture.
• Connaître et utiliser les outils d'aide à la mise en ordre des nombres : la droite graduée.

Activité de découverte

Reconstituer un puzzle composé de droites graduées.

Organisation	• Groupes de 4 élèves, puis réinvestissement (individuel).
Matériel	• Par groupe : 2 puzzles découpés, 1 enveloppe, 1 ardoise. • Cahier-livre, exercice 1
Durée	• 20 minutes

• Mise en situation

Mettre les élèves par équipes de 4 et distribuer une enveloppe, contenant les pièces découpées des deux puzzles de 4 pièces, par groupe.

Consigne élève : *« Reconstituer les puzzles de la suite des nombres et compléter les cases vides avec les nombres manquants ». Laisser les élèves chercher une règle qui permette de reconstituer les droites graduées.*

Mise en commun : Faire émerger les différentes démarches utilisées pour reconstituer le puzzle. Faire émerger la notion de droite graduée et faire verbaliser les moyens de repérage.
- Faire constater les régularités : ajout d'une unité pour passer à la graduation suivante, notion d'écart constant entre les nombres qui se suivent.
- Dire : « *pour passer à la graduation suivante sur la droite graduée, on ajoute ..... au nombre.* »

Conclusion de l'activité :
- Expliciter : « *La **droite graduée** aide à reconstituer la suite des nombres.* »
- Conclure : « *Il faut se repérer par rapport aux **graduations** et connaître l'écart entre les nombres pour compléter la suite des nombres* ».

• Accompagnement personnalisé

Difficultés rencontrées par l'élève	Aide proposée
• L'élève ne pense pas à ranger les nombres dans l'ordre pour reconstituer le puzzle.	• Rappeler que les nombres se situent dans l'ordre croissant, comme sur la bande numérique.
• L'élève ne sait pas ranger les nombres dans l'ordre.	• Examiner, avec l'élève, le début de chaque suite. Faire verbaliser l'écart entre les nombres qui se suivent. Faire pointer chaque graduation en énumérant les nombres.

• Réinvestissement dans le Cahier-livre : « Découvrons ensemble »

Reporter les éléments de réponse dans la rubrique « découvrons ensemble » : laisser 7/8 minutes aux élèves pour effectuer le report.

Je sais faire

Organisation	• Individuel
Matériel	• Cahier-livre, exercice 2
Durée	• 5 minutes

Exercice 2 : savoir utiliser des droites graduées pour compléter une suite de nombres.

Différenciation :

- *Simplification* : examiner, avec l'élève, le début de la suite. Faire verbaliser l'écart entre les nombres qui se suivent. Faire pointer chaque graduation en énumérant les nombres.

Retenons ensemble

Organisation	• Individuel
Matériel	• Cahier-livre
Durée	• 10 minutes

Synthèse de la leçon

- Faire procéder à une lecture silencieuse individuelle de l'écrit de référence.
- Procéder à une lecture magistrale.
- Faire compléter le texte par les élèves avec les mots à retenir : **graduée, suite, écart.**
- Vérifier, en passant dans les rangs, la validité des écrits.

Je m'entraîne

Organisation	• Individuel
Matériel	• Cahier-livre, exercices 3, 4, 5, 6, 7, 8, 9 et 10
Durée	• 20 minutes

Exercice 3 : savoir utiliser une droite graduée pour compléter une suite de nombres.

Différenciation :

- *Simplification* : examiner, avec l'élève, le début de la suite. Faire verbaliser l'écart entre les nombres qui se suivent. Faire pointer chaque graduation en énumérant les nombres.
- *Complexification* : faire continuer la suite oralement jusqu'à 4 500 puis, par écrit, sur l'ardoise, jusqu'à 6 000.

Exercice 4 : identifier l'écart entre les termes consécutifs d'une suite de nombres figurant sur une droite graduée pour la compléter.

Différenciation :

- *Simplification* : examiner, avec l'élève, le début de la suite. Faire verbaliser l'écart entre les nombres qui se suivent. Faire pointer chaque graduation en énumérant les nombres.
- *Complexification* : faire continuer la suite oralement jusqu'à 2 400 puis, par écrit, sur l'ardoise, jusqu'à 3 000.

Exercice 5 : continuer une suite de nombres figurant sur une droite graduée dont l'écart est donné.

Différenciation :

- *Simplification* : consulter l'écrit de référence. Rappeler la notion d'écart constant.
- *Complexification* : trouver les quatre termes suivants et les écrire, dans l'ordre, sur l'ardoise.

Exercices 6 et 7 : écrire une suite de nombres sur une droite graduée dont l'écart et le premier terme sont donnés.

Différenciation :

- *Simplification* : consulter l'écrit de référence. Rappeler la notion d'écart constant.
- *Complexification* : Exercice 6 : la suite commence par 1 000. Exercice 7 : la suite commence par 100.

Exercice 8 : construire une droite graduée pour y écrire une suite de nombres donnée, d'écart 1001.

Différenciation :

- *Simplification* : consulter l'écrit de référence. Aider l'élève à construire, à l'aide des carreaux, le début de la droite graduée. Placer, avec lui, les premières graduations et les trois premiers termes de la suite.
- *Complexification* : imposer un écart de 1002 puis faire construire une seconde droite graduée sur une feuille à carreaux.

Exercices 9 et 10 : trouver le dernier terme d'une suite de nombres dont l'écart et le premier terme sont donnés.

Différenciation :

- *Simplification* : consulter l'écrit de référence.
- *Complexification* : imposer une suite de 7 nombres (exercice 9). Exercice 10 : la suite commence par 50.

Connaître les expressions : triple et tiers

► Cahier-livre p. 28

ENTRETIEN ET ÉVALUATION

• Fiche d'entretien p. 198
• Évaluation, exercice 5, p. 262

Objectifs

- Connaître et utiliser les notions de triple, de tiers et les relations qui les lient.
- Calculer le triple ou le tiers d'un nombre.

Activité de découverte

Associer les nombres à leur triple et à leur tiers.

Organisation	• Binômes, puis réinvestissement (individuel).
Matériel	• Par binôme : 12 étiquettes-nombres (*cf.* matériel photocopiable en Annexe), 1 enveloppe, 1 ardoise. • Cahier-livre, exercice 1
Durée	• 10 minutes

• Mise en situation

Mettre les élèves par deux. Chaque binôme reçoit une enveloppe contenant 12 étiquettes.

Consigne élève : *« Videz le contenu de votre enveloppe. Associez les étiquettes qui vont ensemble ».*

Mise en commun : Mettre en évidence les différents tris effectués par les élèves en les faisant coller au tableau.
- Faire reformuler les stratégies en utilisant la bonne terminologie : triple et tiers. Faire lire les nombres.
- Hiérarchiser les procédures. Isoler la plus efficace : étiquettes regroupées par trios avec les triples et les tiers des nombres.

Conclusion de l'activité :
- Expliciter : « *Prendre le triple d'un nombre c'est le multiplier par trois. Prendre le tiers d'un nombre c'est le diviser par trois* ».
- Conclure : « *Le triple d'un nombre est ce nombre multiplié par trois. Le tiers d'un nombre est ce nombre divisé par trois* ».
- Écrire au tableau : « *Exemples* : *triple* : $100 \times 3 = 300$ *tiers* : $600 : 3 = 200$ »

Remarque : pour passer du tiers d'un nombre à son triple, on multiplie par 3 et encore par 3.

• Accompagnement personnalisé

Difficultés rencontrées par l'élève	Aide proposée
• L'élève ne parvient pas à entrer dans l'activité.	• Associer deux étiquettes et faire trouver la troisième. Faire verbaliser les nombres. • Utiliser le nombre 30 à titre d'exemple, sur l'ardoise.
• L'élève ne parvient pas à trouver le triple.	• Repérer le triple du premier chiffre à gauche.
• L'élève ne parvient pas à trouver le tiers.	• Repérer le tiers du premier chiffre à gauche.

• Réinvestissement dans le cahier-livre : « Découvrons ensemble »

- Faire relier les étiquettes représentant le triple ou le tiers des nombres.
- Laisser 5 minutes.

Je sais faire

Organisation	• Individuel
Matériel	• Cahier-livre, exercice 2 • Crayon de bois et gomme
Durée	• 5 minutes

Exercice 2 : Identifier le triple ou le tiers d'un nombre.

Différenciation :

- *Simplification* : relier, avec l'élève, le nombre 60 à titre d'exemple. Faire formuler : 60 c'est le triple de 20, on reconnaît 6, le triple de 2.

Retenons ensemble

Organisation	• Individuel
Matériel	• Cahier-livre
Durée	• 10 minutes

Synthèse de la leçon
- Faire procéder à une lecture silencieuse individuelle de l'écrit de référence.
- Procéder à une lecture magistrale.
- Faire compléter le texte par les élèves avec les mots à retenir : **triple, trois fois, tiers.**
- Vérifier, en passant dans les rangs, la validité des écrits.

Je m'entraîne

Organisation	• Individuel
Matériel	• Cahier-livre, exercices 3, 4, 5, 6, 7, 8, 9, 10 et 11
Durée	• 20 minutes

Exercice 3 : identifier les propositions de triple ou de tiers erronées.

Différenciation :

- *Simplification* : consulter l'écrit de référence. Faire lire la première proposition à l'oral. Aider l'élève à valider et à expliciter.
- *Complexification* : faire corriger les erreurs.

Exercice 4 : calculer le triple ou le tiers de nombres donnés.

Différenciation :

- *Simplification* : consulter l'écrit de référence.
- *Complexification* : faire écrire le triple du triple de 105.

Exercice 5 : retrouver un nombre en fonction d'indices donnés.

Différenciation :

- *Simplification* : rappeler ce qu'est un nombre pair. Faire dire, à titre d'exemple, que pour 6, le tiers c'est 2 et le triple c'est 18.
- *Complexification* : demander de créer un « *Qui suis-je ?* ».

Exercice 6 : calculer le triple du triple de nombres donnés.

Différenciation :

- *Simplification* : consulter l'écrit de référence.
Faire formuler $5 \times 3 \times 3 = 5 \times 9 = 45$.
- *Complexification* : calculer le triple du triple du triple du plus petit nombre de l'exercice.

Exercice 7 : calculer le tiers du tiers de nombres donnés.

Différenciation :

- *Simplification* : consulter l'écrit de référence.
Faire formuler $18 : 3 : 3 = 2$.
- *Complexification* : calculer le tiers du tiers de 1800.

Exercice 8 : écrire le triple d'un nombre à quatre chiffres en respectant des contraintes.

Différenciation :

- *Simplification* : consulter l'écrit de référence. Rappeler le sens du mot impair.

- *Complexification*: écrire, sur l'ardoise, le triple du triple de ce nombre.

Exercice 9: écrire le tiers d'un nombre à trois chiffres en respectant des contraintes.

Différenciation:

- *Simplification*: consulter l'écrit de référence. Rappeler le sens du mot impair.
- *Complexification*: écrire, sur l'ardoise, le tiers de la moitié de 900.

Exercice 10: déterminer le triple d'un nombre dans un contexte donné.

Différenciation:

- *Simplification*: consulter l'écrit de référence. Dire «Hugo possède combien?»
- *Complexification*: résoudre le problème si Hugo possède 1515 euros.

Exercice 11: déterminer le tiers du tiers d'un nombre dans un contexte donné.

Différenciation:

- *Simplification*: consulter l'écrit de référence. Dire «Lisa possède combien?»
- *Complexification*: résoudre le problème si Lisa possède 9900 euros.

Découvrir le nombre 10 000

► Cahier-livre p. 30

ENTRETIEN ET ÉVALUATION

• Fiche d'entretien p. 199

Objectifs

• Apprendre à réaliser des groupements et des échanges.
• Connaître les notions de dizaine de mille, d'unité de mille, de centaine, de dizaine et d'unité.

Activité de découverte

Grouper par 10 000 une collection d'objets.

Organisation	• Groupes de 4 élèves, puis réinvestissement (individuel).
Matériel	• 10 boîtes de 1000 trombones par groupe. • Cahier-livre, exercice 1
Durée	• 10 minutes

• Mise en situation

Chaque groupe a reçu des boîtes de trombones pour les classes de l'école.

Consigne élève: *«Combien y a-t-il de trombones?»*

Mise en commun: partager / échanger sur les résultats afin de permettre les interactions.

- Faire reformuler les stratégies en utilisant la bonne terminologie: groupements/paquets de mille, groupements/ paquets de dix.
- Procédures attendues:
  - 10 groupements par 1000 et 0 unités;
  - 1 groupement par 10 000.
- Hiérarchiser les procédures. Isoler la plus efficace: 1 groupement par 10 000.

Conclusion de l'activité: affiner la réflexion au niveau du vocabulaire à utiliser.

- Faire émerger le vocabulaire en commentant la manipulation (gestes pour le groupement) réalisée par un élève devant le groupe-classe.
- Expliciter: «*On se rappelle: 1 paquet de mille s'appelle une* ***unité de mille****. Quand on groupe 10 paquets de mille trombones, on en a 10 000. Cela fait une* ***dizaine de mille****.*»
- Conclure: «*Pour compter plus vite le nombre de trombones, on peut former une dizaine de mille (1 paquet de dix mille trombones) en groupant 10 paquets de 1000.*»

• Accompagnement personnalisé

Difficultés rencontrées par l'élève	Aide proposée
• L'élève ne parvient pas à réaliser des groupements.	• Aider à manipuler les boîtes de 1000. Poser la question: «*Tu veux faire des paquets de combien?*»
• L'élève ne comprend pas l'intérêt du groupement de paquets de 1000 par 10.	• Réexpliquer les groupements successifs par 10 puis par 100 et enfin par 1000 pour réunir le contenu d'une boîte. Dire: «On continue à grouper les *boîtes de mille par?*»

• Réinvestissement dans le cahier-livre: «Découvrons ensemble»

- Faire entourer en marron 10 boîtes de 1000 trombones.
- Faire compléter les phrases avec l'écriture chiffrée correspondante: laisser 5 minutes.

Je sais faire

Organisation	• Individuel
Matériel	• Cahier-livre, exercice 2 • Crayon de couleur marron
Durée	• 5 minutes

Exercice 2: réaliser une collection de dix-mille éléments (effectuer un groupement par 10 000).

Différenciation:

- *Simplification*: aider l'élève à formuler: «1 unité de mille c'est un groupement de mille *mouchoirs (dix paquets de cent)* et à compléter: «*Une dizaine de mille c'est...*»

Faire énumérer oralement lors du dessin.

Retenons ensemble

Organisation	• Individuel
Matériel	• Cahier-livre
Durée	• 10 minutes

Synthèse de la leçon

- Procéder à une lecture silencieuse individuelle de l'écrit de référence.
- Procéder à une lecture magistrale.
- Faire compléter le texte par les élèves avec les mots à retenir: **mille, dizaine de mille.**
- Vérifier, en passant dans les rangs, la validité des écrits.

Je m'entraîne

Organisation	• Individuel
Matériel	• Cahier-livre, exercices 3, 4, 5, 6, 7 et 8
Durée	• 20 minutes

Exercice 3: coder une collection.

Différenciation:

- ***Simplification***: consulter l'écrit de référence. Aider à l'identification des paquets de 1000 puis faire entourer en marron un groupe de 10 cartons de 1000 feuilles. Faire verbaliser le comptage.
- ***Complexification***: écrire le nombre de feuilles en écriture littérale.

Exercice 4: représenter une collection.

Différenciation:

- ***Simplification***: consulter l'écrit de référence. Faire lire le nombre 10003 oralement et poser la question: *«On va devoir représenter combien de paquets de 1000?»*. Faire verbaliser lors du dessin.
- ***Complexification***: écrire le nombre de craies en écriture littérale.

Exercice 5: appliquer les règles de la numération de position pour valider ou invalider une proposition d'écriture de nombre correspondant à des groupements donnés.

Différenciation:

- ***Simplification***: consulter l'écrit de référence. Faire écrire 10005.
- ***Complexification***: écrire chaque nombre en écriture littérale.

Exercices 6 et 7: appliquer les règles de la numération de position pour écrire ou compléter l'écriture de nombres, en chiffres.

Différenciation:

- ***Simplification***: consulter l'écrit de référence. Aider à compléter en indiquant l'un des chiffres manquant dans le nombre.
- ***Complexification***: écrire chaque nombre en écriture littérale.

Exercice 8: appliquer les règles de la numération de position pour écrire un nombre en respectant des contraintes données.

Différenciation:

- ***Simplification***: consulter l'écrit de référence.
- ***Complexification***: faire écrire le plus petit nombre impair à 5 chiffres.

Lire et écrire les nombres jusqu'à 99 999

► Cahier-livre p. 32

ENTRETIEN ET ÉVALUATION

• Fiche d'entretien p. 200
• Évaluation, exercice 1, p. 263

Objectifs

• Apprendre à lire et à écrire les nombres en lettres jusqu'à 99999.
• Connaître différentes écritures des nombres et passer de l'une à l'autre.

Activité de découverte

Dénombrer une grande quantité de trombonnes.

Organisation	• Binômes, puis réinvestissement (individuel).
Matériel	• Par binôme: 12 étiquettes-nombres (*cf.* matériel photocopiable en Annexe), 1 enveloppe, 1 ardoise. • Cahier-livre, exercice 1
Durée	• 10 minutes

• Mise en situation

Mettre les élèves par deux. Chaque binôme reçoit une enveloppe contenant 12 étiquettes.

Consigne élève: *«Videz le contenu de votre enveloppe. Associez les étiquettes qui vont ensemble».*

Mise en commun: Mettre en évidence les différents tris effectués par les élèves en les faisant coller au tableau.

- Faire reformuler les stratégies en utilisant la bonne terminologie: dizaines de mille, unités de mille, centaines, dizaines et unités. Faire lire les nombres.
- Hiérarchiser les procédures. Isoler la plus efficace: étiquettes regroupées par trios avec les différentes écritures des nombres: chiffrée, littérale, sous forme dm, um, c, d et u.

Conclusion de l'activité:

- Expliciter: *«Un même nombre peut s'écrire différemment».*
- Conclure: *«Il faut connaître les différentes façons d'écrire les nombres: en chiffres, en lettres (mots), sous la forme dizaines de mille, unités de mille, centaines, dizaines et unités et en faisant attention à ce qu'on entend.»*
- Écrire au tableau: *«Exemple: onze-mille-neuf-cent-quatre-vingt-trois = 11 983 = 1dm 1um 9c 8d et 3u».*

• Accompagnement personnalisé

Difficultés rencontrées par l'élève	Aide proposée
• L'élève ne parvient pas à entrer dans l'activité.	• Associer deux étiquettes et faire trouver la troisième. Faire verbaliser les nombres. • Utiliser le nombre 16 643 à titre d'exemple, sur l'ardoise.
• L'élève ne parvient pas à lire les nombres.	• Mettre en correspondance ce qu'on entend (désignation orale) et ce qu'on voit (écritures). Donner des indices relatifs aux chiffres des unités, dizaines, centaines, unités de mille ou dizaines de mille.
• L'élève ne parvient pas à associer le nombre écrit en chiffres à son écriture sous la forme dm, um, c, d et u.	• Repasser par les constellations de plaquettes (10 000, 1 000, 100 et 10) pour isoler les dizaines de mille, unités de mille, centaines, dizaines puis les unités.

• Réinvestissement dans le cahier-livre : « Découvrons ensemble »

- Faire relier les étiquettes représentant le même nombre.
- Laisser 5 minutes.

Je sais faire

Organisation	• Individuel
Matériel	• Cahier-livre, exercice 2
Durée	• 5 minutes

Exercice 2 : associer les différentes écritures des nombres.

Différenciation :

- ***Simplification*** : relier, avec l'élève, le nombre 32 504 à titre d'exemple.

Retenons ensemble

Organisation	• Individuel
Matériel	• Cahier-livre
Durée	• 10 minutes

Synthèse de la leçon

- Faire procéder à une lecture silencieuse individuelle de l'écrit de référence.
- Procéder à une lecture magistrale.
- Faire compléter le texte par les élèves avec les mots à retenir : **mots-nombres, mille, 100.**
- Dire : « Mille est invariable ».
- Vérifier, en passant dans les rangs, la validité des écrits.

Je m'entraîne

Organisation	• Individuel
Matériel	• Cahier-livre, exercices 3, 4, 5, 6, 7, 8 et 9
Durée	• 20 minutes

Exercice 3 : compléter différentes écritures des nombres.

Différenciation :

- ***Simplification*** : consulter l'écrit de référence. Faire lire chaque nombre à l'oral et demander ce qu'on entend.
- ***Complexification*** : faire écrire le nombre qui précède chaque nombre dans les trois écritures.

Exercice 4 : écrire les nombres sous la forme littérale.

Différenciation :

- ***Simplification*** : consulter l'écrit de référence. Faire lire chaque nombre à l'oral et demander ce qu'on entend.
- ***Complexification*** : faire écrire les nombres sous la forme dm, um, c, d et u.

Exercice 5 : écrire les nombres en écriture chiffrée.

Différenciation :

- ***Simplification*** : consulter l'écrit de référence. Faire lire chaque nombre à l'oral et demander ce qu'on entend.
- ***Complexification*** : faire écrire les nombres sous la forme dm, um, c, d et u.

Exercice 6 : écrire les nombres sous la forme dm, um, c, d et u.

Différenciation :

- ***Simplification*** : consulter l'écrit de référence. Faire écrire le 6 de 65 109.
- ***Complexification*** : écrire, sur l'ardoise, tous les nombres trouvés, en chiffres.

Exercice 7 : combiner des chiffres pour écrire des nombres.

Différenciation :

- ***Simplification*** : consulter l'écrit de référence. Faire écrire 23 006 en première ligne.
- ***Complexification*** : écrire, sur l'ardoise, tous les nombres trouvés, en lettres.

Exercice 8 : écrire un nombre à cinq chiffres en respectant des contraintes.

Différenciation :

- ***Simplification*** : consulter l'écrit de référence.
- ***Complexification*** : écrire, sur l'ardoise, le plus grand nombre impair à cinq chiffres, en chiffres et en lettres.

Exercice 9 : combiner puis ranger des mots-nombres en respectant des contraintes.

Différenciation :

- ***Simplification*** : consulter l'écrit de référence. Rappeler la notion d'ordre croissant.
- ***Complexification*** : écrire, sur l'ardoise, tous les nombres trouvés, en chiffres.

Décomposer un nombre jusqu'à 99 999

► Cahier-livre p. 34

ENTRETIEN ET ÉVALUATION
• Fiche d'entretien p. 201
• Évaluation, exercice 2, p. 263

Objectifs

• Apprendre à décomposer les nombres (décompositions additive et canonique).
• Savoir décomposer un nombre en s'appuyant sur des groupements par 10 000, 1 000, 100 et 10.

Activité de découverte

Associer différentes écritures des nombres.

Organisation	• Binômes, puis réinvestissement (individuel).
Matériel	• Par binôme : 12 étiquettes-nombres (*cf.* matériel photocopiable en Annexe), 1 enveloppe, 1 ardoise. • Cahier-livre, exercice 1
Durée	• 10 minutes

• Mise en situation

Mettre les élèves par deux. Chaque binôme reçoit une enveloppe contenant 12 étiquettes.

Consigne élève : *« Videz le contenu de votre enveloppe. Associez les étiquettes qui vont ensemble ».*

Mise en commun : Mettre en évidence les différents tris effectués par les élèves en les faisant coller au tableau.
- Faire reformuler les stratégies en utilisant la bonne terminologie : nombres et décompositions. Faire lire les nombres, les décompositions additives ou canoniques.
- Hiérarchiser les procédures. Isoler la plus efficace : étiquettes regroupées par paires avec les différentes écritures des nombres : chiffrée, décompositions additives ou décompositions canoniques.

Conclusion de l'activité :
- Expliciter : « *Un même nombre peut se décomposer à l'aide de l'addition et de la multiplication* ».
- Conclure : « *Il faut savoir décomposer les nombres en utilisant l'addition et la multiplication avec les nombres 10 000, 1 000, 100 et 10.* »
- Écrire au tableau : « *Exemple : 21 215 = 10 000 + 10 000 + 1 000 + 100 + 100 + 10 + 5 = (2 × 10 000) + (1 × 1 000) + (2 × 100) + (1 × 10) + 5*

• Accompagnement personnalisé

Difficultés rencontrées par l'élève	Aide proposée
• L'élève ne parvient pas à entrer dans l'activité.	• Associer deux étiquettes. Faire verbaliser les décompositions. • Décomposer le nombre 12 217 à titre d'exemple, sur l'ardoise.
• L'élève ne parvient pas à associer le nombre écrit en chiffres à son écriture décomposée.	• Repasser par les groupements de plaquettes (10 000, 1 000, 100 et 10) pour visualiser la décomposition du nombre. • Faire comprendre que 10 000 + 1 000 + 100 = (1 × 10 000) + (1 × 1 000) + (1 × 100)

• Réinvestissement dans le cahier-livre : « Découvrons ensemble »

- Faire relier les différentes écritures du même nombre.
- Laisser 5 minutes.

Je sais faire

Organisation	• Individuel
Matériel	• Cahier-livre, exercice 2 • Crayon de bois et gomme
Durée	• 5 minutes

Exercice 2 : retrouver les décompositions de chaque nombre.

Différenciation :
- ***Simplification*** : examiner, avec l'élève, le nombre 43 214 à titre d'exemple. Mettre en correspondance le chiffre des dizaines de mille dans l'écriture chiffrée du nombre et la multiplication : 4 × 10 000 puis l'écriture additive 40 000 + 3 000 + ...

Retenons ensemble

Organisation	• Individuel
Matériel	• Cahier-livre
Durée	• 10 minutes

Synthèse de la leçon
- Faire procéder à une lecture silencieuse individuelle de l'écrit de référence.
- Procéder à une lecture magistrale.
- Faire compléter le texte par les élèves avec les mots à retenir : **10 000, additive, multiplicative.**
- Vérifier, en passant dans les rangs, la validité des écrits.

Je m'entraîne

Organisation	• Individuel
Matériel	• Cahier-livre, exercices 3, 4, 5, 6, 7, 8 et 9
Durée	• 20 minutes

Exercice 3 : compléter des décompositions additives et canoniques.

Différenciation :
- ***Simplification*** : consulter l'écrit de référence. Faire le lien avec la numération orale.
- ***Complexification*** : faire décomposer chaque nombre en changeant l'ordre des chiffres.

Exercice 4 : écrire une décomposition additive pour chaque nombre.

Différenciation :
- ***Simplification*** : consulter l'écrit de référence.
- ***Complexification*** : faire décomposer le nombre 12 633 sur l'ardoise.

Exercice 5: écrire une décomposition canonique pour chaque nombre.

Différenciation:

- ***Simplification***: consulter l'écrit de référence.
- ***Complexification***: faire décomposer le nombre 84442 sur l'ardoise.

Exercice 6: écrire une décomposition additive et canonique pour chaque nombre.

Différenciation:

- ***Simplification***: consulter l'écrit de référence.
- ***Complexification***: faire décomposer les nombres 21534 et 51453 sur l'ardoise.

Exercice 7: écrire une décomposition additive et canonique pour chaque nombre contenant des zéros.

Différenciation:

- ***Simplification***: consulter l'écrit de référence.
- ***Complexification***: faire décomposer les nombres 1620 et 7802 sur l'ardoise.

Exercice 8: écrire les nombres en chiffres à partir de leur décomposition additive ou canonique.

Différenciation:

- ***Simplification***: consulter l'écrit de référence.
- ***Complexification***: faire écrire les nombres en lettres. Décomposer, des deux façons, un nombre écrit en lettres: trente-cinq-mille-neuf-cent-cinquante-huit.

Exercice 9: décomposer un nombre en respectant des contraintes.

Différenciation:

- ***Simplification***: consulter l'écrit de référence.
- ***Complexification***: faire décomposer le plus grand nombre pair à cinq chiffres, sur l'ardoise.

Comparer, ranger et encadrer les nombres jusqu'à 99 999

► Cahier-livre p. 36

ENTRETIEN ET ÉVALUATION

- Fiche d'entretien p. 202
- Évaluation, exercice 3, p. 264

Objectifs

- Comparer des nombres et des sommes de nombres à cinq chiffres.
- Ordonner des nombres dans l'ordre croissant et dans l'ordre décroissant.

Activité de découverte

Comparer et ranger les prix de différents appartements.

Organisation	• Binômes, puis réinvestissement (individuel).
Matériel	• Par binôme: 1 enveloppe, 2 cartes-somme» et 3 cartes-appartement. Carte somme A: 65429 €, carte somme B: 88990 € Carte appartement 1: 5 chambres (88889 €) Carte appartement 2: 2 chambres (65419 €) Carte appartement 3: 2 chambres avec balcon (65467 €) • Cahier-livre, exercice 1 et ardoise.
Durée	• 20 minutes

• Mise en situation

Distribuer une enveloppe par binôme. L'enveloppe contient les deux cartes-somme et les trois cartes-voiture.

Consignes élève: *«Sortez les éléments de votre enveloppe. Rangez les appartements, en fonction de leur prix, dans l'ordre croissant. Choisissez une carte somme». «Quel(s) appartement(s) allez-vous pouvoir acheter avec la somme choisie?».*

Mise en commun: Répondre à la question en **comparant les chiffres** des dizaines de mille, des unités de mille, des centaines, puis des dizaines et enfin des unités des sommes en euros.

- Utiliser les signes de comparaison des nombres:

• 65429 < 65467 et 65429 < 88889 donc avec la somme A on ne pourra acheter ni l'appartement 2 chambres avec balcon, ni l'appartement 5 chambres.

- On pourra acheter l'appartement 2 chambres car: 65429 > 65419.

• 88990 > 65419, 88990 > 65467 et 88990 > 88889 donc avec la somme B on pourra acheter l'un des trois appartements, au choix.

Conclusion de l'activité: Pour comparer des nombres à cinq chiffres, on compare d'abord les chiffres des dizaines de mille. S'ils sont égaux, on compare les chiffres des unités de mille, des centaines, des dizaines puis ceux des unités en cas d'égalité des précédents.
Exemple: pour comparer 888**89** et 888**90** on remarque que 8 < 9 pour les **dizaines** donc **88889 < 88890**.

• Accompagnement personnalisé

Difficultés rencontrées par l'élève	Aide proposée
• L'élève ne sait pas comparer deux nombres.	• Faire entourer puis comparer le chiffre des dizaines de mille de chaque nombre, puis le chiffre des unités de mille, des centaines, des dizaines et enfin le chiffre des unités en cas d'égalité des chiffres précédents.
• L'élève inverse les deux signes de comparaison.	• Donner des moyens mnémotechniques pour connaître et mémoriser l'orientation spatiale des deux signes (l'ouverture la plus grande est du côté du nombre le plus grand et l'ouverture la plus petit est du côté du nombre le plus petit).

• Réinvestissement dans le cahier-livre : « Découvrons ensemble »

Faire reporter les éléments de réponse dans la rubrique « Découvrons ensemble » : laisser 7/8 minutes aux élèves pour comparer, ranger et encadrer les nombres.

Je sais faire

Organisation	• Individuel
Matériel	• Cahier-livre, exercice 2
Durée	• 8 minutes

Exercice 2: savoir comparer des nombres à l'aide des signes < et >.

Différenciation :

- *Simplification* : faire entourer le chiffre des dizaines de mille / unités de mille / centaines / dizaines de chaque nombre de la première colonne.

Retenons ensemble

Organisation	• Individuel
Matériel	• Cahier-livre
Durée	• 10 minutes

Synthèse de la leçon

- Faire procéder à une lecture silencieuse individuelle de l'écrit de référence.
- Procéder à une lecture magistrale.
- Faire compléter le texte par les élèves avec les mots à retenir : **comparer, dizaines de mille, encadrer.**
- Vérifier, en passant dans les rangs, la validité des écrits.

Je m'entraîne

Organisation	• Individuel
Matériel	• Cahier-livre, exercices 3, 4, 5, 6, 7, 8, 9 et 10
Durée	• 20 minutes

Exercice 3: savoir comparer un nombre en utilisant les signes < et >.

Différenciation :

- *Simplification* : consulter l'écrit de référence.
- *Complexification* : écrire le plus petit nombre et le plus grand nombre de l'exercice.

Exercice 4: savoir comparer un nombre par rapport à un nombre de dizaines de mille.

Différenciation :

- *Simplification* : consulter l'écrit de référence.
- *Complexification* : écrire le nombre voisin qui convient dans l'inégalité.

Exercice 5: savoir encadrer un nombre entre deux dizaines de mille.

Différenciation :

- *Simplification* : consulter l'écrit de référence.
- *Complexification* : encadrer chaque nombre au plus près.

Exercice 6: savoir encadrer un nombre au plus près.

Différenciation :

- *Simplification* : consulter l'écrit de référence.
- *Complexification* : encadrer chaque nombre entre deux dizaines de mille.

Exercice 7 : savoir ranger des nombres dans l'ordre croissant. Savoir encadrer entre deux dizaines de mille.

Différenciation :

- *Simplification* : consulter l'écrit de référence.
- *Complexification* : encadrer le plus grand nombre au plus près.

Exercice 8 : savoir ranger des nombres dans l'ordre décroissant. Savoir encadrer au plus près.

Différenciation :

- *Simplification* : consulter l'écrit de référence.
- *Complexification* : encadrer le plus grand nombre entre deux dizaines de mille.

Exercice 9 : savoir comparer des nombres en respectant des contraintes.

Différenciation :

- *Simplification* : consulter l'écrit de référence.
- *Complexification* : encadrer chaque nombre au plus près.

Exercice 10 : savoir encadrer le résultat d'une addition dans un contexte donné.

Différenciation :

- *Simplification* : consulter l'écrit de référence.
- *Complexification* : encadrer la somme entre deux dizaines de mille.

Se repérer dans la suite des nombres jusqu'à 99 999

► Cahier-livre p. 38

ENTRETIEN ET ÉVALUATION

• Fiche d'entretien p. 203
• Évaluation, exercice 4, p. 264

Objectifs

- Ordonner les nombres inférieurs à 99 999.
- Comprendre l'aspect algorithmique des nombres et connaître particulièrement la régularité de leur écriture.
- Connaître et utiliser les outils d'aide à la mise en ordre des nombres : la droite graduée.

Activité de découverte

Reconstituer un puzzle composé de droites graduées.

Organisation	• Groupes de 4 élèves, puis réinvestissement (individuel).
Matériel	• Par groupe : 2 puzzles découpés (*cf.* matériel photocopiable en Annexe), 1 enveloppe, 1 ardoise. • Cahier-livre, exercice 1
Durée	• 20 minutes

• Mise en situation

Mettre les élèves par équipes de 4 et distribuer une enveloppe, contenant les pièces découpées des deux puzzles de 4 pièces, par groupe.

Consigne élève: *« Reconstituer les puzzles de la suite des nombres et compléter les cases vides avec les nombres manquants ». Laisser les élèves chercher une règle qui permette de reconstituer les droites graduées.*

Mise en commun: Faire émerger les différentes démarches utilisées pour reconstituer le puzzle. Faire émerger la notion de droite graduée et faire verbaliser les moyens de repérage.
- Faire constater les régularités : ajout d'une unité pour passer à la graduation suivante, notion d'écart constant entre les nombres qui se suivent.
- Dire : *« Pour passer à la graduation suivante sur la droite graduée, on ajoute ..... au nombre. »*

Conclusion de l'activité:
- Expliciter : *« La **droite graduée** aide à reconstituer la suite des nombres. »*
- Conclure : *« Il faut se repérer par rapport aux **graduations** et connaître l'écart entre les nombres pour compléter la suite des nombres ».*

• Accompagnement personnalisé

Difficultés rencontrées par l'élève	Aide proposée
• L'élève ne pense pas à ranger les nombres dans l'ordre pour reconstituer le puzzle.	• Rappeler que les nombres se situent dans l'ordre croissant, comme sur la bande numérique.
• L'élève ne sait pas ranger les nombres dans l'ordre.	• Examiner, avec l'élève, le début de chaque suite. Faire verbaliser l'écart entre les nombres qui se suivent. Faire pointer chaque graduation en énumérant les nombres.

• Réinvestissement dans le cahier-livre : « Découvrons ensemble »

Reporter les éléments de réponse dans la rubrique « Découvrons ensemble » : laisser 7/8 minutes aux élèves pour effectuer le report.

Je sais faire

Organisation	• Individuel
Matériel	• Cahier-livre, exercice 2
Durée	• 5 minutes

Exercice 2: savoir utiliser des droites graduées pour compléter une suite de nombres.

Différenciation :
- ***Simplification***: examiner, avec l'élève, le début de la suite. Faire verbaliser l'écart entre les nombres qui se suivent. Faire pointer chaque graduation en énumérant les nombres.

Retenons ensemble

Organisation	• Individuel
Matériel	• Cahier-livre
Durée	• 10 minutes

Synthèse de la leçon
- Faire procéder à une lecture silencieuse individuelle de l'écrit de référence.
- Procéder à une lecture magistrale.
- Faire compléter le texte par les élèves avec les mots à retenir : **suite, constant, écart.**
- Vérifier, en passant dans les rangs, la validité des écrits.

Je m'entraîne

Organisation	• Individuel
Matériel	• Cahier-livre, exercices 3, 4, 5, 6, 7, 8, 9 et 10
Durée	• 20 minutes

Exercice 3: savoir utiliser une droite graduée pour compléter une suite de nombres.

Différenciation :
- ***Simplification***: examiner, avec l'élève, le début de la suite. Faire verbaliser l'écart entre les nombres qui se suivent. Faire pointer chaque graduation en énumérant les nombres.
- ***Complexification***: faire continuer la suite oralement jusqu'à 30 000 puis, par écrit, sur l'ardoise, jusqu'à 45 000.

Exercice 4: identifier l'écart entre les termes consécutifs d'une suite de nombres figurant sur une droite graduée pour la compléter.

Différenciation :
- ***Simplification***: examiner, avec l'élève, le début de la suite. Faire verbaliser l'écart entre les nombres qui se suivent. Faire pointer chaque graduation en énumérant les nombres.
- ***Complexification***: faire continuer la suite oralement jusqu'à 18 000 puis, par écrit, sur l'ardoise, jusqu'à 27 000.

Exercice 5: continuer une suite de nombres figurant sur une droite graduée dont l'écart est donné.

Différenciation :
- ***Simplification***: consulter l'écrit de référence. Rappeler la notion d'écart constant.
- ***Complexification***: trouver les quatre termes suivants et les écrire, dans l'ordre, sur l'ardoise.

Exercices 6 et 7: écrire une suite de nombres sur une droite graduée dont l'écart et le premier terme sont donnés.

Différenciation :
- ***Simplification***: consulter l'écrit de référence. Rappeler la notion d'écart constant.
- ***Complexification***: exercice 6 : la suite commence par 1000. Exercice 7 : la suite commence par 5 000.

Exercice 8 : construire une droite graduée pour y écrire une suite de nombres donnée, d'écart 10 001.

Différenciation :

- *Simplification* : consulter l'écrit de référence. Aider l'élève à construire, à l'aide des carreaux, le début de la droite graduée. Placer, avec lui, les premières graduations et les trois premiers termes de la suite.
- *Complexification* : imposer un écart de 10 002 puis faire construire une seconde droite graduée sur une feuille à carreaux.

Exercices 9 et 10 : trouver le dernier terme d'une suite de nombres dont l'écart et le premier terme sont donnés.

Différenciation :

- *Simplification* : consulter l'écrit de référence.
- *Complexification* : imposer une suite de 7 nombres (exercice 9). Exercice 10 : la suite commence par 1 000.

Connaître les expressions : quadruple et quart

► Cahier-livre p. 40

ENTRETIEN ET ÉVALUATION

- Fiche d'entretien p. 204
- Évaluation, exercice 5, p. 264

Objectifs

- Connaître et utiliser les notions de quadruple, quart et les relations qui les lient.
- Calculer le quadruple ou le quart d'un nombre.

Activité de découverte

Associer différentes écritures des nombres.

Organisation	• Binômes, puis réinvestissement (individuel).
Matériel	• Par binôme : 12 étiquettes-nombres (*cf.* matériel photocopiable en Annexe), 1 enveloppe, 1 ardoise. • Cahier-livre, exercice 1
Durée	• 10 minutes

• Mise en situation

Mettre les élèves par deux. Chaque binôme reçoit une enveloppe contenant 12 étiquettes.

Consigne élève : *« Videz le contenu de votre enveloppe. Associez les étiquettes qui vont ensemble ».*

Mise en commun : Mettre en évidence les différents tris effectués par les élèves en les faisant coller au tableau.
- Faire reformuler les stratégies en utilisant la bonne terminologie : quadruple et quart. Faire lire les nombres.
- Hiérarchiser les procédures. Isoler la plus efficace : étiquettes regroupées par trios avec les quadruples et les quarts des nombres.

Conclusion de l'activité :
- Expliciter : « *Prendre le quadruple d'un nombre c'est le multiplier par quatre. Prendre le quart d'un nombre c'est le diviser par quatre* ».
- Conclure : « Le *quadruple d'un nombre est ce nombre multiplié par quatre. Le quart d'un nombre est ce nombre divisé par quatre* ».
- Écrire au tableau : *Exemples* : *quadruple* : *100 × 4 = 400* *quart 100 : 4 = 25*
Remarque : Pour passer du quart d'un nombre à son quadruple, on multiplie par 4 et encore par 4.

• Accompagnement personnalisé

Difficultés rencontrées par l'élève	Aide proposée
• L'élève ne parvient pas à entrer dans l'activité.	• Associer deux étiquettes et faire trouver la troisième. Faire verbaliser les nombres. • Utiliser le nombre 20 à titre d'exemple, sur l'ardoise.
• L'élève ne parvient pas à trouver le quadruple.	• Repérer le quadruple du premier chiffre à gauche.
• L'élève ne parvient pas à trouver le quart.	• Repérer le quart du premier chiffre à gauche.

• Réinvestissement dans le cahier-livre : « Découvrons ensemble »

- Faire relier les étiquettes représentant le quadruple ou le quart des nombres.
- Laisser 5 minutes.

Je sais faire

Organisation	• Individuel
Matériel	• Cahier-livre, exercice 2
Durée	• 5 minutes

Exercice 2 : identifier le quadruple ou le quart d'un nombre.

Différenciation :

- *Simplification* : relier, avec l'élève, le nombre 160 à titre d'exemple. Faire formuler : 160 c'est le quadruple de 40, on reconnaît 16, le quadruple de 4.

Retenons ensemble

Organisation	• Individuel
Matériel	• Cahier-livre
Durée	• 10 minutes

Synthèse de la leçon
- Faire procéder à une lecture silencieuse individuelle de l'écrit de référence.
- Procéder à une lecture magistrale.
- Faire compléter le texte par les élèves avec les mots à retenir: **quadruple, quatre fois, quart.**
- Vérifier, en passant dans les rangs, la validité des écrits.

Je m'entraîne

Organisation	• Individuel
Matériel	• Cahier-livre, exercices 3, 4, 5, 6, 7, 8, 9, 10 et 11
Durée	• 20 minutes

Exercice 3: identifier les propositions de quadruple ou de quart erronées.
Différenciation:
- ***Simplification***: consulter l'écrit de référence. Faire lire la première proposition à l'oral. Aider l'élève à valider et à expliciter.
- ***Complexification***: faire corriger les erreurs.

Exercice 4: calculer le quadruple ou le quart de nombres donnés.
Différenciation:
- ***Simplification***: consulter l'écrit de référence.
- ***Complexification***: faire écrire le quadruple du quadruple de 51.

Exercice 5: retrouver un nombre en fonction d'indices donnés.
Différenciation:
- ***Simplification***: rappeler ce qu'est un nombre pair. Faire dire, à titre d'exemple, que pour 8, le quart c'est 2 et le quadruple c'est 32.
- ***Complexification***: demander de créer un « *Qui suis-je ?* ».

Exercice 6: calculer le quadruple du quadruple de nombres donnés.
Différenciation:
- ***Simplification***: consulter l'écrit de référence.
Faire formuler 5 × 4 × 4 = 80.
- ***Complexification***: calculer le quadruple du quadruple du quadruple de 5.

Exercice 7: calculer le quart du quart de nombres donnés.
Différenciation:
- ***Simplification***: consulter l'écrit de référence.
Faire formuler 16 : 4 : 4 = 1.
- ***Complexification***: calculer le quart du quart de 16 016.

Exercice 8: écrire le quadruple d'un nombre à cinq chiffres en respectant des contraintes.
Différenciation:
- ***Simplification***: consulter l'écrit de référence. Rappeler le sens du mot impair.
- ***Complexification***: écrire, sur l'ardoise, le quadruple du quadruple de 1002.

Exercice 9: écrire le quart d'un nombre à cinq chiffres en respectant des contraintes.
Différenciation:
- ***Simplification***: consulter l'écrit de référence. Rappeler le sens du mot pair.
- ***Complexification***: écrire, sur l'ardoise, le quart de la moitié de 80 000.

Exercice 10: déterminer le quadruple d'un nombre dans un contexte donné.
Différenciation:
- ***Simplification***: consulter l'écrit de référence. Dire « *Hugo possède combien ?* »
- ***Complexification***: Résoudre le problème si Hugo possède 22 000 euros.

Exercice 11: déterminer le quart d'un nombre dans un contexte donné.
Différenciation:
- ***Simplification***: consulter l'écrit de référence. Dire « *Lisa possède combien ?* »
- ***Complexification***: résoudre le problème si Lisa possède 44 444 euros.

Découvrir le nombre 100 000

► Cahier-livre p. 42

ENTRETIEN ET ÉVALUATION
• Fiche d'entretien p. 205

Objectifs
• Apprendre à réaliser des groupements et des échanges.
• Connaître les notions de centaine de mille, dizaine de mille, d'unité de mille, de centaine, de dizaine et d'unité.

Activité de découverte

Dénombrer une très grande quantité d'attaches parisiennes.

Organisation	• Groupes de 4 élèves, puis réinvestissement (individuel).
Matériel	• 10 boîtes de 10 000 attaches parisiennes par groupe (fac similé) • Cahier-livre, exercice 1
Durée	• 10 minutes

• Mise en situation
Chaque groupe a reçu des facs similes de boîtes d'attaches parisiennes pour les classes de l'école. Sur chaque boîte est écrit: « 10 000 attaches parisiennes ». Chaque boîte contient 10 étiquettes. Chaque étiquette représente une boîte sur laquelle est noté: « 1000 attaches parisiennes ».

Consigne élève: *« Combien y a-t-il d'attaches parisiennes ? »*

Mise en commun: partager / échanger sur les résultats afin de permettre les interactions.
- Faire reformuler les stratégies en utilisant la bonne terminologie: groupements/paquets de dix-mille, de mille, groupements/ paquets de dix.
- Procédures attendues:
  - 10 groupements par 10 000 et 0 unités;
  - 1 groupement par 100 000.

– Hiérarchiser les procédures. Isoler la plus efficace : 1 groupement par 100 000.

Conclusion de l'activité : affiner la réflexion au niveau du vocabulaire à utiliser.
– Faire émerger le vocabulaire en commentant la manipulation (gestes pour le groupement) réalisée par un élève devant le groupe-classe.
– Expliciter : « *On se rappelle : 1 paquet de dix-mille s'appelle une **dizaine de mille**. Quand on groupe 10 paquets de dix-mille attaches parisiennes, on en a 100 000. Cela fait une **centaine de mille**.* »
– Conclure : « *Pour compter plus vite le nombre de d'attaches parisiennes, on peut former une centaine de mille (1 paquet de cent mille attaches parisiennes) en groupant 10 paquets de 10 000.* ».

• Accompagnement personnalisé

Difficultés rencontrées par l'élève	Aide proposée
• L'élève ne parvient pas à réaliser des groupements.	• Aider à manipuler les boîtes de 10 000 et les étiquettes de 1 000. Poser la question : « *Tu veux faire des paquets de combien ?* »
• L'élève ne comprend pas l'intérêt du groupement de paquets de 10 000 par 10.	• Réexpliquer les groupements successifs par 10 puis par 100, par 1 000 et enfin par 10 000 pour réunir le contenu d'une boîte. Dire : « *On continue à grouper les boîtes de dix-mille par ?* »

• Réinvestissement dans le cahier-livre : « Découvrons ensemble »

– Faire entourer en rose 10 boîtes de 10 000 attaches parisiennes.
– Faire compléter les phrases avec l'écriture chiffrée correspondante : laisser 5 minutes.

Je sais faire

Organisation	• Individuel
Matériel	• Cahier-livre, exercice 2 • Crayon de couleur rose
Durée	• 5 minutes

Exercice 2 : réaliser une collection de cent-mille éléments (effectuer un groupement par 100 000).

Différenciation :
– ***Simplification*** : aider l'élève à formuler : «1 dizaine *de mille c'est un groupement de dix-mille clous (dix paquets de mille)* et à compléter : « *Une centaine de mille c'est…* »
Faire énumérer oralement lors du dessin.

Retenons ensemble

Organisation	• Individuel
Matériel	• Cahier-livre
Durée	• 10 minutes

Synthèse de la leçon
– Procéder à une lecture silencieuse individuelle de l'écrit de référence.
– Procéder à une lecture magistrale.
– Faire compléter le texte par les élèves avec les mots à retenir : **dix-mille, centaine de mille.**
– Vérifier, en passant dans les rangs, la validité des écrits.

Je m'entraîne

Organisation	• Individuel
Matériel	• Cahier-livre, exercices 3, 4, 5, 6, 7 et 8
Durée	• 20 minutes

Exercice 3 : coder une collection.

Différenciation :
– ***Simplification*** : consulter l'écrit de référence. Aider à l'identification des paquets de 10 000 puis faire entourer en rose un groupe de 10 cartons de 10 000 feuilles. Faire verbaliser le comptage.
– ***Complexification*** : écrire le nombre de feuilles en écriture littérale.

Exercice 4 : représenter une collection.

Différenciation :
– ***Simplification*** : consulter l'écrit de référence. Faire lire le nombre 100 003 oralement et poser la question : « *On va devoir représenter combien de paquets de 10 000 ?* ». Faire verbaliser lors du dessin.
– ***Complexification*** : écrire le nombre de craies en écriture littérale.

Exercice 5 : appliquer les règles de la numération de position pour valider ou invalider une proposition d'écriture de nombre correspondant à des groupements donnés.

Différenciation :
– ***Simplification*** : consulter l'écrit de référence. Faire écrire 100 005.
– ***Complexification*** : écrire chaque nombre en écriture littérale.

Exercice 6 : appliquer les règles de la numération de position pour écrire ou compléter l'écriture de nombres, en chiffres.

Différenciation :
– ***Simplification*** : consulter l'écrit de référence. Aider à compléter en indiquant l'un des chiffres manquant dans le nombre.
– ***Complexification*** : écrire chaque nombre en écriture littérale.

Exercice 7 : appliquer les règles de la numération de position pour compléter un tableau de numération.

Différenciation :
– ***Simplification*** : consulter l'écrit de référence. Aider à compléter la case des centaines de mille pour 100 002.
– ***Complexification*** : écrire chaque nombre en écriture littérale.

Exercice 8 : appliquer les règles de la numération de position pour écrire un nombre en respectant des contraintes données.

Différenciation :
– ***Simplification*** : consulter l'écrit de référence.
– ***Complexification*** : faire écrire le plus petit nombre impair à 6 chiffres.

Lire et écrire les nombres jusqu'à 999 999

► Cahier-livre p. 44

ENTRETIEN ET ÉVALUATION
- Fiche d'entretien p. 206
- Évaluation, exercice 1, p. 265

Objectifs

• Apprendre à lire et à écrire les nombres en lettres jusqu'à 999 999.
• Connaître différentes écritures des nombres et passer de l'une à l'autre.

Activité de découverte

Associer différentes écritures des nombres

Organisation	• Binômes, puis réinvestissement (individuel).
Matériel	• Par binôme : 12 étiquettes-nombres (*cf.* matériel photocopiable en Annexe), 1 enveloppe, 1 ardoise. • Cahier-livre, exercice 1
Durée	• 10 minutes

• Mise en situation

Mettre les élèves par deux. Chaque binôme reçoit une enveloppe contenant 12 étiquettes.

Consigne élève : *« Videz le contenu de votre enveloppe. Associez les étiquettes qui vont ensemble ».*

Mise en commun : Mettre en évidence les différents tris effectués par les élèves en les faisant coller au tableau.
- Faire reformuler les stratégies en utilisant la bonne terminologie : centaines de mille, dizaines de mille, unités de mille, centaines, dizaines et unités. Faire lire les nombres.
- Hiérarchiser les procédures. Isoler la plus efficace : étiquettes regroupées par trios avec les différentes écritures des nombres : chiffrée, littérale, sous forme cm, dm, um, c, d et u.

Conclusion de l'activité :
- Expliciter : « Un même nombre peut s'écrire différemment ».
- Conclure : *« Il faut connaître les différentes façons d'écrire les nombres : en chiffres, en lettres (mots), sous la forme centaines de mille, dizaines de mille, unités de mille, centaines, dizaines et unités et en faisant attention à ce qu'on entend. »*
- Écrire au tableau : *« Exemple : deux-cent-trente-cinq-mille-huit-cent-soixante-trois = 235 863 = 2cm 3dm 5um 8c 6d et 3u. «*

• Accompagnement personnalisé

Difficultés rencontrées par l'élève	Aide proposée
• L'élève ne parvient pas à entrer dans l'activité.	• Associer deux étiquettes et faire trouver la troisième. Faire verbaliser les nombres. • Utiliser le nombre 231 524 à titre d'exemple, sur l'ardoise.
• L'élève ne parvient pas à lire les nombres.	• Mettre en correspondance ce qu'on entend (désignation orale) et ce qu'on voit (écritures). • Donner des indices relatifs aux chiffres des unités, dizaines, centaines, unités de mille, dizaines de mille ou centaines de mille.
• L'élève ne parvient pas à associer le nombre écrit en chiffres à son écriture sous la forme cm, dm, um, c, d et u.	• Repasser par les constellations de plaquettes (100 000, 10 000, 1 000, 100 et 10) pour isoler les dizaines de mille, unités de mille, centaines, dizaines puis les unités.

• Réinvestissement dans le cahier-livre : « Découvrons ensemble »

Faire relier les étiquettes représentant le même nombre. Laisser 5 minutes.

Je sais faire

Organisation	• Individuel
Matériel	• Cahier-livre, exercice 2
Durée	• 5 minutes

Exercice 2 : associer les différentes écritures des nombres.

Différenciation :

- ***Simplification*** : relier, avec l'élève, le nombre 422 000 à titre d'exemple.

Retenons ensemble

Organisation	• Individuel
Matériel	• Cahier-livre
Durée	• 10 minutes

Synthèse de la leçon
- Faire procéder à une lecture silencieuse individuelle de l'écrit de référence.
- Procéder à une lecture magistrale.
- Faire compléter le texte par les élèves avec les mots à retenir : **mille, inférieurs, 1 000.**
- Vérifier, en passant dans les rangs, la validité des écrits.

Je m'entraîne

Organisation	• Individuel
Matériel	• Cahier-livre, exercices 3, 4, 5, 6, 7, 8 et 9
Durée	• 20 minutes

Exercice 3 : compléter différentes écritures des nombres.

Différenciation :

- ***Simplification*** : consulter l'écrit de référence. Faire lire chaque nombre à l'oral et demander ce qu'on entend.
- ***Complexification*** : faire écrire le nombre qui précède chaque nombre dans les trois écritures.

Exercice 4 : écrire les nombres sous la forme littérale.

Différenciation :

- *Simplification* : consulter l'écrit de référence. Faire lire chaque nombre à l'oral et demander ce qu'on entend.
- *Complexification* : faire écrire les nombres sous la forme cm, dm, um, c, d et u.

Exercice 5 : écrire les nombres en écriture chiffrée.

Différenciation :

- *Simplification* : consulter l'écrit de référence. Faire lire chaque nombre à l'oral et demander ce qu'on entend.
- *Complexification* : faire écrire les nombres sous la forme cm, dm, um, c, d et u.

Exercice 6 : écrire les nombres sous la forme cm, dm, um, c, d et u.

Différenciation :

- *Simplification* : consulter l'écrit de référence. Faire écrire le 3 de 365 103.
- *Complexification* : écrire, sur l'ardoise, tous les nombres trouvés, en chiffres.

Exercice 7 : combiner des chiffres pour écrire des nombres.

Différenciation :

- *Simplification* : consulter l'écrit de référence. Faire écrire 215 306 en première ligne.
- *Complexification* : écrire, sur l'ardoise, tous les nombres trouvés, en lettres.

Exercice 8 : écrire un nombre à six chiffres en respectant des contraintes.

Différenciation :

- *Simplification* : consulter l'écrit de référence.
- *Complexification* : écrire, sur l'ardoise, le plus grand nombre impair à six chiffres, en chiffres et en lettres.

Exercice 9 : combiner puis ranger des mots-nombres en respectant des contraintes.

Différenciation :

- *Simplification* : consulter l'écrit de référence. Rappeler la notion d'ordre croissant.
- *Complexification* : écrire, sur l'ardoise, tous les nombres trouvés, en chiffres.

Décomposer un nombre jusqu'à 999 999

► Cahier-livre p. 46

ENTRETIEN ET ÉVALUATION

• Fiche d'entretien p. 207
• Évaluation, exercice 2, p. 265

Objectifs

• Apprendre à décomposer les nombres (décompositions additive et canonique).
• Savoir décomposer un nombre en s'appuyant sur des groupements par 100 000, 10 000, 1 000, 100 et 10.

Activité de découverte

Associer différentes écritures des nombres.

Organisation	• Binômes, puis réinvestissement (individuel).
Matériel	• Par binôme : 12 étiquettes-nombres (*cf.* matériel photocopiable en Annexe), 1 enveloppe, 1 ardoise. • Cahier-livre, exercice 1
Durée	• 10 minutes

• Mise en situation

Mettre les élèves par deux. Chaque binôme reçoit une enveloppe contenant 12 étiquettes.

Consigne élève : *« Videz le contenu de votre enveloppe. Associez les étiquettes qui vont ensemble ».*

Mise en commun : Mettre en évidence les différents tris effectués par les élèves en les faisant coller au tableau.
- Faire reformuler les stratégies en utilisant la bonne terminologie : nombres et décompositions. Faire lire les nombres, les décompositions additives ou canoniques.
- Hiérarchiser les procédures. Isoler la plus efficace : étiquettes regroupées par paires avec les différentes écritures des nombres : chiffrée, décompositions additives ou décompositions canoniques.

Conclusion de l'activité :
- Expliciter : « *Un même nombre peut se décomposer à l'aide de l'addition et de la multiplication* ».
- Conclure : « *Il faut savoir décomposer les nombres en utilisant l'addition et la multiplication avec les nombres 100 000, 10 000, 1 000, 100 et 10.* »
- Écrire au tableau : « *Exemple : 121 347 = 100 000 + 10 000 + 10 000 + 1 000 + 100 + 100 + 100 + 10 + 10 + 10 + 10 + 7 = (100 000 × 1) + (10 000 × 2) + (1 000 × 1) + (100 × 3) + (10 × 4) + 7* »

• Accompagnement personnalisé

Difficultés rencontrées par l'élève	Aide proposée
• L'élève ne parvient pas à entrer dans l'activité.	• Associer deux étiquettes. Faire verbaliser les décompositions. • Décomposer le nombre 213 425 à titre d'exemple, sur l'ardoise.
• L'élève ne parvient pas à associer le nombre écrit en chiffres à son écriture décomposée.	• Repasser par les groupements de plaquettes (100 000, 10 000, 1 000, 100 et 10) pour visualiser la décomposition du nombre. • Faire comprendre que 100 000 + 10 000 + 1 000 + 100 = (100 000 × 1) + (10 000 × 1) + (1 000 × 1) + (100 × 1)

• Réinvestissement dans le cahier-livre : « Découvrons ensemble »

Faire relier les différentes écritures du même nombre. Laisser 5 minutes.

Je sais faire

Organisation	• Individuel
Matériel	• Cahier-livre, exercice 2
Durée	• 5 minutes

Exercice 2: retrouver les décompositions de chaque nombre.

Différenciation:

- ***Simplification***: examiner, avec l'élève, le nombre 213 045 à titre d'exemple. Mettre en correspondance le chiffre des centaines de mille dans l'écriture chiffrée du nombre et la multiplication: 2 x 100 000 puis l'écriture additive 200 000 + 10 000 + ...

Retenons ensemble

Organisation	• Individuel
Matériel	• Cahier-livre
Durée	• 10 minutes

Synthèse de la leçon

- Faire procéder à une lecture silencieuse individuelle de l'écrit de référence.
- Procéder à une lecture magistrale.
- Faire compléter le texte par les élèves avec les mots à retenir: **addition, multiplication, 100 000,**
- Vérifier, en passant dans les rangs, la validité des écrits.

Je m'entraîne

Organisation	• Individuel
Matériel	• Cahier-livre, exercices 3, 4, 5, 6, 7, 8 et 9
Durée	• 20 minutes

Exercice 3: compléter des décompositions additives et canoniques.

Différenciation:

- ***Simplification***: consulter l'écrit de référence. Faire le lien avec la numération orale.
- ***Complexification***: faire décomposer chaque nombre en changeant l'ordre des chiffres.

Exercice 4: écrire une décomposition additive pour chaque nombre.

Différenciation:

- ***Simplification***: consulter l'écrit de référence.
- ***Complexification***: faire décomposer le nombre 124 325 sur l'ardoise.

Exercice 5: écrire une décomposition canonique pour chaque nombre.

Différenciation:

- ***Simplification***: consulter l'écrit de référence.
- ***Complexification***: faire décomposer le nombre 148 235 sur l'ardoise.

Exercice 6: écrire une décomposition additive et canonique pour chaque nombre.

Différenciation:

- ***Simplification***: consulter l'écrit de référence.
- ***Complexification***: faire décomposer les nombres 103 073 et 320 041 sur l'ardoise.

Exercice 7: écrire une décomposition additive et canonique pour chaque nombre contenant des zéros.

Différenciation:

- ***Simplification***: consulter l'écrit de référence.
- ***Complexification***: faire décomposer les nombres 300 200 et 400 750 sur l'ardoise.

Exercice 8: écrire les nombres en chiffres à partir de leur décomposition additive ou canonique.

Différenciation:

- ***Simplification***: consulter l'écrit de référence.
- ***Complexification***: faire écrire les nombres en lettres. Décomposer, des deux façons, un nombre écrit en lettres: six-cent-vingt-trois-mille-cent-soixante-douze.

Exercice 9: décomposer un nombre en respectant des contraintes.

Différenciation:

- ***Simplification***: consulter l'écrit de référence.
- ***Complexification***: faire décomposer le plus grand nombre pair à six chiffres, sur l'ardoise.

Comparer, ranger et encadrer les nombres jusqu'à 999 999

► Cahier-livre p. 48

ENTRETIEN ET ÉVALUATION

• Fiche d'entretien p. 208
• Évaluation, exercice 3, p. 266

Objectifs

- Comparer des nombres et des sommes de nombres à six chiffres.
- Ordonner des nombres dans l'ordre croissant et dans l'ordre décroissant.

Activité de découverte

Comparer et ranger les prix de différentes villas.

Organisation	• Binômes, puis réinvestissement (individuel).
Matériel	• Par binôme : 1 enveloppe, 2 cartes-somme» et 3 cartes-villa Carte somme A : 388 890 €, carte somme B : 625 529 € Carte villa 1 avec vue sur mer : 418 779 € Carte villa 2 avec piscine : 315 113 € Carte villa 3 avec vue sur mer et piscine : 635 407 € • Cahier-livre, exercice 1 et ardoise.
Durée	• 20 minutes

• Mise en situation

Distribuer une enveloppe par binôme. L'enveloppe contient les deux cartes-somme et les trois cartes-villa.

Consignes élève : *« Sortez les éléments de votre enveloppe. Rangez les villas, en fonction de leur prix, dans l'ordre croissant. Choisissez une carte somme ». « Quelle(s) villa(s) allez-vous pouvoir acheter avec la somme choisie ? ».*

Mise en commun : Répondre à la question en **comparant les chiffres** des centaines de mille, des dizaines de mille, des unités de mille, des centaines, puis des dizaines et enfin des unités des sommes en euros.

- Utiliser les signes de comparaison des nombres :

• 388 890 < 418 779 et 388 890 < 635 407 donc avec la somme A on ne pourra acheter ni la villa avec vue sur mer, ni la villa avec vue sur mer et piscine. On pourra acheter la villa avec piscine car 388 890 > 325 113.

• 625 529 > 418 779 et 625 529 > 325 113 donc avec la somme B on pourra acheter la villa avec vue sur mer ou la villa avec piscine. On ne pourra pas acheter la villa avec vue sur mer et piscine car 625 529 < 635 407.

Conclusion de l'activité : Pour comparer des nombres à six chiffres, on compare d'abord les chiffres des centaines de mille. S'ils sont égaux, on compare les chiffres des dizaines de mille, des unités de mille, des centaines, des dizaines puis ceux des unités en cas d'égalité des précédents.

Exemple : pour comparer 12**3**456 et 12**2**456 on remarque que 3 > 2 pour les **unités de mille** donc **123 456 > 122 456**.

• Accompagnement personnalisé

Difficultés rencontrées par l'élève	Aide proposée
• L'élève ne sait pas comparer deux nombres.	• Faire entourer puis comparer le chiffre des centaines de mille de chaque nombre, puis le chiffre des dizaines de mille, des unités de mille, des centaines, des dizaines et enfin le chiffre des unités en cas d'égalité des chiffres précédents.
• L'élève inverse les deux signes de comparaison.	• Donner des moyens mnémotechniques pour connaître et mémoriser l'orientation spatiale des deux signes (l'ouverture la plus grande est du côté du nombre le plus grand et l'ouverture la plus petite est du côté du nombre le plus petit).

• Réinvestissement dans le cahier-livre : « Découvrons ensemble »

Faire reporter les éléments de réponse dans la rubrique « Découvrons ensemble » : laisser 7/8 minutes aux élèves pour comparer, ranger et encadrer les nombres.

Je sais faire

Organisation	• Individuel
Matériel	• Cahier-livre, exercice 2
Durée	• 8 minutes

Exercice 2 : savoir comparer des nombres à l'aide des signes < et >.

Différenciation :

- ***Simplification*** : faire entourer le chiffre des centaines de mille / des dizaines de mille / unités de mille / centaines / dizaines de chaque nombre de la première colonne.

Retenons ensemble

Organisation	• Individuel
Matériel	• Cahier-livre
Durée	• 10 minutes

Synthèse de la leçon

- Faire procéder à une lecture silencieuse individuelle de l'écrit de référence.
- Procéder à une lecture magistrale.
- Faire compléter le texte par les élèves avec les mots à retenir : **comparer, centaines de mille, ranger.**
- Vérifier, en passant dans les rangs, la validité des écrits.

Je m'entraîne

Organisation	• Individuel
Matériel	• Cahier-livre, exercices 3, 4, 5, 6, 7, 8, 9 et 10
Durée	• 20 minutes

Exercice 3 : savoir comparer un nombre en utilisant les signes < et >.

Différenciation :

- ***Simplification*** : consulter l'écrit de référence.
- ***Complexification*** : écrire le plus petit nombre et le plus grand nombre de l'exercice.

Exercice 4 : savoir comparer un nombre par rapport à un nombre de centaines de mille.

Différenciation :

- ***Simplification*** : consulter l'écrit de référence.
- ***Complexification*** : écrire le nombre voisin qui convient dans l'inégalité.

Exercice 5 : savoir encadrer un nombre entre deux centaines de mille.

Différenciation :

- ***Simplification*** : consulter l'écrit de référence.
- ***Complexification*** : encadrer chaque nombre au plus près.

Exercice 6: savoir encadrer un nombre au plus près.

Différenciation :

- *Simplification* : consulter l'écrit de référence.
- *Complexification* : encadrer chaque nombre entre deux centaines de mille.

Exercice 7 : savoir ranger des nombres dans l'ordre croissant. Savoir encadrer entre deux centaines de mille.

Différenciation :

- *Simplification* : consulter l'écrit de référence.
- *Complexification* : encadrer le plus grand nombre au plus près.

Exercice 8 : savoir ranger des nombres dans l'ordre décroissant. Savoir encadrer au plus près.

Différenciation :

- *Simplification* : consulter l'écrit de référence.
- *Complexification* : encadrer le plus grand nombre entre deux centaines de mille.

Exercice 9 : savoir comparer des nombres en respectant des contraintes.

Différenciation :

- *Simplification* : consulter l'écrit de référence.
- *Complexification* : encadrer chaque nombre au plus près.

Exercice 10 : savoir encadrer le résultat d'une addition dans un contexte donné.

Différenciation :

- *Simplification* : consulter l'écrit de référence.
- *Complexification* : encadrer la somme entre deux centaines de mille.

Se repérer dans la suite des nombres jusqu'à 999 999

► Cahier-livre p. 50

ENTRETIEN ET ÉVALUATION

• Fiche d'entretien p. 209

• Évaluation, exercice 4, p. 266

Objectifs

- Ordonner les nombres inférieurs à 999 999.
- Comprendre l'aspect algorithmique des nombres et connaître particulièrement la régularité de leur écriture.
- Connaître et utiliser les outils d'aide à la mise en ordre des nombres : la droite graduée.

Activité de découverte

Reconstituer un puzzle composé de droites graduées.

Organisation	• Groupes de 4 élèves, puis réinvestissement (individuel).
Matériel	• Par groupe : 2 puzzles découpés (*cf.* matériel photocopiable en Annexe), 1 enveloppe, 1 ardoise. • Cahier-livre, exercice 1
Durée	• 20 minutes

• Mise en situation

Mettre les élèves par équipes de 4 et distribuer une enveloppe, contenant les pièces découpées des deux puzzles de 4 pièces, par groupe.

Consigne élève : *« Reconstituer les puzzles de la suite des nombres et compléter les cases vides avec les nombres manquants ». Laisser les élèves chercher une règle qui permette de reconstituer les droites graduées.*

Mise en commun : Faire émerger les différentes démarches utilisées pour reconstituer le puzzle. Faire émerger la notion de droite graduée et faire verbaliser les moyens de repérage.

- Faire constater les régularités : ajout d'une unité pour passer à la graduation suivante, notion d'écart constant entre les nombres qui se suivent.
- Dire : *« Pour passer à la graduation suivante sur la droite graduée, on ajoute ..... au nombre. »*

Conclusion de l'activité :

- Expliciter : *« La* ***droite graduée*** *aide à reconstituer la suite des nombres. ».*
- Conclure : *« Il faut se repérer par rapport aux* ***graduations*** *et connaître l'écart entre les nombres pour compléter la suite des nombres ».*

• Accompagnement personnalisé

Difficultés rencontrées par l'élève	Aide proposée
• L'élève ne pense pas à ranger les nombres dans l'ordre pour reconstituer le puzzle.	• Rappeler que les nombres se situent dans l'ordre croissant, comme sur la bande numérique.
• L'élève ne sait pas ranger les nombres dans l'ordre.	• Examiner, avec l'élève, le début de chaque suite. Faire verbaliser l'écart entre les nombres qui se suivent. Faire pointer chaque graduation en énumérant les nombres.

• Réinvestissement dans le cahier-livre : « Découvrons ensemble »

Reporter les éléments de réponse dans la rubrique « Découvrons ensemble » : laisser 7/8 minutes aux élèves pour effectuer le report.

Je sais faire

Organisation	• Individuel
Matériel	• Cahier-livre, exercice 2
Durée	• 5 minutes

Exercice 2 : savoir utiliser des droites graduées pour compléter une suite de nombres.

Différenciation :
- ***Simplification*** : examiner, avec l'élève, le début de la suite. Faire verbaliser l'écart entre les nombres qui se suivent. Faire pointer chaque graduation en énumérant les nombres.

Retenons ensemble

Organisation	• Individuel
Matériel	• Cahier-livre
Durée	• 10 minutes

Synthèse de la leçon
- Faire procéder à une lecture silencieuse individuelle de l'écrit de référence.
- Procéder à une lecture magistrale.
- Faire compléter le texte par les élèves avec les mots à retenir : **écart, constant, graduée.**
- Vérifier, en passant dans les rangs, la validité des écrits.

Je m'entraîne

Organisation	• Individuel
Matériel	• Cahier-livre, exercices 3, 4, 5, 6, 7, 8, 9 et 10
Durée	• 20 minutes

Exercice 3 : savoir utiliser une droite graduée pour compléter une suite de nombres.

Différenciation :
- ***Simplification*** : examiner, avec l'élève, le début de la suite. Faire verbaliser l'écart entre les nombres qui se suivent. Faire pointer chaque graduation en énumérant les nombres.
- ***Complexification*** : faire continuer la suite oralement jusqu'à 200 000 puis, par écrit, sur l'ardoise, jusqu'à 400 000.

Exercice 4 : identifier l'écart entre les termes consécutifs d'une suite de nombres figurant sur une droite graduée pour la compléter.

Différenciation :
- ***Simplification*** : examiner, avec l'élève, le début de la suite. Faire verbaliser l'écart entre les nombres qui se suivent. Faire pointer chaque graduation en énumérant les nombres.
- ***Complexification*** : faire continuer la suite oralement jusqu'à 195 000 puis, par écrit, sur l'ardoise, jusqu'à 225 000.

Exercice 5 : continuer une suite de nombres figurant sur une droite graduée dont l'écart est donné.

Différenciation :
- ***Simplification*** : consulter l'écrit de référence. Rappeler la notion d'écart constant.
- ***Complexification*** : trouver les quatre termes suivants et les écrire, dans l'ordre, sur l'ardoise.

Exercices 6 et 7 : écrire une suite de nombres sur une droite graduée dont l'écart et le premier terme sont donnés.

Différenciation :
- ***Simplification*** : consulter l'écrit de référence. Rappeler la notion d'écart constant.
- ***Complexification*** : exercice 6 : la suite commence par 10 000. Exercice 7 : la suite commence par 50 000.

Exercice 8 : construire une droite graduée pour y écrire une suite de nombres donnée, d'écart 100 001.

Différenciation :
- ***Simplification*** : consulter l'écrit de référence. Aider l'élève à construire, à l'aide des carreaux, le début de la droite graduée. Placer, avec lui, les premières graduations et les trois premiers termes de la suite.
- ***Complexification*** : imposer un écart de 100 002 puis faire construire une seconde droite graduée sur une feuille à carreaux.

Exercices 9 et 10 : trouver le dernier terme d'une suite de nombres dont l'écart et le premier terme sont donnés.

Différenciation :
- ***Simplification*** : consulter l'écrit de référence.
- ***Complexification*** : exercice 9 : imposer une suite de 7 nombres. Exercice 10 : la suite commence par 10 000.

Connaître les relations entre 5, 10, 25, 50 et 100

► Cahier-livre p. 52

ENTRETIEN ET ÉVALUATION
- Fiche d'entretien p. 210
- Évaluation, exercice 5, p. 266

Objectifs
- Connaître et utiliser les relations qui lient les nombres 5, 10, 25, 50 et 100
- Savoir décomposer le nombre 100 (décompositions additives, multiplicatives et canoniques).

Activité de découverte

Obtenir 100 au jeu des fléchettes.

Organisation	• Groupes de 4 élèves, puis réinvestissement (individuel).
Matériel	• Par groupe : 2 séries de 5 étiquettes-tirs (*cf.* matériel photocopiable en Annexe), 2 enveloppes, 2 ardoises. • Pour la classe : 1 cible dessinée au tableau (sur le modèle du cahier-livre p. 52). • Cahier-livre, exercice 1
Durée	• 20 minutes

• Mise en situation

Dessiner la cible au tableau et expliquer le principe du jeu de fléchettes. Mettre les élèves par équipes de 4 et distribuer à deux élèves, une première enveloppe contenant des étiquettes-tirs det aux deux autres, la seconde enveloppe.

Consigne élève: *« Voilà les résultats que votre équipe a obtenus lors des cinq lancers de fléchettes. Trouver combien de points vous avez en cumulant tous vos tirs». Laisser les élèves chercher le résultat.*

Mise en commun: Faire émerger les différentes démarches utilisées pour obtenir le résultat. Faire émerger l'adéquation entre les écritures additives et multiplicatives, voire canoniques, d'un même nombre.
- Faire constater les relations entre les nombres: *« 100 est deux fois plus grand que 50; 100 est quatre fois plus grand que 25; 50 est la moitié de 100; 25 est la moitié de 50 ... »*

Conclusion de l'activité:
- Expliciter: *« **Les relations entre les nombres 5, 10, 25, 50 et 100** permettent d'effectuer rapidement des calculs. »*
- Conclure: *« On peut obtenir plusieurs décompositions multiplicatives différentes du nombre 100 à l'aide des nombres 25, 50, 10 ou 5. »*

• Accompagnement personnalisé

Difficultés rencontrées par l'élève	Aide proposée
• L'élève ne parvient pas à trouver le résultat de l'ensemble des 5 tirs.	• Rappeler le sens des opérations connues et proposer à l'élève de poser plusieurs opérations (calculs intermédiaires).
• L'élève ne trouve pas la relation entre deux nombres.	• Examiner, avec l'élève, un exemple d'égalité entre une décomposition additive et une multiplicative de 100. Faire verbaliser la correspondance entre la répétition des termes de la somme et le facteur multiplicatif.

• Réinvestissement dans le cahier-livre: « Découvrons ensemble »

Reporter les éléments de réponse dans la rubrique « Découvrons ensemble»: laisser 7/8 minutes aux élèves pour effectuer le report.

Je sais faire

Organisation	• Individuel
Matériel	• Cahier-livre, exercice 2
Durée	• 5 minutes

Exercice 2: utiliser les relations entre des nombres pour compléter des égalités.

Différenciation:
- ***Simplification***: consulter l'écrit de référence. Faire un exemple avec l'élève.
- ***Complexification***: faire compléter toutes les égalités à 100.

Retenons ensemble

Organisation	• Individuel
Matériel	• Cahier-livre
Durée	• 10 minutes

Synthèse de la leçon
- Faire procéder à une lecture silencieuse individuelle de l'écrit de référence.
- Procéder à une lecture magistrale.
- Faire compléter le texte par les élèves avec les mots à retenir: **moitiés, doubles, quarts, quadruples.**
- Vérifier, en passant dans les rangs, la validité des écrits.

Je m'entraîne

Organisation	• Individuel
Matériel	• Cahier-livre, exercices 3, 4, 5, 6, 7, 8 et 9
Durée	• 20 minutes

Exercice 3: connaître les relations de quart, double et moitié entre des nombres donnés.

Différenciation:
- ***Simplification***: consulter l'écrit de référence. Faire lire la première proposition à l'oral. Aider l'élève à valider et à expliciter.
- ***Complexification***: faire compléter la phrase « ... *est le quadruple de* ... ». Demander trois exemples de doubles et de moitié allant jusqu'à 200.

Exercice 4: compléter un tableau en s'appuyant sur les relations entre les nombres.

Différenciation:
- ***Simplification***: examiner, avec l'élève, l'organisation du tableau. Faire verbaliser les calculs à produire ou dont on possède le résultat. Réaliser, avec l'élève, les calculs de la ligne « 25 ». Permettre de poser les calculs.
- ***Complexification***: ajouter une colonne « 200 » à compléter.

Exercice 5: compléter des décompositions additives et multiplicatives.

Différenciation:
- ***Simplification***: consulter l'écrit de référence. Faire un exemple avec l'élève.
- ***Complexification***: décomposer les nombres 50 et 100 à l'aide du nombre 5.

Exercice 6: écrire une décomposition additive ou multiplicative du nombre 100.

Différenciation:
- ***Simplification***: consulter l'écrit de référence.
- ***Complexification***: obtenir 200.

Exercice 7: compléter les divisions données.

Différenciation:
- ***Simplification***: consulter l'écrit de référence. Faire un exemple avec l'élève.
- ***Complexification***: calculer « 100: 5 », « 1000: 5 » et « 1000: 4 ».

Exercice 8: compléter des décompositions canoniques.

Différenciation:
- ***Simplification***: consulter l'écrit de référence. Faire un exemple avec l'élève.
- ***Complexification***: compléter la deuxième ligne à 1000.

Exercice 9: trouver des décompositions du nombre 100 en respectant les contraintes données.

Différenciation :

- ***Simplification***: consulter l'écrit de référence. Faire une première solution avec l'élève.
- ***Complexification***: demander 5 façons de faire le score.

Découvrir le million

► Cahier-livre p. 54

ENTRETIEN ET ÉVALUATION

• Fiche d'entretien p. 211
• Évaluation, exercice 6, p. 267

Objectifs

• Apprendre à réaliser des groupements et des échanges.
• Connaître les notions de million, centaine de mille, dizaine de mille, d'unité de mille, de centaine, de dizaine et d'unité.

Activité de découverte

Jouer au banquier.

Organisation	• Groupes de 4 élèves, puis réinvestissement (individuel).
Matériel	• 10 liasses de 100 000 euros par groupe (étiquettes de 10 000 euros) • Cahier-livre, exercice 1
Durée	• 10 minutes

• Mise en situation

Chaque groupe a reçu des liasses d'étiquettes en euros. Sur chaque liasse est écrit : « 100 000 € ». Chaque liasse contient 10 étiquettes comportant chacune la mention : « 10 000 € ».

Consigne élève : *« Combien y a-t-il d'euros en tout ? »*

Mise en commun: partager / échanger sur les résultats afin de permettre les interactions.

- Faire reformuler les stratégies en utilisant la bonne terminologie : groupements/paquets de cent-mille, dix-mille, groupements / paquets de dix.
- Procédures attendues :
  - 10 groupements par 100 000 et 0 unités ;
  - 1 groupement par 1 000 000.
- Hiérarchiser les procédures. Isoler la plus efficace : 1 groupement par 1 000 000.

Conclusion de l'activité: affiner la réflexion au niveau du vocabulaire à utiliser.

- Faire émerger le vocabulaire en commentant la manipulation (gestes pour le groupement) réalisée par un élève devant le groupe-classe.
- Expliciter : *« On se rappelle : 1 paquet de cent-mille s'appelle une **centaine de mille**. Quand on groupe 10 paquets de cent-mille, on obtient 1 000 000. Cela fait un **million**. »*
- Conclure : *« Pour compter plus vite les euros, on peut former un million (1 liasse d'un million d'euros) en groupant 10 liasses de 100 000 euros. »*.

• Accompagnement personnalisé

Difficultés rencontrées par l'élève	Aide proposée
• L'élève ne parvient pas à réaliser des groupements.	• Aider à manipuler les liasses de 100 000 et les étiquettes de 10 000. Poser la question : « *Tu veux faire des paquets de combien ?* »
• L'élève ne comprend pas l'intérêt du groupement de paquets de 100 000 par 10.	• Réexpliquer les groupements successifs par 10 000 puis par 100 000 pour réunir le contenu d'une liasse. Dire : « *On continue à grouper les liasses de cent-mille par ?* »

• Réinvestissement dans le cahier-livre : « Découvrons ensemble »

- Faire entourer en orange 10 liasses de 100 000 euros.
- Faire compléter les phrases avec l'écriture chiffrée correspondante : laisser 5 minutes.

Je sais faire

Organisation	• Individuel
Matériel	• Cahier-livre, exercice 2 • Crayon de couleur orange
Durée	• 5 minutes

Exercice 2: réaliser une collection d'un million d'éléments (effectuer un groupement par
1 000 000).

Différenciation :

- ***Simplification***: aider l'élève à formuler : « 1 cent*aine de mille c'est un groupement de cent-mille clous (dix paquets de dix-mille)* et à compléter : « *Un million c'est....* »
Faire énumérer oralement lors du dessin.

Retenons ensemble

Organisation	• Individuel
Matériel	• Cahier-livre
Durée	• 10 minutes

Synthèse de la leçon
- Procéder à une lecture silencieuse individuelle de l'écrit de référence.
- Procéder à une lecture magistrale.
- Faire compléter le texte par les élèves avec les mots à retenir: **cent-mille, million.**
- Vérifier, en passant dans les rangs, la validité des écrits.

Je m'entraîne

Organisation	• Individuel
Matériel	• Cahier-livre, exercices 3, 4, 5, 6, 7 et 8
Durée	• 20 minutes

Exercice 3: coder une collection.

Différenciation:
- ***Simplification***: consulter l'écrit de référence. Aider à l'identification des paquets de 100 000 puis faire entourer en orange un groupe de 10 cartons de 100 000 feuilles. Faire verbaliser le comptage.
- ***Complexification***: écrire le nombre de feuilles en écriture littérale.

Exercice 4: représenter une collection.

Différenciation:
- ***Simplification***: consulter l'écrit de référence. Faire lire le nombre 1 000 113 oralement et poser la question: *« On va devoir représenter combien de paquets de 100 000 ? »*. Faire verbaliser lors du dessin.
- ***Complexification***: écrire le nombre de craies en écriture littérale.

Exercice 5: appliquer les règles de la numération de position pour valider ou invalider une proposition d'écriture de nombre correspondant à des groupements donnés.

Différenciation:
- ***Simplification***: consulter l'écrit de référence. Faire écrire 1 000 005.
- ***Complexification***: écrire chaque nombre en écriture littérale.

Exercice 6: appliquer les règles de la numération de position pour écrire ou compléter l'écriture de nombres, en chiffres.

Différenciation:
- ***Simplification***: consulter l'écrit de référence. Aider à compléter en indiquant l'un des chiffres manquant dans le nombre.
- ***Complexification***: écrire chaque nombre en écriture littérale.

Exercice 7: appliquer les règles de la numération de position pour compléter un tableau de numération.

Différenciation:
- ***Simplification***: consulter l'écrit de référence. Aider à compléter la case des unités de million pour 1 000 002.
- ***Complexification***: écrire chaque nombre en écriture littérale.

Exercice 8: appliquer les règles de la numération de position pour écrire un nombre en respectant des contraintes données.

Différenciation:
- ***Simplification***: consulter l'écrit de référence.
- ***Complexification***: faire écrire le plus petit nombre impair à 7 chiffres.

Connaître les relations entre 15, 30 et 60

► Cahier-livre p. 56

ENTRETIEN ET ÉVALUATION
• Fiche d'entretien p. 212
• Évaluation, exercice 7, p. 267

Objectifs
• Connaître et utiliser les relations qui lient les nombres 15, 30 et 60
• Savoir décomposer le nombre 60 (décompositions additives, multiplicatives et canoniques).

Activité de découverte

Obtenir 60 au jeu des fléchettes.

Organisation	• Groupes de 6 élèves, puis réinvestissement (individuel).
Matériel	• Par groupe: 3 séries de 4 étiquettes-tirs (*cf.* matériel photocopiable en Annxe), 3 enveloppes, 3 ardoises. • Pour la classe: 1 cible dessinée au tableau (sur le modèle du cahier-livre p. 56). • Cahier-livre, exercice 1
Durée	• 20 minutes

• Mise en situation
Dessiner la cible au tableau et expliquer le principe du jeu de fléchettes. Mettre les élèves par équipes de 6 et distribuer au premier groupe de deux élèves, une première enveloppe contenant des étiquettes-tirs découpées et aux deux autres groupes, les autres enveloppes (4 pièces par paires d'élèves).

Consigne élève: *« Voilà les résultats que votre équipe a obtenu lors des quatre lancers de fléchettes. Trouver combien de points vous avez en cumulant tous vos tirs».* Laisser les élèves chercher le résultat.

Mise en commun: Faire émerger les différentes démarches utilisées pour obtenir le résultat. Faire émerger l'adéquation entre les écritures additives et multiplicatives, voire canoniques parfois, d'un même nombre.
- Faire constater les relations entre les nombres: *« 60 est deux fois plus grand que 30; 60 est quatre fois plus grand que 15; 30 est la moitié de 60; 15 est la moitié de 30... »*

Conclusion de l'activité:
- Expliciter: *« Les relations entre les nombres 15, 30 et 60 permettent d'effectuer rapidement des calculs. »*

- Conclure : « *On peut obtenir plusieurs décompositions multiplicatives différentes du nombre 60 à l'aide des nombres 15 ou 30.* »

• Accompagnement personnalisé

Difficultés rencontrées par l'élève	Aide proposée
• L'élève ne parvient pas à trouver le résultat de l'ensemble des 4 tirs.	• Rappeler le sens des opérations connues et proposer à l'élève de poser plusieurs opérations (calculs intermédiaires).
• L'élève ne trouve pas la relation entre deux nombres.	• Examiner, avec l'élève, un exemple d'égalité entre une décomposition additive et une multiplicative de 60. Faire verbaliser la correspondance entre la répétition des termes de la somme et le facteur multiplicatif.

• Réinvestissement dans le cahier-livre : « Découvrons ensemble »

Reporter les éléments de réponse dans la rubrique « Découvrons ensemble » : laisser 7/8 minutes aux élèves pour effectuer le report.

Je sais faire

Organisation	• Individuel
Matériel	• Cahier-livre, exercice 2
Durée	• 5 minutes

Exercice 2 : utiliser les relations entre des nombres pour compléter des égalités.

Différenciation :

- ***Simplification*** : consulter l'écrit de référence. Faire un exemple avec l'élève.
- ***Complexification*** : faire compléter toutes les égalités à 60.

Retenons ensemble

Organisation	• Individuel
Matériel	• Cahier-livre
Durée	• 10 minutes

Synthèse de la leçon

- Faire procéder à une lecture silencieuse individuelle de l'écrit de référence.
- Procéder à une lecture magistrale.
- Faire compléter le texte par les élèves avec les mots à retenir : **relations, moitié, double, quart, quadruple.**
- Vérifier, en passant dans les rangs, la validité des écrits.

Je m'entraîne

Organisation	• Individuel
Matériel	• Cahier-livre, exercices 3, 4, 5, 6, 7, 8 et 9
Durée	• 20 minutes

Exercice 3 : compléter un tableau en s'appuyant sur les relations entre les nombres.

Différenciation :

- ***Simplification*** : examiner, avec l'élève, l'organisation du tableau. Faire verbaliser les calculs à produire. Réaliser, avec l'élève, les calculs de la ligne « 30 ». Permettre de poser les calculs.
- ***Complexification*** : retirer les valeurs numériques notées en colonnes et noter quelques résultats dans le tableau.

Exercice 4 : compléter des décompositions.

Différenciation :

- ***Simplification*** : Consulter l'écrit de référence. Faire un exemple avec l'élève.
- ***Complexification*** : Faire compléter la première égalité à 60.

Exercice 5 : compléter les divisions données.

Différenciation :

- ***Simplification*** : consulter l'écrit de référence. Faire un exemple avec l'élève.
- ***Complexification*** : donner des quotients plus complexes ayant pour résultat « 15, 30 ou 60 » *Exemple* : « *90 : 6* », « *180 : 3* », « *240 : 4* »...

Exercice 6 : utiliser les relations entre des nombres pour résoudre un problème.

Différenciation :

- ***Simplification*** : consulter l'écrit de référence. Aider l'élève à structurer les étapes de résolution (la première étape pouvant être de déterminer le quart de l'âge).
- ***Complexification*** : poursuivre le problème en calculant l'âge de l'arrière-grand-mère qui a 4 fois le tiers de l'âge de Lisa.

Exercice 7 : utiliser les relations entre des nombres pour résoudre un problème.

Différenciation :

- ***Simplification*** : consulter l'écrit de référence. Aider l'élève en additionnant les distances parcourues à chaque tour. Faire éventuellement, ensuite le lien avec la multiplication.
- ***Complexification*** : poursuivre le problème en demandant combien de tours Hugo aura fait s'il parcourt 90 m.

Exercice 8 : utiliser les relations entre des nombres pour résoudre un problème.

Différenciation :

- ***Simplification*** : consulter l'écrit de référence. Limiter les façons de faire le score de 60 points avec 3 fléchettes.
- ***Complexification*** : poursuivre le problème en demandant de trouver comment faire le score de Malika qui est de 45 points.

Exercice 9 : résoudre un problème en s'appuyant sur une décomposition de 60.

Différenciation :

- ***Simplification*** : consulter l'écrit de référence.
- ***Complexification*** : quelle serait la profondeur du canal du midi s'il était deux fois plus profond que le canal de Panama ?

Calculer des sommes en ligne

► Cahier-livre p. 62

ENTRETIEN ET ÉVALUATION

• Fiche d'entretien p. 213
• Évaluation, exercice 1, p. 268

Objectifs

• Apprendre à calculer, en ligne, des sommes de nombres à 3 chiffres.
• Utiliser efficacement un arbre de calcul.

Activité de découverte

Jouer au jeu du porte-monnaie.

Organisation	• Individuel, puis réinvestissement (individuel).
Matériel	• Par élève : billets et pièce de monnaie (cf. matériel photocopiable en Annexe), 1 enveloppe, 1 ardoise. • Cahier-livre, exercice 1
Durée	• 15 minutes

• Mise en situation

Chaque élève reçoit une enveloppe contenant 1 billet de 500 €, 1 de 100 €, 1 de 20 € et 2 pièces de 2 €.

Consigne élève 1 : *« Videz le contenu de votre enveloppe. Calculez la somme d'argent reçue ». Laisser 2 minutes.*

Consigne élève 2 : *« Je vous donne maintenant, en plus, à chacun 1 billet de 200 €, 1 billet de 20 €, 1 billet de 5 € et une pièce de 1 €. Combien avez-vous d'argent maintenant ?».* Laisser 5 minutes.

Mise en commun : Mettre en évidence les différentes stratégies utilisées : calcul mental ou écrits sur l'ardoise : calculs en ligne ou additions posées.
Faire reformuler les stratégies. Copier les propositions au tableau. Hiérarchiser les procédures. Isoler la plus efficace et faire émerger l'arbre de calcul pour un calcul en ligne. Représenter le bon arbre de calcul au tableau et préciser qu'on n'est pas obligé de calculer dans l'ordre des nombres.

Conclusion de l'activité :
Expliciter : « Dans l'arbre qui permet le calcul le plus rapide, on commence par additionner 6 à 624, de façon à obtenir des chiffres qui se complètent : 6 et 4. On ajoute ensuite les 200 et 20 restants.»
Conclure : «Pour calculer une somme en ligne, on peut utiliser un arbre de calcul. On commence par additionner les nombres dont les chiffres des unités se complètent à la dizaine». Faire observer l'exemple au tableau.

• Accompagnement personnalisé

Difficultés rencontrées par l'élève	Aide proposée
• L'élève ne parvient pas à entrer dans l'activité.	• Faire verbaliser les nombres et la tâche à réaliser. • Faire verbaliser l'opération à utiliser.
• L'élève ne parvient pas à organiser son calcul (nombres qui se complètent).	• Vérifier que l'élève connaît les chiffres compléments à la dizaine (6 et 4, 2 et 8, 3 et 7 ...). Les faire repérer dans l'arbre de calcul.

• Réinvestissement dans le cahier-livre : « Découvrons ensemble »

Faire reporter les éléments de réponse dans la rubrique « découvrons ensemble » : laisser 5 minutes.

Je sais faire

Organisation	• Individuel
Matériel	• Cahier-livre, exercice 2
Durée	• 5 minutes

Exercice 2 : utiliser un arbre de calcul pour résoudre un problème.

Différenciation :

- ***Simplification*** : faire verbaliser les actions à réaliser. Faire calculer 168 + 212.
- ***Complexification*** : faire calculer sur l'ardoise 168 + 314 + 212.

Retenons ensemble

Organisation	• Individuel
Matériel	• Cahier-livre
Durée	• 10 minutes

Synthèse de la leçon
Procéder à une lecture silencieuse individuelle de l'écrit de référence.
Procéder à une lecture magistrale.
Faire compléter le texte par les élèves avec les mots à retenir : **additionner, unités, dix.**
Vérifier, en passant dans les rangs, la validité des écrits.

Je m'entraîne

Organisation	• Individuel
Matériel	• Cahier-livre, exercices 3, 4, 5, 6 et 7
Durée	• 20 minutes

Exercice 3 : calculer une somme à l'aide d'un arbre de calcul.

Différenciation :

- ***Simplification*** : consulter l'écrit de référence. Faire calculer la somme des deux termes « complémentaires ».
- ***Complexification*** : faire calculer sur l'ardoise les opérations du cahier élève sans donner les branches de l'arbre au préalable, afin de travailler le repérage des nombres complémentaires.

Exercice 4 : calculer une somme à l'aide d'un arbre de calcul.

Différenciation :

- ***Simplification*** : consulter l'écrit de référence. Faire calculer la somme des deux premiers termes « complémentaires ».
- ***Complexification*** : faire calculer sur l'ardoise:
203 + 402 + 107 + 108 et 301 + 204 + 109 + 106 ?

Exercice 5 : calculer une somme à l'aide d'un arbre de calcul.

Différenciation :

- *Simplification* : consulter l'écrit de référence. Faire calculer la somme des deux premiers termes « complémentaires ».
- *Complexification* : faire calculer sur l'ardoise les opérations du cahier élève sans montrer les branches de l'arbre au préalable.

Exercice 6 : calculer une somme à l'aide d'un arbre de calcul.

Différenciation :

- *Simplification* : consulter l'écrit de référence. Faire repérer les deux termes « complémentaires ».
- *Complexification* : faire calculer sur l'ardoise :
112 + 245 + 438 + 105 et 105 + 124 + 165 + 206

Exercice 7 : utiliser un arbre de calcul pour résoudre un problème.

Différenciation :

- *Simplification* : consulter l'écrit de référence. Proposer un arbre de calcul vierge.

Poser et effectuer une addition

► Cahier-livre p. 64

ENTRETIEN ET ÉVALUATION

• Fiche d'entretien p. 214
• Évaluation, exercice 2, p. 268

Objectifs

- Apprendre à calculer des sommes de nombres à 3 chiffres par addition en colonnes.
- Réinvestir les connaissances liées aux échanges et groupements dans l'addition.
- Réinvestir les équivalences entre centaines, dizaines et unités.

Activité de découverte

Commander des élastiques pour réaliser une création artistique.

Organisation	• Binôme, puis réinvestissement (individuel).
Matériel	• Par binôme : 8 pochettes de 100 élastiques, 18 pochettes de 10 et 18 élastiques seuls, 1 ardoise. • Cahier-livre, exercice 1
Durée	• 15 minutes

• Mise en situation

Chaque élève reçoit un bon de commande représentant les élastiques à commander pour réaliser une œuvre artistique. Les bons de commande doivent être choisis de façon à ce qu'il y ait au moins une retenue dans l'addition.

Bon de commande
• Je commande ______ pochettes de 100 élastiques, ______ pochettes de 10 élastiques et ______ élastiques seuls pour réaliser une œuvre de ________ élastiques. • Je commande ______ pochettes de 100 élastiques, ______ pochettes de 10 élastiques et ______ élastiques seuls pour réaliser une œuvre de ________ élastiques.
• Pour réaliser les deux œuvres je commande : ______ pochettes de 100 élastiques. ______ pochettes de 10 élastiques. ______ élastiques seuls.

Consigne élève : *«Vous allez commander ce qu'il faut d'élastiques pour votre œuvre en une seule commande. Vous pouvez prendre des pochettes de 100 ou de 10 élastiques ou des élastiques seuls. Mais vous ne pouvez pas prendre plus de 10 pochettes de 10 ou plus de 10 élastiques seuls.»* Laisser 7 minutes.

Mise en commun : Mettre en évidence les différentes stratégies utilisées : calcul mental ou écrits sur l'ardoise : calculs en ligne ou additions posées. Faire reformuler les stratégies. Copier les propositions au tableau. Hiérarchiser les procédures. Isoler la plus efficace et faire réinvestir la gestion de la retenue : on effectue d'abord la somme de 2 chiffres (le regroupement) puis on effectue un échange (si nécessaire).

Conclusion de l'activité :
«À chaque fois que l'on a plus de 9 élastiques seuls, on échange 10 élastiques seuls contre une pochette de 10. À chaque fois que l'on a plus de 9 pochettes de 10 élastiques, on échange 10 pochettes de 10 élastiques contre une pochette de 100 élastiques. »

• Accompagnement personnalisé

Difficultés rencontrées par l'élève	Aide proposée
• L'élève ne parvient pas à mettre en relation son nombre d'élastiques avec le matériel distribué (les élastiques).	• Faire décomposer le nombre. Revenir à une phase de manipulation et de dénombrement des élastiques.
• L'élève ne connaît pas sa table de Pythagore.	• Donner une bande numérique comme aide de recherche de la somme de 2 nombres.
• L'élève ne parvient pas à commander plus de 9 élastiques ou 9 pochettes de 10 élastiques.	• Établir des regroupements (de 10 pochettes de 10 en pochette de 100 par exemple) et faire des échanges (10 dizaines contre une centaine par exemple).

• Réinvestissement dans le cahier-livre : « Découvrons ensemble »

Faire reporter les éléments de réponse dans la rubrique « découvrons ensemble » : laisser 5 minutes.

Je sais faire

Organisation	• Individuel
Matériel	• Cahier-livre, exercice 2
Durée	• 5 minutes

Exercice 2 : savoir effectuer une addition de 2 termes en colonne avec retenue dans un contexte donné.

Différenciation :

- ***Simplification*** : représenter les deux nombres par deux collections distinctes puis faire dénombrer le cardinal réunissant les deux collections.

Retenons ensemble

Organisation	• Individuel
Matériel	• Cahier-livre
Durée	• 10 minutes

Synthèse de la leçon

Procéder à une lecture silencieuse individuelle de l'écrit de référence.

Procéder à une lecture magistrale.

Faire compléter le texte par les élèves avec les mots à retenir : **dizaines, centaines.**

Vérifier, en passant dans les rangs, la validité des écrits.

Je m'entraîne

Organisation	• Individuel
Matériel	• Cahier-livre, exercices 3, 4, 5 et 6
Durée	• 20 minutes

Exercice 3 : savoir effectuer une addition de 2 termes en colonne avec retenue.

Différenciation :

- ***Simplification*** : consulter l'écrit de référence. Contextualiser la situation à l'aide des pochettes de 100 élastiques, de 10 et les éléments seuls.
- ***Complexification*** : faire calculer les opérations du cahier élève sans donner l'addition posée au préalable.

Exercice 4 : savoir effectuer une addition de plus de 2 termes en colonne avec retenue.

Différenciation :

- ***Simplification*** : contextualiser la situation à l'aide des pochettes d'élastiques. Faire effectuer l'addition en deux temps : d'abord les 2 premiers termes puis le résultat obtenu avec le troisième terme. Exemple : pour calculer 275 + 328 + 296, commencer par 275 + 328 = 603 puis 603 + 296 = 899.
- ***Complexification*** : faire calculer les opérations du cahier élève sans donner l'addition posée au préalable.

Exercice 5 : savoir poser et effectuer une addition de 2 termes en colonne avec retenue.

Différenciation :

- ***Simplification*** : contextualiser la situation à l'aide des élastiques. Aider à écrire le premier terme en haut.
- ***Complexification*** : faire calculer les opérations du cahier élève sans donner les repères colorés de l'addition posée.

Exercice 6 : savoir poser et effectuer une addition de plus de 2 termes en colonne avec retenue.

Différenciation :

- ***Simplification*** : contextualiser la situation à l'aide des élastiques. Aider à écrire le premier terme en haut.
- ***Complexification*** : faire calculer les opérations du cahier élève sans donner les repères colorés de l'addition posée.

Calculer des différences en ligne

► Cahier-livre p. 66

ENTRETIEN ET ÉVALUATION

• Fiche d'entretien p. 215
• Évaluation, exercice 3, p. 268

Objectifs

• Apprendre à calculer, en ligne, des différences de nombres à 3 chiffres.
• Utiliser efficacement un arbre de calcul.

Activité de découverte

Jouer au jeu du porte-monnaie.

Organisation	• Individuel , puis réinvestissement (individuel).
Matériel	• Par élève : billets et pièces de monnaie (cf. matériel photocopiable en Annexe), 1 enveloppe, 6 cartes-achats (100 €, 123 €, 210 €, 305 €, 312 €, 401€), 1 ardoise. • Cahier-livre, exercice 1
Durée	• 15 minutes

• Mise en situation

Chaque élève reçoit une enveloppe contenant 1 billet de 500 €, 3 de 100 €, 1 de 50 € et 4 pièces de 2 €.

Consigne élève 1 : *« Videz le contenu de votre enveloppe. Calculez la somme d'argent reçue ».* Laisser 2 minutes.

Consigne élève 2 : *« Je tire au sort deux cartes achats. Sur chacune, un prix est indiqué. Combien vous reste-il d'argent après ces achats ?».* Laisser 5 minutes.

Mise en commun : Mettre en évidence les différentes stratégies utilisées : calcul mental ou écrits sur l'ardoise : calculs en ligne ou sous-tractons posées.

Faire reformuler les stratégies. Copier les propositions au tableau. Hiérarchiser les procédures. Isoler la plus efficace et faire émerger l'arbre de calcul pour un calcul en ligne. Représenter le bon arbre de calcul au tableau et préciser qu'on peut calculer dans l'ordre des nombres.

Conclusion de l'activité :
Expliciter : « Dans un arbre de calcul, on peut calculer dans l'ordre des nombres ».
Conclure : « Pour soustraire plusieurs nombres en ligne, on peut utiliser un arbre de calcul. On calcule alors dans l'ordre des nombres ».
Faire observer l'exemple au tableau.

• Accompagnement personnalisé

Difficultés rencontrées par l'élève	Aide proposée
• L'élève ne parvient pas à entrer dans l'activité.	• Faire verbaliser les nombres et la tâche à réaliser. Décomposer la somme reçue. • Faire verbaliser l'opération à utiliser.
• L'élève ne parvient pas à s'organiser pour calculer.	• Faire écrire la soustraction, en ligne, des deux premiers nombres puis aider l'élève à construire le début de l'arbre de calcul. Étayer, si besoin, pour la suite.

• Réinvestissement dans le cahier-livre : « Découvrons ensemble »

Faire reporter les éléments de réponse dans la rubrique « découvrons ensemble » : laisser 5 minutes.

Je sais faire

Organisation	• Individuel
Matériel	• Cahier-livre, exercice 2
Durée	• 5 minutes

Exercice 2 : utiliser un arbre de calcul pour résoudre un problème.

Différenciation :
- ***Simplification*** : faire verbaliser les actions à réaliser. Faire calculer 557 - 231.
- ***Complexification*** : faire calculer sur l'ardoise 557 - 231 - 125.

Retenons ensemble

Organisation	• Individuel
Matériel	• Cahier-livre
Durée	• 10 minutes

Synthèse de la leçon
Procéder à une lecture silencieuse individuelle de l'écrit de référence.
Procéder à une lecture magistrale.
Faire compléter le texte par les élèves avec les mots à retenir : **différence, arbre de calcul.**
Vérifier, en passant dans les rangs, la validité des écrits.

Je m'entraîne

Organisation	• Individuel
Matériel	• Cahier-livre, exercices 3, 4, 5, 6 et 7
Durée	• 20 minutes

Exercices 3 et 4 : calculer une différence de trois termes à l'aide d'un arbre de calcul.

Différenciation :
- ***Simplification*** : consulter l'écrit de référence. Faire calculer la différence des deux premiers termes.
- ***Complexification*** : faire calculer sur l'ardoise les opérations du cahier élève sans donner les branches de l'arbre au préalable.

Exercices 5 et 6 : calculer une différence de quatre termes à l'aide d'un arbre de calcul.

Différenciation :
- ***Simplification*** : consulter l'écrit de référence. Faire calculer la différence des deux premiers termes.
- ***Complexification*** : faire calculer sur l'ardoise les opérations du cahier élève sans donner les branches de l'arbre au préalable.

Exercice 7 : utiliser un arbre de calcul pour résoudre un problème.

Différenciation :
- ***Simplification*** : consulter l'écrit de référence. Proposer un arbre de calcul vierge.
- ***Complexification*** : rajouter des données inutiles :

« Sami habite à 968 m de son école. Sur sa route, il va chercher Malika vers 8 h 15. Elle habite à 230 m de chez lui. Tous les deux, passent ensemble chez Hugo qui se trouve 307 m plus loin. Les trois amis font encore 131 m pour arriver chez Lisa. Il s'est écoulé 10 minutes entre le départ de Sami et le moment où ils arrivent chez Lisa.
Quelle distance leur reste-t-il pour parvenir jusqu'à l'école ? »

Poser et effectuer une soustraction sans retenue

► Cahier-livre p. 68

ENTRETIEN ET ÉVALUATION
- Fiche d'entretien p. 216
- Évaluation, exercice 4, p. 269

Objectifs

- Calculer des différences par soustraction en colonnes.
- Réinvestir les connaissances liées aux échanges et groupements dans la soustraction.

Activité de découverte

Soustraire pour déterminer le nombre d'élastiques d'une création artistique.

Organisation	• Binôme, puis réinvestissement (individuel).
Matériel	• Par binôme : 18 pochettes de 100 élastiques, 18 pochettes de 10 et 18 élastiques seuls, 1 ardoise. • Cahier-livre, exercice 1
Durée	• 20 minutes

• Mise en situation

Chaque binôme reçoit un bon de commande représentant les élastiques pour les deux créations artistiques. Il reçoit également le nombre d'élastiques nécessaires à la réalisation d'une des deux créations. Les élèves doivent se mettre d'accord pour ne passer qu'une commande d'élastiques pour les deux créations. Attention les élèves n'ont pas à gérer de retenue lors de cette séance.

Bon de commande (pour un binôme)
Pour réaliser les deux œuvres nous avons reçu : - 8 pochettes de 100 élastiques. - 5 pochettes de 10 élastiques. - 4 élastiques seuls.
Pour réaliser la première œuvre, nous avons besoin de 6 pochettes de 100 élastiques, 1 pochette de 10 élastiques et de 3 élastiques seuls.
Pour réaliser l'autre création, je commande : ______ pochettes de 100 élastiques, ______ pochettes de 10 élastiques et ______ élastiques seuls. Pour réaliser l'autre création, je dois donc commander ______ élastiques.

Consigne élève : *«Vous devez retrouver le nombre d'élastiques nécessaire pour créer l'autre œuvre »*. Faire reformuler. Laisser 7 minutes.

Mise en commun : Mettre en évidence les différentes stratégies utilisées : calcul mental ou écrits sur l'ardoise : calculs en ligne ou soustractions posées. Faire reformuler les stratégies. Copier les propositions au tableau. Hiérarchiser les procédures. Isoler la plus efficace et faire réinvestir le fait de soustraire les trois colonnes en commençant par celle des élastiques seuls.

Conclusion de l'activité :
Expliciter : *« On soustrait d'abord les élastiques seuls dans la colonne de droite (les unités), puis les pochettes de 10 élastiques (les dizaines) dans la colonne du milieu. Enfin, on soustrait les pochettes de 100 élastiques (les centaines) dans la colonne de gauche. »*
Conclure : « Pour soustraire deux nombres, on commence par soustraire le nombre d'unités du plus petit nombre, aux unités du nombre le plus grand puis on continue pour les dizaines et pour les centaines. »

• Accompagnement personnalisé

Difficultés rencontrées par l'élève	Aide proposée
• L'élève ne parvient pas à mettre en relation son nombre d'élastiques avec le matériel distribué (les élastiques).	• Faire décomposer le nombre. Revenir à une phase de manipulation et de dénombrement des élastiques.
• L'élève ne connaît pas sa table de Pythagore.	• Donner une bande numérique comme aide de recherche de la différence de deux nombres.

• Réinvestissement dans le cahier-livre : « Découvrons ensemble »

Faire reporter les éléments de réponse dans la rubrique « découvrons ensemble » : laisser 5 minutes.

Je sais faire

Organisation	• Individuel
Matériel	• Cahier-livre, exercice 2
Durée	• 5 minutes

Exercice 2 : savoir effectuer une soustraction en colonne sans retenue dans un contexte donné.

Différenciation :
- *Simplification* : représenter les deux nombres par deux collections distinctes puis faire correspondre les éléments de chaque collection.

Retenons ensemble

Organisation	• Individuel
Matériel	• Cahier-livre
Durée	• 10 minutes

Synthèse de la leçon
Procéder à une lecture silencieuse individuelle de l'écrit de référence.
Procéder à une lecture magistrale.
Faire compléter le texte par les élèves avec les mots à retenir : **unités, dizaines, centaines.**
Vérifier, en passant dans les rangs, la validité des écrits.

Je m'entraîne

Organisation	• Individuel
Matériel	• Cahier-livre, exercices 3, 4, 5 et 6
Durée	• 20 minutes

Exercice 3 : savoir effectuer une soustraction en colonnes sans retenue.

Différenciation :

- ***Simplification*** : consulter l'écrit de référence et la bande numérique. Contextualiser la situation à l'aide des pochettes de 100 élastiques, de 10 et les éléments seuls.
- ***Complexification*** : faire calculer en colonne, les opérations du livre sans donner la soustraction posée au préalable.

Exercice 4 : savoir effectuer une soustraction en colonnes sans retenue avec la gestion du « 0 ».

Différenciation :

- ***Simplification*** : contextualiser la situation à l'aide des pochettes d'élastiques. Utiliser la bande numérique.
- ***Complexification*** : faire calculer en colonne, les opérations du livre sans donner la soustraction posée au préalable.

Exercice 5 : savoir poser et effectuer une soustraction en colonnes sans retenue.

Différenciation :

- ***Simplification*** : contextualiser la situation à l'aide des élastiques. Aider à écrire le premier terme en haut.
- ***Complexification*** : faire calculer en colonne, les opérations du livre sans donner les repères colorés de la soustraction posée.

Exercice 6 : savoir poser et effectuer une soustraction en colonnes sans retenue avec la gestion du « 0 ».

Différenciation :

- ***Simplification*** : contextualiser la situation à l'aide des élastiques. Aider à écrire le premier terme en haut.
- ***Complexification*** : faire calculer en colonne, les opérations du livre sans donner les repères colorés de la soustraction posée.

Résoudre des problèmes additifs et soustractifs (1)

► Cahier-livre p. 70

ENTRETIEN ET ÉVALUATION

• Fiche d'entretien p. 217
• Évaluation, exercice 5, p. 269

Objectifs

• Apprendre à résoudre des problèmes additifs et soustractifs dans lesquels on recherche le résultat d'une succession de transformations négative et positive.
• Percevoir les équivalences entre les procédures de résolution : évocation / mise en schéma / utilisation des écritures additives et soustractives.
• Utiliser les signes conventionnels + et – pour la résolution.

Activité de découverte

Dénombrer la transformation totale d'une collection

Organisation	• Groupe de 3 élèves, , puis réinvestissement (individuel).
Matériel	• Par groupe : 1 boîte à chaussures, 40 jetons, 2 ardoises. • Cahier-livre, exercice 1
Durée	• 15 minutes

• Mise en situation

Mettre les élèves par trois. Chaque groupe reçoit une boîte à chaussures dans laquelle il y a un nombre de jetons non visibles (entre 20 et 30 jetons, selon la variable didactique différenciée).

Consigne élève : *« Dans chaque groupe, il y a 1 meneur de jeu et 2 joueurs ».*
Au meneur (élève à désigner) : *« Tu dois compter le nombre de jetons contenu dans la boîte et l'écrire sur ton ardoise. Attention à ne pas montrer le résultat aux 2 autres»*
Aux deux joueurs : *« Vous devez retirer un à un, sans regarder, 18 jetons de la boîte. Dans un second temps, vous devez rajouter 15 jetons dans la même boîte. »*
« Y a-t-il plus ou moins de jetons dans la boîte après toutes ces manipulations ? Combien de jetons y a-t-il en plus ou en moins ? »
Au meneur (élève à désigner) : *« Compte le nombre de jetons qui sont dans la boîte à la fin du jeu. Y a-t-il plus ou moins de jetons ? De combien ? Vérifie ce qu'ont trouvé tes camarades. »*
Bien insister sur le fait qu'on ne cherche pas le nombre total de jetons (chose impossible dans la mesure où on ne connaît pas le nombre initial de jetons) mais le différentiel entre les deux collections.
Faire reformuler la situation par les élèves. Laisser les élèves travailler en groupes pendant 7/8 minutes.

Mise en commun : – Partager / échanger sur les résultats afin de permettre aux élèves de proposer et d'expliquer leurs procédures.
– Hiérarchiser les procédures afin de les présenter de manière progressive : faire intervenir les élèves qui n'ont pu rien écrire mais ont une solution à proposer à l'oral, ceux qui sont parvenus à faire un dessin ou un schéma, puis ceux qui ont proposé une écriture soustractive.
– Pour dénombrer la transformation totale de la collection, il faut d'abord savoir s'il y a eu plus de jetons retirés que de jetons rajoutés (ou l'inverse). Ensuite on cherche le cardinal de cette transformation : on fait la différence entre les deux quantités (celle retirée et celle ajoutée).

Conclusion de l'activité :
On peut résoudre le problème à l'aide d'une **soustraction** :
18 – 15 = 3
Conclure : « Pour trouver la quantité totale ajoutée ou retirée d'une collection, on détermine d'abord si la collection a augmenté ou non puis on peut faire une soustraction pour savoir de combien.»

• Accompagnement personnalisé

Difficultés rencontrées par l'élève	Aide proposée
• L'élève ne parvient pas à dessiner le problème. Il propose une solution orale.	• Aider l'élève à évoquer le problème, « *De quoi parle-t-on ?* », « *Quels sont les nombres proposés et que représentent-ils ?* », « *Est-ce nécessaire de connaître le nombre de jetons dans la boîte ?* » « *Si on compare les jetons que Lisa a retirés et ceux que Malika va mettre, qui en a le plus ?* ». • Proposer à l'élève de manipuler les collections en deux temps (le retrait, l'ajout).
• L'élève propose un dessin erroné.	• Aider l'élève à représenter la collection de la boîte en prenant un exemple : celui du meneur de jeu. Multiplier les exemples pour bien insister sur le fait que le différentiel de collection ne varie pas en fonction du nombre de jetons au départ.

• Réinvestissement dans le cahier-livre : « Découvrons ensemble »

Faire résoudre la situation en utilisant un schéma et/ou le calcul opératoire : laisser 7/8 minutes. Faire compléter la phrase avec le résultat.

Je sais faire

Organisation	• Individuel
Matériel	• Cahier-livre, exercice 2
Durée	• 5 minutes

Exercice 2 : résoudre un problème additif et soustractif dans un contexte donné en utilisant le schéma et/ou les procédures opératoires.

Différenciation :

- *Simplification* : faire verbaliser l'élève : évoquer la situation pour qu'il comprenne qu'il s'agit de dénombrer la transformation totale de la collection. Passer par une phase de manipulation avec le matériel de la situation de départ. Aider à la représentation du problème.
- *Complexification* : permettre à l'élève d'utiliser l'ardoise sans utiliser la représentation contextualisée.

Retenons ensemble

Organisation	• Individuel
Matériel	• Cahier-livre
Durée	• 10 minutes

Synthèse de la leçon

Procéder à une lecture silencieuse individuelle de l'écrit de référence.
Procéder à une lecture magistrale.
Faire compléter le texte par les élèves avec les mots à retenir : **totale, ajoutée, ajoutées.**
Vérifier, en passant dans les rangs, la validité des écrits.

Je m'entraîne

Organisation	• Individuel
Matériel	• Cahier-livre, exercices 3, 4, 5 et 6
Durée	• 20 minutes

Exercice 3 : résoudre un problème additif et soustractif en utilisant le schéma et/ou les procédures opératoires.

Différenciation :

- *Simplification* : consulter l'écrit de référence. Aider l'élève à représenter le problème sous forme d'un schéma vierge (comme dans l'écrit de référence).
- *Complexification* : permettre à l'élève d'utiliser l'ardoise sans utiliser le cadre de recherche proposée dans le cahier-livre.

Exercice 4 : résoudre un problème en utilisant le schéma et/ou les procédures opératoires.

Différenciation :

- *Simplification* : consulter l'écrit de référence. Commenter, avec les élèves, la présentation illustrée de la situation et les commentaires de Sami et Lisa.

Exercice 5 : résoudre un problème en utilisant les procédures opératoires.

Différenciation :

- *Simplification* : consulter l'écrit de référence. Aider l'élève à représenter le problème sous forme d'un schéma vierge (comme dans l'écrit de référence).
- *Complexification* : permettre à l'élève d'utiliser l'ardoise sans utiliser la représentation proposée dans le cahier-livre.

Exercice 6 : résoudre un problème en utilisant les procédures opératoires.

Différenciation :

- *Simplification* : consulter l'écrit de référence. Limiter le nombre de parties.
- *Complexification* : ne pas donner le dessin du problème proposé.

Poser et effectuer une soustraction avec retenue

► Cahier-livre p. 72

ENTRETIEN ET ÉVALUATION
• Fiche d'entretien p. 218
• Évaluation, exercice 1, p. 269

Objectifs

• Calculer des différences par soustraction en colonnes.
• Réinvestir les connaissances liées aux échanges et groupements dans la soustraction.
• Réinvestir les équivalences entre milliers, centaines, dizaines et unités.

Activité de découverte

Soustraire pour déterminer le nombre d'élastiques d'une création artistique.

Organisation	• Binôme, puis réinvestissement (individuel).
Matériel	• Par binôme : 18 boîtes de 1000 élastiques, 18 pochettes de 100 élastiques, 18 pochettes de 10 et 18 élastiques seuls, 2 ardoises. • Cahier-livre, exercice 1
Durée	• 20 minutes

• Mise en situation

Chaque groupe reçoit un bon de commande représentant les élastiques pour les deux créations artistiques. Il reçoit également le nombre d'élastiques nécessaires à la réalisation d'une des deux créations. Les élèves doivent se mettre d'accord pour ne passer qu'une commande d'élastiques pour les deux créations. Attention les élèves vont devoir gérer des retenues lors de cette séance.

Bon de commande (pour un binôme)
Pour réaliser les deux œuvres nous avons reçu : - 3 boîtes de 1000 élastiques. - 5 pochettes de 100 élastiques. - 2 pochettes de 10 élastiques. - 4 élastiques seuls.
Pour réaliser la première œuvre, nous avons besoin de 1 boîte de 1000 élastiques, 6 pochettes de 100 élastiques, 3 pochettes de 10 élastiques et de 7 élastiques seuls.
Pour réaliser l'autre création, je commande : ______ boîtes de 1000 élastiques, ______ pochettes de 100 élastiques, ______ pochettes de 10 élastiques et ______ élastiques seuls. Pour réaliser l'autre création, je dois donc commander _____ élastiques.

Consigne élève : *«Vous devez retrouver le nombre d'élastiques nécessaire pour créer l'autre œuvre ».* Faire reformuler. Laisser 7 minutes.

Mise en commun : Mettre en évidence les différentes stratégies utilisées : calcul mental ou écrits sur l'ardoise : calculs en ligne ou soustractions posées. Vérification ou non du bon de commande à la calculatrice. Faire reformuler les stratégies. Copier les propositions au tableau. Hiérarchiser les procédures. Isoler la plus efficace et faire réinvestir le fait de soustraire les quatre colonnes en commençant par celle des élastiques seuls.

Conclusion de l'activité :
Expliciter : *« On soustrait d'abord les élastiques seuls dans la colonne de droite (les unités), puis les pochettes de 10 élastiques (les dizaines) et les pochettes de 100 élastiques (les centaines) dans les colonnes du milieu ; enfin, on soustrait les boîtes de 1000 élastiques (unités de mille) dans la colonne de gauche. »*
On fait ensuite relever aux élèves que l'on doit effectuer 4 - 7 pour les unités ce qui est impossible et qu'il s'agira donc de gérer une retenue en ajoutant 10 aux deux nombres. Puis on fait émerger qu'apparaît ici un obstacle, à savoir que l'on doit effectuer 2 - 3 pour les dizaines ce qui est impossible. Il s'agit ici de **généraliser** le principe opératoire sur lequel est construit l'algorithme de la soustraction c'est-à-dire que l'on ne change pas le résultat d'une différence quand on ajoute aux deux nombres le même nombre.
Conclure : *« Quand on soustrait deux nombres à quatre chiffres et que le nombre d'unités du nombre du bas est plus grand que le nombre d'unités du nombre du haut alors il faut ajouter 10 aux deux nombres en ajoutant dix unités au nombre du haut et une dizaine au nombre du bas.*
Quand le nombre de dizaines du nombre du bas est plus grand que le nombre de dizaines du nombre du haut alors il faut ajouter 100 aux deux nombres en ajoutant dix dizaines au nombre du haut et une centaine au nombre du bas.
Quand le nombre de centaines du nombre du bas est plus grand que le nombre de centaines du nombre du haut alors il faut ajouter 1000 aux deux nombres en ajoutant dix centaines au nombre du haut et une unité de mille au nombre du bas. »

• Accompagnement personnalisé

Difficultés rencontrées par l'élève	Aide proposée
• L'élève ne parvient pas à mettre en relation son nombre d'élastiques avec le matériel distribué (les élastiques).	• Faire décomposer le nombre. Revenir à une phase de manipulation et de dénombrement des élastiques.
• L'élève ne connaît pas sa table de Pythagore.	• Donner une bande numérique comme aide de recherche de la différence de deux nombres.
• L'élève ne comprend que l'ajout de 10, de 100 ou de 1000 aux deux nombres conduit à trouver la même différence.	• Faire contextualiser la situation à l'aide des élastiques et faire plusieurs fois la même différence mais en ajoutant à chaque fois le même nombre aux deux nombres. La démarche analogique doit montrer aux élèves que le résultat est le même et leur permettre de comprendre le principe de base de l'algorithme.

• L'élève ne sait pas mettre en œuvre l'ajout de 10, 100 ou 1000 aux deux nombres.	• Faire contextualiser la situation à l'aide des élastiques et montrer que les seules opérations possibles grâces à des correspondances termes à termes sont : « Ajouter : - une fois 10 unités au nombre du haut et 1 dizaine au nombre du bas. - une fois 10 dizaines au nombre du haut et 1 centaine au nombre du bas. - une fois 10 centaines au nombre du haut et 1 unité de mille au nombre du bas. »

• Réinvestissement dans le cahier-livre : « Découvrons ensemble »

Faire reporter les éléments de réponse dans la rubrique « découvrons ensemble » : laisser 5 minutes.

Je sais faire

Organisation	• Individuel
Matériel	• Cahier-livre, exercice 2
Durée	• 5 minutes

Exercice 2 : savoir effectuer une soustraction en colonne avec retenue dans un contexte donné.

Différenciation :

- ***Simplification*** : représenter les deux nombres par deux collections distinctes puis faire correspondre les éléments de chaque collection.

Retenons ensemble

Organisation	• Individuel
Matériel	• Cahier-livre
Durée	• 10 minutes

Synthèse de la leçon

Procéder à une lecture silencieuse individuelle de l'écrit de référence.

Procéder à une lecture magistrale.

Faire compléter le texte par les élèves avec les mots à retenir : **retenues, colonne.**

Vérifier, en passant dans les rangs, la validité des écrits.

Je m'entraîne

Organisation	• Individuel
Matériel	• Cahier-livre, exercices 3, 4, 5 et 6
Durée	• 20 minutes

Exercice 3 : savoir effectuer une soustraction en colonnes avec retenue.

Différenciation :

- ***Simplification*** : consulter l'écrit de référence et la bande numérique. Contextualiser la situation à l'aide des sachets de 1000 élastiques, des sachets de 100, de 10 et les éléments seuls.
- ***Complexification*** : faire calculer en colonne, les opérations du livre sans donner la soustraction posée au préalable.

Exercice 4 : savoir effectuer une soustraction en colonnes avec retenue avec la gestion du « 0 ».

Différenciation :

- ***Simplification*** : contextualiser la situation à l'aide des pochettes d'élastiques. Utiliser la bande numérique.
- ***Complexification*** : Faire calculer en colonne, les opérations du livre sans donner la soustraction posée au préalable.

Exercice 5 : savoir poser et effectuer une soustraction en colonnes avec retenue.

Différenciation :

- ***Simplification*** : contextualiser la situation à l'aide des élastiques. Aider à écrire le premier terme en haut. Poser l'addition correspondante ($a - b = c$ entraîne que $b + c = a$) en colonnes avec l'élève.
- ***Complexification*** : faire calculer en colonne, les opérations du livre sans donner les repères colorés de la soustraction posée.

Exercice 6 : savoir poser et effectuer une soustraction en colonnes avec retenue avec la gestion du « 0 ».

Différenciation :

- ***Simplification*** : contextualiser la situation à l'aide des élastiques. Aider à écrire le premier terme en haut.
- ***Complexification*** : faire calculer, en colonne, les opérations du livre sans donner les repères colorés de la soustraction posée.

Calculer un produit en ligne

► Cahier-livre p. 74

ENTRETIEN ET ÉVALUATION

• Fiche d'entretien p. 219
• Évaluation, exercice 2, p. 270

Objectifs

- Apprendre à calculer, en ligne, des produits avec un facteur à 3 chiffres.
- Utiliser efficacement un arbre de calcul.

Activité de découverte

Trouver le nombre de carreaux sur un quadrillage

Organisation	• Binômes , puis réinvestissement (individuel).
Matériel	Par binôme : 1 enveloppe avec les énigmes A, 1 enveloppe avec les énigmes B, 2 ardoises • Cahier-livre, exercice 1
Durée	• 15 minutes

• Mise en situation

PHASE 1 : Chaque élève reçoit une enveloppe contenant les 4 énigmes A.

Consigne élève 1 : « *Videz le contenu de votre enveloppe. Associez les cartes correspondantes par 3* ». Laisser 2 minutes.

Mise en commun : Mettre en évidence les différentes stratégies utilisées : calcul mental ou écrits sur l'ardoise ; calculs en ligne ou multiplications posées.
Faire reformuler les stratégies. Valider les réponses.

PHASE 2 : Chaque élève reçoit une enveloppe contenant les 4 énigmes B.

Consigne élève 2 : « *Videz le contenu de votre enveloppe. Associez les cartes correspondantes par 3* ». Laisser 2 minutes.

Mise en commun : Rappel des stratégies de la phase 1. Reformulation. Validation.
Faire reformuler les stratégies. Copier les propositions au tableau. Hiérarchiser les procédures. Isoler la plus efficace et faire émerger l'arbre de calcul pour un calcul en ligne. Représenter le bon arbre de calcul au tableau et préciser qu'on peut décomposer le facteur à 3 chiffres.

Conclusion de l'activité :
Expliciter : « *Pour calculer un produit en ligne avec un arbre de calcul, on peut décomposer les facteurs. Par exemple, pour calculer 350 × 4, on décompose 350 en 300 + 50. Puis on "distribue" la multiplication par 4. Ainsi 350 × 4 = 300 × 4 + 50 × 4* ».
Conclure : « *Pour calculer en ligne un produit avec un facteur de 3 chiffres, on peut le décomposer et utiliser un arbre de calcul.* »

• Accompagnement personnalisé

Difficultés rencontrées par l'élève	Aide proposée
• L'élève ne parvient pas à entrer dans l'activité.	• Faire verbaliser les nombres et la tâche à réaliser. Faire verbaliser l'opération à utiliser.
• L'élève ne parvient pas à s'organiser pour calculer.	• Faire écrire le produit en ligne et faire décomposer le facteur de 3 chiffres. Puis aider l'élève à construire le début de l'arbre de calcul. Etayer pour la suite.

• Réinvestissement dans le cahier-livre : « Découvrons ensemble »

Faire reporter les éléments de réponse dans la rubrique « découvrons ensemble » : laisser 5 minutes.

Je sais faire

Organisation	• Individuel
Matériel	• Cahier-livre, exercice 2
Durée	• 5 minutes

Exercice 2 : calculer un produit avec un facteur à trois chiffres à l'aide d'un arbre de calcul.

Différenciation :

- ***Simplification*** : consulter l'écrit de référence. Faire écrire la décomposition et calculer le produit des deux premiers facteurs issus de la décomposition.
- ***Complexification*** : donner l'arbre entièrement vierge.

Retenons ensemble

Organisation	• Individuel
Matériel	• Cahier-livre
Durée	• 10 minutes

Synthèse de la leçon
Procéder à une lecture silencieuse individuelle de l'écrit de référence.
Procéder à une lecture magistrale.
Faire compléter le texte par les élèves avec les mots à retenir : **produit, décomposer, arbre de calcul.**
Vérifier, en passant dans les rangs, la validité des écrits.

Je m'entraîne

Organisation	• Individuel
Matériel	• Cahier-livre, exercices 3, 4, 5, 6 et 7
Durée	• 20 minutes

Exercices 3 et 4 : calculer un produit avec un facteur à trois chiffres à l'aide d'un arbre de calcul.

Différenciation :
- *Simplification* : consulter l'écrit de référence. Faire calculer le produit des deux premiers facteurs issus de la décomposition.
- *Complexification* : donner l'arbre entièrement vierge.

Exercices 5 et 6 : calculer un produit avec un facteur à trois chiffres à l'aide d'un arbre de calcul.

Différenciation :
- *Simplification* : consulter l'écrit de référence. Faire calculer le produit des deux premiers facteurs issus de la décomposition.
- *Complexification* : faire calculer sur l'ardoise les opérations du livre sans donner les branches de l'arbre au préalable.

Exercice 7 : utiliser un arbre de calcul pour résoudre un problème.

Différenciation :
- *Simplification* : consulter l'écrit de référence. Proposer un arbre de calcul vierge.
- *Complexification* : rajouter des données inutiles : « Hugo habite au 3e étage d'un appartement situé à 431 m de son école. Il fait le trajet à pieds 6 fois par semaine. Il quitte l'école vers 17 h et revient tous les soirs en voiture. Quelle distance fait-il à pieds par semaine pour aller jusqu'à l'école ? »

Poser et effectuer une multiplication par un nombre à un chiffre

► Cahier-livre p. 76

ENTRETIEN ET ÉVALUATION
• Fiche d'entretien p. 220
• Évaluation, exercice 3, p. 270

Objectifs

- Calculer des produits par multiplication en colonnes.
- Réinvestir le sens de la multiplication.

Activité de découverte

Déterminer le prix d'une commande de cahiers

Organisation	• Binôme, puis réinvestissement (individuel).
Matériel	• Par binôme : 2 ardoises. • Cahier-livre, exercice 1
Durée	• 20 minutes

• Mise en situation

Chaque groupe reçoit un bon de commande représentant les cahiers commandés pour l'école. Le maître explique que les élèves doivent calculer le prix que l'école devra payer pour cette commande.

Bon de commande (pour un binôme)
Pour fournir suffisamment l'école, nous avons commandé : - 1 boîte de 1000 cahiers. - 3 boîtes de 100 cahiers. - 5 paquets de 10 cahiers. - 3 cahiers seuls. En tout, nous avons commandé _______ cahiers.
Chaque cahier vaut 4 €.

Consigne élève : *«Vous devez trouver le montant de la commande de cahiers pour l'école entière.»* Faire reformuler. Laisser 7 minutes.

Mise en commun : Mettre en évidence les différentes stratégies utilisées : calculs en ligne ou posés : additions itérées ou multiplications. Schémas. Faire reformuler les stratégies. Copier les propositions au tableau. Hiérarchiser les procédures. Isoler la plus efficace.

Conclusion de l'activité :
Expliciter : À partir des différentes procédures proposées, **réaffirmer** le lien entre additions itérées et multiplication. Faire constater les limites des additions itérées (surtout quand les valeurs s'accroissent). Expliciter une technique opératoire pour la multiplication ; notamment l'utilisation de la boîte à retenue.
Conclure : *« On utilise la multiplication posée pour calculer plus facilement et plus vite. Lorsqu'il y a plus de 9 unités dans la colonne des unités, plus de 9 dizaines dans la colonne des dizaines ou plus de 9 centaines dans la colonne des centaines, on utilise la boîte à retenues. Elle sert à retenir le nombre de dizaines à ajouter au nombre de dizaines de l'opération, le nombre de centaines à ajouter au nombre de centaines de l'opération et le nombre de milliers à ajouter au nombre de milliers de l'opération.»*

• Accompagnement personnalisé

Difficultés rencontrées par l'élève	Aide proposée
• L'élève ne met pas en relation le dessin et une procédure de résolution (écriture multiplicative à valoriser).	• Faire faire la correspondance terme à terme entre cahiers, prix et nombres écrits.
• L'élève ne parvient pas à effectuer la multiplication.	Faire écrire la première multiplication intermédiaire en ligne. Verbaliser le placement des chiffres dans la boîte à retenues (cf. chiffre des centaines).

• Réinvestissement dans le cahier-livre : « Découvrons ensemble »

Faire reporter les éléments de réponse dans la rubrique « découvrons ensemble » : laisser 5 minutes.

Je sais faire

Organisation	• Individuel
Matériel	• Cahier-livre, exercice 2
Durée	• 5 minutes

Exercice 2 : effectuer une multiplication en colonne dans un contexte donné.

Différenciation :

- *Simplification* : faire verbaliser la situation en utilisant le mot «fois». Faire de la correspondance terme à terme entre les cahiers, le prix unitaire et leur représentation symbolique. Faire verbaliser les actions à réaliser ensuite. Consulter les tables de Pythagore.
- *Complexification* : effectuer le calcul sans avoir recours à une collection référence.

Retenons ensemble

Organisation	• Individuel
Matériel	• Cahier-livre
Durée	• 10 minutes

Synthèse de la leçon

Procéder à une lecture silencieuse individuelle de l'écrit de référence.

Procéder à une lecture magistrale.

Faire compléter le texte par les élèves avec les mots à retenir : **retenues, unités de mille.**

Vérifier, en passant dans les rangs, la validité des écrits.

Je m'entraîne

Organisation	• Individuel
Matériel	• Cahier-livre, exercices 3, 4, 5 et 6
Durée	• 20 minutes

Exercice 3 : effectuer une multiplication en colonne, d'un nombre à trois chiffres par un nombre à un chiffre.

Différenciation :

- *Simplification* : consulter l'écrit de référence et les tables de Pythagore. Aider à l'utilisation de la boîte à retenues.
- *Complexification* : faire calculer en colonne, les opérations du livre sans donner ni les repères colorés de la multiplication posée, ni la boîte à retenues

Exercice 4 : effectuer une multiplication en colonne, d'un nombre à quatre chiffres par un nombre à un chiffre.

Différenciation :

- *Simplification* : faire verbaliser la situation en utilisant le mot « fois ». Consulter l'écrit de référence et les tables de Pythagore. Aider à l'utilisation de la boîte à retenues.
- *Complexification* : faire calculer en colonne, les opérations du livre sans donner ni les repères colorés de la multiplication posée, ni la boîte à retenues.

Exercice 5 : poser et effectuer une multiplication en colonne.

Différenciation :

- *Simplification* : contextualiser la situation à l'aide des cahiers. Utiliser les tables de Pythagore. Aider à écrire le premier facteur en haut.
- *Complexification* : faire calculer en colonne, les opérations du livre sans donner les repères colorés de la multiplication posée.

Exercice 6 : effectuer une multiplication en colonne pour vérifier un résultat.

Différenciation :

- *Simplification* : consulter l'écrit de référence. Utiliser les tables de Pythagore.
- *Complexification* : faire calculer en colonne, les opérations du livre sans donner ni les repères colorés de la multiplication posée, ni la boîte à retenues.

Résoudre des problèmes multiplicatifs

► Cahier-livre p. 78

ENTRETIEN ET ÉVALUATION

• Fiche d'entretien p. 221
• Évaluation, exercice 4, p. 270

Objectifs

- Apprendre à résoudre un problème multiplicatif dans lequel on exploite le rapport constant entre deux collections.
- Percevoir les équivalences entre les procédures de résolution : évocation / mise en schéma / utilisation de l'écriture multiplicative.
- Utiliser le signe conventionnel, ×, pour la résolution.

Activité de découverte

Déterminer le nombre de trombones d'une école

Organisation	• Groupe de 3 élèves, puis réinvestissement (individuel).
Matériel	• Par groupe : 6 boîtes de trombones, 3 ardoises. • Cahier-livre, exercice 1
Durée	• 15 minutes

• Mise en situation

Mettre les élèves par trois. Chaque groupe va recevoir 6 boîtes successivement sur lesquelles une étiquette indique 1650 trombones.

Consigne élève : *« Vous allez recevoir des boîtes de trombones. À chaque fois que vous en recevez une, écrivez sur l'ardoise combien cela vous fait de trombones en tout. »*
Faire reformuler la situation par les élèves. Laisser les élèves travailler en groupes pendant 7/8 minutes.

Mise en commun : – Partager / échanger sur les résultats afin de permettre aux élèves de proposer et d'expliquer leurs procédures.
– Hiérarchiser les procédures afin de les présenter de manière progressive : faire intervenir les élèves qui n'ont qu'une solution à proposer à l'oral, ceux qui ont fait un dessin ou un schéma, puis ceux qui ont proposé une procédure opératoire.
– Pour les élèves qui passent par une procédure d'additions itérées, en montrer les limites si les cardinaux augmentent.

Conclusion de l'activité :
On peut résoudre le problème à l'aide d'une **opération** :
1650 × 6 = 9900
Conclure : Pour trouver le nombre total de trombones des 6 boîtes identiques, on multiplie le nombre de trombones d'une boîte par le nombre de boîtes.
L'écrit de référence de la page 76 rappelle la technique opératoire de la multiplication.

• Accompagnement personnalisé

Difficultés rencontrées par l'élève	Aide proposée
• L'élève ne parvient pas à dessiner le problème.	• Faire reformuler le problème : *« Que représentent les nombres proposés ? » « Combien y a-t-il de trombones dans une boîte ? » ; « Combien y a-t-il de boîtes ? »*
• L'élève propose un calcul erroné.	• Proposer à l'élève de ré-évoquer la situation puis de la dessiner afin de retrouver le calcul opératoire correspondant.

• Réinvestissement dans le cahier-livre : « Découvrons ensemble »

Faire résoudre la situation dans le cadre en utilisant un schéma et/ou le calcul opératoire : laisser 7/8 minutes. Faire compléter la phrase avec le résultat.

Je sais faire

Organisation	• Individuel
Matériel	• Cahier-livre, exercice 2
Durée	• 5 minutes

Exercice 2 : résoudre un problème multiplicatif dans un contexte donné en utilisant une procédure opératoire.

Différenciation :
– ***Simplification*** : faire verbaliser l'élève : évoquer la situation pour qu'il comprenne qu'il s'agit de dénombrer la collection totale pour l'école. Aider l'élève à comprendre l'énoncé en le représentant sous forme d'un schéma.
– ***Complexification*** : permettre à l'élève d'utiliser l'ardoise sans utiliser la représentation contextualisée.

Retenons ensemble

Organisation	• Individuel
Matériel	• Cahier-livre
Durée	• 10 minutes

Synthèse de la leçon
Procéder à une lecture silencieuse individuelle de l'écrit de référence.
Procéder à une lecture magistrale.
Faire compléter le texte par l'élève avec les mots à retenir : **multiplie, objets, collections.**
Vérifier, en passant dans les rangs, la validité des écrits.

Je m'entraîne

Organisation	• Individuel
Matériel	• Cahier-livre, exercices 3, 4, 5, 6, 7 et 8
Durée	• 20 minutes

Exercice 3 : résoudre un problème multiplicatif en utilisant une procédure opératoire.

Différenciation :
– ***Simplification*** : consulter l'écrit de référence. Aider l'élève à comprendre l'énoncé en représentant le problème sous forme d'un schéma.
– ***Complexification*** : travailler avec des paquets de 256 yaourts.

Exercice 4 : résoudre un problème multiplicatif en utilisant une procédure opératoire.

Différenciation :
– ***Simplification*** : consulter l'écrit de référence. Aider l'élève à comprendre l'énoncé en précisant qu'il y a 65 dossards bleus, 65 dossards rouges, 65 dossards jaunes, 65 dossards verts.
– ***Complexification*** : travailler avec des séries de 653 dossards de chaque couleur.

Exercice 5 : résoudre un problème multiplicatif en utilisant une procédure opératoire.

Différenciation :
– ***Simplification*** : consulter l'écrit de référence.
– ***Complexification*** : travailler avec 623 carnets de tickets.

Exercice 6 : résoudre un problème multiplicatif en utilisant une procédure opératoire.

Différenciation :
– ***Simplification*** : consulter l'écrit de référence. Associer immédiatement le prix et le nombre d'objets (exemple : 4 jeux de société à 23 € chaque).
– ***Complexification*** : augmenter les cardinaux des prix (103 € par jeu vidéo, 102 € par poupée de collection et 83 € par sac de briques de construction).

Exercice 7 : résoudre un problème multiplicatif en utilisant une procédure opératoire.

Différenciation :
– ***Simplification*** : consulter l'écrit de référence.
– ***Complexification*** : augmenter les cardinaux des nombres de graines (203 graines de haricots et 523 graines de carottes).

Exercice 8 : résoudre un problème multiplicatif en utilisant une procédure opératoire.

Différenciation :
– ***Simplification*** : consulter l'écrit de référence. Associer immédiatement l'animal et le nombre d'œufs.

Résoudre des problèmes additifs et soustractifs (2)

► Cahier-livre p. 80

ENTRETIEN ET ÉVALUATION

• Fiche d'entretien p. 222
• Évaluation, exercice 1, p. 271

Objectifs

• Apprendre à résoudre des problèmes additifs et soustractifs dans lequel on recherche le résultat d'une succession de transformations négative et positive.
• Résoudre un problème en utilisant les procédures opératoires.

Activité de découverte

Dénombrer l'une des transformations d'une collection

Organisation	• Groupe de 3 élèves, puis réinvestissement (individuel).
Matériel	• Par groupe : 1 boîte à chaussures, 40 jetons disponibles, 2 ardoises. • Cahier-livre, exercice 1
Durée	• 15 minutes

• Mise en situation

Mettre les élèves par trois. Chaque groupe reçoit une boîte à chaussures dans laquelle il y a 40 jetons non visibles.

Consigne élève : *« Dans chaque groupe, il y aura 1 meneur de jeu et 2 joueurs ».*
Aux deux joueurs : *« Vous devez retirer un à un, sans regarder, 12 jetons de la boîte. »*
Au meneur : *« Tu dois continuer à retirer des jetons jusqu'à arriver à 24 jetons retirés, en comptant ceux retirés par les joueurs. Cache tes jetons. Attention à ne pas les montrer aux 2 autres.»*
Aux deux joueurs : *« Vous devez trouver combien de jetons cache le meneur. »*
Bien insister sur le fait qu'on ne cherche pas le nombre total de jetons mais le différentiel entre les deux collections. Faire reformuler la situation par les élèves. Laisser les élèves travailler en groupes pendant 7/8 minutes.

Mise en commun : - Partager / échanger sur les résultats afin de permettre aux élèves de proposer et d'expliquer leurs procédures.
- Hiérarchiser les procédures afin de les présenter de manière progressive : faire intervenir les élèves qui n'ont qu'une solution à proposer à l'oral, ceux qui ont fait un dessin ou un schéma, puis ceux qui ont proposé une procédure opératoire.
- Pour dénombrer la transformation totale de la collection, il faut d'abord comprendre qu'on ne fait que retirer des jetons. Ensuite on cherche le cardinal de la seconde transformation : on fait la différence entre les deux quantités (celle de la collection finale et celle de la première transformation).

Conclusion de l'activité :
On peut résoudre le problème à l'aide d'une **opération** :
24 - 12 = 12.
Conclure : *« Pour trouver l'une des quantités ajoutée ou retirée d'une collection, on peut faire une opération.»*

• Accompagnement personnalisé

Difficultés rencontrées par l'élève	Aide proposée
• L'élève ne parvient pas à dessiner le problème. Il propose une solution orale.	• Faire reformuler le problème : « *Que représentent les nombres proposés ?* », « *Malika et Lisa retirent-elles ou ajoutent-elles toutes les deux des jetons ?* » • Faire manipuler les jetons en les retirant en deux temps
• L'élève propose un dessin erroné.	• Aider l'élève à représenter la collection de la boîte en prenant un exemple : celui du meneur de jeu. Montrer que le différentiel de collection ne varie pas en fonction du nombre de jetons au départ.

• Réinvestissement dans le cahier-livre : « Découvrons ensemble »

Faire résoudre la situation dans le cadre en utilisant un schéma et/ou le calcul opératoire : laisser 7/8 minutes. Faire compléter la phrase avec le résultat.

Je sais faire

Organisation	• Individuel
Matériel	• Cahier-livre, exercice 2
Durée	• 5 minutes

Exercice 2 : résoudre un problème additif et soustractif dans un contexte donné en utilisant le schéma et/ou les procédures opératoires.

Différenciation :
- ***Simplification*** : faire verbaliser l'élève : évoquer la situation pour qu'il comprenne qu'il s'agit de dénombrer la transformation totale de la collection. Passer par une phase de manipulation avec le matériel de la situation de départ. Aider à la représentation du problème.
- ***Complexification*** : permettre à l'élève d'utiliser l'ardoise sans utiliser la représentation contextualisée.

Retenons ensemble

Organisation	• Individuel
Matériel	• Cahier-livre
Durée	• 10 minutes

Synthèse de la leçon
Procéder à une lecture silencieuse individuelle de l'écrit de référence.
Procéder à une lecture magistrale.

Faire compléter le texte par l'élève avec les mots à retenir : **quantités, addition**.
Vérifier, en passant dans les rangs, la validité des écrits.

Je m'entraîne

Organisation	• Individuel
Matériel	• Cahier-livre, exercices 3, 4, 5 et 6
Durée	• 20 minutes

Exercice 3 : résoudre un problème additif et soustractif en utilisant le schéma et/ou les procédures opératoires.

Différenciation :
- ***Simplification*** : consulter l'écrit de référence. Aider l'élève à représenter le problème sous forme d'un schéma vierge (comme dans l'écrit de référence).
- ***Complexification*** : permettre à l'élève d'utiliser l'ardoise sans utiliser le cadre de recherche proposée dans le cahier-livre.

Exercice 4 : résoudre un problème en utilisant le schéma et/ou les procédures opératoires.

Différenciation :
- ***Simplification*** : consulter l'écrit de référence. Commenter, avec les élèves, la présentation illustrée de la situation et les commentaires de Malika et Lisa.

Exercice 5 : résoudre un problème en utilisant les procédures opératoires.

Différenciation :
- ***Simplification*** : consulter l'écrit de référence. Aider l'élève à représenter le problème sous forme d'un schéma vierge (comme dans l'écrit de référence).
- ***Complexification*** : permettre à l'élève d'utiliser l'ardoise sans utiliser la représentation proposée dans le cahier-livre.

Exercice 6 : résoudre un problème en utilisant les procédures opératoires.

Différenciation :
- ***Simplification*** : consulter l'écrit de référence. Donner le nombre de billes gagnées lors de la seconde partie et demander combien elle a gagné de billes en tout.
- ***Complexification*** : ne pas donner le dessin du problème proposé.

Utiliser les touches +, – et × de la calculatrice pour résoudre des problèmes

► Cahier-livre p. 82

ENTRETIEN ET ÉVALUATION
• Fiche d'entretien p. 223
• Évaluation, exercice 2, p. 271

Objectifs

- Comprendre les principales fonctions de la calculatrice.
- Utiliser la calculatrice pour résoudre des problèmes simples.

Activité de découverte

Résoudre des problèmes à l'aide de la calculatrice

Organisation	• Groupe de 4 élèves, puis réinvestissement (individuel).
Matériel	• Par groupe : 10 cartes « nombres interdits et à atteindre » (cf. matériel photocopiable en Annexe). • Par élève : 1 calculatrice, 1 ardoise. • Cahier-livre, exercice 1
Durée	• 15 minutes

• Mise en situation

Sur la table de quatre, sont posées les deux piles de cartes. Chaque élève a sa calculatrice.

Consigne élève 1 : *« Tirez une carte «nombres interdits et à atteindre» (le meneur est choisi à tour de rôle). Vous devez obtenir le nombre à atteindre avec votre calculatrice sans utiliser le nombre interdit ».*

Laisser 2 minutes par tour. Quatre tours sont proposés. Faire le premier tour avec les élèves.

Mise en commun : Mettre en évidence les différentes stratégies utilisées : calcul mental ou écrits sur l'ardoise ; utilisation de la calculatrice. Faire reformuler les stratégies.
Copier les propositions au tableau. Hiérarchiser les procédures. Isoler la plus efficace et faire émerger la chronologie des touches à utiliser. Représenter une chronologie validante.

Conclusion de l'activité :
Expliciter : *« La calculatrice permet de faire rapidement plusieurs essais de calcul. Cela peut faciliter la résolution d'un problème. Mais attention, il faut bien repérer les touches que l'on va utiliser : il y a celles destinées aux chiffres et celles pour les opérations. »*
Conclure : *« La calculatrice permet de calculer rapidement des opérations pour résoudre un problème ; mais elle peut aussi servir à vérifier un résultat. »*

• Accompagnement personnalisé

Difficultés rencontrées par l'élève	Aide proposée
• L'élève ne parvient pas à entrer dans l'activité.	• Faire verbaliser la tâche à réaliser et l'opération qui permettra de résoudre le problème.
• L'élève ne parvient pas à utiliser efficacement sa calculatrice.	• Faire écrire le produit en ligne et faire la relation avec les touches. Étayer.

• Réinvestissement dans le cahier-livre : « Découvrons ensemble »

Faire reporter les éléments de réponse dans la rubrique « découvrons ensemble » : laisser 5 minutes.

Je sais faire

Organisation	• Individuel
Matériel	• Cahier-livre, exercice 2
Durée	• 5 minutes

Exercice 2 : écrire les touches de la calculatrice utilisées pour atteindre un résultat.

Différenciation :

- ***Simplification*** : donner un indice (choix de l'opération, lever la contrainte...)

Retenons ensemble

Organisation	• Individuel
Matériel	• Cahier-livre
Durée	• 10 minutes

Synthèse de la leçon

Procéder à une lecture silencieuse individuelle de l'écrit de référence.

Procéder à une lecture magistrale.

Faire compléter le texte par les élèves avec les mots à retenir : **opérations, chiffres, signes.**

Vérifier, en passant dans les rangs, la validité des écrits.

Je m'entraîne

Organisation	• Individuel
Matériel	• Cahier-livre, exercices 3, 4, 5, 6, 7, 8 et 9
Durée	• 20 minutes

Exercice 3 : écrire les touches de la calculatrice utilisées pour atteindre un résultat.

Différenciation :

- ***Simplification*** : consulter le « découvrons ensemble ». Donner un indice (choix de l'opération, lever une contrainte...)

Exercices 4 et 5 : effectuer un programme de calcul à la calculatrice pour trouver un résultat.

Différenciation :

- ***Simplification*** : consulter l'écrit de référence.
- ***Complexification*** : faire dessiner les touches utilisées dans l'ordre chronologique.

Exercice 6 : utiliser la calculatrice pour résoudre un problème soustractif.

Différenciation :

- ***Simplification*** : consulter l'écrit de référence. Lire tous les indices avec les élèves.
- ***Complexification*** : faire dessiner les touches utilisées dans l'ordre chronologique.

Exercice 7 : utiliser la calculatrice pour résoudre un problème multiplicatif.

Différenciation :

- ***Simplification*** : rappeler le sens de lignes et colonnes. Faire commencer par la ligne centrale.

Exercice 8 : compléter un programme de calcul à la calculatrice à partir d'un résultat.

Différenciation :

- ***Simplification*** : consulter l'écrit de référence.
- ***Complexification*** : faire dessiner les touches utilisées dans l'ordre chronologique.

Exercice 9 : utiliser la calculatrice pour résoudre un problème multiplicatif.

Différenciation :

- ***Simplification*** : consulter l'écrit de référence. Lire tous les indices avec les élèves.
- ***Complexification*** : faire dessiner les touches utilisées dans l'ordre chronologique.

Utiliser les touches +, –, × et : de la calculatrice pour résoudre un problème

► Cahier-livre p. 84

ENTRETIEN ET ÉVALUATION

- Fiche d'entretien p. 224
- Évaluation, exercice 3, p. 271

Objectifs

- Comprendre les principales fonctions de la calculatrice.
- Utiliser la calculatrice pour résoudre des problèmes.

Activité de découverte

Résoudre des problèmes à l'aide de la calculatrice (2)

Organisation	• Binômes, puis réinvestissement (individuel).
Matériel	Par binôme : 1 enveloppe avec les 12 cartes à associer (cf. matériel photocopiable en Annexe). Par élève : 1 calculatrice, 1 ardoise • Cahier-livre, exercice 1
Durée	• 15 minutes

• Mise en situation

Chaque élève reçoit une enveloppe contenant les 12 cartes devinettes.

Consigne élève 1 : *« Videz le contenu de votre enveloppe. Associez les étiquettes correspondantes ».* Laisser 2 minutes.

Mise en commun : Mettre en évidence les différentes stratégies utilisées : calcul mental ou écrits sur l'ardoise ; calculs en ligne ou multiplications posées ; utilisation de la calculatrice. Faire reformuler les stratégies. Valider les réponses.

Mise en commun : Mettre en évidence les différentes stratégies utilisées : calcul mental ou écrits sur l'ardoise ; calculs en ligne ou multiplications posées ; utilisation de la calculatrice. Faire reformuler les stratégies. Copier les propositions au tableau. Hiérarchiser les procédures. Isoler la plus efficace et faire émerger la chronologie des touches à utiliser. Représenter la chronologie correcte et préciser le lien entre multiplications à trous et division.

Conclusion de l'activité :
Expliciter : *« Pour résoudre des problèmes à l'aide de sa calculatrice, il faut bien repérer les différents indices du problème et faire attention aux touches que l'on va utiliser ».*
Conclure : *« La calculatrice permet de calculer rapidement des opérations difficiles, comme les divisions. »*

• Accompagnement personnalisé

Difficultés rencontrées par l'élève	Aide proposée
• L'élève ne parvient pas à entrer dans l'activité.	• Faire verbaliser la tâche à réaliser et l'opération qui permettra de résoudre le problème.
• L'élève ne parvient pas à utiliser efficacement sa calculatrice.	• Faire écrire le produit en ligne et faire la relation avec les touches.

• Réinvestissement dans le cahier-livre : « Découvrons ensemble »

Faire reporter les éléments de réponse dans la rubrique « découvrons ensemble » : laisser 5 minutes.

Je sais faire

Organisation	• Individuel
Matériel	• Cahier-livre, exercice 2
Durée	• 5 minutes

Exercice 2 : utiliser la calculatrice pour résoudre un problème de partage.

Différenciation :
- *Simplification* : consulter le « découvrons ensemble ».
Donner un modèle de touches à compléter :

[ ] [ ] [ ] [:] [ ] [=] [ ]

- *Complexification* : faire dessiner les touches utilisées dans l'ordre.

Retenons ensemble

Organisation	• Individuel
Matériel	• Cahier-livre
Durée	• 10 minutes

Synthèse de la leçon
Procéder à une lecture silencieuse individuelle de l'écrit de référence.
Procéder à une lecture magistrale.
Faire compléter le texte par les élèves avec les mots à retenir : **divisions, mentalement**.
Vérifier, en passant dans les rangs, la validité des écrits.

Je m'entraîne

Organisation	• Individuel
Matériel	• Cahier-livre, exercices 3, 4, 5, 6, 7 et 8
Durée	• 20 minutes

Exercice 3 : utiliser la calculatrice pour effectuer des opérations.

Différenciation :
- *Simplification* : consulter l'écrit de référence.
- *Complexification* : faire dessiner les touches utilisées dans l'ordre chronologique.

Exercice 4 : utiliser la calculatrice pour résoudre un problème additif.

Différenciation :

- *Simplification* : consulter l'écrit de référence. Lire tous les indices avec les élèves.
- *Complexification* : faire dessiner les touches utilisées dans l'ordre chronologique.

Exercice 5 : utiliser la calculatrice pour résoudre un problème soustractif.

Différenciation :

- *Simplification* : consulter l'écrit de référence. Lire tous les indices avec les élèves.
- *Complexification* : faire dessiner les touches utilisées dans l'ordre chronologique.

Exercice 6 : utiliser la calculatrice pour résoudre un problème multiplicatif.

Différenciation :

- *Simplification* : consulter l'écrit de référence. Lire tous les indices avec les élèves.
- *Complexification* : faire dessiner les touches utilisées dans l'ordre chronologique.

Exercice 7 : utiliser la calculatrice pour vérifier une division.

Différenciation :

- *Simplification* : refaire les étapes de calcul avec les élèves.
- *Complexification* : faire calculer sur l'ardoise les opérations du livre au préalable.

Exercice 8 : utiliser la calculatrice pour résoudre un problème multiplicatif.

Différenciation :

- *Simplification* : consulter l'écrit de référence. Lire tous les indices avec les élèves.
- *Complexification* : faire dessiner les touches utilisées dans l'ordre chronologique.

Résoudre des problèmes multiplicatifs et de partage (1)

► Cahier-livre p. 86

ENTRETIEN ET ÉVALUATION

- Fiche d'entretien p. 225
- Évaluation, exercice 1, p. 272

Objectifs

- Apprendre à résoudre des problèmes multiplicatifs et de partage dans lesquels on recherche le résultat d'une partition équipotente de l'ensemble.
- Résoudre un problème en utilisant les procédures opératoires.

Activité de découverte

Déterminer le nombre de trombones par boîte lors d'un partage

Organisation	• Binômes, puis réinvestissement (individuel).
Matériel	• Par binôme : cartes « trombones» (20 de 100, 25 de 20, 40 de 2), 1 boîte à chaussures, 8 gobelets en plastiques, 1 ardoise. • Cahier-livre, exercice 1
Durée	• 15 minutes

• Mise en situation

Mettre les élèves par binôme. Chaque groupe reçoit une boîte à chaussures dans laquelle il y a les cartes « trombones » (1304) et 8 gobelets sur lesquels est inscrit le nom des classes : «CPa ; CPb ; CE1a ; CE1b ; CE2 ; CM1a ; CM1b et CM2 ».

Cartes trombonnes

Consigne élève : *« Vous devez répartir 1304 trombones entre les 8 classes de l'école. Combien y aura-t-il de trombones dans chaque classe ? »*

Faire reformuler la situation par les élèves. Laisser les élèves travailler en groupes pendant 7/8 minutes.

Mise en commun : - Partager / échanger sur les résultats afin de permettre aux élèves de proposer et d'expliquer leurs procédures.

- Hiérarchiser les procédures afin de les présenter de manière progressive : faire intervenir les élèves qui n'ont qu'une solution à proposer à l'oral, ceux qui ont fait un dessin ou un schéma, puis ceux qui ont proposé une procédure opératoire.
- Pour dénombrer la répartition de la collection, il faut d'abord comprendre qu'on se trouve dans une situation de partage à laquelle on associe la division.

Conclusion de l'activité :

On peut résoudre le problème à l'aide d'une **opération** :

1304 : 8 = 163

Conclure : *« Lorsqu'on partage une collection en plusieurs paquets équivalents, on peut faire une division pour trouver le nombre d'objets par paquet. »*

• Accompagnement personnalisé

Difficultés rencontrées par l'élève	Aide proposée
• L'élève propose un dessin erroné.	• Faire reformuler le problème : « *Que représentent les nombres proposés ?* » ; aider l'élève à comprendre que l'on est dans une situation de partage.
• L'élève propose un calcul erroné.	• Proposer à l'élève de ré-évoquer la situation puis de la dessiner afin de retrouver le calcul opératoire correspondant.

• Réinvestissement dans le cahier-livre : « Découvrons ensemble »

Faire résoudre la situation dans le cadre en utilisant un schéma et/ou le calcul opératoire : laisser 7/8 minutes. Faire compléter la phrase avec le résultat.

Je sais faire

Organisation	• Individuel
Matériel	• Cahier-livre, exercice 2
Durée	• 5 minutes

Exercice 2 : résoudre un problème de partage dans un contexte donné en utilisant le schéma et/ou les procédures opératoires.

Différenciation :

- ***Simplification*** : Faire verbaliser l'élève : évoquer la situation pour qu'il comprenne qu'il s'agit de dénombrer le partage total de la collection. Passer par une phase de manipulation avec le matériel de la situation de départ. Aider à la représentation du problème.
- ***Complexification*** : permettre à l'élève d'utiliser l'ardoise sans utiliser la représentation contextualisée.

Retenons ensemble

Organisation	• Individuel
Matériel	• Cahier-livre
Durée	• 10 minutes

Synthèse de la leçon

Procéder à une lecture silencieuse individuelle de l'écrit de référence.

Procéder à une lecture magistrale.

Faire compléter le texte avec les mots à retenir : **paquets, divise, total**.

Vérifier, en passant dans les rangs, la validité des écrits.

Je m'entraîne

Organisation	• Individuel
Matériel	• Cahier-livre, exercices 3, 4, 5, 6 et 7
Durée	• 20 minutes

Exercice 3 : résoudre un problème de partage en utilisant les procédures opératoires.

Différenciation :

- ***Simplification*** : consulter l'écrit de référence. Aider l'élève à représenter le problème sous forme d'un schéma explicitant la notion de partage et induisant la procédure opératoire ;
- ***Complexification*** : augmenter le nombre de boîtes à 18.

Exercice 4 : résoudre un problème de partage en utilisant le schéma et/ou les procédures opératoires.

Différenciation :

- ***Simplification*** : consulter l'écrit de référence. Aider l'élève à représenter le problème sous forme d'un schéma initiant la procédure opératoire.
- ***Complexification*** : permettre à l'élève d'utiliser l'ardoise sans utiliser le cadre de recherche proposée dans le cahier-livre.

Exercice 5 : résoudre un problème en utilisant les procédures opératoires.

Différenciation :

- ***Simplification*** : consulter l'écrit de référence. Aider l'élève en lui permettant d'utiliser sa calculatrice.

Exercice 6 : résoudre un problème en utilisant les procédures opératoires.

Différenciation :

- ***Simplification*** : consulter l'écrit de référence. Aider l'élève à représenter le problème sous forme d'un schéma initiant la procédure opératoire. Demander de combien de cases elle a avancé et donner le nombre de bonds effectués.
- ***Complexification*** : ne pas donner le dessin du problème proposé.

Exercice 7 : résoudre un problème en utilisant les procédures opératoires.

Différenciation :

- ***Simplification*** : Consulter l'écrit de référence. Demander le montant des gains avant la huitième fois où Hugo a gagné au loto.
- ***Complexification*** : Donner le montant de ce que possédait Hugo avant de gagner au loto : « Hugo possédait 234 € avant de jouer au loto. Il gagne 7 fois la même somme puis gagne une huitième fois au loto la somme de 100 €. Il n'a rien dépensé et possède maintenant 2 189 €. Quelle est la somme Hugo a-t-il gagné 7 fois ? »

Poser et effectuer une multiplication par un nombre à deux chiffres

► Cahier-livre p. 88

ENTRETIEN ET ÉVALUATION
• Fiche d'entretien p. 226
• Évaluation, exercice 2, p. 272

Objectifs

• Calculer des produits par multiplication en colonnes.
• Réinvestir le sens de la multiplication.

Activité de découverte

Déterminer le prix d'une commande de manuels

Organisation	• Binôme, puis réinvestissement (individuel).
Matériel	• Par binôme : Bons de commande de manuels, 2 ardoises. • Cahier-livre, exercice 1
Durée	• 20 minutes

• Mise en situation

Chaque groupe reçoit un bon de commande représentant les manuels commandés pour la classe. L'enseignant(e) explique que les élèves doivent calculer le prix que l'école devra payer pour cette commande.

Bon de commande (pour un binôme)
Nous avons commandé 23 manuels.pour la classe. Chaque manuel vaut 27 €.
La commande se fait en deux fois : pour 3 manuels puis pour 20 manuels.

Consigne élève : *« Vous devez trouver le montant de la commande de manuels pour la classe. »* Faire reformuler. Laisser 7 minutes.

Mise en commun : Mettre en évidence les différentes stratégies utilisées : calculs en ligne ou posés : additions itérées ou multiplications. Schémas. Vérification ou non du bon de commande à la calculatrice. Faire reformuler les stratégies. Copier les propositions au tableau. Hiérarchiser les procédures. Isoler la plus efficace.

Conclusion de l'activité :
Expliciter : À partir des différentes procédures proposées, **réaffirmer** le lien entre additions itérées et sens de la multiplication. Faire constater les limites des additions itérées (surtout quand les valeurs s'accroissent). Expliciter une technique opératoire pour la multiplication par un nombre à 2 chiffres ; notamment l'utilisation de la boîte à retenue.
Conclure : *« Pour effectuer une multiplication par un nombre à 2 chiffres, on peut décomposer l'opération en deux multiplications dont les résultats s'additionneront. Exemple : Calculer 27 × 23. 23 = 3 + 20. On commence par calculer 27 × 3 en utilisant une première boîte à retenues. Puis on calcule 27 × 20 en utilisant une seconde boîte à retenue. On ajoute les deux nombres obtenus pour trouver le résultat de la multiplication. »*

• Accompagnement personnalisé

Difficultés rencontrées par l'élève	Aide proposée
• L'élève ne met pas en relation le dessin et une procédure de résolution (écriture multiplicative à valoriser).	• Faire faire la correspondance terme à terme entre manuels, prix et nombres écrits.
• L'élève ne parvient pas à effectuer la multiplication.	Faire écrire la première multiplication intermédiaire en ligne. Engager la seconde. Aider au placement des résultats intermédiaires en colonnes. Verbaliser le placement des chiffres dans les boîtes à retenues.

• Réinvestissement dans le cahier-livre : « Découvrons ensemble »

Faire reporter les éléments de réponse dans la rubrique « découvrons ensemble » : laisser 5 minutes.

Je sais faire

Organisation	• Individuel
Matériel	• Cahier-livre, exercice 2
Durée	• 5 minutes

Exercice 2 : savoir effectuer une multiplication en colonnes de deux nombres à 2 chiffres dans un contexte donné.

Différenciation :
– ***Simplification*** : faire verbaliser la situation en utilisant le mot « fois ». Faire de la correspondance terme à terme entre les manuels, prix unitaire et leur représentation symbolique. Faire verbaliser les actions à réaliser ensuite. Consulter les tables de Pythagore.
– ***Complexification*** : effectuer le calcul sans avoir recours à une collection référence.

Retenons ensemble

Organisation	• Individuel
Matériel	• Cahier-livre
Durée	• 10 minutes

Synthèse de la leçon
Procéder à une lecture silencieuse individuelle de l'écrit de référence.
Procéder à une lecture magistrale.
Faire compléter le texte par les élèves avec les mots à retenir : **unités, dizaines**.
Vérifier, en passant dans les rangs, la validité des écrits.

Je m'entraîne

Organisation	• Individuel
Matériel	• Cahier-livre, exercices 3, 4, 5 et 6
Durée	• 20 minutes

Exercice 3 : effectuer une multiplication en colonnes, de deux nombres à 2 chiffres.

Différenciation :

- ***Simplification*** : consulter l'écrit de référence et les tables de Pythagore. Aider à l'utilisation de la boîte à retenues.
- ***Complexification*** : faire calculer en colonnes, les opérations du livre sans donner les repères colorés de la multiplication posée.

Exercice 4 : effectuer une multiplication en colonnes, d'un nombre à trois chiffres par un nombre à deux chiffres.

Différenciation :

- ***Simplification*** : faire verbaliser la situation en utilisant le mot « fois ». Consulter l'écrit de référence et les tables de Pythagore. Aider à l'utilisation de la boîte à retenues.
- ***Complexification*** : faire calculer en colonnes, les opérations du livre sans donner ni les repères colorés de la multiplication posée, ni la boîte à retenues.

Exercice 5 : poser et effectuer une multiplication en colonnes, d'un nombre à trois chiffres par un nombre à deux chiffres.

Différenciation :

- ***Simplification*** : contextualiser la situation à l'aide des manuels. Utiliser les tables de Pythagore. Aider à écrire le premier facteur en haut.
- ***Complexification*** : faire calculer en colonnes, les opérations du livre sans donner ni les repères colorés de la multiplication posée, ni la boîte à retenues.

Exercice 6 : effectuer une multiplication en colonnes pour vérifier un résultat.

Différenciation :

- ***Simplification*** : consulter l'écrit de référence. Utiliser les tables de Pythagore.
- ***Complexification*** : ne pas proposer de résultats possibles.

Résoudre des problèmes multiplicatifs et de partage (2)

► Cahier-livre p. 90

ENTRETIEN ET ÉVALUATION

• Fiche d'entretien p. 227
• Évaluation, exercice 3, p. 272

Objectifs

• Apprendre à résoudre des problèmes multiplicatifs et de partage dans lesquels on recherche le nombre d'itérations lors d'un groupement de collections équipotentes.
• Résoudre un problème en utilisant les procédures opératoires.

Activité de découverte

Déterminer le nombre de boîte de trombones lors d'un groupement

Organisation	• Binômes , puis réinvestissement (individuel).
Matériel	• Par binôme : cartes « trombones» (20 de 100, 25 de 20, 40 de 2), 1 boîte à chaussures, 20 gobelets en plastiques, 2 ardoises. • Cahier-livre, exercice 1
Durée	• 15 minutes

• Mise en situation

Mettre les élèves par binôme. Chaque groupe reçoit une boîte à chaussures dans laquelle il y a les étiquettes « trombones » (1984) et 20 gobelets.

Cartes trombonnes

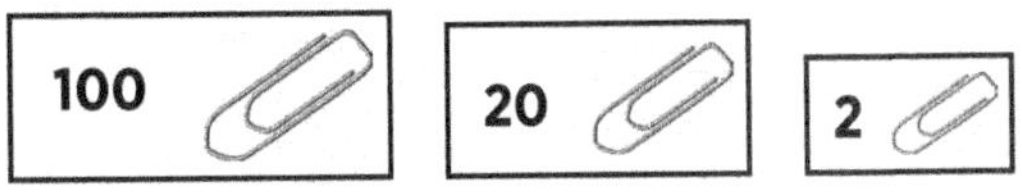

Consigne élève : *« Vous devez répartir 1984 trombones dans des gobelets de 124 trombones. Combien y aura-t-il de gobelets remplis ? »*

Faire reformuler la situation par les élèves. Laisser les élèves travailler en groupes pendant 7/8 minutes.

Mise en commun : - Partager / échanger sur les résultats afin de permettre aux élèves de proposer et d'expliquer leurs procédures.

- Hiérarchiser les procédures afin de les présenter de manière progressive : faire intervenir les élèves qui n'ont qu'une solution à proposer à l'oral, ceux qui ont fait un dessin ou un schéma, puis ceux qui ont proposé une procédure opératoire.
- Pour dénombrer la quantité de répartition de la collection, il faut comprendre qu'on se trouve dans une situation de partage à laquelle on associe la division.

Conclusion de l'activité :

On peut résoudre le problème à l'aide d'une **opération** :

1984 : 124 = 16.

Conclure : *« Lorsqu'on partage une collection en plusieurs paquets équivalents (ici les boîtes), on peut trouver le nombre de paquets en divisant le nombre total de la collection par le nombre d'objets par paquet. »*

• Accompagnement personnalisé

Difficultés rencontrées par l'élève	Aide proposée
• L'élève propose un dessin erroné.	• Faire reformuler le problème : « *Que représentent les nombres proposés ?* » ; aider l'élève à comprendre que l'on recherche le nombre de paquets dans un groupement.
• L'élève propose un calcul erroné.	• Proposer à l'élève de ré-évoquer la situation puis de la dessiner afin de retrouver le calcul opératoire correspondant.

• Réinvestissement dans le cahier-livre : « Découvrons ensemble »

Faire résoudre la situation dans le cadre en utilisant un schéma et/ou le calcul opératoire : laisser 7/8 minutes. Faire compléter la phrase avec le résultat.

Je sais faire

Organisation	• Individuel
Matériel	• Cahier-livre, exercice 2
Durée	• 5 minutes

Exercice 2 : résoudre un problème de partage dans un contexte donné en utilisant les procédures opératoires.

Différenciation :

- ***Simplification*** : Faire verbaliser l'élève : évoquer la situation pour qu'il comprenne qu'il s'agit de dénombrer les itérations lors d'un regroupement d'objets. Passer par une phase de manipulation avec le matériel de la situation de départ. Aider à la représentation du problème.
- ***Complexification*** : permettre à l'élève d'utiliser l'ardoise sans utiliser la représentation contextualisée.

Retenons ensemble

Organisation	• Individuel
Matériel	• Cahier-livre
Durée	• 10 minutes

Synthèse de la leçon

Procéder à une lecture silencieuse individuelle de l'écrit de référence.
Procéder à une lecture magistrale.
Faire compléter le texte avec les mots à retenir : **divise, total, paquet.**
Vérifier, en passant dans les rangs, la validité des écrits.

Je m'entraîne

Organisation	• Individuel
Matériel	• Cahier-livre, exercices 3, 4, 5, 6, 7 et 8
Durée	• 20 minutes

Exercice 3 : résoudre un problème de partage en utilisant le schéma et/ou les procédures opératoires.

Différenciation :

- ***Simplification*** : consulter l'écrit de référence. Aider l'élève à représenter le problème sous forme d'un schéma explicitant la notion de partage et induisant la procédure opératoire ;
- ***Complexification*** : permettre à l'élève d'utiliser l'ardoise sans utiliser le cadre de recherche proposée dans le cahier-livre.

Exercice 4 : résoudre un problème de partage en utilisant le schéma et/ou les procédures opératoires.

Différenciation :

- ***Simplification*** : consulter l'écrit de référence. Aider l'élève à représenter le problème sous forme d'un schéma initiant la procédure opératoire.
- ***Complexification*** : permettre à l'élève d'utiliser l'ardoise sans utiliser le cadre de recherche proposée dans le cahier-livre.

Exercice 5 : résoudre un problème en utilisant les procédures opératoires.

Différenciation :

- ***Simplification*** : consulter l'écrit de référence. Aider l'élève en lui permettant d'utiliser sa calculatrice.
- ***Complexification*** : éviter le recours automatisé aux tables de multiplications : « Les parents de Hugo ont déjà parcouru 35 km, quand ils mettent de l'essence. Leur voiture consomme 7 litres par centaine de km. Ils ont fait un voyage qui leur a fait consommer 56 litres depuis le passage à la station-service. Quelle distance ont-ils parcouru ? »

Exercice 6 : résoudre un problème en utilisant les procédures opératoires.

Différenciation :

- ***Simplification*** : Consulter l'écrit de référence. Aider l'élève à représenter le problème sous forme d'un schéma initiant la procédure opératoire. Demander de combien de cases elle a avancé et faire calculer le nombre de bonds effectués.

Exercice 7 : résoudre un problème en utilisant les procédures opératoires.

Différenciation :

- ***Simplification*** : Consulter l'écrit de référence. Réduire la collection à 250 images.
- ***Complexification*** : modifier les valeurs numériques et proposer des gains de 33 images pour une collection totale de 528 images.

Exercice 8 : Résoudre un problème en utilisant les procédures opératoires.

Différenciation :

- ***Simplification*** : Consulter l'écrit de référence. Réduire la production à 420 œufs.
- ***Complexification*** : Modifier la production à 3 660 œufs, ce qui confrontera l'élève à la gestion du « 0 ».

Poser et effectuer une division avec un dividende à deux chiffres

► Cahier-livre p. 92

ENTRETIEN ET ÉVALUATION
• Fiche d'entretien p. 228
• Évaluation, exercice 4, p. 273

Objectifs

- Calculer des quotients par division en colonnes.
- Réinvestir le sens de la division.

Activité de découverte

Déterminer le prix unitaire d'un cahier

Organisation	• Binôme, puis réinvestissement (individuel)
Matériel	• Par binôme : billets et pièces de monnaie, 2 ardoises. • Cahier-livre, exercice 1
Durée	• 20 minutes

• Mise en situation

Chaque groupe reçoit les quatre étiquettes « juste prix » ci-dessous, faces cachées ainsi que les billets et pièces de monnaie. Le maître explique que les élèves doivent calculer le prix d'un cahier, en fonction des situations proposées. Il y aura 4 tours.

84 € les 4 — **39 € les 3** — **65 € les 5** — **84 € les 6**

Consigne élève : *«Vous devez trouver le prix d'un cahier. Vous pouvez vous aider des billets et pièces de monnaie. Notez sur votre ardoise votre procédure. Les additions sont interdites ! »* Faire reformuler. Laisser 7 minutes.

Mise en commun : Mettre en évidence les différentes stratégies utilisées : calculs en ligne ou posés : soustractions itérées ou multiplications. Schémas. Vérification ou non du juste prix à la calculatrice. Faire reformuler les stratégies. Copier les propositions au tableau. Hiérarchiser les procédures. Isoler la plus efficace.

Conclusion de l'activité :
Expliciter : À partir des différentes procédures proposées, **réaffirmer** le lien entre multiplications à trous et sens de la division. Faire constater les limites des soustractions itérées (surtout quand les valeurs s'accroissent). Expliciter une technique opératoire pour la division avec un dividende à deux chiffres.

Conclure : *« Pour effectuer une division en colonnes avec un dividende à 2 chiffres, on divise d'abord le nombre de dizaines du dividende par le diviseur. On note la quantité entière au quotient et le reste au dividende.*
Puis on abaisse le chiffre des unités du dividende et on divise le nombre d'unités.
On calcule ainsi les unités du quotient et il reste 0. »
Montrer un exemple de la découverte.

• Accompagnement personnalisé

Difficultés rencontrées par l'élève	Aide proposée
• L'élève ne met pas en relation le dessin et une procédure de résolution.	• Faire faire la correspondance terme à terme entre cahiers, prix du lot et cardinaux dans une situation de partage.
• L'élève ne parvient pas à effectuer la division.	Faire entamer la première ligne en faisant verbaliser l'expression « *Dans combien de fois ...* ». Engager la seconde. Aider au placement des résultats intermédiaires en colonnes. Verbaliser le placement des chiffres du quotient.

• Réinvestissement dans le cahier-livre : « Découvrons ensemble »

Faire reporter les éléments de réponse dans la rubrique « découvrons ensemble » : laisser 5 minutes.

Je sais faire

Organisation	• Individuel
Matériel	• Cahier-livre, exercice 2
Durée	• 5 minutes

Exercice 2 : effectuer une division en colonnes avec un dividende à 2 chiffres dans un contexte donné.

Différenciation :
- ***Simplification*** : faire expliciter la situation (les cahiers et leur prix ; et leur représentation cardinale). Faire verbaliser la division en utilisant l'expression « dans combien de fois ... ». Faire écrire dividende et diviseur sur le cahier. Consulter les tables de Pythagore.
- ***Complexification*** : effectuer le calcul sans avoir recours à une collection référence.

Retenons ensemble

Organisation	• Individuel
Matériel	• Cahier-livre
Durée	• 10 minutes

Synthèse de la leçon
Procéder à une lecture silencieuse individuelle de l'écrit de référence.
Procéder à une lecture magistrale.
Faire compléter le texte par les élèves avec les mots à retenir : **quotient, dividende.**
Vérifier, en passant dans les rangs, la validité des écrits.

Je m'entraîne

Organisation	• Individuel
Matériel	• Cahier-livre, exercices 3, 4, 5 et 6
Durée	• 20 minutes

Exercice 3 : effectuer une division en colonnes avec un dividende à 2 chiffres.

Différenciation :

- *Simplification* : consulter l'écrit de référence. Faire verbaliser la division en utilisant l'expression « Dans combien de fois ... ». Consulter les tables de Pythagore.
- *Complexification* : faire calculer en colonnes, les opérations du livre sans donner les repères colorés de la division posée.

Exercice 4 : effectuer une division en colonnes avec un dividende à 2 chiffres et avec gestion d'un «0».

Différenciation :

- *Simplification* : consulter l'écrit de référence. Consulter les tables de Pythagore.
- *Complexification* : faire calculer en colonnes, les opérations du livre sans donner les repères colorés de la division posée.

Exercice 5 : poser et effectuer une division en colonnes avec un dividende à 2 chiffres.

Différenciation :

- *Simplification* : consulter l'écrit de référence. Faire écrire dividende et diviseur sur le cahier. Consulter les tables de Pythagore.
- *Complexification* : Faire calculer en colonnes, les opérations du livre sans donner les repères colorés de la division posée.

Exercice 6 : poser et effectuer une division en colonnes pour vérifier un résultat.

Différenciation :

- *Simplification* : consulter l'écrit de référence. Utiliser les tables de Pythagore.
- *Complexification* : ne pas proposer de résultats possibles.

Poser et effectuer une division avec un dividende à trois chiffres

► Cahier-livre p. 94

ENTRETIEN ET ÉVALUATION

• Fiche d'entretien p. 229
• Évaluation, exercice 5, p. 273

Objectifs

- Calculer des quotients par division en colonnes.
- Réinvestir le sens de la division.

Activité de découverte

Déterminer le prix unitaire d'un microscope

Organisation	• Binôme, puis réinvestissement (individuel).
Matériel	• Par binôme : billets et pièces de monnaie, 2 ardoises. • Cahier-livre, exercice 1
Durée	• 20 minutes

• Mise en situation

Chaque groupe reçoit les quatre étiquettes « juste prix » ci-dessous, faces cachées. Expliquer que les élèves doivent calculer le prix d'un microscope, en fonction des situations proposées. Il y aura 4 tours.

246 € les 2	**848 € les 4**
655 € les 5	**681 € les 3**

Consigne élève : *« Vous devez trouver le prix d'un microscope. Vous pouvez vous aider des étiquettes du porte-monnaie. Notez sur votre ardoise votre procédure. Les additions sont interdites ! »* Faire reformuler. Laisser 7 minutes.

Mise en commun : Mettre en évidence les différentes stratégies utilisées : calculs en ligne ou posés : soustractions itérées, multiplications ou divisions. Schémas. Vérification ou non du juste prix à la calculatrice. Faire reformuler les stratégies. Copier les propositions au tableau. Hiérarchiser les procédures. Isoler la plus efficace.

Conclusion de l'activité :
Expliciter : À partir des différentes procédures proposées, **réaffirmer** le lien entre technique opératoire de la division connue et celle de la division avec un dividende à trois chiffres.
Conclure : *« Pour effectuer une division en colonnes avec un dividende à 3 chiffres, on divise d'abord le nombre de centaines du dividende par le diviseur. On note la quantité entière au quotient et le reste au dividende. Ensuite on abaisse le chiffre des dizaines, puis celui des unités du dividende et on poursuit la division jusqu'à ce qu'il reste 0. »*
Montrer un exemple de la découverte.

• Accompagnement personnalisé

Difficultés rencontrées par l'élève	Aide proposée
• L'élève ne met pas en relation le dessin et une procédure de résolution.	• Faire faire la correspondance terme à terme entre microscopes, prix du lot et cardinaux dans une situation de partage.

• L'élève ne parvient pas à effectuer la division.	Faire entamer la première ligne en faisant verbaliser l'expression « *Dans combien de fois ...* ». Engager la seconde. Aider au placement des résultats intermédiaires en colonnes. Verbaliser le placement des chiffres du quotient.

• Réinvestissement dans le cahier-livre : « Découvrons ensemble »

Faire reporter les éléments de réponse dans la rubrique « découvrons ensemble » : laisser 5 minutes.

Je sais faire

Organisation	• Individuel
Matériel	• Cahier-livre, exercice 2
Durée	• 5 minutes

Exercice 2 : effectuer une division en colonnes avec un dividende à 3 chiffres dans un contexte donné.

Différenciation :

- ***Simplification*** : faire expliciter la situation (les globes et leur prix ; et leur représentation cardinale). Faire verbaliser la division en utilisant l'expression « Dans combien de fois ... ». Faire écrire dividende et diviseur sur le cahier. Consulter les tables de Pythagore.
- ***Complexification*** : effectuer le calcul sans avoir recours à une collection référence.

Retenons ensemble

Organisation	• Individuel
Matériel	• Cahier-livre
Durée	• 10 minutes

Synthèse de la leçon

Procéder à une lecture silencieuse individuelle de l'écrit de référence.
Procéder à une lecture magistrale.
Faire compléter le texte par les élèves avec les mots à retenir : **quotient, dividende.**
Vérifier, en passant dans les rangs, la validité des écrits.

Je m'entraîne

Organisation	• Individuel
Matériel	• Cahier-livre, exercices 3, 4 et 5
Durée	• 20 minutes

Exercice 3 : effectuer une division en colonnes avec un dividende à 3 chiffres.

Différenciation :

- ***Simplification*** : consulter l'écrit de référence. Faire verbaliser la division en utilisant l'expression « Dans combien de fois ... ». Consulter les tables de Pythagore.
- ***Complexification*** : Faire calculer en colonnes, les opérations du livre sans donner les repères colorés de la division posée.

Exercice 4 : effectuer une division en colonnes avec un dividende à 3 chiffres et avec gestion d'un «0».

Différenciation :

- ***Simplification*** : consulter l'écrit de référence. Consulter les tables de Pythagore.
- ***Complexification*** : faire calculer en colonnes, les opérations du livre sans donner les repères colorés de la division posée.

Exercice 5 : poser et effectuer une division en colonnes avec un dividende à 3 chiffres.

Différenciation :

- ***Simplification*** : consulter l'écrit de référence. Faire écrire dividende et diviseur sur le cahier. Consulter les tables de Pythagore.
- ***Complexification*** : faire calculer en colonnes, les opérations du livre sans donner les repères colorés de la division posée.

Résoudre des problèmes relevant des quatre opérations

► Cahier-livre p. 96

ENTRETIEN ET ÉVALUATION

• Fiche d'entretien p. 230
• Évaluation, exercice 1, p. 274

Objectifs

• Résoudre un problème en utilisant la procédure opératoire adéquate.

Activité de découverte

Organisation	• Individuelle
Matériel	• Cahier livre
Durée	• 15 minutes

• Mise en situation

Chaque élève individuellement, est invité à relire les écrits référence inhérents aux résolutions de problèmes relevant des quatre opérations.

Consigne élève : *« Relisez-les "Retenons ensemble" des pages 70, 78, 80, 86 et 90 ».* Laisser les élèves travailler pendant 7/8 minutes.

Je m'entraîne

Organisation	• Individuel
Matériel	• Cahier-livre, exercices 1, 2, 3 et 4
Durée	• 20 minutes

Exercice 1 : résoudre un problème soustractif en utilisant les procédures opératoires.

Différenciation :

- *Simplification* : consulter les écrits de référence pages 70 et 80. Aider l'élève à représenter le problème sous forme d'un schéma induisant la procédure opératoire.
- *Complexification* : adjoindre une donnée supplémentaire, en disant que les forains ont vendu 1806 tours de manège le soir. La question posée reste la même, l'élève devant retirer les tours du matin et du soir au total de la journée pour y répondre.

Exercice 2 : résoudre un problème multiplicatif en utilisant les procédures opératoires.

Différenciation :

- *Simplification* : Consulter l'écrit de référence p. 78. Aider l'élève à représenter le problème sous forme d'un schéma induisant la procédure opératoire.
- *Complexification* : adjoindre une contrainte supplémentaire, en disant que le voyageur a bénéficié d'une réduction de 107 € sur son séjour.

Exercice 3 : résoudre un problème soustractif en utilisant les procédures opératoires.

Différenciation :

- *Simplification* : consulter les écrits de référence pages 70 et 80. Aider l'élève à représenter le problème sous forme d'un schéma induisant la procédure opératoire.
- *Complexification* : remplacer la question par : « L'étalon du grand-père pèse 607 kg de plus que le poulain. Quel est le poids de l'étalon ? »

Exercice 4 : résoudre un problème de partage en utilisant les procédures opératoires.

Différenciation :

- *Simplification* : consulter les écrits de référence pages 86 et 90. Aider l'élève à représenter le problème sous forme d'un schéma induisant la procédure opératoire.

Je m'entraîne

Organisation	• Individuel
Matériel	• Cahier-livre, exercices 5, 6, 7, 8 et 9
Durée	• 20 minutes

Exercice 5 : résoudre un problème soustractif en utilisant les procédures opératoires.

Différenciation :

- *Simplification* : consulter les écrits de référence pages 70 et 80. Aider l'élève à représenter le problème sous forme d'un schéma induisant la procédure opératoire.
- *Complexification* : remplacer la question par : « ... dont 67 945 payantes et 8 065 réservées à la presse. Combien a-t-on distribué d'entrées gratuites ? »

Exercice 6 : résoudre un problème additif en utilisant les procédures opératoires.

Différenciation :

- *Simplification* : consulter les écrits de référence p 70 et 80. Aider l'élève à représenter le problème sous forme d'un schéma induisant la procédure opératoire.
- *Complexification* : remplacer la question par : « Une première remise de 24 € avait d'abord eu lieu. Le manteau avait ensuite bénéficié d'une seconde remise de 18 €. Combien valait le manteau avant les soldes ? »

Exercice 7 : résoudre un problème additif et soustractif en utilisant les procédures opératoires.

Différenciation :

- *Simplification* : consulter les écrits de référence pages 70 et 80. Aider l'élève à représenter le problème sous forme d'un schéma induisant la procédure opératoire.
- *Complexification* : modifier les variables didactiques du problème : « Pendant la tempête, des tuiles se sont envolées à trois reprises. Une première rafale a fait s'envoler 397 tuiles. Une seconde rafale a emmené 327 tuiles. À la fin de la tempête, il n'en restait plus que 76. Combien de tuiles la troisième rafale a-t-elle emportées ? »

Exercice 8 : Résoudre un problème multiplicatif et de partage en utilisant les procédures opératoires.

Différenciation :

- *Simplification* : Consulter les écrits de référence pages 86 et 90. Aider l'élève à représenter le problème sous forme d'un schéma induisant la procédure opératoire. Si besoin, modifier les données à 2 minutes par tour.
- *Complexification* : modifier les variables didactiques du problème : « Lisa a fait des tours de piste pendant 22 minutes. Elle met 2 min et 45 s pour faire un tour.» La question est inchangée.

Exercice 9 : résoudre un problème additif et soustractif en utilisant les procédures opératoires.

Différenciation :

- *Simplification* : consulter les écrits de référence pages 70 et 80. Aider l'élève à représenter le problème sous forme d'un schéma induisant la procédure opératoire.
- *Complexification* : modifier les variables didactiques du problème : « Un quartier a vécu deux vagues d'arrivées d'habitants depuis la construction de nouvelles maisons. Il y a d'abord eu 207 habitants supplémentaires puis 119 personnes qui sont venues habiter le quartier. Il compte maintenant 4 212 habitants. Quel était le nombre d'habitants avant la construction des maisons ? »

Ajouter 9, ajouter 11

► Cahier-livre p. 100

Objectifs

- Apprendre à ajouter 9 à un nombre à trois chiffres.
- Apprendre à ajouter 11 à un nombre à trois chiffres.

Temps 1 Activité de découverte

Les dés magiciens

Organisation	• Binômes
Matériel	• 1 dé numérique comportant les nombres 65, 23, 352, 489, 947 et 651 • 1 dé numérique comportant 2 faces « 9 », 2 faces « 11 » et 2 faces « choix » • 1 ardoise par élève
Durée	• 5 minutes

• Mise en situation

Descriptif : Chacun leur tour, les joueurs lancent les dés et annoncent le tirage. La somme des deux nombres est notée sur l'ardoise. Si la face « choix » apparaît au tirage, le lanceur annonce « 9 » ou « 11 ». On gagne un point par bonne réponse.

Consigne élève : *« Écrivez chacun à votre tour, sur l'ardoise, la somme des deux nombres de votre tirage et annoncés par le lanceur. On gagne 1 point par bonne réponse ».*

Bilan intermédiaire : Poser la question : *« Qui n'a pas compris quelque chose ? »*

Conclusion de l'activité : Formuler :

• Pour ajouter 9 à un nombre, on ajoute 10 puis on retranche 1 (9 = 10 - 1).
Exemple : Ajouter 9 à 66.
66 + 9 = ?   9, c'est 10 - 1
On calcule donc **66 + 10 - 1**.
66 + 9 = 75   Le résultat est 75.

• Pour ajouter 11 à un nombre, on ajoute 10 puis on ajoute encore 1 (11 = 10 + 1).
Exemple : Ajouter 11 à 85.
85 + 11 = ?   11, c'est 10 + 1
On calcule donc **85 + 10 + 1**.
85 + 11 = 96   Le résultat est 96.

Variante : Changer les nombres sur le premier dé.

La bataille des dés

Organisation	• Binômes
Matériel	• 1 dé numérique comportant les nombres 409, 511, 689, 791, 895 et 910 • 1 dé numérique comportant 3 faces « 9 » et 3 faces « 11 » • 1 ardoise par élève
Durée	• 5 minutes

• Mise en situation

Descriptif : Chaque joueur lance une fois les dés et mémorise le tirage. Il calcule alors la somme des deux nombres et la note sur son ardoise. L'adversaire fait de même. Celui qui a le résultat le plus élevé gagne un point.

Consigne élève : *« Écrivez chacun à votre tour, sur l'ardoise, la somme des deux nombres de votre tirage. Celui qui obtient le plus grand résultat gagne la bataille, donc 1 point ».*

Bilan intermédiaire : Poser la question : *« Qui n'a pas compris quelque chose ? »*

Conclusion de l'activité : Formuler : Idem activité « Les dés magiciens » précédente.

Variante : Ajouter 9 puis 11 à chaque nombre issu du tirage.

Temps 2 Structuration de la leçon

Rappels (2 minutes) : Demander aux élèves de reformuler ce qu'ils ont appris à propos de l'addition de 9 et de 11. Annoncer les jeux (cf. Activités de découverte) et rappeler les règles.

Jeux (8 minutes) : Faire jouer, de nouveau, les élèves dans les mêmes conditions que lors de la phase de découverte.

Mise en commun (5 minutes) : Faire expliquer les stratégies et procédures utilisées et s'exprimer les difficultés. Noter au tableau les différentes procédures proposées (dictées par les enfants). Entourer la plus efficace. La reformuler et la réexpliquer :

• « Pour ajouter 9 à un nombre, on ajoute 10 puis on retranche 1 (9 = 10 - 1). »
Exemple : Ajouter 9 à 66.
66 + 9 = ?   9, c'est 10 - 1
On calcule donc **66 + 10 - 1**
66 + 9 = 75   Le résultat est 75.

• « Pour ajouter 11 à un nombre, on ajoute 10 puis on ajoute encore 1 (11 = 10 + 1). »
Exemple : Ajouter 11 à 85.
85 + 11 = ?   11, c'est 10 + 1
On calcule donc **85 + 10 + 1**.
85 + 11 = 96   Le résultat est 96.

Synthèse écrite (15 minutes) : le savoir prend une forme et une valeur collectives (institutionnalisation).
Construire une **affiche de référence**. Utiliser la technique de « la dictée à l'adulte » : ce sont les élèves qui dictent les exemples.

Proposition d'affiche de référence

Ajouter 9, ajouter 11

• **Pour ajouter 9 à un nombre, on ajoute 10 puis on retranche 1** (9 = 10 - 1).
Exemple : Ajouter 9 à 66, c'est calculer 66 + 9
9, c'est **10 - 1**. On calcule donc **66 + 10 - 1.**
66 + 9 = **75** Le résultat est 75.

• **Pour ajouter 11 à un nombre, on ajoute 10 puis on ajoute encore 1** (11 = 10 + 1).
Exemple : Ajouter 11 à 885, c'est calculer 885 + 11
11, c'est **10 + 1**
On calcule donc **885 + 10 + 1**.
885 + 11= **896**   Le résultat est 896.

Distribuer, à chaque élève, une copie de l'affiche en format réduit A5, à coller dans le cahier.

Temps 3 Exercices d'entraînement

Organisation	• Individuel
Matériel	• Cahier-livre p. 100, exercices 1 à 7 • 1 ardoise + 1 feutre
Durée	• 15 minutes

Rappel de la leçon (2 minutes) : reformuler et / ou faire relire l'affiche « **Ajouter 9, ajouter 11** ».

Exercices 1 à 5 : Passer la consigne du cahier-livre.

Exercices 6 et 7: Lire oralement l'énoncé du problème. Correction immédiate.

Bilan: poser la question : *« Qui n'a pas compris quelque chose ? »*

Temps 4 Exercices d'entretien

Organisation	• Individuel
Matériel	• Guide Pédagogique (problèmes A, B, C, D ci-après) • 1 ardoise + 1 feutre
Durée	• 15 minutes

A : Lisa a 943 billes. En récréation, elle en gagne 9. Combien Lisa a-t-elle de billes ?
B : Hugo a 489 voitures dans sa collection. Pour son anniversaire, il en reçoit 11. Combien Hugo a-t-il de voitures dans sa collection ?
C : Malika a 29 poupées dans sa chambre. Sa maman lui en achète 11, puis encore 9. Combien Malika a-t-elle de poupées dans sa chambre ?
D : Sami avait 798 autocollants. Il en retrouve 9 sous son lit, puis il en retrouve encore 11. Combien Sami a-t-il d'autocollants ?

Temps 5 Évaluation

L'évaluation des acquis des élèves est différée en fin de période. Les exercices, dictés par le maître, sont donnés p. 87.

Compléter à la centaine supérieure

► Cahier-livre p. 100

Objectifs

• Apprendre à identifier la centaine supérieure d'un nombre inférieur à 900.
• Apprendre à compléter un nombre à la centaine supérieure.

Temps 1 Activité de découverte

Les cartes recto-verso

Organisation	• Groupes de 4 élèves
Matériel	• Jeu recto-verso (9 cartes par groupe). Carte recto : un nombre inférieur à 900 (hors multiples de 100), écrit en chiffres. Carte verso : le complément de ce nombre à la centaine supérieure (*cf.* matériel photocopiable en Annexe)
Durée	• 7 minutes

• Mise en situation

Descriptif : un élève tire une carte dans la pioche disposée au milieu de la table. Il lit au groupe le nombre qui y figure. La carte est alors posée face recto visible. Chacun écrit sur son ardoise le complément du nombre à la centaine supérieure. La carte est alors retournée par le tireur. Chaque élève du groupe tire et annonce au moins une fois.
On gagne 1 point par bonne réponse.

Consigne élève : *« Écrivez, sur l'ardoise, le complément à la centaine supérieure du nombre tiré au sort puis vérifiez votre résultat en retournant la carte. »*
Exemples : le nombre tiré au sort est 545. La centaine supérieure est 600. Les élèves écrivent 55 sur leur ardoise.
Le nombre tiré au sort est 817. La centaine supérieure est 900. Les élèves écrivent 83 sur leur ardoise.

Bilan intermédiaire : Poser la question : *« Qui n'a pas compris quelque chose ? »*

Conclusion de l'activité : Formuler : *« Pour compléter un nombre à la centaine supérieure, il faut ajouter ce qui manque au nombre pour atteindre la centaine suivante. On complète d'abord à la dizaine supérieure puis on complète à la centaine.*
Enfin on doit ajouter les compléments. »
Exemple : Trouver le complément à 600 de 545.
Il faut atteindre 600. Donc 545 + ? = 600.
On calcule 545 + ? = 550, c'est 5. Puis 550 + ? = 600, c'est 50.
50 + 5 = 55. Le complément à 600 de 545 est 55.

Variante : On peut écrire en petit, dans un coin de l'ardoise, la centaine supérieure au nombre annoncé.

Les dominos

Organisation	• Groupes de trois joueurs
Matériel	• 1 jeu de 12 dominos par groupe (*cf.* matériel photocopiable en Annexe)
Durée	• 8 minutes

- **Mise en situation**

Descriptif: 4 dominos (nombres < 900 hors multiples de 100) par joueur. Chacun leur tour, Les joueurs doivent réunir les compléments. Le vainqueur est celui qui possède le moins de dominos en fin de partie.

Consigne élève: *« Associez les dominos dont la somme fait 400, 500, 600, 700, 800 ou 900. Se débarrasser de tous ses dominos avant les autres ».*

Bilan intermédiaire: Poser la question: *« Qui n'a pas compris quelque chose ? »*

Conclusion de l'activité: Formuler: *« Pour compléter un nombre à la centaine supérieure, il faut ajouter ce qui manque au nombre pour atteindre la centaine suivante ».*

Variante: Une pioche peut être constituée en ne donnant que 3 dominos par joueur en début de partie.

Temps 2 Structuration de la leçon

Rappels (2 minutes): Demander aux élèves de reformuler ce qu'ils ont appris pour compléter à la centaine supérieure. Annoncer les jeux (cf. Activités de découverte) et rappeler les règles.

Jeux (8 minutes): Faire jouer, de nouveau, les élèves dans les mêmes conditions que lors de la phase de découverte.

Mise en commun (5 minutes): Faire expliquer les stratégies et procédures utilisées et s'exprimer les difficultés. Noter au tableau les différentes procédures proposées (dictées par les enfants). Entourer la plus efficace. La reformuler et la réexpliquer: « Pour compléter un nombre à la centaine supérieure, il faut ajouter ce qui manque au nombre pour atteindre la centaine suivante. On complète d'abord à la dizaine supérieure puis on complète à la centaine. Enfin on doit ajouter les compléments. »
Exemple: Trouver le complément à 600 de 545. Il faut atteindre 600. Donc 545 + ? = 600.
On calcule: 545 + ? = 550, c'est 5. Puis 550 + ? = 600, c'est 50.
50 + 5 = 55. Le complément à 600 de 545 est 55.

Synthèse écrite (15 minutes): Le savoir prend une forme et une valeur collectives (institutionnalisation).
Construire une **affiche de référence.** Utiliser la technique de « la dictée à l'adulte »: ce sont les élèves qui dictent les exemples.

Proposition d'affiche de référence

Compléter à la centaine supérieure

Pour **compléter** un nombre à la centaine supérieure, il faut **ajouter ce qui manque** au nombre pour **atteindre la centaine suivante**.
1. On **complète** d'abord à la **dizaine supérieure**.
2. On **complète** ensuite à la **centaine supérieure**.
3. Enfin, on **ajoute les compléments**.
Exemple: Trouver le complément à 600 de 545.
545 + ? = 600
545 + ? = 550 Le complément est 5.
550 + ? = 600 Le complément est 50.
50 + 5 = 55
Le complément à 600 de 545 est 55.

Distribuer, à chaque élève, une copie de l'affiche en format réduit A5, à coller dans le cahier.

Temps 3 Exercices d'entraînement

Organisation	• Individuel
Matériel	• Cahier-livre p. 100, exercices 8 à 14 • 1 ardoise + 1 feutre
Durée	• 15 minutes

Rappel de la leçon (2 minutes): Reformuler et / ou faire relire l'affiche « **Compléter à la centaine supérieure** ».

Exercices 8 à 12: Passer la consigne du cahier-livre. Lire et copier les exemples au tableau, puis effacer avant de débuter l'exercice.

Exercices 13 et 14: les additions ou multiplications sont traitées l'une après l'autre.
Exemple: dire « 700, c'est 679 + 1 + quelque chose ».

Bilan: poser la question: *« Qui n'a pas compris quelque chose ? »*

Temps 4 Exercices d'entretien

Organisation	• Individuel
Matériel	• Guide Pédagogique (problèmes A, B, C, D ci-après) • 1 ardoise + 1 feutre
Durée	• 15 minutes

A: Écris la dizaine suivante pour chaque nombre 608 ; 713 ; 921 ; 436 ; 93.

B: Écris la centaine suivante pour chaque nombre 603 ; 213 ; 461 ; 776 ; 892 ; 541.

C: Hugo a 623 timbres dans sa collection. Pour son anniversaire, il en reçoit 7. Combien Hugo doit-il encore recevoir de timbres pour en avoir 700 dans sa collection ?

D: Sami avait 652 autocollants. Il en retrouve 3 sous son lit. Combien Sami doit-il encore obtenir d'autocollants pour en avoir 900 ?

Temps 5 Évaluation

L'évaluation des acquis des élèves est différée en fin de période. Les exercices, dictés par le maître, sont donnés p. 87.

Ajouter deux nombres à deux chiffres

► Cahier-livre p. 100

Objectifs

• Apprendre à ajouter mentalement deux nombres à deux chiffres.
• Apprendre à calculer par la gauche.
• Apprendre la commutativité de l'addition.

Temps 1 Activité de découverte

La boîte 1

Organisation	• Collectif
Matériel	• 1 boîte et 10 étiquettes-nombres ($n < 100$) • 1 ardoise par élève
Durée	• 5 minutes

• Mise en situation

Descriptif : Un élève volontaire vient tirer au sort deux étiquettes-nombres dans la boîte et annonce le tirage à la classe. Chacun écrit, sur son ardoise, la somme des deux nombres annoncés. On gagne 1 point par bonne réponse.

Consigne élève *: « Additionnez les deux nombres tirés au sort. Écrivez le résultat sur l'ardoise ». Exemple : « 35 et 23 » sont annoncés, les élèves écrivent 58 sur leur ardoise.*

Bilan intermédiaire : poser la question : *« Qui n'a pas compris quelque chose ? »*

Conclusion de l'activité : formuler : *« Pour ajouter deux nombres à 2 chiffres, on décompose le second nombre et on calcule par la gauche. »*
Exemple : Ajouter 23 à 35 c'est calculer 35 + 23.
On décompose le second nombre 23 = 20 + 3.
On calcule donc 35 + 20 + 3 = 58

Variante : Demander aux élèves de recalculer la somme en inversant les nombres (commutativité de l'addition).

Les boîtes

Organisation	• Collectif
Matériel	• 2 boîtes et des étiquettes vierges (2 par élève) • 1 ardoise par élève
Durée	• 5 minutes

• Mise en situation

Descriptif : Chaque élève écrit un nombre à deux chiffres sur deux étiquettes et met une étiquette dans chaque boîte (il y aura donc deux fois plus de nombres que d'élèves dans la classe).
Le contenu de chaque boîte est mélangé et chacun vient tirer au sort une étiquette par boîte. Chacun écrit, sur son ardoise, la somme des deux nombres tirés.
On gagne 1 point par bonne réponse.

Consigne élève *: « Additionnez les deux nombres tirés au sort. Écrivez le résultat sur l'ardoise ».*

Bilan intermédiaire : poser la question : *« Qui n'a pas compris quelque chose ? »*

Conclusion de l'activité : Idem activité ci-dessus « La boîte 1 ».

Variante : Demander aux élèves de recalculer la somme en inversant les nombres (commutativité de l'addition).

Temps 2 Structuration de la leçon

Rappels (2 minutes) : Demander aux élèves de reformuler ce qu'ils ont appris à propos de l'addition de deux nombres à deux chiffres. Annoncer les jeux (*cf.* Activités de découverte) et rappeler les règles.

Jeux (8 minutes) : Faire jouer, de nouveau, les élèves dans les mêmes conditions que lors de la phase de découverte.

Mise en commun (5 minutes) : Faire expliquer les stratégies et procédures utilisées et s'exprimer les difficultés. Noter au tableau les différentes procédures proposées (dictées par les enfants). Entourer la plus efficace. La reformuler et la réexpliquer : *« Pour ajouter deux nombres à 2 chiffres, on décompose le second nombre et on calcule par la gauche. »*
Exemple : Ajouter 23 à 35 c'est calculer 35 + 23.
On décompose le second nombre : 23 = 20 + 3.
On calcule donc 35 + 20 + 3 = 58

Synthèse écrite (15 minutes) : le savoir prend une forme et une valeur collectives (institutionnalisation).
Construire une **affiche de référence.** Utiliser la technique de « la dictée à l'adulte » : ce sont les élèves qui dictent les exemples.

Proposition d'affiche de référence

Ajouter deux nombres à deux chiffres

• Pour **ajouter deux nombres à 2 chiffres**, on **décompose le second nombre** et on calcule par la gauche.
Exemples :
Ajouter 23 à 35
Ajouter 23 à 35, c'est **calculer 35 + 23.**
On décompose le second nombre : 23 = 20 + 3.
On calcule donc **35 + 20 + 3 = 58**

• **Ajouter 35 à 23**
Ajouter 35 à 23, c'est **calculer 23 + 35.**
On décompose le second nombre **: 35 = 30 + 5.**
On calcule donc **23 + 30 + 5 = 58**
Remarque : Dans une addition, si on change l'ordre des nombres, on trouve la même somme.

Distribuer, à chaque élève, une copie de l'affiche en format réduit A5, à coller dans le cahier.

Temps 3 Exercices d'entraînement

Organisation	• Individuel
Matériel	• Cahier-livre p 100, exercices 15 à 22 • 1 ardoise + 1 feutre
Durée	• 15 minutes

Rappel de la leçon (2 minutes): reformuler et / ou faire relire l'affiche « **Ajouter deux nombres à deux chiffres** ».

Exercices 15 à 20: Passer la consigne du cahier-livre.

Exercices 21 et 22: Lire oralement l'énoncé du problème. Correction immédiate.

Bilan: poser la question: *« Qui n'a pas compris quelque chose ? »*

Temps 4 Exercices d'entretien

Organisation	• Individuel
Matériel	• Guide Pédagogique (problèmes A, B, C, D ci-après) • 1 ardoise + 1 feutre
Durée	• 15 minutes

A: Lisa a 64 billes. En récréation, elle en gagne 25. Combien Lisa a-t-elle de billes?
B: Hugo a 72 voitures dans sa collection. Pour son anniversaire, il en reçoit 27. Combien Hugo a-t-il de voitures dans sa collection?
C: Malika a 59 poupées dans sa chambre. Sa maman lui en achète 19. Combien Malika a-t-elle de poupées dans sa chambre?
D: Sami avait 78 autocollants. Il en retrouve encore 79 sous son lit. Combien Sami a-t-il d'autocollants?

Temps 5 Évaluation

L'évaluation des acquis des élèves est différée en fin de période. Les exercices, dictés par le maître, sont donnés p. 87.

Ajouter un nombre entier de dizaines ou de centaines

► Cahier-livre p. 101

Objectifs

- Apprendre à ajouter un nombre entier de dizaines.
- Apprendre à ajouter un nombre entier de centaines.

Temps 1 Activité de découverte

Les dés magiciens (optionnel)

Organisation	• Binômes
Matériel	• 1 dé numérique comportant les nombres 10, 20, 30, 40, 50 et 60. • 1 dé numérique comportant les nombres 112, 223, 334, 445, 555, 667 • 1 ardoise par élève
Durée	• 5 minutes

• Mise en situation

Descriptif: Chacun leur tour, les joueurs lancent les dés et annoncent le tirage. La somme des deux nombres est notée sur l'ardoise. On gagne un point par bonne réponse.

Consigne élève: *« Écrivez chacun à votre tour, sur l'ardoise, la somme des deux nombres de votre tirage. On gagne 1 point par bonne réponse ».*

Bilan intermédiaire: poser la question: *« Qui n'a pas compris quelque chose ? »*

Conclusion de l'activité: formuler: *« Pour ajouter 10, 20, 30,... 90 à un nombre, on ajoute 1 dizaine, 2 dizaines, 3 dizaines... ou 9 dizaines au nombre. » Exemples*:
- Ajouter 30 à 218 c'est calculer 218 + 30. On ajoute 3 dizaines. On calcule donc 218 + 30 = 248.
- Ajouter 90 à 405 c'est calculer 405 + 90. On ajoute 9 dizaines. On calcule donc 405 + 90 = 495.

Variante: Changer les nombres sur le premier dé.

La grille des nombres

Organisation	• Groupes de 4 élèves
Matériel	• 1 grille numérotée de 1 à 99 / 1 pion par joueur (grain de café) (*cf.* matériel photocopiable en Annexe) • 1 dé numérique comportant les nombres 300, 400, 500, 600, 700, 800 • 1 ardoise par élève
Durée	• 5 minutes

• Mise en situation

Descriptif: Chacun leur tour, les élèves lancent leur pion sur la grille. Le tirage est annoncé.
Chacun écrit, sur son ardoise, la somme des deux nombres du tirage. On gagne 1 point par bonne réponse.

Consigne élève: *« Écrivez sur l'ardoise, la somme des deux nombres de votre tirage ». Exemple: le pion indique 66 et le dé 700, les élèves écrivent 766 sur leur ardoise.*

Bilan intermédiaire: poser la question: *« Qui n'a pas compris quelque chose ? »*

Conclusion de l'activité: formuler: *« Pour ajouter 100, 200, 300,... 900 à un nombre, on ajoute 1 centaine, 2 centaines, 3 centaines...ou 9 centaines au nombre. »*
Exemples:
Ajouter 300 à 618 c'est calculer 618 + 300.
On ajoute 3 centaines.
On calcule donc **618 + 300 = 918**
Ajouter 800 à 125 c'est calculer 125 + 800.
On ajoute 8 centaines.
On calcule donc **125 + 800 = 925**

Variante: Changer les nombres sur les dés.

Temps 2 Structuration de la leçon

Rappels (2 minutes) : Demander aux élèves de reformuler ce qu'ils ont appris à propos de l'addition d'un nombre entier de dizaines ou de centaines. Annoncer les jeux (*cf.* Activités de découverte) et rappeler les règles.

Jeux (8 minutes) : Faire jouer, de nouveau, les élèves dans les mêmes conditions que lors de la phase de découverte.

Mise en commun (5 minutes) : Faire expliquer les stratégies et procédures utilisées et s'exprimer les difficultés. Noter au tableau les différentes procédures proposées (dictées par les enfants). Entourer la plus efficace. La reformuler et la réexpliquer :

• Pour ajouter 10, 20, 30,...90 à un nombre, on ajoute 1 dizaine, 2 dizaines, 3 dizaines...ou 9 dizaines au nombre.
Exemples :
– Ajouter 30 à 21,8 c'est calculer 218 + 30. On ajoute 3 dizaines.
On calcule donc 218 + 30 = 248.
– Ajouter 90 à 405, c'est calculer 405 + 90. On ajoute 9 dizaines.
On calcule donc 405 + 90 = 495.

• Pour ajouter 100, 200, 300,...900 à un nombre, on ajoute 1 centaine, 2 centaines, 3 centaines...ou 9 centaines au nombre.
Exemples :
– Ajouter 300 à 618, c'est calculer 618 + 300.
On ajoute 3 centaines.
On calcule donc 618 + 300 = 918.
– Ajouter 800 à 125, c'est calculer 125 + 800.
On ajoute 8 centaines.
On calcule donc 125 + 800 = 925.

Synthèse écrite (15 minutes) : le savoir prend une forme et une valeur collectives (institutionnalisation).
Construire une **affiche de référence.** Utiliser la technique de « la dictée à l'adulte » : ce sont les élèves qui dictent les exemples.

Proposition d'affiche de référence

Ajouter un nombre entier de dizaines ou de centaines

• Pour **ajouter 10, 20, 30,...90 à un nombre, on ajoute 1 dizaine, 2 dizaines, 3 dizaines...ou 9 dizaines au nombre.**
Exemple : Ajouter 30 à 218, c'est calculer 218 + 30. On ajoute 3 dizaines.
On calcule donc 218 + 30 = 248. Le résultat est 248.

• Pour **ajouter 100, 200, 300,...900 à un nombre, on ajoute 1 centaine, 2 centaines, 3 centaines...ou 9 centaines au nombre.**
Exemples: Ajouter 300 à 618, c'est calculer 618 + 300. On ajoute 3 centaines.
On calcule donc 618 + 300 = 918. Le résultat est 918.

Distribuer, à chaque élève, une copie de l'affiche en format réduit A5, à coller dans le cahier.

Temps 3 Exercices d'entraînement

Organisation	• Individuel
Matériel	• Cahier-livre p. 101, exercices 23 à 30 • 1 ardoise + 1 feutre
Durée	• 15 minutes

Rappel de la leçon (2 minutes) : reformuler et / ou faire relire l'affiche « **Ajouter un nombre entier de dizaines ou de centaines** ».

Exercices 23 à 28 : Passer la consigne du cahier-livre.

Exercices 29 et 30 : Lire oralement l'énoncé du problème. Correction immédiate.

Bilan : poser la question : *« Qui n'a pas compris quelque chose ? »*

Temps 4 Exercices d'entretien

Organisation	• Individuel
Matériel	• Guide Pédagogique (problèmes A, B, C, D ci-après) • 1 ardoise + 1 feutre
Durée	• 15 minutes

A : Lisa a 943 euros. Elle gagne 60 euros au loto. Combien Lisa a-t-elle de d'argent maintenant ?
B : Hugo a 129 timbres dans sa collection. Pour son anniversaire, il en reçoit 50. Combien Hugo a-t-il de timbres dans sa collection ?
C : Malika a gagné 30 euros à la loterie le lundi, puis elle a encore gagné 20 euros le vendredi. Elle avait 600 euros d'économies. Combien Malika a-t-elle d'argent maintenant ?
D : Sami parcourt 262 m pour réaliser le tour de l'école. Il parcourt encore 400 m pour passer à la boulangerie puis 300 m pour rentrer chez lui. Quelle distance Sami aura-t-il parcourue ? (Résultat en m).

Temps 5 Évaluation

L'évaluation des acquis des élèves est différée en fin de période. Les exercices, dictés par le maître, sont donnés p. 87.

Retrancher 9, retrancher 11

► Cahier-livre p. 101

Objectifs

• Apprendre à retrancher 9 d'un nombre à trois chiffres.
• Apprendre à retrancher 11 d'un nombre à trois chiffres.

Temps 1 Activité de découverte

Les dés magiciens

Organisation	• Binômes
Matériel	• 1 dé numérique comportant les nombres 65, 23, 352, 489, 947 et 611 • 1 dé numérique comportant 2 faces « 9 », 2 faces « 11 » et 2 faces « choix » • 1 ardoise par élève
Durée	• 5 minutes

• Mise en situation

Descriptif: Chacun leur tour, les joueurs lancent les dés et annoncent le tirage. La différence des deux nombres est notée sur l'ardoise. Si la face « choix » apparaît au tirage, le lanceur annonce « 9 » ou « 11 ». On gagne un point par bonne réponse.

Consigne élève: *« Écrivez chacun à votre tour, sur l'ardoise, la différence des deux nombres de votre tirage et annoncés par le lanceur. On gagne 1 point par bonne réponse ».*

Bilan intermédiaire: poser la question: *« Qui n'a pas compris quelque chose ? »*

Conclusion de l'activité: Formuler:

• Pour retrancher 9 à un nombre, on retire 10 puis on ajoute 1.
Exemple: retrancher 9 de 66.
66 - 9 = ? On calcule **66 - 10 + 1**.
66 - 9 = 57. Le résultat est 57.

• Pour retrancher 11 à un nombre, on retire 10 puis on retire encore 1.
Exemple: retrancher 11 à 875.
875 - 11 = ? On calcule **875 - 10 - 1**.
875 - 11 = 864. Le résultat est 864.

Variante: Changer les nombres sur le premier dé.

Temps 2 Structuration de la leçon

Rappels (2 minutes): Demander aux élèves de reformuler ce qu'ils ont appris à propos de la soustraction de 9 et de 11. Annoncer les jeux (*cf.* Activités de découverte) et rappeler les règles.

Jeux (8 minutes): Faire jouer, de nouveau, les élèves dans les mêmes conditions que lors de la phase de découverte.

Mise en commun (5 minutes): Faire expliquer les stratégies et procédures utilisées et s'exprimer les difficultés. Noter au tableau les différentes procédures proposées (dictées par les enfants). Entourer la plus efficace. La reformuler et la réexpliquer:

• Pour retrancher 9 à un nombre, on retire 10 puis on ajoute 1.
Exemple: Retrancher 9 de 66
66 - 9 = ? On calcule **66 - 10 + 1**.
66 - 9 = 57. Le résultat est 57.

• Pour retrancher 11 à un nombre, on retire 10 puis on retire encore 1.
Exemple: Retrancher 11 à 875
875 - 11 = ?
On calcule **875 - 10 - 1**.
875 - 11 = 864. Le résultat est 864.

Synthèse écrite (15 minutes): le savoir prend une forme et une valeur collectives (institutionnalisation).
Construire une **affiche de référence.** Utiliser la technique de « la dictée à l'adulte »: ce sont les élèves qui dictent les exemples.

Proposition d'affiche de référence

Retrancher 9, retrancher 11

• Pour **retrancher 9** à un nombre, on **retire 10** puis on **ajoute 1**.
Exemple: **retrancher 9 de 66**
66 - 9 = ? On calcule **66 - 10 + 1**.
66 - 9 = 57. Le résultat est **57.**

• Pour **retrancher 11** à un nombre, on **retire 10** puis on **retire encore 1**.
Exemple: **Retrancher 11 à 875**
875 - 11 = ? On calcule **875 - 10 - 1**.
875 - 11 = 864. Le résultat est **864.**

Distribuer, à chaque élève, une copie de l'affiche en format réduit A5, à coller dans le cahier.

Temps 3 Exercices d'entraînement

Organisation	• Individuel
Matériel	• Cahier-livre p 101, exercices 31 à 37 • 1 ardoise + 1 feutre
Durée	• 15 minutes

Rappel de la leçon (2 minutes): reformuler et / ou faire relire l'affiche « **Retrancher 9, retrancher 11** ».

Exercices 31 à 35: Passer la consigne du cahier-livre.

Exercices 36 et 37: Lire oralement l'énoncé du problème. Correction immédiate.

Bilan: poser la question: *« Qui n'a pas compris quelque chose ? »*

Temps 4 Exercices d'entretien

Organisation	• Individuel
Matériel	• Guide Pédagogique (problèmes A, B, C, D ci-après) • 1 ardoise + 1 feutre
Durée	• 15 minutes

A: Lisa a 943 billes. En récréation, elle en perd 9. Combien Lisa a-t-elle de billes maintenant ?
B: Hugo a 489 voitures dans sa collection. Il en égare 11. Combien Hugo a-t-il de voitures maintenant, dans sa collection ?
C: Malika a 29 poupées dans sa chambre. Elle en offre 11 puis encore 9 à sa cousine. Combien lui reste-t-il de poupées dans sa chambre ?
D: Sami avait 798 autocollants. Il en fait tomber 9 dans l'eau, puis il encore 11 par la fenêtre. Combien lui reste-t-il d'autocollants ?

Temps 5 Évaluation

L'évaluation des acquis des élèves est différée en fin de période. Les exercices, dictés par le maître, sont donnés p. 87.

Retrancher deux nombres à deux chiffres

► Cahier-livre p. 101

Objectifs

• Apprendre à retrancher mentalement deux nombres à deux chiffres.
• Apprendre à calculer par la gauche.

Temps 1 Activité de découverte

La boîte 1

Organisation	• Collectif
Matériel	• 1 boîte et 10 étiquettes-nombres (n < 100) • 1 ardoise par élève
Durée	• 5 minutes

• Mise en situation

Descriptif: Un élève volontaire vient tirer au sort deux étiquettes-nombres dans la boîte et annonce le tirage à la classe. Chacun écrit, sur son ardoise, la différence des deux nombres annoncés. On gagne 1 point par bonne réponse.

Consigne élève: *« Retranchez les deux nombres tirés au sort. Écrivez le résultat sur l'ardoise ». Exemple: « 23 et 35 » sont annoncés, les élèves calculent 35 - 23 et écrivent 12 sur leur ardoise.*

Bilan intermédiaire: poser la question: *« Qui n'a pas compris quelque chose ? »*

Conclusion de l'activité: formuler: *« Pour retrancher deux nombres à 2 chiffres, on décompose le second nombre et on calcule par la gauche. »*
Exemple: Retrancher 23 de 35, c'est calculer 35 - 23.
On décompose le second nombre 23 = 20 + 3.
On calcule donc 35 - 20 - 3 = 12.

Variante: Demander aux élèves de recalculer la différence en inversant les chiffres de chaque nombre (53 - 32).

Les boîtes

Organisation	• Collectif
Matériel	• 2 boîtes et des étiquettes vierges (2 par élève) • 1 ardoise par élève
Durée	• 5 minutes

• Mise en situation

Descriptif: Chaque élève écrit un nombre à deux chiffres sur deux étiquettes et met une étiquette dans chaque boîte (il y aura donc deux fois plus de nombres que d'élèves dans la classe).
Le contenu de chaque boîte est mélangé et chacun vient tirer au sort une étiquette par boîte. Chacun écrit, sur son ardoise, la différence des deux nombres tirés.
On gagne 1 point par bonne réponse.

Consigne élève: *« Retranchez les deux nombres tirés au sort. Écrivez le résultat sur l'ardoise ».*

Bilan intermédiaire: poser la question: *« Qui n'a pas compris quelque chose ? »*

Conclusion de l'activité: Idem *cf.* activité ci-dessus « La boîte 1 ».

Variante: Demander aux élèves de recalculer la différence en ajoutant 5 au plus grand nombre et 2 au plus petit nombre.

Temps 2 Structuration de la leçon

Rappels (2 minutes): Demander aux élèves de reformuler ce qu'ils ont appris à propos de la soustraction de deux nombres à deux chiffres. Annoncer les jeux (*cf.* Activités de découverte) et rappeler les règles.

Jeux (8 minutes): Faire jouer, de nouveau, les élèves dans les mêmes conditions que lors de la phase de découverte.

Mise en commun (5 minutes): Faire expliquer les stratégies et procédures utilisées et s'exprimer les difficultés. Noter au tableau les différentes procédures proposées (dictées par les enfants). Entourer la plus efficace. La reformuler et la réexpliquer :
Pour retrancher deux nombres à 2 chiffres, on décompose le second nombre et on calcule par la gauche.
Exemple: Retrancher 23 de 35, c'est calculer 35 - 23.
On décompose le second nombre 23 = 20 + 3.
On calcule donc 35 - 20 - 3 = 12.

Synthèse écrite (15 minutes): le savoir prend une forme et une valeur collectives (institutionnalisation).
Construire une **affiche de référence.** Utiliser la technique de « la dictée à l'adulte » : ce sont les élèves qui dictent les exemples.

Proposition d'affiche de référence

Retrancher deux nombres à deux chiffres

Pour **retrancher deux nombres à 2 chiffres**, on **décompose le second nombre** et on calcule par la gauche.
Exemple: Retrancher 23 de 35
Retrancher 23 de 35 c'est calculer 35 - 23.
On décompose le second nombre: 23 = 20 + 3.
On calcule donc 35 - 20 - 3 = 12

Remarque: Dans une soustraction, il est impossible de changer l'ordre des nombres, c'est le plus grand nombre d'abord.

Distribuer, à chaque élève, une copie de l'affiche en format réduit A5, à coller dans le cahier.

Temps 3 Exercices d'entraînement

Organisation	.
Matériel	• Cahier-livre p 101, exercices 38 à 45 • 1 ardoise + 1 feutre
Durée	• 15 minutes

Rappel de la leçon (2 minutes): reformuler et / ou faire relire l'affiche « **Retrancher deux nombres à deux chiffres** ».

Exercices 38 à 43: Passer la consigne du cahier-livre.

Exercices 44 et 45: Lire oralement l'énoncé du problème. Correction immédiate.

Bilan: poser la question: *« Qui n'a pas compris quelque chose ? »*

Temps 4 Exercices d'entretien

Organisation	• Individuel
Matériel	• Guide Pédagogique (problèmes A, B, C, D ci-après) • 1 ardoise + 1 feutre
Durée	• 15 minutes

A: Lisa a 64 billes. En récréation, elle en perd 25. Combien Lisa a-t-elle de billes maintenant?
B: Hugo a 72 voitures dans sa collection. Il en égare 27. Combien Hugo a-t-il de voitures dans sa collection maintenant?
C: Malika a 59 poupées dans sa chambre. Sa petite sœur lui en prend 19. Combien reste-t-il de poupées à Malika?
D: Sami a 78 autocollants. Il en donne 29 à Hugo puis encore 12 à Malika. Combien Sami a-t-il d'autocollants maintenant?

Temps 5 Évaluation

L'évaluation des acquis des élèves est différée en fin de période. Les exercices, dictés par le maître, sont donnés p. 87.

Retrancher un nombre entier de dizaines ou de centaines

► Cahier-livre p. 102

Objectifs

- Apprendre à retrancher un nombre entier de dizaines
- Apprendre à retrancher un nombre entier de centaines

Temps 1 Activité de découverte

Les dés magiciens (optionnel)

Organisation	• Binômes
Matériel	• 1 dé numérique comportant les nombres 10, 20, 30, 40, 50 et 60 • 1 dé numérique comportant les nombres 112, 223, 334, 445, 555, 667 • 1 ardoise par élève
Durée	• 5 minutes

• Mise en situation

Descriptif: Chacun leur tour, les joueurs lancent les dés et annoncent le tirage. La différence des deux nombres est notée sur l'ardoise. On gagne un point par bonne réponse.

Consigne élève: *« Écrivez chacun à votre tour, sur l'ardoise, la différence des deux nombres de votre tirage. On gagne 1 point par bonne réponse ».*

Bilan intermédiaire: poser la question: *« Qui n'a pas compris quelque chose ? »*

Conclusion de l'activité: formuler: *« Pour retrancher 10, 20, 30,... 90 d'un nombre, on enlève 1 dizaine, 2 dizaines, 3 dizaines... ou 9 dizaines au nombre. »*
Exemples:
- Retrancher 30 de 248, c'est calculer 288 - 30.
On enlève 3 dizaines.
On calcule donc 248 - 30 = 218.
- Retrancher 90 de 495, c'est calculer 495 - 90.
On enlève 9 dizaines.
On calcule donc 495 - 90 = 405.

Variante: Changer les nombres sur le premier dé.

La grille des nombres

Organisation	• Groupes de 4 élèves
Matériel	• 1 grille numérotée de 901 à 999 / 1 pion par joueur (grain de café) (*cf.* matériel photocopiable en Annexe) • 1 dé numérique comportant les nombres 300, 400, 500, 600, 700, 800 • 1 ardoise par élève
Durée	• 5 minutes

• Mise en situation

Descriptif: Chacun leur tour, les élèves lancent leur pion sur la grille. Le tirage est annoncé.
Chacun écrit, sur son ardoise, la différence des deux nombres du tirage. On gagne 1 point par bonne réponse».

Consigne élève: *«Écrivez sur l'ardoise, la différence des deux nombres de votre tirage». Exemple: le pion indique 966 et le dé 700, les élèves écrivent 266 sur leur ardoise.*

Bilan intermédiaire: poser la question: *«Qui n'a pas compris quelque chose?»*

Conclusion de l'activité: formuler: *«Pour retrancher 100, 200, 300,... 900 d'un nombre, on enlève 1 centaine, 2 centaines, 3 centaines... ou 9 centaines au nombre.»*
Exemples: Retrancher 300 de 618 c'est calculer 618 - 300.
On enlève 3 centaines.
On calcule donc 618 - 300 = 318.
Retrancher 800 de 925 c'est calculer 925 - 800.
On enlève 8 centaines.
On calcule donc **925 - 800 = 125.**

Variante: Changer les nombres sur les dés.

Temps 2 Structuration de la leçon

Rappels (2 minutes): Demander aux élèves de reformuler ce qu'ils ont appris à propos de la soustraction d'un nombre entier de dizaines ou de centaines. Annoncer les jeux (cf. Activités de découverte) et rappeler les règles.

Jeux (8 minutes): Faire jouer, de nouveau, les élèves dans les mêmes conditions que lors de la phase de découverte.

Mise en commun (5 minutes): Faire expliquer les stratégies et procédures utilisées et s'exprimer les difficultés. Noter au tableau les différentes procédures proposées (dictées par les enfants). Entourer la plus efficace. La reformuler et la réexpliquer:

• Pour retrancher 10, 20, 30,...90 d'un nombre, on enlève 1 dizaine, 2 dizaines, 3 dizaines...ou 9 dizaines au nombre.
Exemple: Retrancher 30 de 248, c'est calculer 288 - 30. On enlève 3 dizaines.
On calcule donc **248 - 30 = 218.**

• Pour retrancher 100, 200, 300,...900 d'un nombre, on enlève 1 centaine, 2 centaines, 3 centaines...ou 9 centaines au nombre.
Exemple: Retrancher 300 de 618, c'est calculer 618 - 300. On enlève 3 centaines.
On calcule donc **618 - 300 = 318.**

Synthèse écrite (15 minutes): le savoir prend une forme et une valeur collectives (institutionnalisation).
Construire une **affiche de référence.** Utiliser la technique de «la dictée à l'adulte»: ce sont les élèves qui dictent les exemples.

Proposition d'affiche de référence

Retrancher un nombre entier de dizaines ou de centaines

• Pour **retrancher** 10, 20, 30,...90 d'un nombre, **on enlève 1 dizaine, 2 dizaines, 3 dizaines...ou 9 dizaines au nombre.**
Exemple: Retrancher 30 de 248 c'est calculer 288 - 30. On enlève 3 dizaines.
On calcule donc 248 - 30 = 218.

• Pour **retrancher** 100, 200, 300, ..., 900 d'un nombre, **on enlève 1 centaine, 2 centaines, 3 centaines...ou 9 centaines au nombre.**
Exemple: Retrancher 300 de 618 c'est calculer 618 - 300. On enlève 3 centaines.
On calcule donc 618 - 300 = 318.

Distribuer, à chaque élève, une copie de l'affiche en format réduit A5, à coller dans le cahier.

Temps 3 Exercices d'entraînement

Organisation	• Individuel
Matériel	• Cahier-livre p. 102, exercices 46 à 53 • 1 ardoise + 1 feutre
Durée	• 15 minutes

Rappel de la leçon (2 minutes): reformuler et / ou faire relire l'affiche «**Retrancher un nombre entier de dizaines ou de centaines**».

Exercices 46 à 51: Passer la consigne du cahier-livre.

Exercices 52 et 53: Lire oralement l'énoncé du problème. Correction immédiate.

Bilan: poser la question: *«Qui n'a pas compris quelque chose?»*

Temps 4 Exercices d'entretien

Organisation	• Individuel
Matériel	• Guide Pédagogique (problèmes A, B, C, D ci-après) • 1 ardoise + 1 feutre
Durée	• 15 minutes

A: Lisa a 993 euros. Elle perd 60 euros au loto. Combien Lisa a-t-elle de d'argent maintenant?
B: Hugo a 579 timbres dans sa collection. Il en égare 50. Combien Hugo a-t-il de timbres dans sa collection maintenant?
C: Malika a perdu 300 euros à la loterie. Elle avait 632 euros d'économies. Combien Malika a-t-elle d'argent maintenant?
D: Sami doit parcourir 798 m en trottinette. Il parcourt 400 m de moins car il s'arrête chez son copain Hugo. Quelle distance a-t-il parcourue? (Résultat en m).

Temps 5 Évaluation

L'évaluation des acquis des élèves est différée en fin de période. Les exercices, dictés par le maître, sont donnés p. 87.

Connaître les tables de multiplication par 2 et par 4

► Cahier-livre p. 102

Objectifs

- Apprendre la table de multiplication par 2.
- Apprendre la table de multiplication par 4.
- Mémoriser le répertoire multiplicatif.

Temps 1 Activité de découverte

Les dés magiciens

Organisation	• Binômes
Matériel	• 1 dé numérique comportant les nombres 1, 2, 3, 4, 5 et 6 • 1 dé numérique comportant 2 faces « 2 », 2 faces « 4 » et 2 faces « choix » • 1 ardoise par élève
Durée	• 5 minutes

• Mise en situation

Descriptif : Chacun leur tour, les joueurs lancent les dés et annoncent le tirage. Le produit des deux nombres est noté sur l'ardoise. Si la face « choix » apparaît au tirage, le lanceur annonce « 2 » ou « 4 ». On gagne un point par bonne réponse.

Consigne élève : *« Écrivez chacun à votre tour, sur l'ardoise, le produit des deux nombres de votre tirage et annoncés par le lanceur. On gagne 1 point par bonne réponse ».*

Bilan intermédiaire : poser la question : *« Qui n'a pas compris quelque chose ? »*

Conclusion de l'activité : formuler : *« Pour calculer plus vite, il faut penser aux résultats des tables de multiplication apprises. »*

Variante : Changer les nombres sur le premier dé.

La bataille des dés

Organisation	• Binômes
Matériel	• 1 dé numérique comportant les nombres 4, 5, 6, 7, 8 et 9 • 1 dé numérique comportant 3 faces « 2 » et 3 faces « 4 » • 1 ardoise par élève
Durée	• 5 minutes

• Mise en situation

Descriptif : Chaque joueur lance 1 fois les dés et mémorise le tirage. Il calcule alors le produit des deux nombres et le note sur son ardoise. L'adversaire fait de même. Celui qui a le résultat le plus élevé gagne un point.

Consigne élève : *« Écrivez chacun à votre tour, sur l'ardoise, le produit des deux nombres de votre tirage. Celui qui obtient le plus grand résultat gagne la bataille, donc 1 point ».*

Bilan intermédiaire : poser la question : *« Qui n'a pas compris quelque chose ? »*

Conclusion de l'activité : formuler : *« Pour calculer plus vite, il faut penser aux résultats des tables de multiplication apprises. »*

Variante : Changer les nombres sur le premier dé.

La table de Pythagore

Organisation	• Collectif
Matériel	• 1 table de Pythagore grand modèle vierge tracée au tableau ; 3 jeux d'étiquettes cartonnées (chaque jeu couvre l'ensemble des résultats des tables de multiplication par 2 et par 4) ; pâte à fixe
Durée	• 8 minutes

• Mise en situation

Descriptif : Le maître interroge quelques élèves à la volée. Quatre résultats sont complétés de manière aléatoire dans la grille. Cinq étiquettes sont distribuées à chaque élève.

Après un temps de réflexion laissé aux élèves, le maître pose les questions suivantes.

- Qui à un résultat qui figure dans la table de 2 ? Les élèves viennent alors coller leur étiquette sous le contrôle des autres.
- Qui a un résultat qui figure dans la table de 4 ?
- Qui a une étiquette qui peut se coller sous le ...? Au-dessus du ?... La correction est faite entre chaque calcul et notée au tableau. On gagne 1 point par bonne réponse.

Consigne élève : *« Nous allons remplir des cases de cette table de Pythagore ».*

Bilan intermédiaire : poser la question : *« Qui n'a pas compris quelque chose ? »*

Conclusion de l'activité : formuler : *« La table de Pythagore permet de voir tous les résultats pour chaque table de multiplication.* Exemple *la table de deux 2 × 0 = 0 , 2 × 1 = 2... »*

Variantes : Des cases de la table de Pythagore sont complétées à l'avance par le maître :
- les élèves doivent trouver des erreurs et les rectifier ;
- les élèves doivent venir coller leur étiquette. Attention ! On ne peut coller son étiquette que si elle en touche une autre figurant sur la table.

Temps 2 Structuration de la leçon

Rappels (2 minutes) : Demander aux élèves de reformuler ce qu'ils ont appris à propos des tables de multiplication par deux et par quatre. Annoncer les jeux (*cf.* Activités de découverte) et rappeler les règles.

Jeux (8 minutes) : Faire jouer, de nouveau, les élèves dans les mêmes conditions que lors de la phase de découverte.

Mise en commun (5 minutes) : Faire expliquer les stratégies et procédures utilisées et s'exprimer les difficultés. Noter au tableau les différentes procédures proposées (dictées par les enfants).

Entourer la plus efficace. La reformuler et la réexpliquer: *« Pour multiplier un nombre par deux on prend le double du nombre. »*
Exemple:
Multiplier 3 par 2, c'est calculer trois fois deux.
3 × 2 = 3 + 3 = 6
Pour multiplier un nombre par quatre on prend le double du double du nombre c'est-à-dire qu'on multiplie le double du nombre par deux.
Exemple: Multiplier 3 par 4, c'est calculer trois fois quatre.
3 × 4 = 3 × 2 × 2 = 6 × 2 = 12 ».

Synthèse écrite (15 minutes): le savoir prend une forme et une valeur collectives (institutionnalisation).
Construire une **affiche de référence.** Utiliser la technique de « la dictée à l'adulte »: ce sont les élèves qui dictent les exemples.

Proposition d'affiche de référence

Connaître les tables de multiplication par 2 et par 4

Les tables de multiplication peuvent s'écrire en colonnes.

Table de 2	Table de 4
2 × 0 = 0	4 × 0 = 0
2 × 1 = 2	4 × 1 = 4
2 × 2 = 4	4 × 2 = 8
2 × 3 = 6	4 × 3 = 12
2 × 4 = 8	4 × 4 = 16
2 × 5 = 10	4 × 5 = 20
2 × 6 = 12	4 × 6 = 24
2 × 7 = 14	4 × 7 = 28
2 × 8 = 16	4 × 8 = 32
2 × 9 = 18	4 × 9 = 36
2 × 10 = 20	4 × 10 = 40
Les résultats de la table de 2 correspondent à un **comptage de deux en deux.**	Les résultats de la table de 4 correspondent à un **comptage de quatre en quatre.**

On peut aussi ranger les tables de multiplication dans un tableau avec le signe « fois ».

×	0	1	2	3	4	5	6	7	8	9	10
2	0	2	4	6	8	10	12	14	16	18	20
4	0	4	8	12	16	20	24	28	32	36	40

Distribuer, à chaque élève, une copie de l'affiche en format réduit A5, à coller dans le cahier.

Temps 3 Exercices d'entraînement

Organisation	• Individuel
Matériel	• Cahier-livre p. 102, exercices 54 à 60 • 1 ardoise + 1 feutre
Durée	• 15 minutes

Rappel de la leçon (2 minutes): reformuler et / ou faire relire l'affiche « **Connaître les tables de multiplication par 2 et par 4** ».

Exercices 54 à 57: Passer la consigne du cahier-livre.

Exercice 58: Les multiplications sont traitées l'une après l'autre. Dire aux élèves: *« Écris Oui ou Non et corrige si nécessaire! »*

Exercices 59 et 60: Lire oralement l'énoncé du problème. Correction immédiate.

Bilan: poser la question: *« Qui n'a pas compris quelque chose ? »*

Temps 4 Exercices d'entretien

Organisation	• Individuel
Matériel	• Guide Pédagogique (problèmes A, B, C, D ci-après) • 1 ardoise + 1 feutre
Durée	• 15 minutes

A: Faire compléter des tables de multiplication par 2 et 4 aléatoires.
B: Mettre en place un jeu du furet en binôme sur les tables étudiées: chacun à leur tour, les élèves récitent une multiplication de la table de 2 puis de la table de 4.
C: Faire réciter les tables de multiplication étudiées dans l'ordre ou dans l'ordre inverse.
D: Faire trouver une multiplication correspondant à un résultat issu des tables étudiées.

Temps 5 Évaluation

L'évaluation des acquis des élèves est différée en fin de période. Les exercices, dictés par le maître, sont donnés p. 87.

Connaître les tables de multiplication par 3 et par 5

► Cahier-livre p. 102

Objectifs

- Apprendre la table de multiplication par 3.
- Apprendre la table de multiplication par 5.
- Mémoriser le répertoire multiplicatif.

Temps 1 Activité de découverte

Les dés magiciens

Organisation	• Binômes
Matériel	• 1 dé numérique comportant les nombres 1, 2, 3, 4, 5 et 6 • 1 dé numérique comportant 2 faces « 3 », 2 faces « 5 » et 2 faces « choix » • 1 ardoise par élève
Durée	• 5 minutes

• Mise en situation

Descriptif : Chacun leur tour, les joueurs lancent les dés et annoncent le tirage. Le produit des deux nombres est noté sur l'ardoise. Si la face « choix » apparaît au tirage, le lanceur annonce « 3 » ou « 5 ». On gagne un point par bonne réponse.

Consigne élève : *« Écrivez chacun à votre tour, sur l'ardoise, le produit des deux nombres de votre tirage et annoncés par le lanceur. On gagne 1 point par bonne réponse ».*

Bilan intermédiaire : poser la question : *« Qui n'a pas compris quelque chose ? »*

Conclusion de l'activité : formuler : *« Pour calculer plus vite, il faut penser aux résultats des tables de multiplication apprises. »*

Variante : Changer les nombres sur le premier dé.

La bataille des dés

Organisation	• Binômes
Matériel	• 1 dé numérique comportant les nombres 4, 5, 6, 7, 8 et 9 • 1 dé numérique comportant 3 faces « 3 » et 3 faces « 5 » • 1 ardoise par élève.
Durée	• 5 minutes

• Mise en situation

Descriptif : Chaque joueur lance une fois les dés et mémorise le tirage. Il calcule alors le produit des deux nombres et le note sur son ardoise. L'adversaire fait de même. Celui qui a le résultat le plus élevé gagne un point.

Consigne élève : *« Écrivez chacun à votre tour, sur l'ardoise, le produit des deux nombres de votre tirage. Celui qui obtient le plus grand résultat gagne la bataille, donc 1 point ».*

Bilan intermédiaire : poser la question : *« Qui n'a pas compris quelque chose ? »*

Conclusion de l'activité : formuler : *« Pour calculer plus vite, il faut penser aux résultats des tables de multiplication apprises. »*

Variante : Changer les nombres sur le premier dé.

La table de Pythagore

Organisation	• Collectif
Matériel	• 1 table de Pythagore grand modèle vierge tracée au tableau ; 3 jeux d'étiquettes cartonnées (chaque jeu couvre l'ensemble des résultats des tables de multiplication par 3 et par 5) ; pâte à fixe
Durée	• 8 minutes

• Mise en situation

Descriptif : Le maître interroge quelques élèves à la volée. Quatre résultats sont complétés de manière aléatoire dans la grille. 5 étiquettes sont distribuées à chaque élève.
Après un temps de réflexion laissé aux élèves, le maître pose les questions suivantes :
- Qui à un résultat qui figure dans la table de trois ? Les élèves viennent alors coller leur étiquette sous le contrôle des autres.
- Qui a un résultat qui figure dans la table de cinq ?
- Qui a une étiquette qui peut se coller sous le ...? Au-dessus du ?... La correction est faite entre chaque calcul et notée au tableau. On gagne 1 point par bonne réponse.

Consigne élève : *« Nous allons remplir des cases de cette table de Pythagore ».*

Bilan intermédiaire : poser la question : *« Qui n'a pas compris quelque chose ? »*

Conclusion de l'activité : formuler : *« La table de Pythagore permet de voir tous les résultats pour chaque table de multiplication.* Exemple *: la table de trois $3 \times 0 = 0$, $3 \times 1 = 3$... »*

Variantes : Des cases de la table de Pythagore sont complétées à l'avance par le maître :
- les élèves doivent trouver des erreurs et les rectifier ;
- les élèves doivent venir coller leur étiquette. Attention ! On ne peut coller son étiquette que si elle en touche une autre figurant sur la table.

Temps 2 Structuration de la leçon

Rappels (2 minutes) : Demander aux élèves de reformuler ce qu'ils ont appris à propos des tables de multiplication par trois et par cinq. Annoncer les jeux (cf. Activités de découverte) et rappeler les règles.

Jeux (8 minutes) : Faire jouer, de nouveau, les élèves dans les mêmes conditions que lors de la phase de découverte.

Mise en commun (5 minutes) : Faire expliquer les stratégies et procédures utilisées et s'exprimer les difficultés. Noter au tableau les différentes procédures proposées (dictées par les enfants).

Entourer la plus efficace. La reformuler et la réexpliquer:

• Pour multiplier un nombre par trois on ajoute trois fois le nombre.
Exemple: Multiplier 3 par 3, c'est calculer trois fois trois.
3 × 3 = 3 + 3 + 3 = 9

• Pour multiplier un nombre par cinq on ajoute cinq fois le nombre.
Exemple: Multiplier 5 par 5, c'est calculer cinq fois cinq.
5 × 5 = 5 + 5 + 5 + 5 + 5 = 25

Synthèse écrite (15 minutes): le savoir prend une forme et une valeur collectives (institutionnalisation).
Construire une **affiche de référence.** Utiliser la technique de «la dictée à l'adulte»: ce sont les élèves qui dictent les exemples.

Proposition d'affiche de référence

Connaître les tables de multiplication par 3 et par 5

Les tables de multiplication peuvent s'écrire en colonnes.

Table de 3	Table de 5
3 × 0 = 0	5 × 0 = 0
3 × 1 = 3	5 × 1 = 5
3 × 2 = 6	5 × 2 = 10
3 × 3 = 9	5 × 3 = 15
3 × 4 = 12	5 × 4 = 20
3 × 5 = 15	5 × 5 = 25
3 × 6 = 18	5 × 6 = 30
3 × 7 = 21	5 × 7 = 35
3 × 8 = 24	5 × 8 = 40
3 × 9 = 27	5 × 9 = 45
3 × 10 = 30	5 × 10 = 50

Les résultats de la table de 3 correspondent à un **comptage de trois en trois**.

Les résultats de la table de 5 correspondent à un **comptage de cinq en cinq**.

On peut aussi ranger les tables de multiplication dans un tableau avec le signe «fois».

×	0	1	2	3	4	5	6	7	8	9	10
3	0	3	6	9	12	15	18	21	24	27	30
5	0	5	10	15	20	25	30	35	40	45	50

Distribuer, à chaque élève, une copie de l'affiche en format réduit A5, à coller dans le cahier.

Temps 3 Exercices d'entraînement

Organisation	• Individuel
Matériel	• Cahier-livre p. 102, exercices 61 à 66 • 1 ardoise + 1 feutre
Durée	• 15 minutes

Rappel de la leçon (2 minutes): reformuler et / ou faire relire l'affiche «**Connaître les tables de multiplication par 3 et par 5**».

Exercices 61 à 64: Passer la consigne du cahier-livre.

Exercice 65: les multiplications sont traitées l'une après l'autre. Dire aux élèves: *«Écris Oui ou Non et corrige si nécessaire!»*

Exercice 66: Lire oralement l'énoncé du problème. Correction immédiate.

Bilan: poser la question: *«Qui n'a pas compris quelque chose?»*

Temps 4 Exercices d'entretien

Organisation	• Individuel
Matériel	• Guide Pédagogique (problèmes A, B, C, D ci-après) • 1 ardoise + 1 feutre
Durée	• 15 minutes

A: Faire compléter des tables de multiplication par 3 et 5 aléatoires.
B: Mettre en place un jeu du furet en binôme sur les tables de multiplications étudiées: chacun à leur tour, les élèves récitent une multiplication de la table de 3 puis de la table de 5.
C: Faire réciter les tables de multiplication étudiées dans l'ordre ou dans l'ordre inverse.
D: Faire trouver une multiplication correspondant à un résultat issu des tables étudiées.

Temps 5 Évaluation

L'évaluation des acquis des élèves est différée en fin de période. Les exercices, dictés par le maître, sont donnés p. 87.

Connaître les doubles et les moitiés

► Cahier-livre p. 103

Objectifs

- Mémoriser et calculer les doubles des nombres jusqu'à 498.
- Mémoriser et calculer les moitiés des nombres jusqu'à 998.

Temps 1 Activité de découverte

Les dés magiciens

Organisation	• Groupes de 4 joueurs
Matériel	• 1 jeu de 2 dés modifiés par groupe : 1 dé numérique comportant les nombres 106/180/224/162/248/114 ; 1 dé comportant 3 faces bleues et 3 faces rouges • 1 ardoise + 1 feutre
Durée	• 5 minutes

• Mise en situation

Descriptif : Chacun leur tour, les élèves lancent les deux dés. Face rouge : on prend le double du nombre lu sur le dé numérique. Face bleue on prend la moitié. Chaque élève écrit le résultat sur son ardoise. On gagne 1 point par bonne réponse.

Consigne élève : *« Écrivez chacun à votre tour, sur l'ardoise, le double ou la moitié du nombre sur le dé. Regardez le dé des couleurs. Face rouge : on prend le double du nombre lu sur le dé numérique, face bleue on prend la moitié ».*
Exemples : Le nombre tiré au sort est 104 et le dé des couleurs annonce « bleu ». Les élèves écrivent 52 sur leur ardoise. Le nombre tiré au sort est 206 et le dé des couleurs annonce « rouge ». Les élèves écrivent 412 sur leur ardoise.

Bilan intermédiaire : poser la question : *« Qui n'a pas compris quelque chose ? »*

Conclusion de l'activité : formuler : *« Prendre le double d'un nombre, c'est l'ajouter à lui-même, c'est-à-dire : le multiplier par deux. Prendre la moitié d'un nombre c'est diviser le nombre par deux. »*
Exemples : Trouver le double de 204.
204, c'est 200 + 4. Donc le double de 204,
c'est le double de 200 + le double de 4.
C'est donc 400 + 8 = 408. Le double de 204 est 408.
Remarque : 204 + 204 = 408.
Trouver la moitié de 204.
204, c'est 200 + 4. Donc la moitié de 204,
c'est la moitié de 200 + la moitié de 4.
C'est donc 100 + 2 = 102. La moitié de 204 est 102.

Variante : On introduit un dé à trois couleurs : 2 faces rouges, 2 faces bleues et 2 faces vertes.
Les règles sont les mêmes mais si la face verte sort au tirage, le lanceur décide d'annoncer : « double » ou « moitié ».

Le Labynombre

Organisation	• Binômes
Matériel	• 1 grille de 24 nombres par binôme et la grille, en grand modèle, tracée au tableau (*cf.* matériel photocopiable en Annexe) • 1 ardoise + 1 feutre
Durée	• 10 minutes

• Mise en situation

Descriptif : Chacun leur tour, les élèves tracent, dans la grille, le chemin des doubles en rouge et le chemin des moitiés en bleu.

Consigne élève : *« Tracez, chacun à votre tour, sur le Labynombre, le chemin des doubles en coloriant chaque case en rouge. Faites de même pour le chemin des moitiés en coloriant chaque case en bleu ».*

Bilan intermédiaire : poser la question : *« Qui n'a pas compris quelque chose ? »*

Conclusion de l'activité : formuler : *« Prendre le double d'un nombre, c'est l'ajouter à lui-même, c'est-à-dire : le multiplier par deux. Prendre la moitié d'un nombre c'est diviser le nombre par deux. »*

Prolongement : Chaque élève entoure le plus petit nombre et le plus grand sur la grille puis écrit le double du plus petit nombre, en rouge, sur son ardoise et, en bleu, la moitié du plus grand nombre.

Temps 2 Structuration de la leçon

Rappels (2 minutes) : Demander aux élèves de reformuler ce qu'ils ont appris pour trouver le double ou la moitié d'un nombre. Annoncer les jeux (*cf.* Activités de découverte) et rappeler les règles.

Jeux (8 minutes) : Faire jouer, de nouveau, les élèves dans les mêmes conditions que lors de la phase de découverte.

Mise en commun (5 minutes) : Faire expliquer les stratégies et procédures utilisées et s'exprimer les difficultés. Noter au tableau les différentes procédures proposées (dictées par les enfants).
Entourer la plus efficace. La reformuler et la réexpliquer :

- Prendre le double d'un nombre, c'est l'ajouter à lui-même, c'est-à-dire : le multiplier par deux.
Exemple : Trouver le double de 404.
404, c'est 400 + 4. Donc le double de 404,
c'est le double de 400 + le double de 4.
C'est donc 800 + 8 = 808. Le double de 404 est 808.
Remarque : 404 + 404 = 808.
- Prendre la moitié d'un nombre c'est diviser le nombre par deux.
Exemple : Trouver la moitié de 604.
604, c'est 600 + 4. Donc la moitié de 604,
c'est la moitié de 600 + la moitié de 4.
C'est donc 300 + 2 = 302. La moitié de 604 est 302

Synthèse écrite (15 minutes) : le savoir prend une forme et une valeur collectives (institutionnalisation).
Construire une **affiche de référence.** Utiliser la technique de « la dictée à l'adulte » : ce sont les élèves qui dictent les exemples.

Proposition d'affiche de référence

Connaître les doubles et les moitiés

• Prendre le double d'un nombre, c'est l'ajouter à lui-même (multiplier par deux).
Exemple: Trouver le double de 404.
404 c'est 400 + 4. Donc le double de 404, c'est le double de 400 + le double de 4.
C'est donc 800 + 8 = 808.
Le double de 404 est 808.
Remarque: 404 + 404 = 808.

• **Prendre la moitié d'un nombre, c'est diviser le nombre par deux.**
Exemple: Trouver la moitié de 604.
604 c'est 600 + 4. Donc la moitié de 604, c'est la moitié de 600 + la moitié de 4.
C'est donc 300 + 2 = 302. La moitié de 604 est 302.

Distribuer, à chaque élève, une copie de l'affiche en format réduit A5, à coller dans le cahier.

Temps 3 Exercices d'entraînement

Organisation	• Individuel. 103
Matériel	• Cahier-livre p, exercices 67 à 74 • 1 ardoise et 1 feutre
Durée	• 15 minutes

Rappel de la leçon (2 minutes): reformuler et/ou faire relire l'affiche « **Connaître les doubles et les moitiés** ».

Exercices 67 à 72: Passer la consigne du cahier-livre.

Exercices 73 et 74: Lire le problème oralement. Traiter les situations l'une après l'autre avec correction intermédiaire.

Bilan: poser la question: *« Qui n'a pas compris quelque chose ? »*

Temps 4 Exercices d'entretien

Organisation	• Individuel
Matériel	• Guide Pédagogique (problèmes A, B, C, D ci-après) • 1 ardoise et 1 feutre
Durée	• 15 minutes

A: Lisa avait 304 billes. Elle en a maintenant le double. Combien Lisa a-t-elle de billes maintenant ?
B: Hugo avait 880 voitures dans sa collection. Il en a perdu la moitié. Combien Hugo a-t-il perdu de voitures ?
C: Malika a 660 cartes dans sa pochette. Elle en laisse tomber la moitié dans l'eau. Combien lui reste-t-il de cartes?
D: Sami dit *« 908, c'est le double de 404 »* et Hugo dit *« Non! 908, c'est le double de 454 »*.
Qui a raison ?
Lisa dit *« 240, c'est la moitié de 580 »* et Malika dit *« Non! 240, c'est la moitié de 480 »*. Qui a raison ?

Temps 5 Évaluation

L'évaluation des acquis des élèves est différée en fin de période. Les exercices, dictés par le maître, sont donnés p. 87.

Calculer le double d'un nombre

► Cahier-livre p. 103

Objectifs

• Apprendre à calculer le double d'un nombre inférieur à 500.
• Apprendre à calculer le double d'une addition, d'une soustraction ou d'une multiplication.

Temps 1 Activité de découverte

Jeu des mariages 1

Organisation	• Binômes
Matériel	• *n* jeux de 20 cartes (10 paires) comportant des nombres inférieurs à 500 et leurs doubles inférieurs à 999 (*cf.* matériel photocopiable en Annexe)
Durée	• 8 minutes

• Mise en situation

Descriptif: Les joueurs se partagent les cartes. Chaque joueur se débarrasse des paires. Puis, chacun leur tour, les joueurs tirent une carte dans le jeu de l'adversaire. Le gagnant est celui qui n'a plus de cartes avant l'autre.

Consigne élève: *« Partagez les cartes, associer chaque nombre à son double. Posez les paires sur la table. Quand vous n'avez plus de paires, chacun votre tour, piochez une carte dans le jeu que vous présente l'adversaire. Le gagnant est celui qui n'a plus de cartes avant l'autre. »*

Bilan intermédiaire: poser la question: *« Qui n'a pas compris quelque chose ? »*

Conclusion de l'activité: formuler: *« Pour calculer le double d'un nombre, on décompose le nombre et on multiplie chaque terme par deux. »*
Exemple: Calculer le double de 324.
324, c'est 300 + 20 + 4.

Donc le double de 324, c'est le double de 300 + le double de 20 + le double de 4.
C'est donc (300 × 2) + (20 × 2) + (4 × 2) = 600 + 40 + 8 = 648.
Le double de 324 est 648.

Variante : Poser les 20 cartes sur la table face vierge visible. Jeu de Memory : chacun leur tour, les joueurs retournent deux cartes et les mémorisent de manière à pouvoir prélever les paires. Le gagnant est celui qui a reconstitué le plus de paires.

Jeu des mariages 2

Organisation	• Binômes
Matériel	• *n* jeux de 20 cartes (10 paires) comportant des opérations dont le résultat est inférieur à 500 et leurs doubles inférieurs à 999 (*cf.* matériel photocopiable en Annexe)
Durée	• 7 minutes

• Mise en situation

Descriptif : Idem jeu des mariages 1.

Consigne élève : *« Partagez les cartes, associer chaque opération à son double. Posez les paires sur la table. Quand vous n'avez plus de paires, chacun votre tour, piochez une carte dans le jeu que vous présente l'adversaire. Le gagnant est celui qui n'a plus de cartes avant l'autre. ».*

Bilan intermédiaire : poser la question : *« Qui n'a pas compris quelque chose ? »*

Conclusion de l'activité : formuler : *« Pour calculer le double d'une addition, d'une soustraction ou d'une multiplication, on calcule le double du résultat. »*
Exemple : Calculer le double de 20 + 30.
20 + 30 = 50 50 × 2= 100
Le double de 20 + 30 est 100.
Remarque : 20 × 2 = 40 et 30 × 2 = 60
donc (20 + 30) × 2 = 40 + 60 = 100

Variante : Idem activité ci-dessus « Jeu des mariages 1 ».

Temps 2 Structuration de la leçon

Rappels (2 minutes) : Demander aux élèves de reformuler ce qu'ils ont appris pour calculer le double d'un nombre. Annoncer les jeux (*cf.* Activités de découverte) et rappeler les règles.

Jeux (8 minutes) : Faire jouer, de nouveau, les élèves dans les mêmes conditions que lors de la phase de découverte.

Mise en commun (5 minutes) : Faire expliquer les stratégies et procédures utilisées et s'exprimer les difficultés. Noter au tableau les différentes procédures proposées (dictées par les enfants).
Entourer la plus efficace. La reformuler et la réexpliquer :

• Pour calculer le double d'un nombre, on décompose le nombre et on multiplie chaque terme par deux.
Exemple : Calculer le double de 324.
324, c'est 300 + 20 + 4.
Donc le double de 324, c'est le double de 300 + le double de 20 + le double de 4.
C'est donc (300 × 2) + (20 × 2) + (4 × 2) = 600 + 40 + 8 = 648.
Le double de 324 est 648.

• Pour calculer le double d'une addition, d'une soustraction ou d'une multiplication, on calcule le double du résultat.
Exemple : Calculer le double de 20 + 30.
20 + 30 = 50 50 × 2 = 100
Le double de 20 + 30 est 100.
Remarque : 20 × 2 = 40 et 30 × 2 = 60
donc (20 + 30) × 2 = 40 + 60 = 100

Synthèse écrite (15 minutes) : le savoir prend une forme et une valeur collectives (institutionnalisation).
Construire une **affiche de référence.** Utiliser la technique de « la dictée à l'adulte » : ce sont les élèves qui dictent les exemples.

Proposition d'affiche de référence

Calculer le double d'un nombre

• **Pour calculer le double d'un nombre, on décompose le nombre et on multiplie chaque terme par deux.**
Exemple : Calculer le double de 324.
324, c'est 300 + 20 + 4.
Donc le double de 324, c'est **le double de 300 + le double de 20 + le double de 4.**
C'est donc **(300 × 2) + (20 × 2) + (4 × 2) = 600 + 40 + 8 = 648**
Le **double de 324** est **648.**

• **Pour calculer le double d'une addition, d'une soustraction ou d'une multiplication, on calcule le double du résultat.**
Exemple : Calculer le double de 20 + 30.
20 + 30 = 50 50 × 2= 100
Le **double de 20 + 30** est **100.**
Remarque : 20 × 2 = 40 et 30 × 2 = 60 donc (20 + 30) × 2 = 40 + 60 = 100

Distribuer, à chaque élève, une copie de l'affiche en format réduit A5, à coller dans le cahier.

Temps 3 Exercices d'entraînement

Organisation	• Individuel
Matériel	• Cahier-livre p. 103, exercices 75 à 81 • 1 ardoise et 1 feutre
Durée	• 15 minutes

Rappel de la leçon (2 minutes) : reformuler et/ou faire relire l'affiche « **Calculer le double d'un nombre** ».

Exercices 75 à 78 : Passer la consigne du cahier-livre.

Exercices 79 à 81 : Lire l'énoncé oralement. Traiter les situations l'une après l'autre avec correction intermédiaire.

Bilan : poser la question : *« Qui n'a pas compris quelque chose ? »*

Temps 4 Exercices d'entretien

Organisation	• Individuel
Matériel	• Guide Pédagogique (problèmes A, B, C, D ci-après) • 1 ardoise et 1 feutre
Durée	• 15 minutes

A : Lisa avait 208 billes. Elle en a maintenant le double. Combien Lisa a-t-elle de billes maintenant ?

B: Hugo avait 380 voitures dans sa collection. Il en a maintenant le double. Combien Hugo a-t-il de voitures maintenant?
C: Malika avait 479 cartes dans sa pochette. Elle en a maintenant le double. Combien Malika a-t-elle de cartes maintenant?
D: Sami dit *«418, c'est le double de 109»* et Hugo dit *«Non! 418, c'est le double de 209»*. Qui a raison?
Lisa dit *«454 a pour double 808»* et Malika dit *«Non! 454 a pour double 908»*. Qui a raison?

Temps 5 Évaluation

L'évaluation des acquis des élèves est différée en fin de période. Les exercices, dictés par le maître, sont donnés p. 87.

Calculer la moitié d'un nombre

► Cahier-livre p. 103

Objectifs

• Apprendre à calculer la moitié d'un nombre inférieur à 999.
• Apprendre à calculer la moitié d'une addition, d'une soustraction ou d'une multiplication.

Temps 1 Activité de découverte

Jeu des mariages 1

Organisation	• Binômes
Matériel	• *n* jeux de 20 cartes (10 paires) comportant des nombres pairs inférieurs à 999 et leurs moitiés (*cf.* matériel photocopiable en Annexe)
Durée	• 8 minutes

• Mise en situation

Descriptif: Les joueurs se partagent les cartes. Chaque joueur se débarrasse des paires. Puis, chacun leur tour, les joueurs tirent une carte dans le jeu de l'adversaire. Le gagnant est celui qui n'a plus de cartes avant l'autre.

Consigne élève: *«Partagez les cartes, associer chaque nombre à sa moitié. Posez les paires sur la table. Quand vous n'avez plus de paires, chacun votre tour, piochez une carte dans le jeu que vous présente l'adversaire. Le gagnant est celui qui n'a plus de cartes avant l'autre.»*

Bilan intermédiaire: poser la question: *«Qui n'a pas compris quelque chose?»*

Conclusion de l'activité: formuler: Pour calculer la moitié d'un nombre, on décompose le nombre et on divise chaque terme par deux.
Exemple: Calculer la moitié de 624.
624, c'est 600 + 20 + 4.
Donc la moitié de 624, c'est la moitié de 600 + la moitié de 20 + la moitié de 4.
C'est donc (600: 2) + (20: 2) + (4: 2) = 300 + 10 + 2 = 312.
La moitié de 624 est 312.

Variante: Poser les 20 cartes sur la table face vierge visible. Jeu de Memory: chacun leur tour, les joueurs retournent deux cartes et les mémorisent de manière à pouvoir prélever les paires. Le gagnant est celui qui a reconstitué le plus de paires.

Jeu des mariages 2

Organisation	• Binômes
Matériel	• *n* jeux de 20 cartes (10 paires) comportant des opérations dont le résultat est pair et inférieur à 999 et leurs moitiés (*cf.* matériel photocopiable en Annexe)
Durée	• 7 minutes

• Mise en situation

Descriptif: Idem activité ci-dessus «Jeu des mariages 1».

Consigne élève: *«Partagez les cartes, associer chaque opération à sa moitié. Posez les paires sur la table. Quand vous n'avez plus de paires, chacun votre tour, piochez une carte dans le jeu que vous présente l'adversaire. Le gagnant est celui qui n'a plus de cartes avant l'autre.»*.

Bilan intermédiaire: poser la question: *«Qui n'a pas compris quelque chose?»*

Conclusion de l'activité: formuler: Pour calculer la moitié d'une addition, d'une soustraction ou d'une multiplication, on calcule la moitié du résultat.
Exemple: Calculer la moitié de 20 + 30.
20 + 30 = 50   50: 2= 25
La moitié de 20 + 30 est 25.
Remarque: 20: 2 = 10 et 30: 2 = 15,
donc (20 + 30): 2 = 10 + 15 = 25

Variante: Idem activité ci-dessus «Jeu des mariages 1».

Temps 2 Structuration de la leçon

Rappels (2 minutes): Demander aux élèves de reformuler ce qu'ils ont appris pour calculer la moitié d'un nombre. Annoncer les jeux (*cf.* Activités de découverte) et rappeler les règles.

Jeux (8 minutes): Faire jouer, de nouveau, les élèves dans les mêmes conditions que lors de la phase de découverte.

Mise en commun (5 minutes): Faire expliquer les stratégies et procédures utilisées et s'exprimer les difficultés. Noter au tableau les différentes procédures proposées (dictées par les enfants).

Entourer la plus efficace. La reformuler et la réexpliquer:

• Pour calculer la moitié d'un nombre, on décompose le nombre et on divise chaque terme par deux.
Exemple: Calculer la moitié de 624.
624 c'est 600 + 20 + 4.
Donc la moitié de 624, c'est la moitié de 600 + la moitié de 20 + la moitié de 4.
C'est donc (600: 2) + (20: 2) + (4: 2) = 300 + 10 + 2 = 312.
La moitié de 624 est 312.

• Pour calculer la moitié d'une addition, d'une soustraction ou d'une multiplication, on calcule la moitié du résultat.
Exemple: Calculer la moitié de 20 + 30
20 + 30 = 50 50: 2= 25
La moitié de 20 + 30 est 25.
Remarque: 20: 2 = 10 et 30: 2=15
donc (20 + 30): 2 = 10 + 15 = 25

Synthèse écrite (15 minutes): le savoir prend une forme et une valeur collectives (institutionnalisation).
Construire une **affiche de référence.** Utiliser la technique de « la dictée à l'adulte »: ce sont les élèves qui dictent les exemples.

Proposition d'affiche de référence

Calculer la moitié d'un nombre

• **Pour calculer la moitié d'un nombre, on décompose le nombre et on divise chaque terme par deux.**
Exemple: Calculer la moitié de 624.
624 c'est 600 + 20 + 4.
Donc la moitié de 624, c'est la moitié de 600 + la moitié de 20 + la moitié de 4.
C'est donc (600: 2) + (20: 2) + (4: 2) = 300 + 10 + 2 = 312.
La moitié de 624 est 312.

• **Pour calculer la moitié d'une addition, d'une soustraction ou d'une multiplication, on calcule la moitié du résultat.**
Exemple: Calculer la moitié de 20 + 30
20 + 30 = 50 50: 2= 25
La moitié de 20 + 30 est 25.
Remarque: 20: 2 = 10 et 30: 2 = 15
donc (20 + 30): 2 = 10 + 15 = 25

Distribuer, à chaque élève, une copie de l'affiche en format réduit A5, à coller dans le cahier.

Temps 3 Exercices d'entraînement

Organisation	• Individuel
Matériel	• Cahier-livre p; 103, exercices 82 à 88 • 1 ardoise et 1 feutre
Durée	• 15 minutes

Rappel de la leçon (2 minutes): reformuler et/ou faire relire l'affiche « **Calculer la moitié d'un nombre** ».

Exercices 82 à 85: Passer la consigne du cahier-livre.

Exercices 86 à 88: Lire l'énoncé oralement. Traiter les situations l'une après l'autre avec correction intermédiaire.

Bilan: poser la question: *« Qui n'a pas compris quelque chose ? »*

Temps 4 Exercices d'entretien

Organisation	• Individuel
Matériel	• Guide Pédagogique (problèmes A, B, C, D ci-après) • 1 ardoise et 1 feutre
Durée	• 15 minutes

A: Lisa avait 808 billes. Elle en a maintenant la moitié. Combien Lisa a-t-elle de billes maintenant?
B: Hugo avait 680 voitures dans sa collection. Il en a maintenant la moitié. Combien Hugo a-t-il de voitures maintenant?
C: Malika avait 486 cartes dans sa pochette. Elle en a maintenant la moitié. Combien Malika a-t-elle de cartes maintenant?
D: Sami dit *« 418, c'est la moitié de 863 »* et Hugo dit *« Non! 418, c'est la moitié de 836 »*.
Qui a raison?
Lisa dit *« 924 a pour moitié 450 »* et Malika dit *« Non! 924 a pour moitié 462 »*. Qui a raison?

Temps 5 Évaluation de fin de période

1. Je sais ajouter, retrancher 9 ou 11

• Ajoute 9 ou 11 à chaque nombre.

Ajoute 9: 23 240 406 79 514
Ajoute 11: 82 307 496 299 731

• Retranche 9 ou 11 à chaque nombre.

Retranche 9: 94 696 895 89 792
Retranche 11: 81 896 598 99 791

• Écoute le problème et écris la solution.

L'ascenseur indique 153. Trouve ce qu'il indiquera à chaque fois:
- s'il monte de 11 étages.
- s'il descend de 9 étages.
- s'il monte de 9 étages.
- s'il descend de 11 étages

2. Je sais ajouter, retrancher deux nombres à 2 chiffres

• Calcule.

13 + 26 24 + 41 50 + 96 22 + 93

• Calcule.

73 - 22 84 - 41 43 - 36 84 - 76

• Écoute le problème et écris la solution.

L'ascenseur indique 95. Trouve ce qu'il indiquera à chaque fois:
- s'il monte de 45 étages.
- s'il descend de 23 étages.
- s'il monte de 69 étages.
- s'il descend de 37 étages

3. Je connais les tables de multiplication par 2, 4, 3 et 5

• Calcule les multiplications de la table de 2.

2 × 6 2 × 8 2 × 9 2 × 3 2 × 5

• Calcule les multiplications de la table de 4.

4 × 6 4 × 8 4 × 9 4 × 3 4 × 5

• Calcule les multiplications de la table de 3.

3 × 6 3 × 8 3 × 9 3 × 3 3 × 5

• Calcule les multiplications de la table de 5.

5 × 6 5 × 8 5 × 9 5 × 3 5 × 5

4. Je sais calculer le double, la moitié d'un nombre

• *Calcule le double de chaque nombre.*

31 11 108 330 150 35 250 211

• *Calcule la moitié de chaque nombre.*

44 410 602 230 620 106 886 190

• *Écoute les problèmes et écris chaque solution.*

– Lisa possède 458 euros. Elle gagne le double à la loterie. Combien a-t-elle gagné ?

– Hugo avait 864 billes. Il en a perdu la moitié. Combien a-t-il de billes maintenant ?

Ajouter 990, ajouter 999

► Cahier-livre p. 104

Objectifs

• Apprendre à ajouter 990.
• Apprendre à ajouter 999.

Temps 1 Activité de découverte

Les dés magiciens (optionnel)

Organisation	• Binômes
Matériel	• 1 dé numérique comportant les nombres 15, 22, 112, 370, 4200 et 8620 • 1 dé comportant 2 faces « 990 », 2 faces « 999 » et 2 faces « choix » • 1 ardoise par élève
Durée	5 minutes

• Mise en situation

Descriptif : Chacun leur tour, les joueurs lancent les dés et annoncent le tirage. La somme des deux nombres est notée sur l'ardoise. Si la face « choix » apparaît au tirage, le lanceur annonce « 990 » ou « 999 ». On gagne un point par bonne réponse.

Consigne élève : *« Écrivez chacun à votre tour, sur l'ardoise, la somme des deux nombres de votre tirage et annoncés par le lanceur. On gagne 1 point par bonne réponse ».*

Bilan intermédiaire : poser la question : *« Qui n'a pas compris quelque chose ? »*

Conclusion de l'activité : formuler :

• Pour ajouter 990 à un nombre, on ajoute 1000 puis on retranche 10 (990 = 1000 – 10).
Exemple : Ajouter 990 à 66.
66 + 990 = ? 990, c'est 1000 – 10
On calcule donc **66 + 1000 – 10**.
66 + 990 = **1 056** Le résultat est 1056.

• Pour ajouter 999 à un nombre, on ajoute 1000 puis on retranche 1 (999 = 1000 – 1).
Exemple : Ajouter 999 à 4200.
4 200 + 999 = ? 999, c'est 1000 – 1
On calcule donc **4200 + 1000 – 1**.
4 200 + 999 = **5 199** Le résultat est 5 199.

Variante : Changer les nombres sur le premier dé.

La grille des nombres

Organisation	• Groupes de 4 élèves
Matériel	• 1 grille numérotée de 8001 à 8080 ; 1 pion par joueur (grain de café) *cf.* matériel photocopiable en Annexe • 1 dé comportant 2 faces « 990 », 2 faces « 999 » et 2 faces « choix » • 1 ardoise par élève
Durée	• 5 minutes

• Mise en situation

Descriptif : Chacun leur tour, les élèves lancent leur pion sur la grille. Le tirage est annoncé.
Chacun écrit, sur son ardoise, la somme des deux nombres du tirage. On gagne 1 point par bonne réponse.

Consigne élève : *« Écrivez sur l'ardoise, la somme des deux nombres de votre tirage ». Exemple : le pion indique 8066 et le dé 999, les élèves écrivent 9065 sur leur ardoise.*

Bilan intermédiaire : poser la question : *« Qui n'a pas compris quelque chose ? »*

Conclusion de l'activité : formuler : Idem activité ci-dessus « Dés magiciens ».

Variante : Changer les nombres sur les dés.

Temps 2 Structuration de la leçon

Rappels (2 minutes) : Demander aux élèves de reformuler ce qu'ils ont appris à propos de l'addition de 990 et de 999. Annoncer les jeux (*cf.* Activités de découverte) et rappeler les règles.

Jeux (8 minutes) : Faire jouer, de nouveau, les élèves dans les mêmes conditions que lors de la phase de découverte.

Mise en commun (5 minutes) : Faire expliquer les stratégies et procédures utilisées et s'exprimer les difficultés. Noter au tableau les différentes procédures proposées (dictées par les enfants). Entourer la plus efficace. La reformuler et la réexpliquer :

• Pour ajouter 990 à un nombre, on ajoute 1000 puis on retranche 10 (990 = 1000 – 10).
Exemple : Ajouter 990 à 66.
66 + 990 = ? 990, c'est 1000 – 10
On calcule donc **66 + 1000 – 10**.
66 + 990 = **1 056**. Le résultat est 1056.

• Pour ajouter 999 à un nombre, on ajoute 1000 puis on retranche 1 (999 = 1000 – 1).

Exemple: Ajouter 999 à 4 200.
4 200 + 999 = ? 999, c'est 1000 - 1
On calcule donc **4 200 + 1000 - 1.**
42 00 + 999 = **5 199.** Le résultat est 5199.

Synthèse écrite (15 minutes): le savoir prend une forme et une valeur collectives (institutionnalisation).
Construire une **affiche de référence.** Utiliser la technique de « la dictée à l'adulte »: ce sont les élèves qui dictent les exemples.

Proposition d'affiche de référence

Ajouter 990, ajouter 999

• **Pour ajouter 990 à un nombre, on ajoute 1000 puis on retranche 10** (999 = 1000 - 10).
Exemple: **Ajouter 990 à 66.**
66 + 990 = ?
9, c'est **1000 - 10.** On calcule donc **66 + 1000 - 10.**
66 + 990 = **1056.** Le résultat est 1 056.

• **Pour ajouter 999 à un nombre, on ajoute 1000 puis on retranche 1** (999 = 1000 - 1).
Exemple: **Ajouter 999 à 4 200.**
4 200 + 999 = ?
999, c'est 1000 - 1. On calcule donc **4 200 + 1000 - 1.**
4 200 + 999 = **51 99.** Le résultat est 5 199.

Distribuer, à chaque élève, une copie de l'affiche en format réduit A5, à coller dans le cahier.

Temps 3 Exercices d'entraînement

Organisation	• Individuel
Matériel	• Cahier-livre p. 104, exercices 89 à 96 • 1 ardoise + 1 feutre
Durée	• 15 minutes

Rappel de la leçon (2 minutes): reformuler et / ou faire relire l'affiche « **Ajouter 990, ajouter 999** ».

Exercices 89 à 92: Passer la consigne du cahier-livre.

Exercices 93 à 96: Lire oralement l'énoncé du problème. Correction immédiate.

Bilan: poser la question: *« Qui n'a pas compris quelque chose ? »*

Temps 4 Exercices d'entretien

Organisation	• Individuel
Matériel	• Guide Pédagogique (problèmes A, B, C, D ci-après) • 1 ardoise + 1 feutre
Durée	• 15 minutes

A: Lisa a 943 euros. Elle gagne 990 euros au loto. Combien Lisa a-t-elle de d'argent maintenant ?
B: Hugo a 4890 timbres dans sa collection. Pour son anniversaire, il en reçoit 999. Combien Hugo a-t-il de timbres dans sa collection ?
C: Malika a gagné 990 euros à la loterie le lundi puis elle a encore gagné 999 euros le vendredi. Elle avait 2360 d'économies. Combien Malika a-t-elle d'argent maintenant ?
D: Sami parcourt 3 562 m pour réaliser le cross de l'école. Il parcourt encore 990 m pour passer à la boulangerie puis 999 m pour rentrer chez lui. Quelle distance Sami aura-t-il parcourue ? (Résultat en m).

Temps 5 Évaluation

L'évaluation des acquis des élèves est différée en fin de période. Les exercices, dictés par le maître, sont donnés p. 100.

Retrancher 990, retrancher 999

► Cahier-livre p. 104

Objectifs

• Apprendre à retrancher 990.
• Apprendre à retrancher 999.

Temps 1 Activité de découverte

Les dés magiciens (optionnel)

Organisation	• Binômes
Matériel	• 1 dé numérique comportant les nombres 999, 1 023, 3 200, 4 890, 9 990 et 9 999 • 1 dé numérique comportant 2 faces « 990 », 2 faces « 999 » et 2 faces « choix » • 1 ardoise par élève
Durée	• 5 minutes

• Mise en situation

Descriptif: Chacun leur tour, les joueurs lancent les dés et annoncent le tirage. La différence des deux nombres est notée sur l'ardoise. Si la face « Choix » apparaît au tirage, le lanceur annonce « 990 » ou « 999 ». On gagne un point par bonne réponse.

Consigne élève: *« Écrivez chacun à votre tour, sur l'ardoise, la différence des deux nombres de votre tirage et annoncés par le lanceur. On gagne 1 point par bonne réponse ».*

Bilan intermédiaire: poser la question: *« Qui n'a pas compris quelque chose ? »*

Conclusion de l'activité: formuler:

• Pour retrancher 990 à un nombre, on retire 1000 puis on ajoute 10.
Exemple: Retrancher 990 de 1066.

1066 - 990 = ? On calcule **1066 - 1000 + 10**.
1066 - 990 = 76. Le résultat est 76.

• Pour retrancher 999 à un nombre, on retire 1000 puis on ajoute 1.
Exemple: Retrancher 999 à 7 875.
7875 - 999= ? On calcule **7875 - 1000 + 1**.
7875 - 999 = **6876**. Le résultat est 6876.

Variante: Changer les nombres sur le premier dé.

La grille des nombres

Organisation	• Groupes de 4 élèves
Matériel	• 1 grille numérotée de 9 000 à 9 099; 1 pion par joueur (grain de café) *cf.* matériel photocopiable en Annexe • 1 dé comportant 2 faces « 990 », 2 faces « 999 » et 2 faces « choix » • 1 ardoise par élève
Durée	• 5 minutes

• Mise en situation

Descriptif: Chacun leur tour, les élèves lancent leur pion sur la grille. Le tirage est annoncé.
Chacun écrit, sur son ardoise, la différence des deux nombres du tirage. On gagne 1 point par bonne réponse ».

Consigne élève: *« Écrivez sur l'ardoise, la différence des deux nombres de votre tirage ». Exemple : le pion indique 9 060 et le dé 999, les élèves écrivent 8 061 sur leur ardoise.*

Bilan intermédiaire: poser la question : *« Qui n'a pas compris quelque chose ? »*

Conclusion de l'activité: formuler : « Idem activité ci-dessus « Les dés magiciens ».

Variante: Changer les nombres sur les dés.

Temps 2 Structuration de la leçon

Rappels (2 minutes): Demander aux élèves de reformuler ce qu'ils ont appris à propos de la soustraction de 990 et de 999. Annoncer les jeux (*cf.* Activités de découverte) et rappeler les règles.

Jeux (8 minutes): Faire jouer, de nouveau, les élèves dans les mêmes conditions que lors de la phase de découverte.

Mise en commun (5 minutes): Faire expliquer les stratégies et procédures utilisées et s'exprimer les difficultés. Noter au tableau les différentes procédures proposées (dictées par les enfants). Entourer la plus efficace. La reformuler et la réexpliquer :

• Pour retrancher 990 à un nombre, on retire 1000 puis on ajoute 10.
Exemple: Retrancher 990 de 1 066.
1 066 - 990 = ? On calcule **1 066 - 1000 + 10**.
1 066 - 990 = 76. Le résultat est 76.

• Pour retrancher 999 à un nombre, on retire 1000 puis on ajoute 1.
Exemple: Retrancher 999 à 7 875
7 875 - 999 = ? On calcule **7 875 - 1000 + 1**.
7 875 - 999 = **6 876**. Le résultat est 6 876.

Synthèse écrite (15 minutes): le savoir prend une forme et une valeur collectives (institutionnalisation).
Construire une **affiche de référence.** Utiliser la technique de « la dictée à l'adulte » : ce sont les élèves qui dictent les exemples.

Proposition d'affiche de référence

Retrancher 990, retrancher 999

• Pour **retrancher 990** à un nombre, on **retire 1000** puis on **ajoute 10**.
Exemple: retrancher 990 de **1 066**
1066 - 990 = ? On calcule **1 066 - 1000 + 10**.
1066 - 990 = **76**. Le résultat est 76.

• Pour **retrancher 999** à un nombre, on **retire 1000** puis on **ajoute 1**.
Exemple: **Retrancher 999 à 7 875**
7 875 - 999 = ? On calcule **7875 - 1000 +1**.
7 875 - 999 = **6 876**. Le résultat est 6 876.

Distribuer, à chaque élève, une copie de l'affiche en format réduit A5, à coller dans le cahier.

Temps 3 Exercices d'entraînement

Organisation	• Individuel
Matériel	• Cahier-livre p. 104, exercices 97 à 104 • 1 ardoise + 1 feutre
Durée	• 15 minutes

Rappel de la leçon (2 minutes): reformuler et / ou faire relire l'affiche « **Retrancher 990, retrancher 999** ».

Exercices 97 à 100: Passer la consigne du cahier-livre.

Exercices 101 à 104: Lire oralement l'énoncé du problème. Correction immédiate.

Bilan: poser la question : *« Qui n'a pas compris quelque chose ? »*

Temps 4 Exercices d'entretien

Organisation	• Individuel
Matériel	• Guide Pédagogique (problèmes A, B, C, D ci-après) • 1 ardoise + 1 feutre
Durée	15 minutes

A: Lisa a 1943 euros d'économies. Elle dépense 990 euros. Combien Lisa a-t-elle d'argent maintenant ?
B: Hugo a 4800 timbres dans sa collection. Il en égare 999. Combien Hugo a-t-il de timbres maintenant, dans sa collection ?
C: La maman de Malika a 5324 euros sur son compte bancaire. Elle achete une TV à 999 euros et un canapé à 990 euros. Combien lui reste-t-il d'argent dans son compte ?
D: Sami doit parcourir 2798 m en trottinette. Il parcourt 990 m de moins car il s'arrête chez son copain Hugo. Quelle distance a-t-il parcourue ? (Résultat en m).

Temps 5 Évaluation

L'évaluation des acquis des élèves est différée en fin de période. Les exercices, dictés par le maître, sont donnés p. 100.

Décomposer 1000

► Cahier-livre p. 104

Cette séance est à traiter après celles « Découvrir le nombre 1000 ».

Objectifs

• Apprendre à décomposer le nombre 1000 en s'appuyant sur les nombres 900, 800, 700, 600, 500, 400, 300, 200 et 100.
• Connaître des décompositions additives et multiplicatives du nombre 1000.

Temps 1 Activité de découverte

La décomposition mystère

Organisation	• Collectif
Matériel	• 1 boîte et 5 étiquettes avec des décompositions du nombre 1000 • 1 ardoise + 1 feutre
Durée	• 7 minutes

• Mise en situation

Descriptif: Un élève vient tirer une étiquette-décomposition et la lit à la classe.
Chaque élève écrit sur son ardoise « Oui » ou « Non », s'il s'agit d'une décomposition de 1000.
Puis, si c'est « Oui », chaque élève écrit sur son ardoise la décomposition multiplicative correspondante, en s'appuyant sur la numération orale. On gagne 1 point par bonne réponse.
Exemple: La décomposition 500 + 100 + 100 + 100 + 100 + 100 est annoncée, les élèves écrivent : « oui » puis ils écrivent 1000 = (1 × 500) + (5 × 100).

Consigne élève : *« Écrivez, sur l'ardoise, « oui » si vous entendez une décomposition du nombre 1000 ou « non » si ce n'est pas le cas. Si c'est « oui », écrivez ensuite la décomposition multiplicative qui correspond à celle annoncée. Écoutez bien la décomposition ! ».*

Bilan intermédiaire : poser la question : *« Qui n'a pas compris quelque chose ? »*

Conclusion de l'activité : formuler : *« On peut décomposer 1000 à l'aide des nombres 500 et 100 »*

Variante : cinq élèves volontaires reçoivent une étiquette. Chacun écrit une décomposition additive de 1000 sur son étiquette. Les étiquettes-nombres sont placées dans la boîte. Le jeu peut alors démarrer.

Jeu des mariages

Organisation	• Binômes
Matériel	• *n* jeux de 20 cartes (10 paires) comportant des décompositions additives et multiplicatives du nombre 1000 (*cf.* matériel photocopiable en Annexe)
Durée	• 15 minutes

• Mise en situation

Descriptif : Les joueurs se partagent les cartes. Chaque joueur se débarrasse des paires. Puis, chacun leur tour, les joueurs tirent une carte dans le jeu de l'adversaire. Le gagnant est celui qui n'a plus de cartes avant l'autre.

Consigne élève : *« Partagez les cartes, associer les cartes représentant le même nombre. Posez les paires sur la table. Quand vous n'avez plus de paires, chacun votre tour, piochez une carte dans le jeu que vous présente l'adversaire. Le gagnant est celui qui n'a plus de cartes avant l'autre. »*

Bilan intermédiaire : poser la question : *« Qui n'a pas compris quelque chose ? »*

Conclusion de l'activité : formuler : *« Les nombres 900, 800, 700, 600, 500, 400, 300, 200 et 100 permettent de décomposer 1000. »*

Variante : Poser les 20 cartes sur la table face vierge visible. Jeu de Memory : chacun leur tour, les joueurs retournent deux cartes et les mémorisent de manière à pouvoir prélever les paires. Le gagnant est celui qui a reconstitué le plus de paires.

Temps 2 Structuration de la leçon

Rappels (2 minutes) : Demander aux élèves de reformuler ce qu'ils ont appris à propos des décompositions additives et multiplicatives. Annoncer les jeux (*cf.* Activités de découverte) et rappeler les règles.

Jeux (8 minutes) : Faire jouer, de nouveau, les élèves dans les mêmes conditions que lors de la phase de découverte.

Mise en commun (5 minutes) : Faire expliquer les stratégies et procédures utilisées et s'exprimer les difficultés. Noter au tableau les différentes procédures proposées (dictées par les enfants).
Entourer la plus efficace. La reformuler et la réexpliquer : *« Pour décomposer 1000, on utilise les nombres 900, 800, 700, 600, 500, 400, 300, 200 et 100. »*

Synthèse écrite (15 minutes) : le savoir prend une forme et une valeur collectives (institutionnalisation).
Construire une **affiche de référence** comportant des décompositions du nombre 1000. Utiliser la technique de « la dictée à l'adulte » : ce sont les élèves qui dictent les exemples de décompositions.
L'affiche prendra la forme d'un cartable.

Proposition d'affiche de référence

Connaître les décompositions du nombre 1000

• Décompositions additives du nombre **1000**

1000 = 1000 + 0	**1000 = 0** + 1000
1000 = 900 + 100	**1000 = 100** + 900
1000 = 800 + 200	**1000 = 200** + 800
1000 = 700 + 300	**1000 = 300** + 700
1000 = 600 + 400	**1000 = 400** + 600
1000 = 500 + 500	

• **Décompositions multiplicatives du nombre 1000**

1000 = 1000 × 1 — **1000 = 1** × 1000
1000 = 100 × 10 — **1000 = 10** × 100
1000 = (9 × 100) + (1 × 100) — **1000 = (1 × 100)** + (9 × 100)
1000 = (8 × 100) + (2 × 100) — **1000 = (2 × 100)** + (8 × 100)
1000 = (7 × 100) + (3 × 100) — **1000 = (3 × 100)** + (7 × 100)
1000 = (6 × 100) + (4 × 100) — **1000 = (4 × 100)** + (6 × 100)
1000 = (5 × 100) + (5 × 100)

• **On peut aussi écrire :**

1000 = 100 + 100 + 100 + 100 + 100 + 100 + 100 + 100 + 100 + 100 = 100 × 10
1000 = 300 + 300 + 200 + 200 = (300 × 2) + (200 × 2)

Distribuer, à chaque élève, une copie de l'affiche en format réduit A5, à coller dans le cahier.

Temps 3 Exercices d'entraînement

Organisation	• Individuel
Matériel	• Cahier-livre p. 104, exercices 105 à 110 • 1 ardoise + 1 feutre
Durée	• 15 minutes

Rappel de la leçon (2 minutes) : reformuler et / ou faire relire l'affiche « **Connaître les décompositions du nombre 1000** ».

Exercice 105 : les décompositions sont traitées l'une après l'autre.
Dire aux élèves : *« Écris Oui ou Non ! »*

Exercices 106 : Passer la consigne du cahier-livre. Lire et copier l'exemple au tableau, puis effacer avant de débuter l'exercice.

Exercice 107 : les décompositions sont traitées l'une après l'autre. Dire aux élèves : *« Écris Vrai ou Faux ! »*

Exercice 108 : les décompositions sont traitées l'une après l'autre. Dire aux élèves : *« Écris Oui ou Non ! »*

Exercices 109 : Passer la consigne du cahier-livre. Lire et copier l'exemple au tableau, puis effacer avant de débuter l'exercice.

Exercice 110 : les décompositions sont traitées l'une après l'autre. Dire aux élèves : *« Écris Vrai ou Faux ! »*

Bilan : poser la question : *« Qui n'a pas compris quelque chose ? »*

Temps 4 Exercices d'entretien

Organisation	• Individuel
Matériel	• Guide Pédagogique (problèmes A, B, C, D ci-après) • 1 ardoise + 1 feutre
Durée	• 15 minutes

A : En utilisant 800, complète la décomposition additive de 1000 : 1000 = ?
B : En utilisant 100 et 10, écris deux décompositions multiplicatives de 1000.
C : Écris quatre décompositions différentes du nombre 1000.
D : Sami dit *« 1000, c'est 300 + 80 + 20 »* et Hugo dit *« Non ! 1000, c'est 300 + 700 »*. Qui a raison ?
Lisa dit *« 1000, c'est (4 × 100) + (8 × 100) »* et Malika dit *« Non ! 1000, c'est (4 × 100) + (6 × 100) »*. Qui a raison ?

Temps 5 Évaluation

L'évaluation des acquis des élèves est différée en fin de période. Les exercices, dictés par le maître, sont donnés p. 100.

Compléter à 1 000

► Cahier-livre p. 105

Objectifs

• Connaître les compléments à 1000 des multiples de 100.
• Apprendre à compléter un nombre à 1000.

Temps 1 Activité de découverte

Les cartes recto-verso

Organisation	• Groupes de 4 élèves
Matériel	• Jeu recto-verso (9 cartes par groupe) : Carte recto : un nombre inférieur à 1000 (multiple de 100), écrit en chiffres ; Carte verso : le complément de ce nombre à 1000 (*cf.* matériel photocopiable en Annexe)
Durée	• 7 minutes

• Mise en situation

Descriptif : un élève tire une carte dans la pioche disposée au milieu de la table. Il lit au groupe le nombre qui y figure. La carte est alors posée face recto visible. Chacun écrit sur son ardoise le complément du nombre à 1000. La carte est alors retournée par le tireur. Chaque élève du groupe tire et annonce au moins une fois.
On gagne 1 point par bonne réponse.

Consigne élève : *« Écrivez, sur l'ardoise, le complément à 1000 du nombre tiré au sort puis vérifiez votre résultat en retournant la carte. »*
Exemples : le nombre tiré au sort est 600. Les élèves écrivent 400 sur leur ardoise. Le nombre tiré au sort est 800. Les élèves écrivent 200 sur leur ardoise.

Bilan intermédiaire : poser la question : *« Qui n'a pas compris quelque chose ? »*

Conclusion de l'activité : formuler : *« Pour compléter un nombre à 1000, il faut ajouter ce qui manque au nombre pour atteindre 1000. »*
Exemple : Trouver le complément à 1000 de 300.
Il faut atteindre 1000. On calcule : 300 + ? = 1000. C'est 700.
Le complément à 1000 de 300 est 700 .

Variante : Pour les nombres inférieurs à 500, on peut écrire en petit, dans un coin de l'ardoise, le complément à 500 puis ajouter 500.

Les dominos

Organisation	• Groupes de trois joueurs
Matériel	• 1 jeu de 12 dominos par groupe (*cf.* matériel photocopiable en Annexe)
Durée	• 8 minutes

• Mise en situation

Descriptif : 4 dominos (nombres < 1000 hors multiples de 100) par joueur. Chacun leur tour, les joueurs doivent réunir les compléments. Le vainqueur est celui qui possède le moins de dominos en fin de partie.

Consigne élève : *« Associez les dominos dont la somme fait 1000. Se débarrasser de tous ses dominos avant les autres ».*

Bilan intermédiaire : poser la question : *« Qui n'a pas compris quelque chose ? »*

Conclusion de l'activité : formuler : *« Pour compléter un nombre à 1000, on complète d'abord à la dizaine supérieure puis, on complète à la centaine supérieure et enfin à 1000. »*
On doit ensuite ajouter les compléments.
Exemple : Trouver le complément à 1000 de 545.
545 + ? = 1000

1 On complète à la dizaine supérieure.
545 + ? = 550 Le complément est 5.

2 On complète à la centaine supérieure.
550 + ? = 600 Le complément est 50.

3 On complète à 1000.
600 + ? = 1000 Le complément est 400.

4 On ajoute les compléments : 400 + 50 + 5 = 455
Le complément à 1000 de 545 est 455.

Variante : Une pioche peut être constituée en ne donnant que 3 dominos par joueur en début de partie.

Temps 2 Structuration de la leçon

Rappels (2 minutes) : Demander aux élèves de reformuler ce qu'ils ont appris pour compléter à 1000. Annoncer les jeux (*cf.* Activités de découverte) et rappeler les règles.

Jeux (8 minutes) : Faire jouer, de nouveau, les élèves dans les mêmes conditions que lors de la phase de découverte.

Mise en commun (5 minutes) : Faire expliquer les stratégies et procédures utilisées et s'exprimer les difficultés. Noter au tableau les différentes procédures proposées (dictées par les enfants). Entourer la plus efficace. La reformuler et la réexpliquer : *« Pour compléter un nombre à 1000, on complète d'abord à la dizaine supérieure puis, on complète à la centaine supérieure et enfin à 1000. On doit ensuite ajouter les compléments. »*

Synthèse écrite (15 minutes) : le savoir prend une forme et une valeur collectives (institutionnalisation).
Construire une **affiche de référence.** Utiliser la technique de « la dictée à l'adulte » : ce sont les élèves qui dictent les exemples.

Proposition d'affiche de référence

Compléter à 1000

Pour **compléter un nombre à 1000**, on complète d'abord à la **dizaine supérieure** puis, on complète à la **centaine supérieure** et enfin à **1000**. On doit ensuite **ajouter les compléments.**
Exemple : Trouver le complément à 1000 de 545.
545 + ? = 1000
1 On **complète** à la **dizaine supérieure.**
545 + ? = 550 Le complément est **5.**
2 On **complète** à la **centaine supérieure.**
550 + ? = 600 Le complément est **50.**
3 On **complète** à 1000.
600 + ? = 1000 Le complément est **400.**
4 On **ajoute les compléments.**
400 + 50 + 5 = 455
Le complément à 1000 de 545 est 455.

Distribuer, à chaque élève, une copie de l'affiche en format réduit A5, à coller dans le cahier.

Temps 3 Exercices d'entraînement

Organisation	• Individuel
Matériel	• Cahier-livre p. 105, exercices 111 à 118 • 1 ardoise + 1 feutre
Durée	• 15 minutes

Rappel de la leçon (2 minutes) : reformuler et / ou faire relire l'affiche « **Compléter à 1000** ».

Exercices 111 à 114 : Passer la consigne du cahier-livre.

Exercice 115 : Les propositions sont traitées l'une après l'autre.

Exercices 116 à 118 : Lire oralement l'énoncé du problème. Correction immédiate.

Bilan : poser la question : *« Qui n'a pas compris quelque chose ? »*

Temps 4 Exercices d'entretien

Organisation	• Individuel
Matériel	• Guide Pédagogique (problèmes A, B, C, D ci-après) • 1 ardoise + 1 feutre
Durée	• 15 minutes

A : Écris la centaine suivante pour chaque nombre puis complète à 1000 : 692 ; 885 ; 599 ;725
B : Complète chaque nombre à 1000 : 403 ; 172 ; 305 ; 111
C : Hugo a 423 timbres dans sa collection. Pour son anniversaire, il en reçoit 7. Combien Hugo doit-il encore recevoir de timbres pour en avoir 1000 dans sa collection ?

D : Sami avait 252 autocollants. Il en retrouve 3 sous son lit. Combien Sami doit-il encore obtenir d'autocollants pour en avoir 1000?

Temps 5 Évaluation

L'évaluation des acquis des élèves est différée en fin de période. Les exercices, dictés par le maître, sont donnés p. 100.

Décomposer les nombres inférieurs à 9999

► Cahier-livre p. 105

Cette séance est à traiter après celles « Découvrir le nombre 1000 » et « Lire et écrire les nombres jusqu'à 9 999 ».

Objectifs

• Apprendre à décomposer les nombres en s'appuyant sur les nombres 1000, 100 et 10.
• Apprendre à décomposer les nombres en s'appuyant sur la numération orale.

Temps 1 Activité de découverte

La boîte des décompositions

Organisation	• Collectif
Matériel	• 1 boîte et 5 étiquettes nombres : 1 462, 3 426, 2 857, 8 141 et 5 479 • 1 dé (2 faces bleues, 2 faces rouges, 2 faces vertes) • 1 ardoise + 1 feutre
Durée	• 7 minutes

• Mise en situation

Descriptif : Un élève vient tirer une étiquette-nombre, il lit le nombre à la classe.
Il lance le dé : face bleue, il dit « décomposition additive » ; face rouge : « décomposition multiplicative » ; face verte : il choisit le type de décomposition à effectuer.
Chaque élève écrit sur son ardoise la décomposition correspondante, en s'appuyant sur la numération orale. On gagne 1 point par bonne réponse.
Exemple : le nombre 2 439 est annoncé, les élèves écrivent :
2 439 = 2 000 + 400 + 30 + 9
ou 2 439 = (2 × 1000) + (4 × 100) + (3 × 10) + 9

Consigne élève : *« Écrivez, sur l'ardoise, la décomposition qui correspond au nombre annoncé. Écoutez bien le nombre ! ».*

Bilan intermédiaire : poser la question : *« Qui n'a pas compris quelque chose ? »*

Conclusion de l'activité : formuler : *« On peut décomposer un nombre comme on l'entend à l'oral. »*

Variante : cinq élèves volontaires reçoivent une étiquette. Chacun écrit un nombre inférieur à 9 999 sur son étiquette. Les étiquettes-nombres sont placées dans la boîte. Le jeu peut alors démarrer.

Jeu des mariages

Organisation	• Binômes
Matériel	• *n* jeux de 20 cartes (10 paires) comportant des nombres inférieurs à 9 999 écrits sous deux formes différentes : chiffres et décompositions additives ou multiplicatives (*cf.* matériel photocopiable en Annexe)
Durée	• 15 minutes

• Mise en situation

Descriptif : Les joueurs se partagent les cartes. Chaque joueur se débarrasse des paires. Puis, chacun leur tour, les joueurs tirent une carte dans le jeu de l'adversaire. Le gagnant est celui qui n'a plus de cartes avant l'autre.

Consigne élève : *« Partagez les cartes, associer les cartes représentant le même nombre. Posez les paires sur la table. Quand vous n'avez plus de paires, chacun votre tour, piochez une carte dans le jeu que vous présente l'adversaire. Le gagnant est celui qui n'a plus de cartes avant l'autre. »*

Bilan intermédiaire : poser la question : *« Qui n'a pas compris quelque chose ? »*

Conclusion de l'activité : formuler : *« Les nombres 1000, 100 et 10 permettent de décomposer les nombres. On peut aussi utiliser le nombre d'unités de mille, de centaines, de dizaines qu'on entend à l'oral lorsqu'on dit le nombre. »*

Variante : Poser les 20 cartes sur la table face vierge visible. Jeu de Memory : chacun leur tour, les joueurs retournent deux cartes et les mémorisent de manière à pouvoir prélever les paires. Le gagnant est celui qui a reconstitué le plus de paires.

Temps 2 Structuration de la leçon

Rappels (2 minutes) : Demander aux élèves de reformuler ce qu'ils ont appris à propos des décompositions additives et multiplicatives. Annoncer les jeux (*cf.* Activités de découverte) et rappeler les règles.

Jeux (8 minutes) : Faire jouer, de nouveau, les élèves dans les mêmes conditions que lors de la phase de découverte.

Mise en commun (5 minutes) : Faire expliquer les stratégies et procédures utilisées et s'exprimer les difficultés. Noter au tableau les différentes procédures proposées (dictées par les enfants). Entourer la plus efficace. La reformuler et la réexpliquer : *« Pour décomposer un nombre, on utilise les nombres 1000, 100 et 10. On peut partir du nombre tel qu'on l'entend à l'oral. »*

Synthèse écrite (15 minutes) : le savoir prend une forme et une valeur collectives (institutionnalisation).
Construire une **affiche de référence** comportant des décompositions significatives des nombres inférieurs à 9 999. Utiliser la technique de « la dictée à l'adulte » : ce sont les élèves qui dictent les exemples de décompositions.
L'affiche prendra la forme d'un cartable.

Proposition d'affiche de référence

Connaître les décompositions des nombres inférieurs à 9 999

- Dans **1123**, on entend « **mille** », « **cent** », « **vingt** » et « **trois** ».
1123 c'est donc **1000 + 100 + 20 + 3**
et aussi **1000 + 100 + 10 + 10 + 3**

- Dans **2 345**, on entend « **deux-mille** », « **trois-cents** », « **quarante** » et « **cinq** ».
2 345 c'est donc **(2 × 1000) + (3 × 100) + (4 × 10) + 5**
- Dans **3 502**, on entend « **trois-mille** », « **cinq-cents** » et « **deux** ».
3 502 c'est donc **3 000 + 500 + 2**
et aussi **(3 × 1000) + (5 × 100) + 2**
- Dans **4 058**, on entend « **quatre-mille** » « **cinquante** » et « **huit** ».
4 058 c'est donc **400 + 50 + 8**
et aussi **(4 × 1000) + (5 × 10) + 8**
Remarque : c'est plus rapide de décomposer le nombre comme on l'entend !

Distribuer, à chaque élève, une copie de l'affiche en format réduit A5, à coller dans le cahier.

Temps 3 Exercices d'entraînement

Organisation	• Individuel
Matériel	• Cahier-livre p 105, exercices 119 à 124 • 1 ardoise + 1. feutre
Durée	• 15 minutes

Rappel de la leçon (2 minutes) : reformuler et / ou faire relire l'affiche « **Connaître les décompositions des nombres inférieurs 9 999** ».

Exercices 119 à 122 : Passer la consigne du cahier-livre. Lire et copier les exemples au tableau, puis effacer avant de débuter l'exercice.

Exercice 123 : les décompositions sont traitées l'une après l'autre. Dire aux élèves : *« Ici, les décompositions sont additives ! »*

Exercice 124 : les décompositions sont traitées l'une après l'autre. Dire aux élèves : *« Ici, les décompositions sont multiplicatives ! »*

Bilan : poser la question : *« Qui n'a pas compris quelque chose ? »*

Temps 4 Exercices d'entretien

Organisation	• Individuel
Matériel	• Guide Pédagogique (problèmes A, B, C, D ci-après) • 1 ardoise + 1 feutre
Durée	• 15 minutes

A : En utilisant 1000, 100 et 10, trouve la décomposition additive de 6 789.
B : En utilisant 1000, 100 et 10, trouve la décomposition multiplicative de 9 876.
C : Décompose de deux façons les nombres 5 300, 5 030 et 5 003.
D : Sami dit *« 2 098, c'est 2 000 + 90 + 8 »* et Hugo dit *« Non ! 2 098, c'est 2 000 + 88 »*. Qui a raison ?
Lisa dit *« 3 807, c'est (3 × 1000) + (8 × 10) + 7 »* et Malika dit *« Non ! 3 807, c'est (3 × 1000) + (8 × 100) + 7 »*. Qui a raison ?

Temps 5 Évaluation

L'évaluation des acquis des élèves est différée en fin de période. Les exercices, dictés par le maître, sont donnés p. 100.

Connaître les tables de multiplication par 6 et par 7

➤ Cahier-livre p. 105

Objectifs

- Apprendre la table de multiplication par 6.
- Apprendre la table de multiplication par 7.
- Mémoriser le répertoire multiplicatif.

Temps 1 Activité de découverte

Les dés magiciens

Organisation	• Binômes
Matériel	• 1 dé numérique comportant les nombres 1, 2, 3, 4, 5 et 6 • 1 dé numérique comportant 2 faces «6», 2 faces «7» et 2 faces «choix» • 1 ardoise par élève
Durée	5 minutes

• Mise en situation

Descriptif: Chacun leur tour, les joueurs lancent les dés et annoncent le tirage. Le produit des deux nombres est noté sur l'ardoise. Si la face «choix» apparaît au tirage, le lanceur annonce «6» ou «7». On gagne un point par bonne réponse.

Consigne élève: *«Écrivez chacun à votre tour, sur l'ardoise, le produit des deux nombres de votre tirage et annoncés par le lanceur. On gagne 1 point par bonne réponse».*

Bilan intermédiaire: poser la question: *«Qui n'a pas compris quelque chose?»*

Conclusion de l'activité: formuler: *«Pour calculer plus vite, il faut penser aux résultats des tables de multiplication apprises.»*

Variante: Changer les nombres sur le premier dé.

La bataille des dés

Organisation	• Binômes
Matériel	• 1 dé numérique comportant les nombres 4, 5, 6, 7, 8 et 9 • 1 dé numérique comportant 3 faces «6» et 3 faces «7» • 1 ardoise par élève
Durée	• 5 minutes

• Mise en situation

Descriptif: Chaque joueur lance 1 fois les dés et mémorise le tirage. Il calcule alors le produit des deux nombres et le note sur son ardoise. L'adversaire fait de même. Celui qui a le résultat le plus élevé gagne un point.

Consigne élève: *«Écrivez chacun à votre tour, sur l'ardoise, le produit des deux nombres de votre tirage. Celui qui obtient le plus grand résultat gagne la bataille, donc 1 point».*

Bilan intermédiaire: poser la question: *«Qui n'a pas compris quelque chose?»*

Conclusion de l'activité: formuler: *«Pour calculer plus vite, il faut penser aux résultats des tables de multiplication apprises.»*

Variante: Changer les nombres sur le premier dé.

La table de Pythagore

Organisation	• Collectif
Matériel	• 1 table de Pythagore grand modèle vierge tracée au tableau; 3 jeux d'étiquettes cartonnées (chaque jeu couvre l'ensemble des résultats des tables de multiplication par 6 et par 7); pâte à fixe
Durée	• 8 minutes

• Mise en situation

Descriptif: Le maître interroge quelques élèves à la volée. Quatre résultats sont complétés de manière aléatoire dans la grille. Cinq étiquettes sont distribuées à chaque élève.
Après un temps de réflexion laissé aux élèves, le maître pose les questions suivantes:
- Qui à un résultat qui figure dans la table de six? Les élèves viennent alors coller leur étiquette sous le contrôle des autres.
- Qui a un résultat qui figure dans la table de sept?
- Qui a une étiquette qui peut se coller sous le ...? Au-dessus du?... La correction est faite entre chaque calcul et notée au tableau. On gagne 1 point par bonne réponse.

Consigne élève: *«Nous allons remplir des cases de cette table de Pythagore».*

Bilan intermédiaire: poser la question: *«Qui n'a pas compris quelque chose?»*

Conclusion de l'activité: formuler: *«La table de Pythagore permet de voir tous les résultats pour chaque table de multiplication».* Exemple: *la table de six $6 \times 0 = 0$, $6 \times 1 = 6$...»*

Variantes: Des cases de la table de Pythagore sont complétées à l'avance par le maître:
- les élèves doivent trouver des erreurs et les rectifier;
- les élèves doivent venir coller leur étiquette. Attention! On ne peut coller son étiquette que si elle en touche une autre figurant sur la table.

Temps 2 Structuration de la leçon

Rappels (2 minutes): Demander aux élèves de reformuler ce qu'ils ont appris à propos des tables de multiplication par six et par sept. Annoncer les jeux (*cf.* Activités de découverte) et rappeler les règles.

Jeux (8 minutes): Faire jouer, de nouveau, les élèves dans les mêmes conditions que lors de la phase de découverte.

Mise en commun (5 minutes): Faire expliquer les stratégies et procédures utilisées et s'exprimer les difficultés. Noter au tableau les différentes procédures proposées (dictées par les enfants).

Entourer la plus efficace. La reformuler et la réexpliquer :

• Pour multiplier un nombre par six on ajoute six fois le nombre.
Exemple : Multiplier 6 par 6, c'est calculer six fois six.
6 × 6 = 6 + 6 + 6 + 6 + 6 + 6 = 36

• Pour multiplier un nombre par sept on ajoute sept fois le nombre.
Exemple : Multiplier 7 par 7, c'est calculer sept fois sept.
7 × 7 = 7 + 7 + 7 + 7 + 7 + 7 + 7 = 49

Synthèse écrite (15 minutes) : le savoir prend une forme et une valeur collectives (institutionnalisation).
Construire une **affiche de référence.** Utiliser la technique de « la dictée à l'adulte » : ce sont les élèves qui dictent les exemples.

Proposition d'affiche de référence

Connaître les tables de multiplication par 6 et par 7

Les tables de multiplication peuvent s'écrire en colonnes.

Table de 6	Table de 7
6 × 0 = 0	7 × 0 = 0
6 × 1 = 6	7 × 1 = 7
6 × 2 = 12	7 × 2 = 14
6 × 3 = 18	7 × 3 = 21
6 × 4 = 24	7 × 4 = 28
6 × 5 = 30	7 × 5 = 35
6 × 6 = 36	7 × 6 = 42
6 × 7 = 42	7 × 7 = 49
6 × 8 = 48	7 × 8 = 56
6 × 9 = 54	7 × 9 = 63
6 × 10 = 60	7 × 10 = 70
Les résultats de la table de 6 correspondent à un **comptage de six en six**.	Les résultats de la table de 7 correspondent à un **comptage de sept en sept**.

On peut aussi ranger les tables de multiplication dans un tableau avec le signe « fois ».

×	0	1	2	3	4	5	6	7	8	9	10
6	0	6	12	18	24	30	36	42	48	54	60
7	0	7	14	21	28	35	42	49	56	63	70

Distribuer, à chaque élève, une copie de l'affiche en format réduit A5, à coller dans le cahier.

Temps 3 Exercices d'entraînement

Organisation	• Individuel
Matériel	• Cahier-livre p. 105, exercices 125 à 130 • 1 ardoise + 1 feutre
Durée	• 15 minutes

Rappel de la leçon (2 minutes) : reformuler et / ou faire relire l'affiche « **Connaître les tables de multiplication par 6 et par 7** ».

Exercices 125 à 128 : Passer la consigne du cahier-livre.

Exercice 129 : les multiplications sont traitées l'une après l'autre. Dire aux élèves : *« Écris Oui ou Non et corrige si nécessaire ! »*

Exercice 130 : Lire oralement l'énoncé du problème. Correction immédiate.

Bilan : poser la question : *« Qui n'a pas compris quelque chose ? »*

Temps 4 Exercices d'entretien

Organisation	• Individuel
Matériel	• Guide Pédagogique (problèmes A, B, C, D ci-après) • 1 ardoise + 1 feutre
Durée	• 15 minutes

A : Faire compléter des tables de multiplication par 6 et 7 aléatoires.
B : Mettre en place un jeu du furet en binôme sur les tables étudiées : chacun à leur tour, les élèves récitent une multiplication de la table de 6 puis de la table de 7.
C : Faire réciter les tables de multiplication étudiées dans l'ordre ou dans l'ordre inverse.
D : Faire trouver une multiplication correspondant à un résultat issu des tables étudiées.

Temps 5 Évaluation

L'évaluation des acquis des élèves est différée en fin de période. Les exercices, dictés par le maître, sont donnés p. 100.

Multiplier par 10, 100, 1000

► Cahier-livre p. 106

Objectifs

• Apprendre à multiplier un nombre par 10.
• Apprendre à multiplier un nombre par 100.
• Apprendre à multiplier un nombre par 1000.

Temps 1 Activité de découverte

Les dés magiciens (optionnel)

Organisation	• Binômes
Matériel	• 1 dé numérique comportant 6 nombres inférieurs à 10 • 1 dé comportant 2 faces «10», 2 faces «100» et 2 faces «1000» • 1 ardoise par élève
Durée	• 5 minutes

• Mise en situation

Descriptif: Chacun leur tour, les joueurs lancent les dés et annoncent le tirage. Le produit des deux nombres est noté sur l'ardoise. On gagne un point par bonne réponse.

Consigne élève: *«Écrivez chacun à votre tour, sur l'ardoise, le produit des deux nombres de votre tirage. On gagne 1 point par bonne réponse».*

Bilan intermédiaire: poser la question: *«Qui n'a pas compris quelque chose?»* Rappeler que le produit est le résultat de la multiplication.

Conclusion de l'activité: formuler: Pour multiplier un nombre:

- par 10: on place un zéro derrière le chiffre des unités du nombre.
Exemples: 6 × 10 = 60, 32 × 10 = 320, 455 × 10 = 4500

- par 100: on place deux zéros derrière le chiffre des unités du nombre.
Exemples: 6 × 100 = 600, 32 × 100 = 3200

- par 1000: on place trois zéros derrière le chiffre des unités du nombre.
Exemples: 6 × 1000 = 6000, 2 × 1000 = 2000

Variante: Changer les nombres sur le premier dé.

La grille des multiplications

Organisation	• Groupes de 4 élèves
Matériel	• 1 grille numérotée aléatoirement composées de multiples de 10, 100 ou 1000; 1 pion par joueur (grain de café) *cf.* matériel photocopiable en Annexe • 1 ardoise par élève
Durée	• 5 minutes

• Mise en situation

Descriptif: Chacun leur tour, les élèves lancent leur pion sur la grille. Le tirage est annoncé.
Chacun écrit, sur son ardoise, la somme des deux nombres du tirage. On gagne 1 point par bonne réponse».

Consigne élève: *«Écrivez sur l'ardoise, la multiplication correspondant au produit issu de votre tirage». Exemple: le pion indique 8000, les élèves écrivent 8 × 1000 sur leur ardoise.*

Bilan intermédiaire: poser la question: *«Qui n'a pas compris quelque chose?»*

Conclusion de l'activité: formuler: Idem activité ci-dessus «Dés magiciens». Ajouter la remarque ci-dessous.
Remarque: si un nombre finit par «0», «00» ou «000», le nombre formé par les chiffres devant le zéro ou les zéros a été multiplié par 10, 100 ou 1000.

Variante: Changer les nombres dans la grille.

Temps 2 Structuration de la leçon

Rappels (2 minutes): Demander aux élèves de reformuler ce qu'ils ont appris à propos de la multiplication par 10, 100 et 1000. Annoncer les jeux (*cf.* Activités de découverte) et rappeler les règles.

Jeux (8 minutes): Faire jouer, de nouveau, les élèves dans les mêmes conditions que lors de la phase de découverte.

Mise en commun (5 minutes): Faire expliquer les stratégies et procédures utilisées et s'exprimer les difficultés. Noter au tableau les différentes procédures proposées (dictées par les enfants). Entourer la plus efficace. La reformuler et la réexpliquer:
Pour multiplier un nombre:
- par 10: on place un zéro derrière le chiffre des unités du nombre.
Exemples: 6 × 10 = 60, 32 × 10 = 320, 455 × 10 = 4500
- par 100: on place deux zéros derrière le chiffre des unités du nombre.
Exemples: 6 × 100 = 600, 32 × 100 = 3200
- par 1000: on place trois zéros derrière le chiffre des unités du nombre.
Exemples: 6 × 1000 = 6000, 2 × 1000 = 2000
Remarque: si un nombre finit par «0», «00» ou «000», le nombre formé par les chiffres devant le zéro ou les zéros a été multiplié par 10, 100 ou 1000.

Synthèse écrite (15 minutes): le savoir prend une forme et une valeur collectives (institutionnalisation).
Construire une **affiche de référence.** Utiliser la technique de «la dictée à l'adulte»: ce sont les élèves qui dictent les exemples.

Proposition d'affiche de référence

Multiplier par 10, 100, 1 000

Pour **multiplier un nombre**:
- **par 10:** on place **un zéro** derrière le chiffre des unités du nombre.
Exemples: 6 × 10 = 60, 32 × 10 = 320, **455 × 10 = 4 500**
- **par 100:** on place **deux zéros** derrière le chiffre des unités du nombre.
Exemples: 6 × 100 = 600, **32 × 100 = 3 200**
- **par 1000:** on place **trois zéros** derrière le chiffre des unités du nombre.
Exemples: 6 × 1000 = 6 000, **2 × 1000 = 2 000**
Remarque: si un nombre finit par « 0 », « 00 » ou « 000 »,le nombre formé par les chiffres devant le zéro ou les zéros a été multiplié par 10, 100 ou 1 000.

Distribuer, à chaque élève, une copie de l'affiche en format réduit A5, à coller dans le cahier.

Temps 3 Exercices d'entraînement

Organisation	• Individuel
Matériel	• Cahier-livre p. 106, exercices 131 à 138 • 1 ardoise + 1 feutre
Durée	• 15 minutes

Rappel de la leçon (2 minutes): reformuler et / ou faire relire l'affiche « **Multiplier par 10, 100, 1 000** ».

Exercices 131 à 134: Passer la consigne du cahier-livre.

Exercices 135 à 138: Lire oralement l'énoncé du problème. Correction immédiate.

Bilan: poser la question: *« Qui n'a pas compris quelque chose ? »*

Temps 4 Exercices d'entretien

Organisation	• Individuel
Matériel	• Guide Pédagogique (problèmes A, B, C, D ci-après) • 1 ardoise + 1 feutre
Durée	• 15 minutes

A: Lisa a 943 euros. Elle gagne 10 fois plus d'argent au loto. Combien Lisa a-t-elle d'argent maintenant ?
B: Hugo a 48 timbres dans sa collection. Pour son anniversaire, il en reçoit 100 fois plus. Combien Hugo a-t-il reçu de timbres ?
C: Malika a gagné 9 euros à la loterie le lundi puis elle a encore gagné 9 000 euros le vendredi. Le vendredi, Malika a gagné 10 fois plus, 100 fois plus ou 1 000 fois plus d'argent que le lundi ?
D: Sami parcourt 3 × 1000 m pour réaliser le cross de l'école. Il parcourt encore 99 × 10 m pour passer à la boulangerie puis 36 × 100 m pour rentrer chez lui. Quelle distance Sami aura-t-il parcourue ? (Résultat en m).

Temps 5 Évaluation

L'évaluation des acquis des élèves est différée en fin de période. Les exercices, dictés par le maître, sont donnés p. 100.

Calculer mentalement un produit (1)

► Cahier-livre p. 106

Objectifs

• Apprendre à multiplier un nombre à deux chiffres par un nombre à un chiffre.
• Apprendre à mobiliser les résultats des tables de multiplication par 2, 3, 4, 5, 6 et 7.
• Utiliser la distributivité de l'addition.

Temps 1 Activité de découverte

La boîte des multiplications

Organisation	• Groupes de 4 joueurs
Matériel	• 1 boîte contenant 10 étiquettes-nombre (nombres à deux chiffres inférieurs à 100) • 1 dé comportant les nombres 2, 3, 4, 5, 6 et 7 • 1 ardoise par élève
Durée	• 10 minutes

• Mise en situation

Descriptif: Chacun leur tour, les élèves piochent une étiquette dans la boîte, lisent le nombre à haute voix, puis lancent le dé. Chacun écrit le produit des deux nombres sur son ardoise. On gagne 1 point par bonne réponse.

Consigne élève: *« Piochez une étiquette dans la boîte. Lisez le nombre au groupe. Lancez le dé. Lisez le nombre au groupe. Écrivez le produit des deux nombres sur votre ardoise ». Exemple: le nombre tiré au sort est 45 et le dé annonce 4. Les élèves écrivent 180 sur leur ardoise.*

Bilan intermédiaire: poser la question: *« Qui n'a pas compris quelque chose ? »*

Conclusion de l'activité: formuler: Pour multiplier un nombre à deux chiffres par un nombre à un chiffre, **on décompose le premier nombre** puis on **multiplie chaque terme**. Enfin, on **additionne les résultats**.

Exemple: Calculer 45 × 4.
45 = 40 + 5. On calcule donc:
45 × 4 = **(40 × 4) + (5 × 4)** = 160 + 20 = **180**

Variante: Rapidité: le premier qui écrit le résultat correct sur son ardoise gagne 2 points.

Temps 2 Structuration de la leçon

Rappels (2 minutes): Demander aux élèves de reformuler ce qu'ils ont appris à propos de la multiplication d'un nombre à deux chiffres par un nombre à un chiffre. Annoncer les jeux (*cf.* Activités de découverte) et rappeler les règles.

Jeux (8 minutes): Faire jouer, de nouveau, les élèves dans les mêmes conditions que lors de la phase de découverte.

Mise en commun (5 minutes): Faire expliquer les stratégies et procédures utilisées et s'exprimer les difficultés. Noter au tableau les différentes procédures proposées (dictées par les enfants). Entourer la plus efficace. La reformuler et la réexpliquer:
Pour multiplier un nombre à deux chiffres par un nombre à un chiffre, **on décompose le premier nombre** puis on **multiplie chaque terme**. Enfin, on **additionne les résultats**.
Exemple: Calculer 45 × 4.
45 = 40 + 5. On calcule donc
45 × 4 = **(40 × 4) + (5 × 4)** = 160 + 20 = **180**

Synthèse écrite (15 minutes): le savoir prend une forme et une valeur collectives (institutionnalisation).
Construire une **affiche de référence.** Utiliser la technique de « la dictée à l'adulte »: ce sont les élèves qui dictent les exemples.

Proposition d'affiche de référence

Calculer mentalement un produit (1)

Pour multiplier un nombre à deux chiffres par un nombre à un chiffre, **on décompose le premier nombre** puis on **multiplie chaque terme**. Enfin, on **additionne les résultats**.
Exemples:
- **Calculer 45 × 4**
45 = 40 + 5. On calcule donc:
45 × 4 = **(40 × 4) + (5 × 4)** = 160 + 20 = **180**
- **Calculer 83 × 5**
83 = 80 + 3. On calcule donc:
83 × 5 = **(80 × 5) + (3 × 5)** = 400 + 15 = **415**

Distribuer, à chaque élève, une copie de l'affiche en format réduit A5, à coller dans le cahier.

Temps 3 Exercices d'entraînement

Organisation	• Individuel
Matériel	• Cahier-livre p. 106, exercices 139 à 146 • 1 ardoise + 1 feutre
Durée	• 15 minutes

Rappel de la leçon (2 minutes): reformuler et / ou faire relire l'affiche « **Calculer mentalement un produit (1)** ».

Exercices 139 à 142: Passer la consigne du cahier-livre.

Exercices 143 à 146: Lire oralement l'énoncé du problème. Correction immédiate.

Bilan: poser la question: *« Qui n'a pas compris quelque chose ? »*

Temps 4 Exercices d'entretien

Organisation	• Individuel
Matériel	• Guide Pédagogique (problèmes A, B, C, D ci-après) • 1 ardoise + 1 feutre
Durée	• 15 minutes

A: Lisa a 43 euros. Elle gagne 6 fois plus d'argent au loto. Combien Lisa a-t-elle d'argent maintenant?
B: Hugo a 58 timbres dans sa collection. Pour son anniversaire, il en reçoit 5 fois plus. Combien Hugo a-t-il reçu de timbres?
C: Malika a gagné 76 euros à la loterie le lundi puis, le vendredi, elle a gagné 5 fois cette somme. Combien Malika a-t-elle gagné le vendredi?
D: Sami parcourt 3 × 90 m pour la course de relais puis 2 × 25 m en natation. Quelle distance, en mètres, Sami aura-t-il parcourue?

Temps 5 Évaluation de fin de période

1 Je sais ajouter, retrancher 990 et 999

• ***Ajoute 990 ou 999 à chaque nombre.***

Ajoute 990:	30	800	1300	6900	3000
Ajoute 999:	81	306	299	741	93

• ***Retranche 990 ou 999 à chaque nombre.***

Retranche 990:	2400	1900	4300	5500	7000
Retranche 999:	4000	4800	6100	8500	8900

• ***Écoute le problème et écris la solution.***
Un joueur de poker mise 3000 euros. Trouve la somme qu'il possédera à chaque fois:
- s'il gagne 999 euros.
- s'il perd 990 euros.
- s'il gagne 990 euros.
- s'il perd 999 euros.

2 Je sais décomposer 1000, compléter à 1000

• ***Complète les décompositions de 1000.***
300 + 300 + 300 + ?   500 + 200 + ?   400 + 400 + ?   100 + ?

• ***Écris le complément à 1000 de chaque nombre.***

400	300	250	650	150
520	840	950	255	345

• ***Écoute le problème et écris la solution.***
Hugo possède 115 billes et Sami 115 également.
Combien leur manque-t-il de billes pour arriver à 1000?

3 Je connais les tables de multiplication par 6 et 7

• ***Calcule les multiplications de la table de 6.***
6 × 6   6 × 8   6 × 9   6 × 3   6 × 5

- *Écris la multiplication de la table de 6.*

6 42 12 60 24

- *Calcule les multiplications de la table de 7.*

7 × 6 7 × 8 7 × 9 7 × 3 7 × 5

- *Écris la multiplication de la table de 7.*

7 49 14 70 28

4 Je sais multiplier par 10, 100 et 1000

- *Multiplie chaque nombre par 10.*

24 51 600 102 550 99 501 200

- *Multiplie chaque nombre par 100 ou par 1000.*

Par 100:	60	7	82	15	10
Par 1000:	6	3	5	2	9

- *Écoute les problèmes et écris chaque solution.*

– Lisa possède 58 euros. Elle gagne 100 fois cette somme à la loterie. Combien a-t-elle gagné?

– Un escargot parcourt 3 mètres pendant qu'un athlète parcourt 1000 fois cette distance. Quelle est la distance parcourue par l'athlète?

Décomposer 10 000

► Cahier-livre p. 106

Cette séance est à traiter après celles «Découvrir le nombre 10 000».

Objectifs

- Apprendre à décomposer le nombre 10 000 en s'appuyant sur les nombres 9000, 8000, 7000, 6000, 5000, 4000, 3000, 2000 et 1000.
- Connaître des décompositions additives et multiplicatives du nombre 10 000.

Temps 1 Activité de découverte

La décomposition mystère

Organisation	• Collectif
Matériel	• 1 boîte et 5 étiquettes avec des décompositions du nombre 10 000 • 1 ardoise + 1 feutre
Durée	• 7 minutes

• Mise en situation

Descriptif: Un élève vient tirer une étiquette-décomposition et la lit à la classe.

Chaque élève écrit sur son ardoise «Oui» ou «Non», s'il s'agit d'une décomposition de 10 000.

Puis, si c'est «Oui», chaque élève écrit sur son ardoise la décomposition multiplicative correspondante, en s'appuyant sur la numération orale.

On gagne 1 point par bonne réponse.

Exemple: la décomposition 5000 + 1000 + 1000 + 1000 + 1000 + 1000 est annoncée, les élèves écrivent: «Oui» puis ils écrivent 10 000 = (1 × 5000) + (5 × 1000).

Consigne élève: *«Écrivez, sur l'ardoise, OUI si vous entendez une décomposition du nombre 10 000 ou NON si ce n'est pas le cas.*
Si c'est OUI, écrivez ensuite la décomposition multiplicative qui correspond à celle annoncée.
Écoutez bien la décomposition!»

Bilan intermédiaire: poser la question: *«Qui n'a pas compris quelque chose?»*

Conclusion de l'activité: formuler: *«On peut décomposer 10 000 à l'aide des nombres 5 000 et 1 000.»*

Variante: cinq élèves volontaires reçoivent une étiquette. Chacun écrit une décomposition additive de 10 000 sur son étiquette. Les étiquettes-nombres sont placées dans la boîte. Le jeu peut alors démarrer.

Jeu des mariages

Organisation	• Binômes
Matériel	• *n* jeux de 20 cartes (10 paires) comportant des décompositions additives et multiplicatives du nombre 10 000 (*cf.* matériel photocopiable en Annexe
Durée	• 15 minutes

• Mise en situation

Descriptif: Les joueurs se partagent les cartes. Chaque joueur se débarrasse des paires. Puis, chacun leur tour, les joueurs tirent une carte dans le jeu de l'adversaire. Le gagnant est celui qui n'a plus de cartes avant l'autre.

Consigne élève: *«Partagez les cartes, associer les cartes représentant le même nombre. Posez les paires sur la table. Quand vous n'avez plus de paires, chacun votre tour, piochez une carte dans le jeu que vous présente l'adversaire. Le gagnant est celui qui n'a plus de cartes avant l'autre.»*

Bilan intermédiaire: poser la question: *«Qui n'a pas compris quelque chose?»*

Conclusion de l'activité: formuler: *«Les nombres 9 000, 8 000, 7 000, 6 000, 5 000, 4 000, 3 000, 2 000 et 1 000 permettent de décomposer 10 000.»*

Variante: Poser les 20 cartes sur la table face vierge visible. Jeu de Memory: chacun leur tour, les joueurs retournent deux cartes et les mémorisent de manière à pouvoir prélever les paires. Le gagnant est celui qui a reconstitué le plus de paires.

Temps 2 Structuration de la leçon

Rappels (2 minutes) : Demander aux élèves de reformuler ce qu'ils ont appris à propos des décompositions additives et multiplicatives. Annoncer les jeux (*cf.* Activités de découverte) et rappeler les règles.

Jeux (8 minutes) : Faire jouer, de nouveau, les élèves dans les mêmes conditions que lors de la phase de découverte.

Mise en commun (5 minutes) : Faire expliquer les stratégies et procédures utilisées et s'exprimer les difficultés. Noter au tableau les différentes procédures proposées (dictées par les enfants).
Entourer la plus efficace. La reformuler et la réexpliquer : *« Pour décomposer 10 000, on utilise les nombres 9 000, 8 000, 7 000, 6 000, 5 000, 4 000, 3 000, 2 000 et 1000. »*

Synthèse écrite (15 minutes) : le savoir prend une forme et une valeur collectives (institutionnalisation).
Construire une **affiche de référence** comportant des décompositions du nombre 10 000. Utiliser la technique de « la dictée à l'adulte » : ce sont les élèves qui dictent les exemples de décompositions.
L'affiche prendra la forme d'un cartable.

Proposition d'affiche de référence

Connaître les décompositions du nombre 10 000

• **Décompositions additives du nombre 10 000**

10 000 = 10 000 + 0	**10 000 = 0** + 10 000
10 000 = 9 000 + 1000	**10 000 = 1000** + 9 000
10 000 = 8 000 + 2 000	**10 000 = 2 000** + 8 000
10 000 = 7 000 + 3 000	**10 000 = 3 000** + 7 000
10 000 = 6 000 + 4 000	**10 000 = 4 000** + 6 000
10 000 = 5 000 + 5 000	

• **Décompositions multiplicatives du nombre 10 000**

10 000 = 10 000 × 1	**10 000 = 1** × 10 000
10 000 = 1000 × 10	**10 000 = 10** × 1000

10 000 = (9 × 1000) + (1 × 1000)
10 000 = (1 × 1000) + (9 × 1000)
10 000 = (6 × 1000) + (4 × 1000)
10 000 = (8 × 1000) + (2 × 1000)
10 000 = (2 × 1000) + (8 × 1000)
10 000 = (4 × 1000) + (6 × 1000)
10 000 = (7 × 1000) + (3 × 1000)
10 000 = (3 × 1000) + (7 × 1000)
10 000 = (5 × 1000) + (5 × 1000)

• **On peut aussi écrire :**
10 000 = 1000 + 1000 + 1000 + 1000 + 1000 + 1000 + 1000 + 1000 + 1000 + 1000 = 1000 × 10
10 000 = 3000 + 3000 + 2000 + 2000 = (3000 × 2) + (2000 × 2)

Distribuer, à chaque élève, une copie de l'affiche en format réduit A5, à coller dans le cahier.

Temps 3 Exercices d'entraînement

Organisation	• Individuel
Matériel	• Cahier-livre p. 106, exercices 147 à 152 • 1 ardoise + 1 feutre
Durée	• 15 minutes

Rappel de la leçon (2 minutes) : reformuler et / ou faire relire l'affiche « **Connaître les décompositions du nombre 10 000** ».

Exercice 147 : les décompositions sont traitées l'une après l'autre.
Dire aux élèves : *« Écris OUI ou NON ! »*

Exercices 148 : Passer la consigne du cahier-livre. Lire et copier l'exemple au tableau, puis effacer avant de débuter l'exercice.

Exercice 149 : les décompositions sont traitées l'une après l'autre. Dire aux élèves : *« Écris VRAI ou FAUX ! »*

Exercice 150 : les décompositions sont traitées l'une après l'autre. Dire aux élèves : *« Écris OUI ou NON ! »*

Exercices 151 : Passer la consigne du cahier-livre. Lire et copier l'exemple au tableau, puis effacer avant de débuter l'exercice.

Exercice 152 : les décompositions sont traitées l'une après l'autre. Dire aux élèves : *« Écris VRAI ou FAUX ! »*

Bilan : poser la question : *« Qui n'a pas compris quelque chose ? »*

Temps 4 Exercices d'entretien

Organisation	• Individuel
Matériel	• Guide Pédagogique (problèmes A, B, C, D ci-après) • 1 ardoise + 1 feutre
Durée	• 15 minutes

A : En utilisant 8 000, complète la décomposition additive de 10 000 : 10 000 = ?
B : En utilisant 1000 et 10, écris deux décompositions multiplicatives de 10 000.
C : Écris quatre décompositions différentes du nombre 10 000.
D : Sami dit *« 10 000, c'est 3000 + 800 + 200 »* et Hugo dit *« Non ! 10 000, c'est 3 000 + 7 000 »*. Qui a raison ?
Lisa dit *« 10 000, c'est (4 × 1000) + (8 × 1000) »* et Malika dit *« Non ! 10 000, c'est (4 × 1000) + (6 × 1000) »*. Qui a raison ?

Temps 5 Évaluation

L'évaluation des acquis des élèves est différée en fin de période. Les exercices, dictés par le maître, sont donnés p. 114.

Compléter à 10 000

► Cahier-livre p. 107

Objectifs

- Connaître les compléments à 10 000 des multiples de 1 000.
- Apprendre à compléter un nombre à 10 000.

Temps 1 Activité de découverte

Les cartes recto-verso

Organisation	• Groupes de 4 élèves
Matériel	• Jeu recto-verso (9 cartes par groupe) : Carte recto : un nombre inférieur à 10 000 (multiple de 1 000) écrit en chiffres ; Carte verso : le complément de ce nombre à 10 000 (*cf.* matériel photocopiable en Annexe)
Durée	• 7 minutes

• Mise en situation

Descriptif : un élève tire une carte dans la pioche disposée au milieu de la table. Il lit au groupe le nombre qui y figure. La carte est alors posée face recto visible. Chacun écrit sur son ardoise le complément du nombre à l'unité de mille supérieure. La carte est alors retournée par le tireur. Chaque élève du groupe tire et annonce au moins une fois.
On gagne 1 point par bonne réponse.

Consigne élève : *« Écrivez, sur l'ardoise, le complément à 10 000 du nombre tiré au sort puis vérifiez votre résultat en retournant la carte. »*
Exemples : le nombre tiré au sort est 6 000. Les élèves écrivent 4 000 sur leur ardoise. Le nombre tiré au sort est 8 000.
Les élèves écrivent 2 000 sur leur ardoise.

Bilan intermédiaire : poser la question : *« Qui n'a pas compris quelque chose ? »*

Conclusion de l'activité : formuler : *« Pour compléter un nombre à 10 000, il faut ajouter ce qui manque au nombre pour atteindre 10 000. »*
Exemple : Trouver le complément à 10 000 de 3 000.
Il faut atteindre 10 000. On calcule 3 000 + ? = 10 000.
C'est 7 000.
Le complément à 10 000 de 3 000 est 7 000.

Variante : Pour les nombres inférieurs à 5 000, on peut écrire en petit, dans un coin de l'ardoise, le complément à 5 000 puis ajouter 5 000.

Les dominos

Organisation	• Groupes de trois joueurs
Matériel	• 1 jeu de 12 dominos par groupe (*cf.* matériel photocopiable en Annexe).
Durée	• 8 minutes

• Mise en situation

Descriptif : 4 dominos (nombres < 10 000 hors multiples de 1 000) par joueur. Chacun leur tour, les joueurs doivent réunir les compléments. Le vainqueur est celui qui possède le moins de dominos en fin de partie.

Consigne élève : *« Associez les dominos dont la somme fait 10 000. Se débarrasser de tous ses dominos avant les autres ».*

Bilan intermédiaire : poser la question : *« Qui n'a pas compris quelque chose ? »*

Conclusion de l'activité : formuler : *« Pour compléter un nombre à 10 000, on complète d'abord à la dizaine supérieure puis, on complète à la centaine supérieure, puis à l'unité de mille supérieure et enfin à 10 000. On doit ensuite ajouter les compléments. »*
Exemple : Trouver le complément à 10 000 de 4 545.
4 545 + ? = 10 000

1 On **complète** à la **dizaine supérieure**.
4 545 + ? = 4 550 Le complément est **5**.

2 On **complète** à la **centaine supérieure**.
4 550 + ? = 4 600 Le complément est **50**.

3 On **complète** à l'**unité de mille supérieure**.
4 600 + ? = 5 000 Le complément est **400**.

4 On **complète** à 10 000.
5 000 + ? = 10 000 Le complément est **5 000**.

5 On **ajoute les compléments**.
5 000 + 400 + 50 + 5 = 5 455
Le complément à 10 000 de 4 545 est 5 455.

Variante : Une pioche peut être constituée en ne donnant que 3 dominos par joueur en début de partie.

Temps 2 Structuration de la leçon

Rappels (2 minutes) : Demander aux élèves de reformuler ce qu'ils ont appris pour compléter à 10 000. Annoncer les jeux (*cf.* Activités de découverte) et rappeler les règles.

Jeux (8 minutes) : Faire jouer, de nouveau, les élèves dans les mêmes conditions que lors de la phase de découverte.

Mise en commun (5 minutes) : Faire expliquer les stratégies et procédures utilisées et s'exprimer les difficultés. Noter au tableau les différentes procédures proposées (dictées par les enfants). Entourer la plus efficace. La reformuler et la réexpliquer : *« Pour compléter un nombre à 10 000, on complète d'abord à la dizaine supérieure puis, on complète à la centaine supérieure, puis à l'unité de mille supérieure et enfin à 10 000. On doit ensuite ajouter les compléments. »*

Synthèse écrite (15 minutes) : le savoir prend une forme et une valeur collectives (institutionnalisation).

Construire une **affiche de référence.** Utiliser la technique de « la dictée à l'adulte » : ce sont les élèves qui dictent les exemples.

Proposition d'affiche de référence

Compléter à 10 000

Pour **compléter un nombre à 10 000**, on complète d'abord à la **dizaine supérieure** puis, on complète à la **centaine supérieure,** puis à **l'unité de mille supérieure** et enfin à **10 000**. On doit ensuite **ajouter les compléments**.
Exemple : Trouver le complément à 10 000 de 4 545.
4 545 + ? = 10 000
1 On **complète** à la **dizaine supérieure**.
4 545 + ? = 4 550 Le complément est **5**.
2 On **complète** à la **centaine supérieure**.
4 550 + ? = 4 600 Le complément est **50**.
3 On **complète** à l'unité de mille supérieure.
4 600 + ? = 5 000 Le complément est **400**.
4 On **complète** à 10 000.
5 000 + ? = 10 000 Le complément est **5 000**.
5 On **ajoute les compléments**.
5 000 + 400 + 50 + 5 = 5 455
Le complément à 10 000 de 4 545 est 5 455.

Distribuer, à chaque élève, une copie de l'affiche en format réduit A5, à coller dans le cahier.

Temps 3 Exercices d'entraînement

Organisation	• Individuel
Matériel	• Cahier-livre p. 107, exercices 153 à 160 • 1 ardoise + 1 feutre
Durée	• 15 minutes

Rappel de la leçon (2 minutes) : reformuler et / ou faire relire l'affiche « **Compléter à 10 000** ».

Exercices 153 à 156 : Passer la consigne du cahier-livre.

Exercice 157 : Les propositions sont traitées l'une après l'autre.

Exercices 158 à 160 : Lire oralement l'énoncé du problème. Correction immédiate.

Bilan : poser la question : *« Qui n'a pas compris quelque chose ? »*

Temps 4 Exercices d'entretien

Organisation	• Individuel
Matériel	• Guide Pédagogique (problèmes A, B, C, D ci-après) • 1 ardoise + 1 feutre
Durée	• 15 minutes

A : Écris l'unité de mille suivante pour chaque nombre puis complète à 10 000 : 3 692 ; 8 850 ; 5 099 ; 7 125.
B : Complète chaque nombre à 10 000 : 4 003 ; 1 702 ; 3 005 ; 1 111.
C : Hugo a 5 403 timbres dans sa collection. Pour son anniversaire, il en reçoit 47. Combien Hugo doit-il encore recevoir de timbres pour en avoir 10 000 dans sa collection ?
D : Sami avait 2 592 autocollants. Il en retrouve 3 sous son lit. Combien Sami doit-il encore obtenir d'autocollants pour en avoir 10 000?

Temps 5 Évaluation

L'évaluation des acquis des élèves est différée en fin de période. Les exercices, dictés par le maître, sont donnés p. 114.

Décomposer les nombres inférieurs à 99 999

► Cahier-livre p. 107

Cette séance est à traiter après celles « Découvrir le nombre 10 000 » et « Lire et écrire les nombres jusqu'à 99 999 ».

Objectifs

• Apprendre à décomposer les nombres en s'appuyant sur les nombres 10 000, 1 000, 100 et 10.
• Apprendre à décomposer les nombres en s'appuyant sur la numération orale.

Temps 1 Activité de découverte

La boîte des décompositions

Organisation	• Collectif
Matériel	• 1 boîte et 5 étiquettes nombres : 12 462, 23 426, 32 857, 48 141 et 55 479 • 1 dé (2 faces bleues, 2 faces rouges, 2 faces vertes) • 1 ardoise + 1 feutre
Durée	• 7 minutes

• Mise en situation

Descriptif: Un élève vient tirer une étiquette-nombre, il lit le nombre à la classe.
Il lance le dé: face bleue, il dit «décomposition additive», face rouge: «décomposition multiplicative» et face verte: il choisit le type de décomposition à effectuer.
Chaque élève écrit sur son ardoise la décomposition correspondante, en s'appuyant sur la numération orale. On gagne 1 point par bonne réponse.
Exemple: le nombre 32 439 est annoncé, les élèves écrivent:
32 439 = 30 000 + 2 000 + 400 + 30 + 9 ou 32439 =
(3 × 10 000) + (2 × 1000) + (4 × 100) + (3 × 10) + 9

Consigne élève: *«Écrivez, sur l'ardoise, la décomposition qui correspond au nombre annoncé. Écoutez bien le nombre!».*

Bilan intermédiaire: poser la question: *«Qui n'a pas compris quelque chose?»*

Conclusion de l'activité: formuler: *«On peut décomposer un nombre comme on l'entend à l'oral.»*

Variante: cinq élèves volontaires reçoivent une étiquette. Chacun écrit un nombre inférieur à 99 999 sur son étiquette. Les étiquettes-nombres sont placées dans la boîte. Le jeu peut alors démarrer.

Jeu des mariages

Organisation	• Binômes
Matériel	• *n* jeux de 20 cartes (10 paires) comportant des nombres inférieurs à 99 999 écrits sous deux formes différentes: chiffres et décompositions additives ou multiplicatives (*cf.* matériel photocopiable en Annexe).
Durée	• 15 minutes

• Mise en situation

Descriptif: Les joueurs se partagent les cartes. Chaque joueur se débarrasse des paires. Puis, chacun leur tour, les joueurs tirent une carte dans le jeu de l'adversaire. Le gagnant est celui qui n'a plus de cartes avant l'autre.

Consigne élève: *«Partagez les cartes, associer les cartes représentant le même nombre. Posez les paires sur la table. Quand vous n'avez plus de paires, chacun votre tour, piochez une carte dans le jeu que vous présente l'adversaire. Le gagnant est celui qui n'a plus de cartes avant l'autre.».*

Bilan intermédiaire: poser la question: *«Qui n'a pas compris quelque chose?»*

Conclusion de l'activité: formuler: *«Les nombres 10 000, 1000, 100 et 10 permettent de décomposer les nombres. On peut aussi utiliser le nombre de dizaines de mille, d'unités de mille, de centaines, de dizaines qu'on entend à l'oral lorsqu'on dit le nombre»*

Variante: Poser les 20 cartes sur la table face vierge visible. Jeu de Memory: chacun leur tour, les joueurs retournent deux cartes et les mémorisent de manière à pouvoir prélever les paires. Le gagnant est celui qui a reconstitué le plus de paires.

Temps 2 Structuration de la leçon

Rappels (2 minutes): Demander aux élèves de reformuler ce qu'ils ont appris à propos des décompositions additives et multiplicatives. Annoncer les jeux (*cf.* Activités de découverte) et rappeler les règles.

Jeux (8 minutes): Faire jouer, de nouveau, les élèves dans les mêmes conditions que lors de la phase de découverte.

Mise en commun (5 minutes): Faire expliquer les stratégies et procédures utilisées et s'exprimer les difficultés. Noter au tableau les différentes procédures proposées (dictées par les enfants).
Entourer la plus efficace. La reformuler et la réexpliquer: Pour décomposer un nombre, on utilise les nombres 10 000, 1000, 100 et 10. On peut partir du nombre tel qu'on l'entend à l'oral.

Synthèse écrite (15 minutes): le savoir prend une forme et une valeur collectives (institutionnalisation).
Construire une **affiche de référence** comportant des décompositions significatives des nombres inférieurs à 99 999. Utiliser la technique de «la dictée à l'adulte»: ce sont les élèves qui dictent les exemples de décompositions.
L'affiche prendra la forme d'un cartable.

Proposition d'affiche de référence

Connaître les décompositions des nombres inférieurs à 99 999

• Dans **15 123,** on entend «**quinze**» «**mille**», «**cent**», «**vingt**» et «**trois**».
15 123 c'est donc **15 000 + 100 + 20 + 3**
et aussi **10 000 + 5 000 + 100 + 20 + 3**

• Dans **24 345,** on entend «**vingt-quatre-mille**», «**trois-cents**», «**quarante**» et «**cinq**».
24 345 c'est donc **(2 × 10 000) + (4 × 1000) + (3 × 100) + (4 × 10) + 5**
et aussi **(24 × 1000) + (3 × 100) + (4 × 10) + 5**

• Dans **30 502,** on entend «**trente-mille**», «**cinq-cents**» et «**deux**».
30 502 c'est donc **30 000 + 500 + 2**
et aussi **(3 × 10 000) + (5 × 100) + 2**
aussi **(30 × 1000) + (5 × 100) + 2**

• Dans **45 080,** on entend «**quarante-cinq-mille**» et «**quatre-vingts**».
45 080 c'est donc **40 000 + 5 000 + 80**
et aussi **(4 × 10 000) + (5 × 1000) + (8 × 10)**
et aussi **(45 × 1000) + (8 × 10)**
Remarque: c'est plus rapide de décomposer le nombre comme on l'entend!

Distribuer, à chaque élève, une copie de l'affiche en format réduit A5, à coller dans le cahier.

Temps 3 Exercices d'entraînement

Organisation	• Individuel
Matériel	• Cahier-livre p. 107, exercices 161 à 166 • 1 ardoise + 1 feutre
Durée	• 15 minutes

Rappel de la leçon (2 minutes): reformuler et / ou faire relire l'affiche «**Connaître les décompositions des nombres inférieurs 99 999**».

Exercices 161 à 164: Passer la consigne du cahier-livre. Lire et copier les exemples au tableau, puis effacer avant de débuter l'exercice.

Exercice 165: les décompositions sont traitées l'une après l'autre. Dire aux élèves: *«Ici, les décompositions sont additives!»*

Exercice 166: les décompositions sont traitées l'une après l'autre. Dire aux élèves: *«Ici, les décompositions sont multiplicatives!»*

Bilan: poser la question: *«Qui n'a pas compris quelque chose?»*

Temps 4 Exercices d'entretien

Organisation	• Individuel
Matériel	• Guide Pédagogique (problèmes A, B, C, D ci-après) • 1 ardoise + 1 feutre
Durée	• 15 minutes

A: En utilisant 10 000, 1 000, 100 et 10, trouve la décomposition additive de 64 789, 70 350.
B: En utilisant 10 000, 1 000, 100 et 10, trouve la décomposition multiplicative de 98 876.
C: Décompose de deux façons les nombres 50 305, 55 030 et 50 053.
D: Sami dit *«20 098, c'est 20 000 + 90 + 8»* et Hugo dit *«Non! 20 098, c'est 20 000 + 88»*. Qui a raison?
Lisa dit *«33 807, c'est (33 × 1 000) + (8 × 10) + 7»* et Malika dit *«Non! 33 807, c'est (33 × 1 000) + (8 × 100) + 7»*. Qui a raison?

Temps 5 Évaluation

L'évaluation des acquis des élèves est différée en fin de période. Les exercices, dictés par le maître, sont donnés p. 114.

Connaître les tables de multiplication par 8 et par 9

► Cahier-livre p. 107

Objectifs

- Apprendre la table de multiplication par 8.
- Apprendre la table de multiplication par 9.
- Mémoriser le répertoire multiplicatif.

Temps 1 Activité de découverte

Les dés magiciens

Organisation	• Binômes
Matériel	• 1 dé numérique comportant les nombres 1, 2, 3, 4, 5 et 6 • 1 dé numérique comportant 2 faces «8», 2 faces «9» et 2 faces «choix» • 1 ardoise par élève
Durée	5 minutes

• Mise en situation

Descriptif: Chacun leur tour, les joueurs lancent les dés et annoncent le tirage. Le produit des deux nombres est noté sur l'ardoise. Si la face «choix» apparaît au tirage, le lanceur annonce «8» ou «9». On gagne un point par bonne réponse.

Consigne élève: *«Écrivez chacun à votre tour, sur l'ardoise, le produit des deux nombres de votre tirage et annoncés par le lanceur. On gagne 1 point par bonne réponse».*

Bilan intermédiaire: poser la question: *«Qui n'a pas compris quelque chose?»*

Conclusion de l'activité: formuler: *«Pour calculer plus vite, il faut penser aux résultats des tables de multiplication apprises.»*

Variante: Changer les nombres sur le premier dé.

La bataille des dés

Organisation	• Binômes
Matériel	• 1 dé numérique comportant les nombres 4, 5, 6, 7, 8 et 9 • 1 dé numérique comportant 3 faces «8» et 3 faces «9» • 1 ardoise par élève
Durée	• 5 minutes

• Mise en situation

Descriptif: Chaque joueur lance 1 fois les dés et mémorise le tirage. Il calcule alors le produit des deux nombres et le note sur son ardoise. L'adversaire fait de même. Celui qui a le résultat le plus élevé gagne un point.

Consigne élève: *«Écrivez chacun à votre tour, sur l'ardoise, le produit des deux nombres de votre tirage. Celui qui obtient le plus grand résultat gagne la bataille, donc 1 point».*

Bilan intermédiaire: poser la question: *« Qui n'a pas compris quelque chose ? »*

Conclusion de l'activité: formuler: *« Pour calculer plus vite, il faut penser aux résultats des tables de multiplication apprises. »*

Variante: Changer les nombres sur le premier dé.

La table de Pythagore

Organisation	• Collectif
Matériel	• 1 table de Pythagore grand modèle vierge tracée au tableau; 3 jeux d'étiquettes cartonnées (chaque jeu couvre l'ensemble des résultats des tables de multiplication par 8 et par 9); pâte à fixe
Durée	• 8 minutes

• Mise en situation

Descriptif: Le maître interroge quelques élèves à la volée. Quatre résultats sont complétés de manière aléatoire dans la grille. Cinq étiquettes sont distribuées à chaque élève.
Après un temps de réflexion laissé aux élèves, le maître pose les questions suivantes:
- Qui à un résultat qui figure dans la table de huit? Les élèves viennent alors coller leur étiquette sous le contrôle des autres.
- Qui a un résultat qui figure dans la table de neuf?
- Qui a une étiquette qui peut se coller sous le ...? Au-dessus du?... La correction est faite entre chaque calcul et notée au tableau. On gagne 1 point par bonne réponse.

Consigne élève: *«Nous allons remplir des cases de cette table de Pythagore. »*

Bilan intermédiaire: poser la question: *« Qui n'a pas compris quelque chose ? »*

Conclusion de l'activité: formuler: « La table de Pythagore permet de voir tous les résultats pour chaque table de multiplication. » *Exemple*: la table de huit 8 × 0 = 0 , 8 × 1 = 8....

Variantes: Des cases de la table de Pythagore sont complétées à l'avance par le maître:
- les élèves doivent trouver des erreurs et les rectifier;
- les élèves doivent venir coller leur étiquette. Attention! On ne peut coller son étiquette que si elle en touche une autre figurant sur la table.

Temps 2 Structuration de la leçon

Rappels (2 minutes): Demander aux élèves de reformuler ce qu'ils ont appris à propos des tables de multiplication par huit et par neuf. Annoncer les jeux (*cf.* Activités de découverte) et rappeler les règles.

Jeux (8 minutes): Faire jouer, de nouveau, les élèves dans les mêmes conditions que lors de la phase de découverte.

Mise en commun (5 minutes): Faire expliquer les stratégies et procédures utilisées et s'exprimer les difficultés. Noter au tableau les différentes procédures proposées (dictées par les enfants). Entourer la plus efficace. La reformuler et la réexpliquer:

• Pour multiplier un nombre par huit on ajoute huit fois le nombre.
Exemple: Multiplier 8 par 8, c'est calculer huit fois huit.
8 × 8 = 8 + 8 + 8 + 8 + 8 + 8 + 8 + 8 = 64

• Pour multiplier un nombre par neuf on ajoute neuf fois le nombre.
Exemple: Multiplier 9 par 9, c'est calculer neuf fois neuf.
9 × 9 = 9 + 9 + 9 + 9 + 9 + 9 + 9 + 9 + 9 = 81

Synthèse écrite (15 minutes): le savoir prend une forme et une valeur collectives (institutionnalisation).
Construire une **affiche de référence.** Utiliser la technique de « la dictée à l'adulte »: ce sont les élèves qui dictent les exemples.

Proposition d'affiche de référence

Connaître les tables de multiplication par 8 et par 9

Les tables de multiplication peuvent s'écrire en colonnes.

Table de 8	Table de 9
8 × 0 = 0	9 × 0 = 0
8 × 1 = 8	9 × 1 = 9
8 × 2 = 16	9 × 2 = 18
8 × 3 = 24	9 × 3 = 27
8 × 4 = 32	9 × 4 = 36
8 × 5 = 40	9 × 5 = 45
8 × 6 = 48	9 × 6 = 54
8 × 7 = 56	9 × 7 = 63
8 × 8 = 64	9 × 8 = 72
8 × 9 = 72	9 × 9 = 81
8 × 10 = 80	9 × 10 = 90
Les résultats de la table de 8 correspondent à un **comptage de huit en huit.**	Les résultats de la table de 9 correspondent à un **comptage de neuf en neuf.**

On peut aussi ranger les tables de multiplication dans un tableau avec le signe « fois ».

×	0	1	2	3	4	5	6	7	8	9	10
8	0	8	16	24	32	40	48	56	64	72	80
9	0	9	18	27	36	45	54	63	72	81	90

Distribuer, à chaque élève, une copie de l'affiche en format réduit A5, à coller dans le cahier.

Temps 3 Exercices d'entraînement

Organisation	• Individuel
Matériel	• Cahier-livre p. 107, exercices 167 à 172 • 1 ardoise + 1 feutre
Durée	• 15 minutes

Rappel de la leçon (2 minutes): reformuler et / ou faire relire l'affiche « **Connaître les tables de multiplication par 8 et par 9** ».

Exercices 167 à 170: Passer la consigne du cahier-livre.

Exercice 171: les multiplications sont traitées l'une après l'autre. Dire aux élèves: *«Écris Oui ou Non et corrige si nécessaire ! »*

Exercice 172: Lire oralement l'énoncé du problème. Correction immédiate.

Bilan: poser la question: *« Qui n'a pas compris quelque chose ? »*

Temps 4 Exercices d'entretien

Organisation	• Individuel
Matériel	• Guide Pédagogique (problèmes A, B, C, D ci-après) • 1 ardoise + 1 feutre
Durée	• 15 minutes

A: Faire compléter des tables de multiplication par 8 et 9 aléatoires.
B: Mettre en place un jeu du furet en binôme sur les tables étudiées: chacun à leur tour, les élèves récitent une multiplication de la table de 8 puis de la table de 9.
C: Faire réciter les tables de multiplication étudiées dans l'ordre ou dans l'ordre inverse.
D: Faire trouver une multiplication correspondant à un résultat issu des tables étudiées.

Temps 5 Évaluation

L'évaluation des acquis des élèves est différée en fin de période. Les exercices, dictés par le maître, sont donnés p. 114.

Calculer le triple d'un nombre

► Cahier-livre p. 108

Objectifs

• Apprendre à calculer le triple d'un nombre inférieur à 33 333.
• Apprendre à calculer le triple d'une addition, d'une soustraction ou d'une multiplication.

Temps 1 Activité de découverte

Jeu des mariages 1

Organisation	• Binômes
Matériel	• *n* jeux de 20 cartes (10 paires) comportant des nombres inférieurs à 33333 et leurs triples inférieurs à 99999 (*cf.* matériel en Annexe)
Durée	• 8 minutes

• Mise en situation

Descriptif: Les joueurs se partagent les cartes. Chaque joueur se débarrasse des paires. Puis, chacun leur tour, les joueurs tirent une carte dans le jeu de l'adversaire. Le gagnant est celui qui n'a plus de cartes avant l'autre.

Consigne élève: *« Partagez les cartes, associer chaque nombre à son triple. Posez les paires sur la table. Quand vous n'avez plus de paires, chacun votre tour, piochez une carte dans le jeu que vous présente l'adversaire. Le gagnant est celui qui n'a plus de cartes avant l'autre. ».*

Bilan intermédiaire: poser la question: *« Qui n'a pas compris quelque chose ? »*

Conclusion de l'activité: formuler: *« Pour calculer le triple d'un nombre, on décompose le nombre et on multiplie chaque terme par trois. »*
Exemple: Calculer le triple de 3213.
3213, c'est 3000 + 200 + 10 + 3.
Donc le triple de 3213, c'est le triple de 3000 + le triple de 200 + le triple de 10 + le triple de 3.
C'est donc (3000 × 3) + (200 × 3) + (10 × 3) + (3 × 3) = 9000 + 600 + 30 + 9 = 9639.
Le triple de 3213 est 9639.

Variante: Poser les 20 cartes sur la table face vierge visible. Jeu de Memory: chacun leur tour, les joueurs retournent deux cartes et les mémorisent de manière à pouvoir prélever les paires. Le gagnant est celui qui a reconstitué le plus de paires.

Jeu des mariages 2

Organisation	• Binômes
Matériel	• *n* jeux de 20 cartes (10 paires) comportant des opérations dont le résultat est inférieur à 33333 et leurs doubles inférieurs à 99999 (*cf.* matériel photocopiable en Annexe)
Durée	• 7 minutes

• Mise en situation

Descriptif: Idem activité ci-dessus Jeu des mariages 1.

Consigne élève: *« Partagez les cartes, associer chaque opération à son triple. Posez les paires sur la table. Quand vous n'avez plus de paires, chacun votre tour, piochez une carte dans le jeu que vous présente l'adversaire. Le gagnant est celui qui n'a plus de cartes avant l'autre. »*

Bilan intermédiaire: poser la question: *« Qui n'a pas compris quelque chose ? »*

Conclusion de l'activité: formuler: *« Pour calculer le triple d'une addition, d'une soustraction ou d'une multiplication, on calcule le triple du résultat. »*
Exemple: Calculer le triple de 200 + 300
200 + 300 = 500 500 × 3 = 1500
Le triple de 200 + 300 est 1500.
Remarque: 200 × 3 = 600 et 300 × 3 = 900
donc (200 + 300) × 3 = 600 + 900 = 1500

Variante: Idem activité ci-dessus Jeu des mariages 1.

Temps 2 Structuration de la leçon

Rappels (2 minutes): Demander aux élèves de reformuler ce qu'ils ont appris pour calculer le triple d'un nombre. Annoncer les jeux (*cf.* Activités de découverte) et rappeler les règles.

Jeux (8 minutes): Faire jouer, de nouveau, les élèves dans les mêmes conditions que lors de la phase de découverte.

Mise en commun (5 minutes): Faire expliquer les stratégies et procédures utilisées et s'exprimer les difficultés. Noter au tableau les différentes procédures proposées (dictées par les enfants).
Entourer la plus efficace. La reformuler et la réexpliquer: Pour calculer le triple d'un nombre, on décompose le nombre et on multiplie chaque terme par trois.
Exemple: Calculer le triple de 3213.
3 213, c'est 3000 + 200 + 10 + 3.
Donc le triple de 3 213, c'est le triple de 3000 + le triple de 200 + le triple de 10 + le triple de 3.
C'est donc (3000 × 3) + (200 × 3) + (10 × 3) + (3 × 3) =
9000 + 600 + 30 + 9 = 9639.
Le triple de 3213 est 9639.
Pour calculer le triple d'une addition, d'une soustraction ou d'une multiplication, on calcule le triple du résultat.
Exemple: Calculer le triple de 200 + 300
200 + 300 = 500 500 × 3 = 1500
Le triple de 200 + 300 est 1500.
Remarque: 200 × 3 = 600 et 300 × 3 = 900
donc (200 + 300) × 3 = 600 + 900 = 1500

Synthèse écrite (15 minutes): le savoir prend une forme et une valeur collectives (institutionnalisation).
Construire une **affiche de référence.** Utiliser la technique de « la dictée à l'adulte »: ce sont les élèves qui dictent les exemples.

Proposition d'affiche de référence

Calculer le triple d'un nombre

• Pour calculer le triple d'un nombre, on décompose le nombre et on multiplie chaque terme par trois.
Exemple: **Calculer le triple de 3 213.**
3 213 c'est **3000 + 200 + 10 + 3.**
Donc le triple de 3 213, c'est **le triple de 3000 + le triple de 200 + le triple de 10 + le triple de 3.**
C'est donc **(3000 × 3) + (200 × 3) + (10 × 3) + (3 × 3)** =
9000 + 600 + 30 + 9 = **9639.**
Le **triple de 3 213** est **9639**.

• Pour calculer le triple d'une addition, d'une soustraction ou d'une multiplication, on calcule le triple du résultat.
Exemple: Calculer le **triple de 200 + 300**
200 + 300 = 500 500 × 3= 1 500
Le **triple de 200 + 300** est **1500.**
Remarque: 200 × 3 = 600 et 300 × 3 = 900
donc (200 + 300) × 3 = 600 + 900 = 1500

Distribuer, à chaque élève, une copie de l'affiche en format réduit A5, à coller dans le cahier.

Temps 3 Exercices d'entraînement

Organisation	• Individuel
Matériel	• Cahier-livre p. 108, exercices 173 à 180 • 1 ardoise et 1 feutre
Durée	• 15 minutes

Rappel de la leçon (2 minutes): reformuler et/ou faire relire l'affiche « **Calculer le triple d'un nombre** ».

Exercices 173 à 177: Passer la consigne du cahier-livre.

Exercices 178 à 180: Lire l'énoncé oralement. Traiter les situations l'une après l'autre avec correction intermédiaire.

Bilan: poser la question: *« Qui n'a pas compris quelque chose ? »*

Temps 4 Exercices d'entretien

Organisation	• Individuel
Matériel	• Guide Pédagogique (problèmes A, B, C, D ci-après) • 1 ardoise et 1 feutre
Durée	• 15 minutes

A: Lisa avait 2005 billes. Elle en a maintenant le triple. Combien Lisa a-t-elle de billes maintenant?
B: Hugo avait 32000 timbres dans sa collection. Il en a maintenant le triple. Combien Hugo a-t-il de timbres maintenant?
C: Malika avait 23200 boutons dans sa pochette. Elle en a maintenant le triple. Combien Malika a-t-elle de boutons maintenant?
D: Sami dit *« 99 999, c'est le triple de 33 000 »* et Hugo dit *« Non! 99 999, c'est le triple de 33 333 »*. Qui a raison?
Lisa dit *« 15 000 a pour triple 40 500 »* et Malika dit *« Non! 15 000 a pour triple 45 000 »*. Qui a raison?

Temps 5 Évaluation

L'évaluation des acquis des élèves est différée en fin de période. Les exercices, dictés par le maître, sont donnés p. 114.

Calculer mentalement un produit (2)

► Cahier-livre p. 108

Objectifs

• Apprendre à multiplier un nombre à trois chiffres finissant par zéro par un nombre à un chiffre.
• Apprendre à mobiliser les résultats des tables de multiplication par 4, 5, 6, 7, 8 et 9.
• Utiliser la distributivité de l'addition.

Temps 1 Activité de découverte

La boîte des multiplications.

Organisation	• Groupes de 4 joueurs
Matériel	• 1 boîte contenant 10 étiquettes-nombres (nombres à trois chiffres finissant par zéro • 1 dé comportant les nombres 4, 5, 6, 7, 8 et 9 • 1 ardoise par élève
Durée	• 10 minutes

• Mise en situation

Descriptif: Chacun leur tour, les élèves piochent une étiquette dans la boîte, lisent le nombre à haute voix, puis lancent le dé. Chacun écrit le produit des deux nombres sur son ardoise. On gagne 1 point par bonne réponse.

Consigne élève: *« Piochez une étiquette dans la boîte. Lisez le nombre au groupe. Lancez le dé. Lisez le nombre au groupe. Écrivez le produit des deux nombres sur votre ardoise ». Exemple: le nombre tiré au sort est 450 et le dé annonce 4. Les élèves écrivent 1800 sur leur ardoise.*

Bilan intermédiaire: poser la question: *« Qui n'a pas compris quelque chose ? »*

Conclusion de l'activité: formuler: *« Pour multiplier un nombre à trois chiffres finissant par zéro par un nombre à un chiffre, **on décompose le premier nombre** puis on **multiplie chaque terme**. Enfin, on **additionne les résultats**. »*
Exemple: **Calculer 450 × 4**
450 = 400 + 50. On calcule donc:
450 × 4 = **(400 × 4) + (50 × 4)** = 1600 + 200 = **1800**
Remarque: on peut aussi calculer 45 × 4 et multiplier le résultat par 10.

Variante: Rapidité: le premier qui écrit le résultat correct sur son ardoise gagne 2 points.

Temps 2 Structuration de la leçon

Rappels (2 minutes): Demander aux élèves de reformuler ce qu'ils ont appris à propos de la multiplication d'un nombre à trois chiffres finissant par zéro par un nombre à un chiffre. Annoncer les jeux (*cf.* Activités de découverte) et rappeler les règles.

Jeux (8 minutes): Faire jouer, de nouveau, les élèves dans les mêmes conditions que lors de la phase de découverte.

Mise en commun (5 minutes): Faire expliquer les stratégies et procédures utilisées et s'exprimer les difficultés. Noter au tableau les différentes procédures proposées (dictées par les enfants). Entourer la plus efficace. La reformuler et la réexpliquer:
Pour multiplier un nombre à trois chiffres finissant par zéro par un nombre à un chiffre, on décompose le premier nombre puis on multiplie chaque terme. Enfin, on additionne les résultats.
Exemple: **Calculer 450 × 4**
450 = 400 + 50. On calcule donc:
450 × 4 = **(400 × 4) + (50 × 4)** = 1600 + 200 = **1800**
Remarque: on peut aussi calculer 45 × 4 et multiplier le résultat par 10.

Synthèse écrite (15 minutes): le savoir prend une forme et une valeur collectives (institutionnalisation).
Construire une **affiche de référence.** Utiliser la technique de « la dictée à l'adulte »: ce sont les élèves qui dictent les exemples.

Proposition d'affiche de référence

Calculer mentalement un produit (2)

Pour multiplier un nombre à trois chiffres finissant par zéro par un nombre à un chiffre, **on décompose le premier nombre** puis on **multiplie chaque terme**. Enfin, on **additionne les résultats**.
Exemples:
• **Calculer 450 × 4**
450 = 400 + 50. On calcule donc:
450 × 4 = **(400 × 4) + (50 × 4)** = 1 600 + 200 = **1800**
Remarque: on peut aussi calculer 45 × 4 et multiplier le résultat par 10.
• **Calculer 830 × 5**
830 = 800 + 30. On calcule donc:
830 × 5 = **(800 × 5) + (30 × 5)** = 4 000 + 150 = **4150**
Remarque: on peut aussi calculer 83 × 5 et multiplier le résultat par 10.

Distribuer, à chaque élève, une copie de l'affiche en format réduit A5, à coller dans le cahier.

Temps 3 Exercices d'entraînement

Organisation	• Individuel
Matériel	• Cahier-livre p. 108, exercices 181 à 188 • 1 ardoise + 1 feutre
Durée	• 15 minutes

Rappel de la leçon (2 minutes): reformuler et / ou faire relire l'affiche « **Calculer mentalement un produit (2)** ».

Exercices 181 à 184: Passer la consigne du cahier-livre.

Exercices 185 à 188: Lire oralement l'énoncé du problème. Correction immédiate.

Bilan: poser la question: *« Qui n'a pas compris quelque chose ? »*

Temps 4 Exercices d'entretien

Organisation	• Individuel
Matériel	• Guide Pédagogique (problèmes A, B, C, D ci-après) • 1 ardoise + 1 feutre
Durée	• 15 minutes

A : Lisa a 430 euros. Elle gagne 6 fois plus d'argent au loto. Combien Lisa a-t-elle d'argent maintenant ?
B : Hugo a 510 timbres dans sa collection. Pour son anniversaire, il en reçoit 9 fois plus. Combien Hugo a-t-il reçu de timbres ?
C : Malika a gagné 760 euros à la loterie le lundi puis, le vendredi, elle a gagné 5 fois cette somme. Combien Malika a-t-elle gagné le vendredi ?
D : Sami parcourt 3 × 900 m pour la course de relais puis 2 × 250 m en natation. Quelle distance, en mètres, Sami aura-t-il parcourue ?

Temps 5 Évaluation

L'évaluation des acquis des élèves est différée en fin de période. Les exercices, dictés par le maître, sont donnés p. 114.

Calculer mentalement un produit (3)

► Cahier-livre p. 108

Objectifs

- Apprendre à multiplier un nombre à trois chiffres par un nombre à un chiffre.
- Apprendre à mobiliser les résultats des tables de multiplication jusqu'à 9.
- Utiliser la distributivité de l'addition.

Temps 1 Activité de découverte

La boîte des multiplications

Organisation	• Groupes de 4 joueurs
Matériel	• 1 boîte contenant 10 étiquettes par groupe. Sur les étiquettes, figurent les nombres à trois chiffres • 1 dé comportant les nombres 2, 3, 4, 5, 7 et 9 • 1 ardoise par élève
Durée	• 10 minutes

• Mise en situation

Descriptif : Chacun leur tour, les élèves piochent une étiquette dans la boîte, lisent le nombre à haute voix, puis lancent le dé. Chacun écrit le produit des deux nombres sur son ardoise. On gagne 1 point par bonne réponse.

Consigne élève : *« Piochez une étiquette dans la boîte. Lisez le nombre au groupe. Lancez le dé. Lisez le nombre au groupe. Écrivez le produit des deux nombres sur votre ardoise ». Exemple: le nombre tiré au sort est 451 et le dé annonce 4. Les élèves écrivent 1804 sur leur ardoise.*

Bilan intermédiaire : poser la question : *« Qui n'a pas compris quelque chose ? »*

Conclusion de l'activité : formuler : *« Pour multiplier un nombre à trois chiffres finissant par zéro par un nombre à un chiffre,* ***on décompose le premier nombre*** *puis on* ***multiplie chaque terme****. Enfin, on* ***additionne les résultats****. »*
Exemple : Calculer 451 × 4
451 = 400 + 50 + 1. On calcule donc :
451 × 4 = (400 × 4) + (50 × 4) + (1 × 4) = 1600 + 200 + 4 = 1804

Variante : Rapidité : le premier qui écrit le résultat correct sur son ardoise gagne 2 points.

Temps 2 Structuration de la leçon

Rappels (2 minutes) : Demander aux élèves de reformuler ce qu'ils ont appris à propos de la multiplication d'un nombre à trois chiffres par un nombre à un chiffre. Annoncer les jeux (*cf.* Activités de découverte) et rappeler les règles.

Jeux (8 minutes) : Faire jouer, de nouveau, les élèves dans les mêmes conditions que lors de la phase de découverte.

Mise en commun (5 minutes) : Faire expliquer les stratégies et procédures utilisées et s'exprimer les difficultés. Noter au tableau les différentes procédures proposées (dictées par les enfants). Entourer la plus efficace. La reformuler et la réexpliquer :
Pour multiplier un nombre à trois chiffres par un nombre à un chiffre, **on décompose le premier nombre** puis on **multiplie chaque terme**. Enfin, on **additionne les résultats**.
Exemple : Calculer 451 × 4
451 = 400 + 50 + 1. On calcule donc :
451 × 4 = (400 × 4) + (50 × 4) + (1 × 4) = 1600 + 200 + 4 = 1804

Synthèse écrite (15 minutes) : le savoir prend une forme et une valeur collectives (institutionnalisation).
Construire une **affiche de référence.** Utiliser la technique de « la dictée à l'adulte » : ce sont les élèves qui dictent les exemples.

Proposition d'affiche de référence

Calculer mentalement un produit (3)

Pour multiplier un nombre à trois chiffres par un nombre à un chiffre, **on décompose le premier nombre** puis on **multiplie chaque terme**. Enfin, on **additionne les résultats.**
Exemples:
• **Calculer 451 × 4**
451 = 400 + 50 + 1. On calcule donc:
451 × 4 = **(400 × 4) + (50 × 4) + (1 × 4)** =
1600 + 200 + 4 = **1804**
• **Calculer 832 × 5**
832 = 800 + 30 + 2. On calcule donc:
832 × 5 = **(800 × 5) + (30 × 5) + (2 × 5)** =
4000 + 150 + 10 = **4160**

Distribuer, à chaque élève, une copie de l'affiche en format réduit A5, à coller dans le cahier.

Temps 3 Exercices d'entraînement

Organisation	• Individuel
Matériel	• Cahier-livre p 108, exercices 189 à 196 • 1 ardoise + 1 feutre
Durée	• 15 minutes

Rappel de la leçon (2 minutes): reformuler et / ou faire relire l'affiche « **Calculer mentalement un produit (3)** ».

Exercices 189 à 192: Passer la consigne du cahier-livre.

Exercices 193 à 196: Lire oralement l'énoncé du problème. Correction immédiate.

Bilan: poser la question: *« Qui n'a pas compris quelque chose ? »*

Temps 4 Exercices d'entretien

Organisation	• Individuel
Matériel	• Guide Pédagogique (problèmes A, B, C, D ci-après) • 1 ardoise + 1 feutre
Durée	• 15 minutes

A: Lisa a 431 euros. Elle gagne 4 fois plus d'argent au loto. Combien Lisa a-t-elle d'argent maintenant ?
B: Hugo a 511 timbres dans sa collection. Pour son anniversaire, il en reçoit 9 fois plus. Combien Hugo a-t-il reçu de timbres ?
C: Malika a gagné 765 euros à la loterie le lundi puis, le vendredi, elle a gagné 5 fois cette somme. Combien Malika a-t-elle gagné le vendredi ?
D: Sami parcourt 3 × 925 m pour la course de relais puis 2 × 251 m en natation. Quelle distance, en mètres, Sami aura-t-il parcourue ?

Temps 5 Évaluation

L'évaluation des acquis des élèves est différée en fin de période. Les exercices, dictés par le maître, sont donnés p. 114.

Calculer le tiers d'un nombre

► Cahier-livre p. 109

Objectifs

• Apprendre à calculer le tiers d'un nombre.
• Apprendre à calculer le tiers d'une addition, d'une soustraction ou d'une multiplication.

Temps 1 Activité de découverte

Les dés magiciens 1

Organisation	• Binômes
Matériel	• 1 dé numérique avec les nombres 3, 6, 9, 15, 30, 60 et 90 écrits en rouge • 1 ardoise par élève
Durée	5 minutes

• Mise en situation

Descriptif: Chacun leur tour, les joueurs lancent le dé et annoncent le tirage. Le tiers du nombre est noté sur l'ardoise. On gagne un point par bonne réponse.

Consigne élève: *« Écrivez chacun à votre tour, sur l'ardoise, le tiers du nombre de votre tirage. On gagne 1 point par bonne réponse ».*

Bilan intermédiaire: poser la question: *« Qui n'a pas compris quelque chose ? »*

Conclusion de l'activité: formuler: *« Pour calculer le tiers d'un nombre, il faut le partager en trois parties égales donc le diviser par 3. »*
Exemple: Calculer le tiers de 6.
6 = 2 × 3 = 2 + 2 + 2
On peut écrire:
6 : 3 = 2 donc **le tiers de 6 est 2.**

Variante: Calculer le tiers du double de chaque nombre tiré.

Les dés magiciens 2

Organisation	• Binômes
Matériel	• 1 dé numérique comportant les nombres 30, 300, 90, 150, 60 et 900 écrits en rouge • 1 dé numérique comportant les nombres 3000, 30000, 9000, 1500, 600 et 90000 **écrits en bleu** • 1 dé comportant 2 faces rouges, 2 faces bleues et 2 faces « choix » • 1 ardoise par élève.
Durée	• 5 minutes

• Mise en situation

Descriptif: Chacun leur tour, les élèves lancent les dés. Face rouge: on prend le tiers du nombre lu sur le dé numérique rouge, face bleue, on prend le tiers du nombre lu sur le dé numérique bleu, face « choix »: le lanceur annonce « dé rouge » ou « dé bleu ».
Chaque élève écrit le résultat sur son ardoise. On gagne 1 point par bonne réponse.

Consigne élève: *« Écrivez chacun à votre tour, sur l'ardoise, le tiers du nombre issu de votre tirage. Face rouge: écrivez le tiers du nombre écrit en rouge, face bleue, le tiers du nombre écrit en bleu, face « choix », c'est le lanceur qui annonce « dé rouge » ou « dé bleu ».On gagne 1 point par bonne réponse ».*

Bilan intermédiaire: poser la question: *« Qui n'a pas compris quelque chose ? »*

Conclusion de l'activité: formuler: *« Pour calculer le tiers d'un nombre, il faut le partager en trois parties égales donc le diviser par 3. »*
Exemple: Calculer le tiers de 3000
3000 = 1000 × 3 = 1000 + 1000 + 1000
On peut écrire:
3000 : 3 = 1000 donc **le tiers de 3000 est 1000.**

Variante: Changer les nombres sur les dés.

Les dés magiciens 3

Organisation	• Binômes
Matériel	• 1 dé numérique comportant les nombres 9, 30, 300, 90, 60 et 900 • 1 dé numérique comportant les nombres 9, 3000, 30000, 9000, 6000 et 60000 • 1 ardoise par élève
Durée	• 5 minutes

• Mise en situation

Descriptif: Chacun leur tour, les élèves lancent les dés. On prend le tiers de la somme des deux nombres issus du tirage.
Chaque élève écrit le résultat sur son ardoise. On gagne 1 point par bonne réponse.

Consigne élève: *« Écrivez chacun à votre tour, sur l'ardoise, le tiers de la somme des nombres issus de votre tirage. On gagne 1 point par bonne réponse ».*

Bilan intermédiaire: poser la question: *« Qui n'a pas compris quelque chose ? »*

Conclusion de l'activité: formuler: *« Pour calculer le tiers d'une addition, d'une soustraction ou d'une multiplication, on calcule le tiers du résultat. »*

Exemple: Calculer le tiers de 20000 + 10000
20000 + 10000 = 30000
30000= 10000 × 3 = 10000 + 10000 + 10000
Le tiers de 20000 + 10000 est 10000.

Variante: Calculer le tiers de la différence des deux nombres tirés quand c'est possible.

Temps 2 Structuration de la leçon

Rappels (2 minutes): Demander aux élèves de reformuler ce qu'ils ont appris pour calculer le tiers d'un nombre. Annoncer les jeux (*cf.* Activités de découverte) et rappeler les règles.

Jeux (8 minutes): Faire jouer, de nouveau, les élèves dans les mêmes conditions que lors de la phase de découverte.

Mise en commun (5 minutes): Faire expliquer les stratégies et procédures utilisées et s'exprimer les difficultés. Noter au tableau les différentes procédures proposées (dictées par les enfants).
Entourer la plus efficace. La reformuler et la réexpliquer:

• Pour calculer le tiers d'un nombre, il faut le partager en trois parties égales donc le diviser par 3.
Exemple: Calculer le tiers de 3000
3000 = 1000 × 3 = 1000 + 1000 + 1000
On peut écrire:
3000 : 3 = 1000 donc le tiers de 3000 est 1000.

• Pour calculer le tiers d'une addition, d'une soustraction ou d'une multiplication, on calcule le tiers du résultat.
Exemple: Calculer le tiers de 20000 + 10000
20000 + 10000 = 30000
30000= 10000 × 3 = 10000 + 10000 + 10000
Le tiers de 20000 + 10000 est 10000.

Synthèse écrite (15 minutes): le savoir prend une forme et une valeur collectives (institutionnalisation).
Construire une **affiche de référence.** Utiliser la technique de « la dictée à l'adulte »: ce sont les élèves qui dictent les exemples.

Proposition d'affiche de référence

Calculer le tiers d'un nombre

• Pour calculer le tiers d'un nombre, on le partage en trois parties égales donc on le divise par 3.
Exemple: Calculer le tiers de 3000
3000 = 1000 × 3 = 1000 + 1000 + 1000
On peut écrire:
3000 : 3 = 1000 donc le tiers de 3000 est 1000.
Le tiers de 3000 est 1000.

• Pour calculer le tiers d'une addition, d'une soustraction ou d'une multiplication, on calcule le tiers du résultat.
Exemple: Calculer le tiers de 20000 + 10000
20000 + 10000 = 30000   30000 = 10000 × 3 = 10000 + 10000 + 10000
Le tiers de 20000 + 10000 est 10000

Distribuer, à chaque élève, une copie de l'affiche en format réduit A5, à coller dans le cahier.

Temps 3 Exercices d'entraînement

Organisation	• Individuel
Matériel	• Cahier-livre p. 109, exercices 197 à 204 • 1 ardoise et 1 feutre
Durée	• 15 minutes

Rappel de la leçon (2 minutes): reformuler et/ou faire relire l'affiche «**Calculer le tiers d'un nombre**».

Exercices 197 à 200: Passer la consigne du cahier-livre.

Exercices 201 à 204: Lire l'énoncé oralement. Traiter les situations l'une après l'autre avec correction intermédiaire.

Bilan: poser la question: *« Qui n'a pas compris quelque chose ? »*

Temps 4 Exercices d'entretien

Organisation	• Individuel
Matériel	• Guide Pédagogique (problèmes A, B, C, D ci-après) • 1 ardoise et 1 feutre
Durée	• 15 minutes

A: Lisa avait 3015 billes. Elle en a maintenant le tiers. Combien Lisa a-t-elle de billes maintenant?
B: Hugo avait 30090 timbres dans sa collection. Il en a maintenant le tiers. Combien Hugo a-t-il de timbres maintenant?
C: Malika avait 90300 boutons. Elle en a maintenant le tiers. Combien Malika a-t-elle de boutons maintenant?
D: Sami dit *« 33 333, c'est le triple de 99 999 »* et Hugo dit *« Non ! 33 333, c'est le tiers de 99 999 »*. Qui a raison?
Lisa dit *« 15 000 a pour tiers 500 »* et Malika dit *« Non ! 15 000 a pour tiers 5 000 »*. Qui a raison?

Temps 5 Évaluation de fin de période

1. Je sais calculer mentalement un produit (1)

• *Calcule chaque produit.*

31 par 2 22 par 3 36 par 4 53 par 5

• *Calcule*

90 × 5 30 × 6 40 × 4 20 × 3
91 × 6 72 × 7 64 × 2 55 × 5

• *Écoute le problème et écris la solution.*

Un joueur mise 24 euros au casino. Trouve la somme qu'il possédera à chaque fois:
- s'il gagne 5 fois la mise.
- s'il gagne 7 fois la mise.
- s'il gagne 3 fois la mise puis perd 2 fois la mise de départ.

2. Je sais décomposer 10 000, compléter à 10 000

• *Complète les décompositions de 10 000.*

3000 + 3000 + 3000 + ? 5000 + 2000 + ?
4000 + 4000 + ? 1000 + ?

• *Écris le complément à 10 000 de chaque nombre.*

4000 3000 2500 6500 1500
5200 8400 9500 2550 3450

• *Écoute le problème et écris la solution.*

Hugo possède 1150 billes et Sami 1150 également.
Combien leur manque-t-il de billes pour arriver à 10 000?

3. Je connais les tables de multiplication par 8 et 9

• *Calcule les multiplications de la table de 8.*

8 × 6 8 × 8 8 × 9 8 × 3 8 × 5

• *Écris la multiplication de la table de 8.*

8 56 16 80 32

• *Calcule les multiplications de la table de 9.*

9 × 6 9 × 8 9 × 9 9 × 3 9 × 5

• *Écris la multiplication de la table de 9.*

63 9 90 36 18

4. Je sais calculer mentalement un produit (2 et 3)

• *Calcule.*

900 × 5 300 × 6 400 × 8 200 × 9
901 × 6 720 × 7 642 × 2 555 × 5

• *Écoute le problème et écris la solution*

Un joueur mise 205 euros au casino. Trouve la somme qu'il possédera à chaque fois:
- s'il gagne 8 fois la mise.
- s'il gagne 9 fois la mise.
- s'il gagne 9 fois la mise puis perd 3 fois la mise de départ.

5. Je sais décomposer les nombres inférieurs à 99 999

• *Décompose chaque nombre.*

Addition: 11267 10007 90098
Multiplication: 32472 28515 30082

• *Recompose chaque nombre.*

30 000 + 2000 + 400 + 20 + 3 = ?
(6 × 10 000) + (9 × 1000) + (7 × 100) + (8 × 10) + 6 = ?

6. Je sais calculer le triple, le tiers d'un nombre

• *Calcule le triple de chaque nombre.*

30 11 105 3000 10000 400 3003 20005

• *Calcule le tiers de chaque nombre.*

12 9 60 18 24 300 9000 90000

• *Écoute les problèmes et écris chaque solution.*

- Lisa possède 430 euros. Elle gagne le triple à la loterie. Combien a-t-elle gagné?
- Hugo avait 969 billes. Il en a perdu le tiers. Combien a-t-il de billes maintenant?

Décomposer 100 000

► Cahier-livre p. 109

Cette séance est à traiter après celles « Découvrir le nombre 100 000 ».

Objectifs

• Apprendre à décomposer le nombre 100 000 en s'appuyant sur les nombres 90 000, 80 000, 70 000, 60 000, 50 000, 40 000, 30 000, 20 000 et 10 000.
• Connaître des décompositions additives et multiplicatives du nombre 100 000.

Temps 1 Activité de découverte

La décomposition mystère

Organisation	• Collectif
Matériel	• 1 boîte et 5 étiquettes avec des décompositions du nombre 100 000 • 1 ardoise par élève
Durée	• 7 minutes

• Mise en situation

Descriptif : Un élève vient tirer une étiquette-décomposition et la lit à la classe.
Chaque élève écrit sur son ardoise « oui » ou « non », s'il s'agit d'une décomposition de 100 000.
Puis, si c'est « oui », chaque élève écrit sur son ardoise la décomposition multiplicative correspondante, en s'appuyant sur la numération orale. On gagne 1 point par bonne réponse.
Exemple : la décomposition 50 000 + 10 000 + 10 000 + 10 000 + 10 000 + 10 000 est annoncée, les élèves écrivent « oui » puis ils écrivent 100 000 = (1 × 50 000) + (5 × 10 000).

Consigne élève : *« Écrivez, sur l'ardoise, OUI si vous entendez une décomposition du nombre 100 000 ou NON si ce n'est pas le cas.*
Si c'est OUI, écrivez ensuite la décomposition multiplicative qui correspond à celle annoncée.
Écoutez bien la décomposition ! »

Bilan intermédiaire : poser la question : *« Qui n'a pas compris quelque chose ? »*

Conclusion de l'activité : formuler : *« On peut décomposer 100 000 à l'aide des nombres 50 000 et 10 000. »*

Variante : cinq élèves volontaires reçoivent une étiquette. Chacun écrit une décomposition additive de 100 000 sur son étiquette. Les étiquettes-nombres sont placées dans la boîte. Le jeu peut alors démarrer.

Jeu des mariages

Organisation	• Binômes
Matériel	• *n* jeux de 20 cartes (10 paires) comportant des décompositions additives et multiplicatives du nombre 100 000
Durée	• 15 minutes

• Mise en situation

Descriptif : Les joueurs se partagent les cartes. Chaque joueur se débarrasse des paires. Puis, chacun leur tour, les joueurs tirent une carte dans le jeu de l'adversaire. Le gagnant est celui qui n'a plus de cartes avant l'autre.

Consigne élève : *« Partagez les cartes, associer les cartes représentant le même nombre. Posez les paires sur la table. Quand vous n'avez plus de paires, chacun votre tour, piochez une carte dans le jeu que vous présente l'adversaire. Le gagnant est celui qui n'a plus de cartes avant l'autre. »*

Bilan intermédiaire : poser la question : *« Qui n'a pas compris quelque chose ? »*

Conclusion de l'activité : formuler : *« Les nombres 90 000, 80 000, 70 000, 60 000, 50 000, 40 000, 30 000, 20 000 et 10 000 permettent de décomposer 100 000. »*

Variante : Poser les 20 cartes sur la table face vierge visible. Jeu de Memory : chacun leur tour, les joueurs retournent deux cartes et les mémorisent de manière à pouvoir prélever les paires. Le gagnant est celui qui a reconstitué le plus de paires.

Temps 2 Structuration de la leçon

Rappels (2 minutes) : Demander aux élèves de reformuler ce qu'ils ont appris à propos des décompositions additives et multiplicatives. Annoncer les jeux (*cf.* Activités de découverte) et rappeler les règles.

Jeux (8 minutes) : Faire jouer, de nouveau, les élèves dans les mêmes conditions que lors de la phase de découverte.

Mise en commun (5 minutes) : Faire expliquer les stratégies et procédures utilisées et s'exprimer les difficultés. Noter au tableau les différentes procédures proposées (dictées par les enfants).
Entourer la plus efficace. La reformuler et la réexpliquer : *« Pour décomposer 100 000, on utilise les nombres 90 000, 80 000, 70 000, 60 000, 50 000, 40 000, 30 000, 20 000 et 10 000. »*

Synthèse écrite (15 minutes) : le savoir prend une forme et une valeur collectives (institutionnalisation).
Construire une **affiche de référence** comportant des décompositions du nombre 100 000. Utiliser la technique de « la dictée à l'adulte » : ce sont les élèves qui dictent les exemples de décompositions.

Proposition d'affiche de référence

Connaître les décompositions du nombre 100 000

• **Décompositions additives du nombre 100 000**

100 000 = 100 000 + 0 **100 000 = 60 000** + 40 000
100 000 = 90 000 + 10 000 **100 000 = 50 000** + 50 000
100 000 = 80 000 + 20 000 **100 000 = 40 000** + 60 000
100 000 = 70 000 + 30 000 **100 000 = 30 000** + 70 000
100 000 = 20 000 + 80 000 = **10 000** + 90 000

• **Décompositions multiplicatives du nombre 100 000**

100 000 = 100 000 × 1 **100 000 = 10 000** × 10
100 000 = (9 × 10 000) + (1 × 10 000)
100 000 = (8 × 10 000) + (2 × 10 000)
100 000 = (7 × 10 000) + (3 × 10 000)
100 000 = (6 × 10 000) + (4 × 10 000)
100 000 = (5 × 10 000) + (5 × 10 000)
100 000 = (4 × 10 000) + (6 × 10 000)
100 000 = (3 × 10 000) + (7 × 10 000)
100 000 = (2 × 10 000) + (8 × 10 000)
100 000 = (1 × 10 000) + (9 × 10 000)

• **On peut aussi écrire :**

100 000 = 10 000 + 10 000 + 10 000 + 10 000 + 10 000 + 10 000 + 10 000 + 10 000 + 10 000 + 10 000 = 10 000 × 10
100 000 = 30 000 + 30 000 + 20 000 + 20 000 = (30 000 × 2) + (20 000 × 2)

Distribuer, à chaque élève, une copie de l'affiche en format réduit A5, à coller dans le cahier.

Temps 3 Exercices d'entraînement

Organisation	• Individuel
Matériel	• Cahier-livre p. 109, exercices 205 à 210 • 1 ardoise et 1 feutre
Durée	• 15 minutes

Rappel de la leçon (2 minutes) : reformuler et / ou faire relire l'affiche « **Connaître les décompositions du nombre 100 000** ».

Exercice 205 : Les décompositions sont traitées l'une après l'autre.
Dire aux élèves : *« Écris OUI ou NON ».*

Exercices 206 : Passer la consigne du cahier-livre. Lire et copier l'exemple au tableau, puis effacer avant de débuter l'exercice.

Exercice 207 : les décompositions sont traitées l'une après l'autre.
Dire aux élèves : *« Écris VRAI ou FAUX ».*

Exercice 208 : les décompositions sont traitées l'une après l'autre.
Dire aux élèves : *« Écris OUI ou NON ».*

Exercices 209 : Passer la consigne du cahier-livre. Lire et copier l'exemple au tableau, puis effacer avant de débuter l'exercice.

Exercice 210 : les décompositions sont traitées l'une après l'autre.
Dire aux élèves : *« Écris VRAI ou FAUX ».*

Bilan : poser la question : *« Qui n'a pas compris quelque chose ? »*

Temps 4 Exercices d'entretien

Organisation	• Individuel
Matériel	• Guide Pédagogique (problèmes A, B, C, D ci-après) • 1 ardoise et 1 feutre
Durée	• 15 minutes

A : En utilisant 80 000, complète la décomposition additive de 100 000 : 100 000 = ?
B : En utilisant 10 000 et 10, écris deux décompositions multiplicatives de 100 000.
C : Écris quatre décompositions différentes du nombre 100 000.
D : Sami dit *« 100 000, c'est 30 000 + 8 000 + 2 000 »* et Hugo dit *« Non ! 100 000, c'est 30 000 + 70 000 »*. Qui a raison ?
Lisa dit *« 100 000 c'est (4 × 10 000) + (8 × 10 000) »* et Malika dit *« Non ! 100 000, c'est (4 × 10 000) + (6 × 10 000) »*. Qui a raison ?

Temps 5 Évaluation

L'évaluation des acquis des élèves est différée en fin de période. Les exercices, dictés par le maître, sont donnés p. 133.

Compléter à 100 000

► Cahier-livre p. 109

Objectifs

- Connaître les compléments à 100 000 des multiples de 10 000.
- Apprendre à compléter un nombre à 100 000.

Temps 1 Activité de découverte

Les cartes recto-verso

Organisation	• Groupes de 4 élèves
Matériel	• Jeu recto-verso (9 cartes par groupe): Carte recto: un nombre inférieur à 100 000 (multiple de 10 000), écrit en chiffres; carte verso: le complément de ce nombre à 100 000 (*cf.* matériel photocopiable en Annexe).
Durée	• 7 minutes

• Mise en situation

Descriptif: un élève tire une carte dans la pioche disposée au milieu de la table. Il lit au groupe le nombre qui y figure. La carte est alors posée face recto visible. Chacun écrit sur son ardoise le complément du nombre à 100 000. La carte est alors retournée par le tireur. Chaque élève du groupe tire et annonce au moins une fois.
On gagne 1 point par bonne réponse.

Consigne élève: *«Écrivez, sur l'ardoise, le complément à 100 000 du nombre tiré au sort puis vérifiez votre résultat en retournant la carte.»*
Exemples: le nombre tiré au sort est 60 000. Les élèves écrivent 40 000 sur leur ardoise. Le nombre tiré au sort est 80 000. Les élèves écrivent 20 000 sur leur ardoise.

Bilan intermédiaire: poser la question: *«Qui n'a pas compris quelque chose?»*

Conclusion de l'activité: formuler: *«Pour compléter un nombre à 100 000, il faut ajouter ce qui manque au nombre pour atteindre 100 000.»*
Exemple: Trouver le complément à 100 000 de 30 000.
Il faut atteindre 100 000. On calcule 30 000 + ? = 100 000. C'est 70 000.
Le complément à 100 000 de 30 000 est 70 000.

Variante: Pour les nombres inférieurs à 50 000, on peut écrire en petit, dans un coin de l'ardoise, le complément à 50 000 puis ajouter 50 000.

Les dominos

Organisation	• Groupes de trois joueurs
Matériel	• 1 jeu de 12 dominos par groupe (*cf.* matériel photocopiable en Annexe)
Durée	• 8 minutes

• Mise en situation

Descriptif: 4 dominos (nombres < 100 000 hors multiples de 10 000) par joueur. Chacun leur tour, les joueurs doivent réunir les compléments. Le vainqueur est celui qui possède le moins de dominos en fin de partie.

Consigne élève: *«Associez les dominos dont la somme fait 100 000. Se débarrasser de tous ses dominos avant les autres».*

Bilan intermédiaire: poser la question: *«Qui n'a pas compris quelque chose?»*

Conclusion de l'activité: formuler: *«Pour compléter un nombre à 100 000, on complète d'abord à la dizaine supérieure puis, on complète à la centaine supérieure, puis à l'unité de mille supérieure, à la dizaine de mille supérieure et enfin à 100 000.»*
On doit ensuite ajouter les compléments.
Exemple: Trouver le complément à 100 000 de 54 545.
54 545 + ? = 100 000

1. On complète à la dizaine supérieure.
54 545 + ? = 54 550 Le complément est 5.

2. On complète à la centaine supérieure.
54 550 + ? = 54 600 Le complément est 50.

3. On complète à l'unité de mille supérieure.
54 600 + ? = 55 000 Le complément est 400.

4. On complète à la dizaine de mille supérieure.
55 000 + ? = 60 000 Le complément est 5 000.

6. On complète à 100 000.
60 000 + ? = 100 000 Le complément est 40 000.

7. On ajoute les compléments.
40 000 + 5 000 + 400 + 50 + 5 = 45 455
Le complément à 100 000 de 54 545 est 45 455.

Variante: Une pioche peut être constituée en ne donnant que 3 dominos par joueur en début de partie.

Temps 2 Structuration de la leçon

Rappels (2 minutes): Demander aux élèves de reformuler ce qu'ils ont appris pour compléter à 100 000. Annoncer les jeux (cf. Activités de découverte) et rappeler les règles.

Jeux (8 minutes): Faire jouer, de nouveau, les élèves dans les mêmes conditions que lors de la phase de découverte.

Mise en commun (5 minutes): Faire expliquer les stratégies et procédures utilisées et s'exprimer les difficultés. Noter au tableau les différentes procédures proposées (dictées par les enfants). Entourer la plus efficace. La reformuler et la réexpliquer: *«Pour compléter un nombre à 100 000, on complète d'abord à la dizaine supérieure puis, on complète à la centaine supérieure, puis à l'unité de mille supérieure, à la dizaine de mille supérieure et enfin à 100 000. On doit ensuite ajouter les compléments.»*

Synthèse écrite (15 minutes): le savoir prend une forme et une valeur collectives (institutionnalisation).
Construire une **affiche de référence.** Utiliser la technique de «la dictée à l'adulte»: ce sont les élèves qui dictent les exemples.

Proposition d'affiche de référence

Compléter à 100 000

Pour **compléter un nombre à 100 000**, on complète d'abord à la **dizaine supérieure** puis, on complète à la **centaine supérieure,** puis à **l'unité de mille supérieure,** à la **dizaine de mille supérieure** et enfin à **100 000**.
On doit ensuite **ajouter les compléments**.
Exemple: Trouver le complément à 100 000 de 54 545.
54 545 + ? = 100 000
1 On **complète** à la **dizaine supérieure**.
54 545 + ? = 54 550 Le complément est **5**.
2 On **complète** à la **centaine supérieure**.
54 550 + ? = 54 600 Le complément est **50**.
3 On **complète** à l'unité de mille supérieure.
54 600 + ? = 55 000 Le complément est **400**.
4 On **complète** à la dizaine de mille supérieure.
55 000 + ? = 60 000 Le complément est **5 000**.
5 On **complète** à 100 000.
60 000 + ? = 100 000 Le complément est **40 000**.
5 On **ajoute les compléments.**
40 000 + 5 000 + 400 + 50 + 5 = 45 455
Le complément à 100 000 de 54 545 est 45 455.

Distribuer, à chaque élève, une copie de l'affiche en format réduit A5, à coller dans le cahier.

Temps 3 Exercices d'entraînement

Organisation	• Individuel
Matériel	• Cahier-livre p. 109, exercices 211 à 215 • 1 ardoise et 1 feutre
Durée	• 15 minutes

Rappel de la leçon (2 minutes): Reformuler et/ou faire relire l'affiche « **Compléter à 100 000** ».

Exercices 211 et 212: Passer la consigne du cahier-livre.

Exercice 213: Les propositions sont traitées l'une après l'autre.

Exercices 214 et 215: Lire oralement l'énoncé du problème. Correction immédiate.

Bilan: poser la question: *« Qui n'a pas compris quelque chose ? »*

Temps 4 Exercices d'entretien

Organisation	• Individuel
Matériel	• Guide Pédagogique (problèmes A, B, C, D ci-après) • 1 ardoise et 1 feutre
Durée	• 15 minutes

A: Écris la dizaine de mille suivante pour chaque nombre puis complète à 100 000:
23 692; 38 850; 55 099; 70 125
B: Complète chaque nombre à 100 000: 40 003; 17 002; 30 050; 11 111
C: Un paquet de riz compte 59 003 grains. Si on en ajoute 997, combien manquera-t-il de grains pour arriver à 100 000 ?
D: Il y a 25 920 fourmis à l'intérieur de la fourmilière et encore 30 qui sont dehors. Combien faut-il encore de fourmis pour arriver à 100 000?

Temps 5 Évaluation

L'évaluation des acquis des élèves est différée en fin de période. Les exercices, dictés par le maître, sont donnés p. 133.

Décomposer les nombres inférieurs à 999 999

► Cahier-livre p. 110

Cette séance est à traiter après celles « Découvrir le nombre 100 000 » et « Lire et écrire les nombres jusqu'à 999 999 ».

Objectifs

• Apprendre à décomposer les nombres en s'appuyant sur les nombres 100 000, 10 000, 1 000, 100 et 10
• Apprendre à décomposer les nombres en s'appuyant sur la numération orale

Temps 1 Activité de découverte

La boîte des décompositions

Organisation	• Collectif
Matériel	• 1 boîte et 5 étiquettes nombres: 121 462, 223 426, 352 857, 478 141 et 655 479 • 1 dé (2 faces bleues, 2 faces rouges, 2 faces vertes) • 1 ardoise et 1 feutre
Durée	• 7 minutes

• Mise en situation

Descriptif : Un élève vient tirer une étiquette-nombre, il lit le nombre à la classe.
Il lance le dé : face bleue, il dit « décomposition additive », face rouge : « décomposition multiplicative » et face verte : il choisit le type de décomposition à effectuer.
Chaque élève écrit sur son ardoise la décomposition correspondante, en s'appuyant sur la numération orale. On gagne 1 point par bonne réponse.
Exemple : le nombre 352 439 est annoncé, les élèves écrivent : 352 439 = 300 000 + 50 000 + 2 000 + 400 + 30 + 9 ou 352 439 = (3 × 100 000) + (5 × 10 000) + (2 × 1 000) + (4 × 100) + (3 × 10) + 9

Consigne élève : *« Écrivez, sur l'ardoise, la décomposition qui correspond au nombre annoncé. Écoutez bien le nombre ! ».*

Bilan intermédiaire : poser la question : « Qui n'a pas compris quelque chose ? »

Conclusion de l'activité : formuler : « On peut décomposer un nombre comme on l'entend à l'oral ».

Variante : cinq élèves volontaires reçoivent une étiquette. Chacun écrit un nombre inférieur à 999 999 sur son étiquette. Les étiquettes-nombres sont placées dans la boîte. Le jeu peut alors démarrer.

Jeu des mariages

Organisation	• Binômes
Matériel	• *n* jeux de 20 cartes (10 paires) comportant des nombres inférieurs à 999 999 écrits sous deux formes différentes : chiffres et décompositions additives ou multiplicatives (*cf.* matériel photocopiable en Annexe).
Durée	• 15 minutes

• Mise en situation

Descriptif : Les joueurs se partagent les cartes. Chaque joueur se débarrasse des paires. Puis, chacun leur tour, les joueurs tirent une carte dans le jeu de l'adversaire. Le gagnant est celui qui n'a plus de cartes avant l'autre.

Consigne élève : « Partagez les cartes, associer les cartes représentant le même nombre. Posez les paires sur la table. Quand vous n'avez plus de paires, chacun votre tour, piochez une carte dans le jeu que vous présente l'adversaire. Le gagnant est celui qui n'a plus de cartes avant l'autre. ».

Bilan intermédiaire : poser la question : « Qui n'a pas compris quelque chose ? ».

Conclusion de l'activité : formuler : « Les nombres 100 000, 10 000, 1 000, 100 et 10 permettent de décomposer les nombres. On peut aussi utiliser le nombre de centaines de mille, de dizaines de mille, d'unités de mille, de centaines, de dizaines qu'on entend à l'oral lorsqu'on dit le nombre ».

Variante : Poser les 20 cartes sur la table face vierge visible. Jeu de Memory : chacun leur tour, les joueurs retournent deux cartes et les mémorisent de manière à pouvoir prélever les paires. Le gagnant est celui qui a reconstitué le plus de paires.

Temps 2 Structuration de la leçon

Rappels (2 minutes) : Demander aux élèves de reformuler ce qu'ils ont appris à propos des décompositions additives et multiplicatives. Annoncer les jeux (*cf.* Activités de découverte) et rappeler les règles.

Jeux (8 minutes) : Faire jouer, de nouveau, les élèves dans les mêmes conditions que lors de la phase de découverte.

Mise en commun (5 minutes) : Faire expliquer les stratégies et procédures utilisées et s'exprimer les difficultés. Noter au tableau les différentes procédures proposées (dictées par les enfants). Entourer la plus efficace. La reformuler et la réexpliquer : Pour décomposer un nombre, on utilise les nombres 100 000, 10 000, 1 000, 100 et 10. On peut partir du nombre tel qu'on l'entend à l'oral.

Synthèse écrite (15 minutes) : le savoir prend une forme et une valeur collectives (institutionnalisation).
Construire une **affiche de référence** comportant des décompositions significatives des nombres inférieurs à 999 999. Utiliser la technique de « la dictée à l'adulte » : ce sont les élèves qui dictent les exemples de décompositions. L'affiche prendra la forme d'un cartable.

Proposition d'affiche de référence

Connaître les décompositions des nombres inférieurs à 999 999

• Dans **156 123,** on entend « **cent** » « **cinquante** » « **six** » « **mille** », « **cent** », « **vingt** » et « **trois** ».
156 123 c'est donc **156 000 + 100 + 20 + 3** et aussi **100 000 + 50 000 + 6 000 + 100 + 20 + 3**

• Dans **240 345,** on entend « **deux-cent-quarante-mille** », « **trois-cents** », « **quarante** » et « **cinq** ».
240 345 c'est donc **(2 × 100 000) + (4 × 10 000) + (3 × 100) + (4 × 10) + 5** et aussi **(240 × 1 000) + (3 × 100) + (4 × 10) + 5**

• Dans **301 502,** on entend « **trois-cent-un-mille** », « **cinq-cents** » et « **deux** ».
300 502 c'est donc **300 000 + 500 + 2** et aussi **(3 × 100 000) + (5 × 100) + 2** aussi **(300 × 1 000) + (5 × 100) + 2**

• Dans **450 080,** on entend « **quatre-cent-cinquante-mille** » et « **quatre-vingts** ».
450 080 c'est donc **400 000 + 50 000 + 80** et aussi **(4 × 100 000) + (5 × 10 000) + (8 × 10)** et aussi **(450 × 1 000) + (8 × 10)**
Remarque : c'est plus rapide de décomposer le nombre comme on l'entend !

Distribuer, à chaque élève, une copie de l'affiche en format réduit A5, à coller dans le cahier.

Temps 3 Exercices d'entraînement

Organisation	• Individuel
Matériel	• Cahier-livre p. 110, exercices 216 à 221 • 1 ardoise et 1 feutre
Durée	• 15 minutes

Rappel de la leçon (2 minutes) : Reformuler et / ou faire relire l'affiche « Connaître les décompositions des nombres inférieurs 999 999 ».

Exercices 216 à 219 : Passer la consigne du cahier-livre. Lire et copier les exemples au tableau, puis effacer avant de débuter l'exercice.

Exercice 220: les décompositions sont traitées l'une après l'autre. Dire aux élèves: « Ici, les décompositions sont additives! ».

Exercice 221: les décompositions sont traitées l'une après l'autre. Dire aux élèves: « Ici, les décompositions sont multiplicatives! ».

Bilan: poser la question: « Qui n'a pas compris quelque chose ? ».

Temps 4 Exercices d'entretien

Organisation	• Individuel
Matériel	• Guide Pédagogique (problèmes A, B, C, D ci-après) • 1 ardoise et 1 feutre
Durée	• 15 minutes

A: En utilisant 100 000, 10 000, 1000, 100 et 10, trouve la décomposition additive de 642 789, 702 350.
B: En utilisant 100 000, 10 000, 1000, 100 et 10, trouve la décomposition multiplicative de 968 876.
C: Décompose de deux façons les nombres 500 305, 550 030 et 503 050.
D: Sami dit *« 200 098, c'est 200 000 + 90 + 8 »* et Hugo dit *« Non! 200 098, c'est 200 000 + 88 »*. Qui a raison?
Lisa dit *« 330 807, c'est (330 × 1000) + (8 × 10) + 7 »* et Malika dit *« Non! 330 807, c'est (330 × 1000) + (8 × 100) + 7 »*. Qui a raison?

Temps 5 Évaluation

L'évaluation des acquis des élèves est différée en fin de période. Les exercices, dictés par le maître, sont donnés p. 133.

Calculer le quadruple d'un nombre

► Cahier-livre p. 110

Objectifs

• Apprendre à calculer le quadruple d'un nombre inférieur à 25 000
• Apprendre à calculer le quadruple d'une addition, d'une soustraction ou d'une multiplication

Temps 1 Activité de découverte

Jeu des mariages 1

Organisation	• Binômes
Matériel	• *n* jeux de 20 cartes (10 paires) comportant des nombres inférieurs à 25 000 et leurs quadruples inférieurs à 100 000
Durée	8 minutes

• Mise en situation

Descriptif: Les joueurs se partagent les cartes. Chaque joueur se débarrasse des paires. Puis, chacun leur tour, les joueurs tirent une carte dans le jeu de l'adversaire. Le gagnant est celui qui n'a plus de cartes avant l'autre.

Consigne élève: *« Partagez les cartes, associer chaque nombre à son quadruple. Posez les paires sur la table. Quand vous n'avez plus de paires, chacun votre tour, piochez une carte dans le jeu que vous présente l'adversaire. Le gagnant est celui qui n'a plus de cartes avant l'autre. »*

Bilan intermédiaire: poser la question: « Qui n'a pas compris quelque chose ? ».

Conclusion de l'activité: formuler: Pour calculer le quadruple d'un nombre, on décompose le nombre et on multiplie chaque terme par quatre.
Exemple: Calculer le quadruple de 2 121.
2121 c'est 2 000 + 100 + 20 + 1.
Donc le quadruple de 2121, c'est le quadruple de 2 000 + le quadruple de 100 + le quadruple de 20 + le quadruple de 1.
C'est donc (2 000 × 4) + (100 × 4) + (20 × 4) + (1 × 4) = 8 000 + 400 + 80 + 4 = 8 484.
Le quadruple de 2 121 est 8 484.

Variante: Poser les 20 cartes sur la table face vierge visible. Jeu de Memory: chacun leur tour, les joueurs retournent deux cartes et les mémorisent de manière à pouvoir prélever les paires. Le gagnant est celui qui a reconstitué le plus de paires.

Jeu des mariages 2

Organisation	• Binômes
Matériel	• *n* jeux de 20 cartes (10 paires) comportant des opérations dont le résultat est inférieur à 25 000 et leurs quadruples inférieurs à 100 000
Durée	• 7 minutes

• Mise en situation

Descriptif: Idem jeu des mariages 1.

Consigne élève: *« Partagez les cartes, associer chaque opération à son quadruple. Posez les paires sur la table. Quand vous n'avez plus de paires, chacun votre tour, piochez une carte dans le jeu que vous présente l'adversaire. Le gagnant est celui qui n'a plus de cartes avant l'autre. »*

Bilan intermédiaire: poser la question: « Qui n'a pas compris quelque chose ? ».

Conclusion de l'activité: formuler: Pour calculer le quadruple d'une addition, d'une soustraction ou d'une multiplication, on calcule le quadruple du résultat.
Exemple: Calculer le quadruple de 200 + 300.
200 + 300 = 500 et 500 × 4 = 2 000
Le quadruple de 200 + 300 est 2 000.
Remarque: 200 × 4 = 800 et 300 × 4 = 1200
donc (200 + 300) × 4 = 800 + 1200 = 2 000

Variante: Idem jeu des mariages 1.

Temps 2 Structuration de la leçon

Rappels (2 minutes): Demander aux élèves de reformuler ce qu'ils ont appris pour calculer le quadruple d'un nombre. Annoncer les jeux (*cf.* Activités de découverte) et rappeler les règles.

Jeux (8 minutes): Faire jouer, de nouveau, les élèves dans les mêmes conditions que lors de la phase de découverte.

Mise en commun (5 minutes): Faire expliquer les stratégies et procédures utilisées et s'exprimer les difficultés. Noter au tableau les différentes procédures proposées (dictées par les enfants).
Entourer la plus efficace. La reformuler et la réexpliquer:

- Pour calculer le quadruple d'un nombre, on décompose le nombre et on multiplie chaque terme par quatre.
Exemple: Calculer le quadruple de 3 121.
3121, c'est 3000 + 100 + 20 + 1.
Donc le quadruple de 3121, c'est le quadruple de 3000 + le quadruple de 100 + le quadruple de 20 + le quadruple de 1.
C'est donc (3000 × 4) + (100 × 4) + (20 × 4) + (1 × 4) =
12000 + 400 + 80 + 4 = 12484.
Le quadruple de 3121 est 12484.
- Pour calculer le quadruple d'une addition, d'une soustraction ou d'une multiplication, on calcule le quadruple du résultat.
Exemple: Calculer le quadruple de 350 + 150.
350 + 150 = 500   500 × 4 = 2000
Le quadruple de 350 + 150 est 2000.
Remarque: 350 × 4 = 1400 et 150 × 4 = 600
donc (350 + 150) × 4 = 1400 + 600 = 2000

Synthèse écrite (15 minutes): le savoir prend une forme et une valeur collectives (institutionnalisation).
Construire une **affiche de référence.** Utiliser la technique de « la dictée à l'adulte »: ce sont les élèves qui dictent les exemples.

Proposition d'affiche de référence

Calculer le quadruple d'un nombre

- Pour calculer le quadruple d'un nombre, on décompose le nombre et on multiplie chaque terme par quatre.
Exemple: **Calculer le quadruple de 3121.**
3121, c'est **3000 + 100 + 20 + 1.**
Donc le quadruple de 3121, c'est **le quadruple de 3000 + le quadruple de 100 + le quadruple de 20 + le quadruple de 1.**
C'est donc **(3000 × 4) + (100 × 4) + (20 × 4) + (1 × 4)** =
12000 + 400 + 80 + 4 = **12484.**
Le **quadruple de 3 121** est **12484.**

- **Pour calculer le quadruple d'une addition, d'une soustraction ou d'une multiplication, on calcule le quadruple du résultat.**
Exemple: Calculer le **quadruple de 350 + 150**
350 + 150= 500   500 × 4= 2000
Le **quadruple de 350 + 150** est **2000.**
Remarque: 350 × 4 = 1400 et 150 × 4 = 600
donc (350 + 150) × 4 = 1400 + 600 = 2000

Distribuer, à chaque élève, une copie de l'affiche en format réduit A5, à coller dans le cahier.

Temps 3 Exercices d'entraînement

Organisation	• Individuel
Matériel	• Cahier-livre p. 110, exercices 222 à 228 • 1 ardoise et 1 feutre.
Durée	• 15 minutes

Rappel de la leçon (2 minutes): reformuler et/ou faire relire l'affiche «Calculer le quadruple d'un nombre ».

Exercices 222 à 225: Passer la consigne du cahier-livre.

Exercices 226 à 228: Lire l'énoncé oralement. Traiter les situations l'une après l'autre avec correction intermédiaire.

Bilan: poser la question: « Qui n'a pas compris quelque chose ? ».

Temps 4 Exercices d'entretien

Organisation	• Individuel
Matériel	• Guide Pédagogique (problèmes A, B, C, D ci-après) • 1 ardoise et 1 feutre
Durée	• 15 minutes

A: Hugo avait 2500 billes. Il en a maintenant le quadruple. Combien Hugo a-t-il de billes maintenant ?
B: Lisa avait 12000 mini-briques encastrables. Elle en a maintenant le quadruple. Combien Lisa a-t-elle de mini-briques maintenant ?
C: Malika avait 21100 planchettes de bois dans son baril. Elle en a maintenant le quadruple. Combien Malika a-t-elle de planchettes maintenant ?
D: Sami dit *« 100000, c'est le quadruple de 20000 »* et Malika dit *« Non ! 100000, c'est le quadruple de 25000 »*. Qui a raison ?
Lisa dit *« 12000 a pour quadruple 48000 »* et Hugo dit *« Non ! 12000 a pour quadruple 40800 »*. Qui a raison ?

Temps 5 Évaluation

L'évaluation des acquis des élèves est différée en fin de période. Les exercices, dictés par le maître, sont donnés p. 133.

Multiplier par 1 000, 10 000 et 100 000

► Cahier-livre p. 110

Objectifs

- Apprendre à multiplier un nombre par 1000
- Apprendre à multiplier un nombre par 10 000
- Apprendre à multiplier un nombre par 100 000

Temps 1 Activité de découverte

La grille des multiplications

Organisation	• Groupes de 4 élèves
Matériel	• 1 grille numérotée aléatoirement composée de multiples de 1000, 10 000 ou 100 000/1 pion par joueur (grain de café) (*cf.* matériel photocopiable en Annexe) • 1 ardoise par élève.
Durée	5 minutes

• Mise en situation

Descriptif: Chacun leur tour, les élèves lancent leur pion sur la grille. Le tirage est annoncé.
Chacun écrit, sur son ardoise, le produit par 1000, 10 000 ou 100 000 aboutissant au nombre du tirage. On gagne 1 point par bonne réponse».

Consigne élève: *«Écrivez sur l'ardoise, la multiplication correspondant au produit issu de votre tirage ». Exemple: le pion indique 70 000, les élèves écrivent 10 000 × 7 sur leur ardoise.*

Bilan intermédiaire: poser la question: «Qui n'a pas compris quelque chose?»

Conclusion de l'activité: Si un nombre finit par «000», «0000» ou «00000», le nombre (formé par les chiffres devant les zéros) a été multiplié par 1000, 10 000 ou 10 0000.

Variante: Changer les nombres dans la grille.

Temps 2 Structuration de la leçon

Rappels (2 minutes): Demander aux élèves de reformuler ce qu'ils ont appris à propos de la multiplication par 1000, 10 000 et 100 000. Annoncer le jeu (*cf.* Activités de découverte) et rappeler les règles.

Jeux (8 minutes): Faire jouer, de nouveau, les élèves dans les mêmes conditions que lors de la phase de découverte.

Mise en commun (5 minutes): Faire expliquer les stratégies et procédures utilisées et s'exprimer les difficultés. Noter au tableau les différentes procédures proposées (dictées par les enfants). Entourer la plus efficace. La reformuler et la réexpliquer:
Pour **multiplier un nombre**:
- par 1000: on place **trois zéros** derrière le chiffre des unités du nombre.
Exemples: 6 × 1000 = 6 000, 32 × 1000 = 32 000
- par 10 000: on place **quatre zéros** derrière le chiffre des unités du nombre.
Exemples: 6 × 10 000 = 60 000, 32 × 10 000 = 320 000
- par 100 000: on place **cinq zéros** derrière le chiffre des unités du nombre.
Exemple: 6 × 100 000 = 600 000
Remarque: si un nombre finit par «000», «0000» ou «00000», le nombre (formé par les chiffres devant les zéros) a été multiplié par 1000, 10 000 ou 100 000.

Synthèse écrite (15 minutes): le savoir prend une forme et une valeur collectives (institutionnalisation).
Construire une **affiche de référence.** Utiliser la technique de «la dictée à l'adulte»: ce sont les élèves qui dictent les exemples.

Proposition d'affiche de référence

Multiplier par 1000, 10 000, 100 000

Pour multiplier un nombre:
• **par 1000**: on place **trois zéros** derrière le chiffre des unités du nombre.
Exemples: 6 × 1000 = 6 000, 32 × 1000 = 32 000
• **par 10 000**: on place **quatre zéros** derrière le chiffre des unités du nombre.
Exemples: 6 × 10 000 = 60 000, 32 × 10 000 = 320 000
• **par 100 000**: on place **cinq zéros** derrière le chiffre des unités du nombre.
Exemple: 6 × 100 000 = 600 000
Remarque: si un nombre finit par «000», «0000» ou «00000», le nombre (formé par les chiffres devant les zéros) a été multiplié par 1000, 10 000 ou 100 000.

Distribuer, à chaque élève, une copie de l'affiche en format réduit A5, à coller dans le cahier.

Temps 3 Exercices d'entraînement

Organisation	• Individuel
Matériel	• Cahier-livre p. 110, exercices 229 à 235 • 1 ardoise + 1 feutre
Durée	• 15 minutes

Rappel de la leçon (2 minutes): reformuler et / ou faire relire l'affiche «Multiplier par 1000, 10 000, 100 000».

Exercices 229 à 232: Passer la consigne du cahier-livre.

Exercices 233 à 235: Lire oralement l'énoncé du problème. Correction immédiate.

Bilan: poser la question: «Qui n'a pas compris quelque chose?».

Temps 4 Exercices d'entretien

Organisation	• Individuel
Matériel	• Guide Pédagogique (problèmes A, B, C, D ci-après) • 1 ardoise + 1 feutre
Durée	• 15 minutes

A: Malika a 92 euros. Elle gagne 1000 fois plus d'argent au loto. Combien Malika a-t-elle d'argent maintenant ?
B: Lisa a joué 7 euros à la loterie. Cela lui a rapporté 70 000 euros. Lisa a gagné 1000 fois plus, 10 000 fois plus ou 100 000 fois plus d'argent que sa mise ?
C: Le village de Baren, dans la Haute Garonne, est un des plus petits villages de France avec 5 habitants ! L'agglomération de Lyon en compte environs 100 000 fois plus. Combien y a-t-il d'habitants à Lyon ?
D: Sami parcourt 39 km pour se rendre au planétarium. Là, il apprend que la Lune est à une distance de la Terre, 10 000 fois plus grande que son trajet. Quelle est la distance de la Terre à la Lune ?

Temps 5 Évaluation

L'évaluation des acquis des élèves est différée en fin de période. Les exercices, dictés par le maître, sont donnés p. 133.

Calculer mentalement un produit (4)

► Cahier-livre p. 111

Objectifs

• Apprendre à multiplier un nombre à trois chiffres par un nombre à deux chiffres
• Apprendre à mobiliser les résultats des tables de multiplication jusqu'à 9
• Utiliser la commutativité de la multiplication

Temps 1 Activité de découverte

La boîte des multiplications

Organisation	• Groupes de 4 joueurs
Matériel	• 1 boîte contenant 10 étiquettes comportant des nombres à trois chiffres • 1 dé comportant les nombres 11, 22, 25, 40, 50 et 70 • 1 ardoise par élève
Durée	10 minutes

• Mise en situation

Descriptif: Chacun leur tour, les élèves piochent une étiquette dans la boîte, lisent le nombre à haute voix, puis lancent le dé. Chacun écrit le produit des deux nombres sur son ardoise. On gagne 1 point par bonne réponse.

Consigne élève: *« Piochez une étiquette dans la boîte. Lisez le nombre au groupe. Lancez le dé. Lisez le nombre au groupe. Écrivez le produit des deux nombres sur votre ardoise ». Exemple : le nombre tiré au sort est 400 et le dé annonce « 25 ». Les élèves écrivent 10 000 sur leur ardoise.*

Bilan intermédiaire: poser la question : *« Qui n'a pas compris quelque chose ? ».*

Conclusion de l'activité: formuler : Pour multiplier un nombre à trois chiffres multiple de 100 (finissant par deux zéros) par un nombre à deux chiffres, **on décompose le premier nombre** en un produit d'un nombre à un chiffre par 100. Puis on **multiplie le nombre à un chiffre par le nombre à deux chiffres**. Enfin, on multiplie le produit obtenu par **100.**

Exemples:
- Calculer 300 × 22 — 300 = 3 × 100
On calcule donc 300 × 22 = (3 × 22) × 100 = 66 × 100 = 6 600
- Calculer 200 × 34 — 200 = 2 × 100
On calcule donc 200 × 34 = (2 × 34) × 100 = 68 × 100 = 6 800

Variante: Rapidité : le premier qui écrit le résultat correct sur son ardoise gagne 2 points.

Temps 2 Structuration de la leçon

Rappels (2 minutes): Demander aux élèves de reformuler ce qu'ils ont appris à propos de la multiplication d'un nombre à trois chiffres par un nombre à deux chiffres. Annoncer les jeux (*cf.* Activités de découverte) et rappeler les règles.

Jeux (8 minutes): Faire jouer, de nouveau, les élèves dans les mêmes conditions que lors de la phase de découverte.

Mise en commun (5 minutes): Faire expliquer les stratégies et procédures utilisées et s'exprimer les difficultés. Noter au tableau les différentes procédures proposées (dictées par les enfants). Entourer la plus efficace. La reformuler et la réexpliquer :
Pour multiplier un nombre à trois chiffres multiple de 100 (finissant par deux zéros) par un nombre à deux chiffres, **on décompose le premier nombre** en un produit d'un nombre à un chiffre par 100. Puis on **multiplie le nombre à un chiffre par le nombre à deux chiffres**. Enfin, on multiplie le produit obtenu par **100.**
Exemples:
- Calculer 300 × 22 — 300 = 3 × 100
On calcule donc : 300 × 22 = (3 × 22) × 100 = 66 × 100 = 6 600
- Calculer 200 × 34 — 200 = 2 × 100
On calcule donc : 200 × 34 = (2 × 34) × 100 = 68 × 100 = 6 800

Variante: Rapidité : le premier qui écrit le résultat correct sur son ardoise gagne 2 points.

Synthèse écrite (15 minutes): le savoir prend une forme et une valeur collectives (institutionnalisation). Construire une **affiche de référence.** Utiliser la technique de « la dictée à l'adulte » : ce sont les élèves qui dictent les exemples.

Proposition d'affiche de référence

Calculer mentalement un produit (4)

• **Pour multiplier un nombre à trois chiffres multiplie de 100** (finissant par deux zéros) **par un nombre à deux chiffres :**
- on décompose le premier nombre en un **produit d'un nombre à un chiffre par 100** ;
- puis on **multiplie le nombre à un chiffre par le nombre à deux chiffres** ;
- enfin, on multiplie le produit obtenu par **100.**

Exemples :

- Calculer 300 × 22 300 = 3 × 100
On calcule donc
300 × 22 = **(3 × 22) × 100** = 66 × 100 = **6 600**

- Calculer 200 × 34 200 = 2 × 100
On calcule donc :
200 × 34 = **(2 × 34) × 100** = 68 × 100 = **6 800**

- Calculer 400 × 53 400 = 4 × 100
On calcule donc :
400 × 53 = **(4 × 53) × 100** = 212 × 100 = **21 200**

• On peut aussi décomposer le second nombre puis on **multiplie chaque terme**. Enfin, on **additionne les résultats**.

Exemple :

Calculer 500 × 15 15 = 10 + 5
On calcule donc :
500 × 15 = **(500 × 10) + (500 × 5)** = 5 000 + 2 500 = **7 500**

Distribuer, à chaque élève, une copie de l'affiche en format réduit A5, à coller dans le cahier.

Temps 3 Exercices d'entraînement

Organisation	• Individuel
Matériel	• Cahier-livre p. 111, exercices 236 à 242 • 1 ardoise + 1 feutre
Durée	15 minutes

Rappel de la leçon (2 minutes) : reformuler et / ou faire relire l'affiche « Calculer mentalement un produit (4) ».

Exercices 236 à 238 : Passer la consigne du cahier-livre.

Exercices 239 à 242 : Lire oralement l'énoncé du problème. Correction immédiate.

Bilan : poser la question : « Qui n'a pas compris quelque chose ? ».

Temps 4 Exercices d'entretien

Organisation	• Individuel
Matériel	• Guide Pédagogique (problèmes A, B, C, D ci-après) • 1 ardoise + 1 feutre
Durée	15 minutes

A : Lisa court sur une piste de 400 m. Elle fait 15 tours de piste. Quelle distance (en m) Lisa aura-t-elle parcourue ?
B : Dans la classe, Hugo range des boîtes de 200 cubes. Il y a 25 boîtes. Combien Hugo a-t-il rangé de cubes en tout ?
C : Malika a joué 11 euros à la loterie. Elle gagne 500 fois sa mise. Quelle somme Malika a-t-elle gagnée ?
D : Le petit village de Bousignies, dans le Nord-Pas-De-Calais, compte 300 habitants. La commune de Roost-Warendin en dénombre 21 fois plus. Combien y a-t-il d'habitants à Roost-Warendin ?

Temps 5 Évaluation

L'évaluation des acquis des élèves est différée en fin de période. Les exercices, dictés par le maître, sont donnés p. 133.

Déterminer l'ordre de grandeur d'une addition

▸ Cahier-livre p. 111

Objectifs

• Apprendre à déterminer une valeur approchée d'un nombre entier
• Apprendre à calculer l'ordre de grandeur d'une addition

Temps 1 Activité de découverte

Jeu des mariages

Organisation	• Binômes
Matériel	• *n* jeux de 20 cartes (10 paires) comportant des additions et les ordres de grandeur correspondants (*cf.* matériel photocopiable en Annexe)
Durée	• 8 minutes

• Mise en situation

Descriptif: Les joueurs se partagent les cartes. Chaque joueur se débarrasse des paires. Puis, chacun leur tour, les joueurs tirent une carte dans le jeu de l'adversaire. Le gagnant est celui qui n'a plus de cartes avant l'autre.

Consigne élève: *« Partagez les cartes, associer chaque addition à son ordre de grandeur. Posez les paires sur la table. Quand vous n'avez plus de paires, chacun votre tour, piochez une carte dans le jeu que vous présente l'adversaire. Le gagnant est celui qui n'a plus de cartes avant l'autre. »*

Bilan intermédiaire: poser la question: « Qui n'a pas compris quelque chose? ».

Conclusion de l'activité: formuler: Lorsqu'il est difficile de calculer mentalement une addition, on peut utiliser les **valeurs approchées de chacun des termes** de l'addition pour en trouver **l'ordre de grandeur.**
Exemples: Trouve le résultat le plus proche de 237 + 161.
237 est proche de 240 et 161 est proche de 160.
Donc on peut **estimer** que le résultat est **proche de** celui de 240 + 160 = 400.
L'ordre de grandeur pour 237 + 161 est 400.
Trouve le résultat le plus proche de 5396 + 1598.
5396 est proche de 5400 et 1598 est proche de 1600.
Donc on peut **estimer** que le résultat est **proche de** celui de 5400 + 1600 = 7000.
L'ordre de grandeur pour 5396 + 1598 est 7000.

Variante: Poser les 20 cartes sur la table face vierge visible. Jeu de Memory: chacun leur tour, les joueurs retournent deux cartes et les mémorisent de manière à pouvoir prélever les paires. Le gagnant est celui qui a reconstitué le plus de paires.

Temps 2 Structuration de la leçon

Rappels (2 minutes): Demander aux élèves de reformuler ce qu'ils ont appris pour déterminer l'ordre de grandeur d'une addition. Annoncer les jeux (*cf.* Activités de découverte) et rappeler les règles.

Jeux (8 minutes): Faire jouer, de nouveau, les élèves dans les mêmes conditions que lors de la phase de découverte.

Mise en commun (5 minutes): Faire expliquer les stratégies et procédures utilisées et s'exprimer les difficultés. Noter au tableau les différentes procédures proposées (dictées par les enfants). Entourer la plus efficace. La reformuler et la réexpliquer:
Lorsqu'il est difficile de calculer mentalement une addition, on peut utiliser les **valeurs approchées de chacun des termes** de l'addition pour en trouver **l'ordre de grandeur.**
Exemples: Trouve le résultat le plus proche de 237 + 161.
237 est proche de 240 et 161 est proche de 160.
Donc on peut **estimer** que le résultat est **proche de** celui de 240 + 160 = 400.
L'ordre de grandeur pour 237 + 161 est 400.
Trouve le résultat le plus proche de 5396 + 1598.
5396 est proche de 5400 et 1598 est proche de 1600.
Donc on peut **estimer** que le résultat est **proche de** celui de 5400 + 1600 = 7000.
L'ordre de grandeur pour 5 396 + 1 598 est 7000.

Synthèse écrite (15 minutes): le savoir prend une forme et une valeur collectives (institutionnalisation).
Construire une **affiche de référence.** Utiliser la technique de « la dictée à l'adulte »: ce sont les élèves qui dictent les exemples.

Proposition d'affiche de référence

Déterminer l'ordre de grandeur d'une addition

Lorsqu'il est difficile de calculer mentalement une addition, on peut utiliser les **valeurs approchées de chacun des termes** de l'addition pour en trouver **l'ordre de grandeur.**
Exemples:
• Trouve le résultat le plus proche de 237 + 161.
237 est proche de 240 et 161 est proche de 160.
Donc on peut **estimer** que le résultat est **proche de** celui de 240 + 160 = 400.
L'ordre de grandeur pour 237 + 161 est 400.
• Trouve le résultat le plus proche de 5396 + 1598.
5 396 est proche de 5400 et 1598 est proche de 1600.
Donc on peut **estimer** que le résultat est **proche de** celui de 5400 + 1600 = 7000.
L'ordre de grandeur pour 5396 + 1598 est 7000.

Distribuer, à chaque élève, une copie de l'affiche en format réduit A5, à coller dans le cahier.

Temps 3 Exercices d'entraînement

Organisation	• Individuel
Matériel	• Cahier-livre p. 111, exercices 243 à 249 • 1 ardoise et 1 feutre
Durée	• 15 minutes

Rappel de la leçon (2 minutes): reformuler et/ou faire relire l'affiche «Déterminer l'ordre de grandeur d'une addition».

Exercices 243 à 246: Passer la consigne du cahier-livre.

Exercices 247 à 249: Lire l'énoncé oralement. Traiter les situations l'une après l'autre avec correction intermédiaire.

Bilan: poser la question: « Qui n'a pas compris quelque chose ? ».

Temps 4 Exercices d'entretien

Organisation	• Individuel
Matériel	• Guide Pédagogique (problèmes A, B, C ci-après) • 1 ardoise et 1 feutre
Durée	• 15 minutes

A: Hugo avait 233 billes. Lisa lui en donne 168. Estime combien Hugo a de billes maintenant.
B: Malika avait 1207 mini-briques encastrables. Elle en achète maintenant 1800. Détermine un ordre de grandeur du nombre de mini-briques que Malika possède.
C: Lisa avait 1287 planchettes de bois. Elle achète un nouveau baril de 1700 planchettes. Estime combien Lisa a de planchettes maintenant.

Temps 5 Évaluation

L'évaluation des acquis des élèves est différée en fin de période. Les exercices, dictés par le maître, sont donnés p. 133

Déterminer l'ordre de grandeur d'une soustraction

► Cahier-livre p. 111

Objectifs

• Apprendre à déterminer une valeur approchée d'un nombre entier
• Apprendre à calculer l'ordre de grandeur d'une soustraction

Temps 1 Activité de découverte

Jeu des mariages

Organisation	• Binômes
Matériel	• *n* jeux de 20 cartes (10 paires) comportant des additions et les ordres de grandeur correspondants (*cf.* matériel photocopiable en Annexe).
Durée	• 8 minutes

• Mise en situation

Descriptif: Les joueurs se partagent les cartes. Chaque joueur se débarrasse des paires. Puis, chacun leur tour, les joueurs tirent une carte dans le jeu de l'adversaire. Le gagnant est celui qui n'a plus de cartes avant l'autre.

Consigne élève: *« Partagez les cartes, associer chaque soustraction à son ordre de grandeur. Posez les paires sur la table. Quand vous n'avez plus de paires, chacun votre tour, piochez une carte dans le jeu que vous présente l'adversaire. Le gagnant est celui qui n'a plus de cartes avant l'autre. »*

Bilan intermédiaire: poser la question: *« Qui n'a pas compris quelque chose ? »*.

Conclusion de l'activité: formuler:
Lorsqu'il est difficile de calculer mentalement une soustraction, on peut utiliser les **valeurs approchées de chacun des termes** de la soustraction pour en trouver **l'ordre de grandeur.**
Exemples: Trouve le résultat le plus proche de **340 - 17.**
17 est proche de 20.
Donc on peut **estimer** que le résultat de 340 - 17 est **proche de** celui de 340 - 20 = 320.
L'ordre de grandeur pour **340 - 17** est 320.
Trouve le résultat le plus proche de **1293 - 400**
1293 est proche de 1300
Donc on peut **estimer** que le résultat de 1293 - 400 est **proche de** celui de 1 300 - 400 = 900.
L'ordre de grandeur pour **1293 - 400** est 900.

Variante: Poser les 20 cartes sur la table face vierge visible. Jeu de Memory: chacun leur tour, les joueurs retournent deux cartes et les mémorisent de manière à pouvoir prélever les paires. Le gagnant est celui qui a reconstitué le plus de paires.

Temps 2 Structuration de la leçon

Rappels (2 minutes): Demander aux élèves de reformuler ce qu'ils ont appris pour déterminer l'ordre de grandeur d'une soustraction. Annoncer les jeux (*cf.* Activités de découverte) et rappeler les règles.

Jeux (8 minutes): Faire jouer, de nouveau, les élèves dans les mêmes conditions que lors de la phase de découverte.

Mise en commun (5 minutes): Faire expliquer les stratégies et procédures utilisées et s'exprimer les difficultés. Noter au tableau les différentes procédures proposées (dictées par les enfants). Entourer la plus efficace. La reformuler et la réexpliquer: Lorsqu'il est difficile de calculer mentalement une soustraction, on peut utiliser les **valeurs approchées de chacun des termes** de la soustraction pour en trouver **l'ordre de grandeur.**
Exemples: Trouve le résultat le plus proche de **340 - 17.**
17 est proche de 20.
Donc on peut **estimer** que le résultat de 340 - 17 est **proche de** celui de 340 - 20 = 320.
L'ordre de grandeur pour **340 - 17** est 320.
Trouve le résultat le plus proche de **1293 - 400**
1293 est proche de 1300
Donc on peut **estimer** que le résultat de 1 293 - 400 est **proche de** celui de 1300 - 400 = 900.
L'ordre de grandeur pour **1293 - 400** est 900.

Synthèse écrite (15 minutes): le savoir prend une forme et une valeur collectives (institutionnalisation).
Construire une **affiche de référence.** Utiliser la technique de « la dictée à l'adulte »: ce sont les élèves qui dictent les exemples.

Proposition d'affiche de référence

Déterminer l'ordre de grandeur d'une soustraction

Lorsqu'il est difficile de calculer mentalement une soustraction, on peut utiliser les **valeurs approchées de chacun des termes** de la soustraction pour en trouver **l'ordre de grandeur.**
Exemples: Trouve le résultat le plus proche de **340 - 17.**
17 est proche de 20.
Donc on peut **estimer** que le résultat de 340 - 17 est **proche de** celui de 340 - 20 = 320.
L'ordre de grandeur pour **340 - 17** est 320.
Trouve le résultat le plus proche de **1293 - 400**
1293 est proche de 1300
Donc on peut **estimer** que le résultat de 1293 - 400 est **proche de** celui de 1300 - 400 = 900.
L'ordre de grandeur pour **1293 - 400** est 900.

Distribuer, à chaque élève, une copie de l'affiche en format réduit A5, à coller dans le cahier.

Temps 3 Exercices d'entraînement

Organisation	• Individuel
Matériel	• Cahier-livre p. 111, exercices 250 à 253 • 1 ardoise et 1 feutre
Durée	• 15 minutes

Rappel de la leçon (2 minutes): reformuler et/ou faire relire l'affiche «Déterminer l'ordre de grandeur d'une soustraction».

Exercices 250 à 252: Passer la consigne du cahier-livre.

Exercice 253: Lire l'énoncé oralement. Traiter les situations l'une après l'autre avec correction intermédiaire.

Bilan: poser la question: « Qui n'a pas compris quelque chose ? ».

Temps 4 Exercices d'entretien

Organisation	• Individuel
Matériel	• Guide Pédagogique (problèmes A, B, C, D ci-après) • 1 ardoise et 1 feutre
Durée	• 15 minutes

A: Hugo avait 440 billes. Il en donne 38 à Lisa. Estime combien Hugo a de billes maintenant.
B: Malika a 1217 boutons dans sa collection. Elle en a déjà rangé 200. Estime combien il lui reste de boutons à ranger.
C: Sami avait 1187 planchettes de bois. Il en utilise 300 pour faire une tour. Il estime avoir encore au moins 800 planchettes. A-t-il raison ?
D: Lisa et sa famille partent en vacances. Ils doivent faire 2 000 km. Ils ont déjà fait 1 389 km. Lisa est certaine qu'il reste moins de 600 km. A-t-elle raison ?

Temps 5 Évaluation

L'évaluation des acquis des élèves est différée en fin de période. Les exercices, dictés par le maître, sont donnés p. 133.

Calculer le quart d'un nombre

► Cahier-livre p. 112

Objectifs

• Apprendre à calculer le quart d'un nombre
• Apprendre à calculer le quart d'une addition, d'une soustraction ou d'une multiplication

Temps 1 Activité de découverte

Les dés magiciens 1

Organisation	• Binômes
Matériel	• 1 dé numérique avec les nombres 4, 8, 12, 16, 20 et 24 • 1 ardoise par élève
Durée	• 5 minutes

Mise en situation

Descriptif: Chacun leur tour, les joueurs lancent le dé et annoncent le tirage. Le quart du nombre est noté sur l'ardoise. On gagne un point par bonne réponse.

Consigne élève: *« Écrivez chacun à votre tour, sur l'ardoise, le quart du nombre de votre tirage. On gagne 1 point par bonne réponse ».*

Bilan intermédiaire: poser la question: « Qui n'a pas compris quelque chose ? »

Conclusion de l'activité: Formuler: « Pour calculer le quart d'un nombre, il faut le partager en quatre parties égales donc le diviser par 4 ».
Exemple: Calculer le quart de 8.
8 = 2 × 4 = 2 + 2 + 2 + 2
On peut écrire: **8 : 4 = 2** donc **le quart de 8 est 2.**

Variantes: Calculer le quart du double de chaque nombre tiré.

Les dés magiciens 2

Organisation	• Binômes
Matériel	• 1 dé numérique comportant les nombres 20, 40, 80, 100, 200 et 400 • 1 dé numérique comportant les nombres 4, 200, 40 00, 8 000, 10 000 et 40 000 • 1 ardoise par élève
Durée	• 5 minutes

• Mise en situation

Descriptif: Chacun leur tour, les élèves lancent les dés. On prend le quart de la somme des deux nombres issus du tirage. Chaque élève écrit le résultat sur son ardoise. On gagne 1 point par bonne réponse.

Consigne élève: *« Écrivez chacun à votre tour, sur l'ardoise, le quart de la somme des nombres issus de votre tirage. On gagne 1 point par bonne réponse ».*

Bilan intermédiaire: poser la question: « *Qui n'a pas compris quelque chose ?* »

Conclusion de l'activité: formuler: Pour calculer le quart d'une addition, d'une soustraction ou d'une multiplication, on calcule le quart du résultat.
Exemple: Calculer le quart de 30 000 + 10 000.
30 000 + 10 000 = 40 000
40 000 = 10 000 × 4 = *10 000* + 10 000 + 10 000 + 10 000
Le quart de 30 000 + 10 000 est 10 000.

Variante: Calculer le quart de la différence des deux nombres tirés quand c'est possible.

Temps 2 Structuration de la leçon

Rappels (2 minutes) : Demander aux élèves de reformuler ce qu'ils ont appris pour calculer le quart d'un nombre. Annoncer les jeux (*cf.* Activités de découverte) et rappeler les règles.

Jeux (8 minutes) : Faire jouer, de nouveau, les élèves dans les mêmes conditions que lors de la phase de découverte.

Mise en commun (5 minutes) : Faire expliquer les stratégies et procédures utilisées et s'exprimer les difficultés. Noter au tableau les différentes procédures proposées (dictées par les enfants).
Entourer la plus efficace. La reformuler et la réexpliquer :
• Pour calculer le quart d'un nombre, il faut le partager en quatre parties égales donc le diviser par 4.
Exemple : Calculer le **quart de 4 000.**
4 000 = 1 000 × 4 = 1 000 + 1 000 + 1 000 + 1 000
On peut écrire :
4 000 : 4 = 1 000 donc **le quart de** 4 000 est 1 000.
• Pour calculer le quart d'une addition, d'une soustraction ou d'une multiplication, on calcule le quart du résultat.
Exemple : Calculer le **quart de 30 000 + 10 000**
30 000 + 10 000 = 40 000
40 000 = 10 000 × 4 = 10 000 + 10 000 + 10 000 + 10 000
Le **quart de 30 000 + 10 000** est **10 000.**
Synthèse écrite (15 minutes) : le savoir prend une forme et une valeur collectives (institutionnalisation).
Construire une **affiche de référence.** Utiliser la technique de « la dictée à l'adulte » : ce sont les élèves qui dictent les exemples.

Proposition d'affiche de référence

Calculer le quart d'un nombre

Pour calculer le quart d'un nombre, on le partage en quatre parties égales donc on le divise par 4.
Exemple : Calculer le **tiers de 4 000.**
4 000 = 1 000 × 4 = 1 000 + 1 000 + 1 000 + 1 000
On peut écrire :
4 000 : 4 = 1 000 donc **le quart de 4 000 est 1 000.**
Le **tiers de 4 000** est **1 000.**

Pour calculer le quart d'une addition, d'une soustraction ou d'une multiplication, on calcule le quart du résultat.
Exemple : Calculer le **quart de 30 000 + 10 000.**
30 000 + 10 000 = 40 000
40 000 = 10 000 × 4 = 10 000 + 10 000 + 10 000 + 10 000
Le **quart de 30 000 + 10 000** est **10 000.**

Distribuer, à chaque élève, une copie de l'affiche en format réduit A5, à coller dans le cahier.

Temps 3 Exercices d'entraînement

Organisation	• Individuel
Matériel	• Cahier-livre p. 112, exercices 254 à 261 • 1 ardoise et 1 feutre
Durée	• 15 minutes

Rappel de la leçon (2 minutes) : reformuler et/ou faire relire l'affiche «Calculer le quart d'un nombre ».

Exercices 254 à 257 : Passer la consigne du cahier-livre.

Exercices 258 à 261 : Lire l'énoncé oralement. Traiter les situations l'une après l'autre avec correction intermédiaire.

Bilan : poser la question : « Qui n'a pas compris quelque chose ? ».

Temps 4 Exercices d'entretien

Organisation	• Individuel
Matériel	• Guide Pédagogique (problèmes A, B, C, D ci-après) • 1 ardoise et 1 feutre
Durée	• 15 minutes

A : Malika avait 4 016 billes. Elle en a maintenant le quart. Combien Malika a-t-elle de billes maintenant ?
B : Sami avait 40 080 planchettes de bois dans son baril. Il en a maintenant le quart. Combien Sami a-t-il de planchettes maintenant ?
C : Lisa avait 80 400 dominos. Elle en a maintenant le quart. Combien Lisa a-t-elle de dominos maintenant ?
D : Hugo dit *« 22 222, c'est le quart de 88 888 »* et Sami dit *« Non ! 22 222, c'est le quadruple de 88 888 »*. Qui a raison ?
Lisa dit *« 16 000 a pour quart 4 000 »* et Malika dit *« Non ! 16 000 a pour quart 400 »*. Qui a raison ?

Temps 5 Évaluation

L'évaluation des acquis des élèves est différée en fin de période. Les exercices, dictés par le maître, sont donnés p. 133.

Diviser par 2 et par 5 dans les tables

► Cahier-livre p. 112

Objectifs

- Apprendre à diviser un nombre par 2 ou par 5
- Connaître la table de division par 2 et celle par 5

Temps 1 Activité de découverte

Les dés magiciens

Organisation	• Binômes
Matériel	• 1 dé numérique avec les nombres divisibles par 2 • 1 dé numérique avec les nombres divisibles par 5 • 1 ardoise par élève
Durée	• 5 minutes

• Mise en situation

Descriptif: Chacun leur tour, les joueurs lancent le dé et annoncent le tirage. Chacun divise, selon le dé, par 2 ou par 5 sur l'ardoise. On gagne un point par bonne réponse.

Consigne élève: *« Divisez par 2 chacun à votre tour, sur l'ardoise, le nombre de votre tirage. On gagne 1 point par bonne réponse. » ou « Divisez par 5 chacun à votre tour, sur l'ardoise, le nombre de votre tirage. On gagne 1 point par bonne réponse. ».*

Bilan intermédiaire: poser la question: *« Qui n'a pas compris quelque chose ? »*

Conclusion de l'activité: Formuler: *« Pour diviser un nombre par 2, on le partage en 2 parts équitables ; et pour le diviser par 5, on le partage en 5 parts égales. »*
Exemple: Diviser 40 par 5.
40 = 8 × 5 = 5 + 5 + 5 + 5 + 5 + 5 + 5 + 5
On peut écrire:
40 : 5 = 8 donc **40 divisé par 5 est égal à 8.**

Variantes: diviser par 5 le double du nombre tiré.

La table de division

Organisation	• individuel
Matériel	• 1 fiche-table des nombres divisibles par 2 • 1 fiche-table des nombres divisibles par 5 • 1 ardoise par élève
Durée	• 5 minutes

• Mise en situation

Descriptif: Le maître commence par récapituler au tableau, les réponses obtenues lors de l'activité des dés magiciens. Les élèves sont invités à renseigner la table vierge qui leur a été distribuée.

Consigne élève: *« Placez les résultats écrits au tableau, dans la table distribuée. Complétez les cases qui restent. »*

Bilan intermédiaire: poser la question: *« Qui n'a pas compris quelque chose ? »*

Conclusion de l'activité: Formuler: *« Pour diviser un nombre par 2, on prend la moitié de ce nombre. Pour diviser un nombre par 5, on se réfère aux résultats des tables de multiplication. »*
Exemple: Diviser 18 par 2.
18 : 2 = 9 car 9 est la moitié de 18.
Exemple: diviser 45 par 5
9 × 5 = 45 On peut écrire:
45 : 5 = 9 donc 45 divisé par 5 est égal à 9.

Temps 2 Structuration de la leçon

Rappels (2 minutes): Demander aux élèves de reformuler ce qu'ils ont appris pour diviser un nombre par 2 ou par 5 dans les tables. Annoncer les jeux (*cf.* Activités de découverte) et rappeler les règles.

Jeux (8 minutes): Faire jouer, de nouveau, les élèves dans les mêmes conditions que lors de la phase de découverte.

Mise en commun (5 minutes): Faire expliquer les stratégies et procédures utilisées et s'exprimer les difficultés. Noter au tableau les différentes procédures proposées (dictées par les enfants). Entourer la plus efficace. La reformuler et la réexpliquer: *« Pour diviser un nombre en 2, on le partage en 2 parts équitables ; et pour le diviser en 5, on le partage en 5 parts égales.* ***L'opération indiquant que l'on réalise un*** *partage équitable* ***s'appelle*** *une division. »*
Lorsqu'on partage 20 en 2 parts équitables, on peut écrire l'opération **20 : 2 = 10**.
Lorsqu'on partage 20 en 5 parts équitables, on peut écrire l'opération **20 : 5 = 4**.
Ainsi 20 billes partagées en 5, ce sont 5 paquets de 4 billes.

- Diviser par 2 dans les tables revient à rechercher **combien de fois 2** est contenu dans le nombre à diviser.
Exemple: 12 : 2. Combien de fois 2 dans 12 ?
? × 2 = 12
6 × 2 = 12 Donc 12 : 2 = 6
- Diviser par 5 dans les tables revient à rechercher **combien de fois 5** est contenu dans le nombre à diviser.
Exemple: 40 : 5. Combien de fois 5 dans 40 ?
? × 5 = 40
8 × 5 = 40 Donc 40 : 5 = 8

Synthèse écrite (15 minutes): le savoir prend une forme et une valeur collectives (institutionnalisation).
Construire une **affiche de référence.** Utiliser la technique de « la dictée à l'adulte » : ce sont les élèves qui dictent les exemples.

Proposition d'affiche de référence

Diviser par 2 et par 5 dans les tables

L'opération indiquant que l'on réalise un partage équitable s'appelle une division.
Lorsqu'on partage 30 en 2 parts équitables, on peut écrire l'opération **30 : 2 = 15**.
Lorsqu'on partage 30 en 5 parts équitables, on peut écrire l'opération **30 : 5 = 6**.

• Diviser par 2 dans les tables revient à rechercher combien de fois 2 est contenu dans le nombre à diviser.
Exemple : 12 : 2 Combien de fois 2 dans 12 ?
? × 2 = 12
6 × 2 = 12 Donc 12 : 2 = 6

• Diviser par 5 dans les tables revient à rechercher **combien de fois 5** est contenu dans le nombre à diviser.
Exemple : 40 : 5 Combien de fois 5 dans 40 ?
? × 5 = 40
8 × 5 = 40 Donc 40 : 5 = 8

Distribuer, à chaque élève, une copie de l'affiche en format réduit A5, à coller dans le cahier.

Temps 3 Exercices d'entraînement

Organisation	• Individuel
Matériel	• Cahier-livre p. 112, exercices 262 à 269 • 1 ardoise et 1 feutre
Durée	• 15 minutes

Rappel de la leçon (2 minutes) : reformuler et/ou faire relire l'affiche «**Diviser par 2 et par 5 dans les tables**».

Exercices 262 à 267 : Passer la consigne du cahier-livre.

Exercices 268 et 269 : Lire l'énoncé oralement. Traiter les situations l'une après l'autre avec correction intermédiaire.

Bilan : poser la question : « Qui n'a pas compris quelque chose ? ».

Temps 4 Exercices d'entretien

Organisation	• Individuel
Matériel	• Guide Pédagogique (problèmes A, B, C, D ci-après) • 1 ardoise et 1 feutre
Durée	• 15 minutes

A : Sami met 14 minutes pour venir à pieds à l'école. Malika met deux fois moins de temps car elle vient en voiture. Combien de temps Malika met-elle pour venir à l'école ?
B : Lisa a rapporté 30 billes à l'école. Hugo en a 5 fois moins. Combien Hugo a-t-il de billes ?
C : Malika possède 24 €. Elle en a le double de Sami. Combien Sami a-t-il d'argent ?
D : Hugo dit *« 50, c'est cinq fois plus grand que 10 et c'est le double de 30 »* et Sami dit *« Non ! 50, c'est cinq fois plus grand que 10 et c'est le double de 25 »*. Qui a raison ?
Lisa dit *« 7, c'est 35 divisé par 5 et c'est 14 divisé par 2 »* et Malika dit *« Non ! 7, c'est 35 divisé par 7 et c'est 14 divisé par 2 »*. Qui a raison ?

Temps 5 Évaluation

L'évaluation des acquis des élèves est différée en fin de période. Les exercices, dictés par le maître, sont donnés p. 133.

Diviser par 3 et par 4 dans les tables

► Cahier-livre p. 112

Objectifs

• Apprendre à diviser un nombre par 3 ou par 4
• Connaître la table de division par 3 et celle par 4

Temps 1 Activité de découverte

Les dés magiciens

Organisation	• Binômes
Matériel	• 1 dé numérique avec les nombres divisibles par 3 • 1 dé numérique avec les nombres divisibles par 4 • 1 ardoise par élève
Durée	• 5 minutes

• Mise en situation

Descriptif : Chacun leur tour, les joueurs lancent le dé et annoncent le tirage. Chacun divise, selon le dé, par 3 ou par 4 sur l'ardoise. On gagne un point par bonne réponse.

Consigne élève : *« Divisez par 3 chacun à votre tour, sur l'ardoise, le nombre de votre tirage. On gagne 1 point par bonne réponse »* ou *« Divisez par 4 chacun à votre tour, sur l'ardoise, le nombre de votre tirage. On gagne 1 point par bonne réponse ».*

Bilan intermédiaire : poser la question : *« Qui n'a pas compris quelque chose ? »*

Conclusion de l'activité : Formuler : *« Pour diviser un nombre par 3, on le partage en 3 parts équitables ; et pour le diviser par 4, on le partage en 4 parts égales. »*
Exemple : Diviser 40 par 4.
40 = 10 × 4 = 4 + 4 + 4 + 4 + 4 + 4 + 4 + 4 + 4 + 4

On peut écrire :
40 : 4 = 10 donc **40 divisé par 4 est égal à 10.**

Variantes : Diviser par 4 le double du nombre tiré.

La table de division

Organisation	• individuel
Matériel	• 1 table des nombres divisibles par 3 • 1 table des nombres divisibles par 4 • 1 ardoise par élève
Durée	• 5 minutes

• Mise en situation

Descriptif : Le maître commence par récapituler au tableau, les réponses obtenues lors de l'activité des dés magiciens. Les élèves sont invités à renseigner la table vierge qui leur a été distribuée.

Consigne élève : *« Placez les résultats écrits au tableau, dans la table distribuée. Complétez les cases qui restent. »*

Bilan intermédiaire : poser la question : *« Qui n'a pas compris quelque chose ? »*

Conclusion de l'activité : Formuler : *« Pour diviser un nombre par 3, on prend le tiers de ce nombre. Pour diviser un nombre par 4, on se réfère aux résultats des tables de multiplication. »*
Exemple : Diviser 18 par 3.
18 : 3 = 6 car **6 est le tiers de 18.**
Exemple : Diviser 36 par 4.
9 × 4 = 36 On peut écrire **36 : 4 = 9.**
Donc **36 divisé par 4 est égal à 9.**

Temps 2 Structuration de la leçon

Rappels (2 minutes) : Demander aux élèves de reformuler ce qu'ils ont appris pour **diviser un nombre par 3 ou par 4 dans les tables.** Annoncer les jeux (*cf.* Activités de découverte) et rappeler les règles.

Jeux (8 minutes) : Faire jouer, de nouveau, les élèves dans les mêmes conditions que lors de la phase de découverte.

Mise en commun (5 minutes) : Faire expliquer les stratégies et procédures utilisées et s'exprimer les difficultés. Noter au tableau les différentes procédures proposées (dictées par les enfants). Entourer la plus efficace. La reformuler et la réexpliquer : *« Pour diviser un nombre en 3, on le partage en 3 parts équitables ; et pour le diviser en 4, on le partage en 4 parts égales.*
***L'opération indiquant que l'on réalise un** partage équitable **s'appelle** une division. »*
Lorsqu'on partage 24 en 3 parts équitables, on peut écrire l'opération **24 : 3 = 8.**
Lorsqu'on partage 24 en 4 parts équitables, on peut écrire l'opération **24 : 4 = 6.**
Ainsi 24 billes partagées en 4, ce sont 4 paquets de 6 billes.

• Diviser par 3 dans les tables revient à rechercher combien de fois 3 est contenu dans le nombre à diviser.
Exemple : 12 : 3 Combien de fois 3 dans 12 ?
? × 3 = 12
4 × 3 = 12 Donc 12 : 3 = 4

• Diviser par 4 dans les tables revient à rechercher **combien de fois 4** est contenu dans le nombre à diviser.
Exemple : 40 : 4 Combien de fois 4 dans 40 ?
? × 4 = 40
10 × 4 = 40 Donc 40 : 4 = 10

Synthèse écrite (15 minutes) : le savoir prend une forme et une valeur collectives (institutionnalisation).
Construire une **affiche de référence.** Utiliser la technique de « la dictée à l'adulte » : ce sont les élèves qui dictent les exemples.

Proposition d'affiche de référence

Diviser par 3 et par 4 dans les tables

L'opération indiquant que l'on réalise un partage équitable s'appelle une division.
Lorsqu'on partage 24 en 3 parts équitables, on peut écrire l'opération 24 : 3 = 8.
Lorsqu'on partage 24 en 4 parts équitables, on peut écrire l'opération 24 : 4 = 6.

• Diviser par 3 dans les tables revient à rechercher combien de fois 3 est contenu dans le nombre à diviser.
Exemple : 12 : 3
Combien de fois 3 dans 12 ?
? × 3 = 12
4 × 3 = 12 **Donc 12 : 3 = 4**

• Diviser par 4 dans les tables revient à rechercher combien de fois 4 est contenu dans le nombre à diviser.
Exemple : 40 : 4
Combien de fois 4 dans 40 ?
? × 4 = 40
10 × 4 = 40 Donc 40 : 4 = 10

Distribuer, à chaque élève, une copie de l'affiche en format réduit A5, à coller dans le cahier.

Temps 3 Exercices d'entraînement

Organisation	• Individuel
Matériel	• Cahier-livre p. 112, exercices 270 à 277 • 1 ardoise et 1 feutre
Durée	• 15 minutes

Rappel de la leçon (2 minutes) : reformuler et/ou faire relire l'affiche « **Diviser par 3 et par 4 dans les tables** ».

Exercices 270 à 275 : Passer la consigne du cahier-livre.

Exercices 276 et 277 : Lire l'énoncé oralement. Traiter les situations l'une après l'autre avec correction intermédiaire.

Bilan : poser la question : *« Qui n'a pas compris quelque chose ? ».*

Temps 4 Exercices d'entretien

Organisation	• Individuel
Matériel	• Guide Pédagogique (problèmes A, B, C, D ci-après) • 1 ardoise et 1 feutre
Durée	• 15 minutes

A: La maison de Hugo est à 12 km de l'école. Celle de Malika est 3 fois moins loin que celle de Hugo. A quelle distance (en km) de l'école, se trouve la maison de Malika?
B: Malika a fait tomber 36 dominos dans son parcours. Sami en a fait tomber 4 fois moins. Combien Sami a-t-il fait tomber de dominos?
C: Lisa a dépensé 15 € au supermarché. Combien de stylos à 3 € peut-elle acheter?
D: Hugo dit *«24, c'est trois fois plus grand que 8 »*. Sami ajoute *«24 divisé par 4 est égal à 6»*.
Lisa dit alors *«9, c'est aussi le tiers de 24»* et Malika lance enfin *«24, c'est le triple de 8»*. Qui a tort?

Temps 5 Évaluation

L'évaluation des acquis des élèves est différée en fin de période. Les exercices, dictés par le maître, sont donnés p. 133.

Repérer les termes pour calculer une somme ou une différence

► Cahier-livre p. 113

Objectifs

• Apprendre à repérer les compléments d'un nombre à la dizaine en additionnant ou en soustrayant
• Connaître des compléments à dix par addition ou soustraction
• Utiliser la commutativité de l'addition

Temps 1 Activité de découverte

Le mémo des compléments

Organisation	• Binômes
Matériel	• 40 cartes comportant des nombres qui peuvent se compléter à la centaine par addition ou soustraction selon le jeu
Durée	• 15 minutes

• Mise en situation

Descriptif: Les cartes sont à découper et à distribuer à un groupe de 4 élèves. Elles sont disposées faces cachées sur une table. Il s'agit pour les élèves de retrouver les cartes qui se complètent pour obtenir un multiple de 100 (par addition ou soustraction selon le jeu). Le gagnant est l'élève qui a le plus de paires complémentaires.

Consigne élève *: « Piochez une carte. Lisez le nombre au groupe. Reposez-la, face découverte. Piochez une seconde carte et posez-la, face découverte. Si vous obtenez 100 en additionnant (ou soustrayant) les nombres indiqués, alors vous avez 1 point. Gardez la paire avec vous. Si vous découvrez une paire complémentaire, vous rejouez. Sinon, remettez les cartes face cachée et c'est au tour de votre camarade. Le jeu s'arrête quand il n'y a plus de cartes sur la table. Le gagnant est celui qui a gagné le plus de paires. »*

Bilan intermédiaire: poser la question: *«Qui n'a pas compris quelque chose?»*.

Conclusion de l'activité: formuler: *«Pour calculer mentalement une somme ou une différence, on peut commencer par **repérer** les nombres dont les **chiffres des unités se complètent** pour obtenir un **multiple de dix**. »*

Variante: Poser les 40 cartes sur la table face cachée. Chacun leur tour, les joueurs retournent une carte et doivent trouver mentalement le complément à 100 (par addition ou soustraction). Le gagnant est celui qui a reconstitué le plus de paires.

Temps 2 Structuration de la leçon

Rappels (2 minutes): Demander aux élèves de reformuler ce qu'ils ont appris à propos du repérage de termes pour calculer une somme ou une différence. Annoncer le jeu (*cf.* Activité de découverte) et rappeler les règles.

Jeux (8 minutes): Faire jouer, de nouveau, les élèves dans les mêmes conditions que lors de la phase de découverte.

Mise en commun (5 minutes): Faire expliquer les stratégies et les procédures utilisées; exprimer les difficultés. Noter au tableau les différentes procédures proposées (dictées par les enfants).
Entourer la plus efficace. La reformuler et réexpliquer: *«Pour calculer mentalement une somme ou une différence, on peut commencer par **repérer** les nombres dont les **chiffres des unités se complètent** pour obtenir un **multiple de dix**. »*
Exemples:
- Calculer 313 + 142 + 137
On repère que 3 + 7 donne 10.
On commence par calculer 313 + 137 = **450.**
Puis on additionne 450 + 142 = 592 donc **313 + 142 + 137** = **592.**
- Calculer 414 - 96 - 114
On repère que 414 - 114 donne un multiple de dix.
On commence par calculer 414 - 114 = **300.**
Puis on soustrait 300 - 96 = 204 donc **414 - 96 - 114** = **204.**

Synthèse écrite (15 minutes): le savoir prend une forme et une valeur collectives (institutionnalisation).

Construire une **affiche de référence** expliquant **comment repérer les termes pour calculer une somme ou une différence.** Utiliser la technique de « la dictée à l'adulte » : ce sont les élèves qui dictent les exemples de décompositions. L'affiche prendra la forme d'un cartable.

Proposition d'affiche de référence

Calculer mentalement une somme ou une différence

Pour calculer mentalement une somme ou une différence, on peut commencer par **repérer** les nombres dont les **chiffres des unités se complètent** pour obtenir un **multiple de dix.**

Exemples :

- Calculer 313 + 142 +137
On repère que 3 + 7 donne 10.
On commence par calculer 313 + 137 = **450**
Puis on additionne 450 + 142 = 592
donc **313 + 142 + 137 = 592.**

- Calculer 414 - 96 - 114
On repère que 414 - 114 donne un multiple de dix.
On commence par calculer **414 - 114 = 300.**
Puis on soustrait 300 - 96 = 204 donc **414 - 96 - 114 = 204.**

Distribuer, à chaque élève, une copie de l'affiche en format réduit A5, à coller dans le cahier.

Temps 3 Exercices d'entraînement

Organisation	• Individuel
Matériel	• Cahier-livre p. 113, exercices 278 à 285 • 1 ardoise + 1 feutre
Durée	• 20 minutes

Rappel de la leçon (2 minutes) : reformuler et / ou faire relire l'affiche « **Repérer les termes pour calculer une somme ou une différence** ».

Exercices 278 à 282 : Passer la consigne du cahier-livre.

Exercices 283 à 285 : Lire oralement l'énoncé du problème. Correction immédiate.

Bilan : poser la question : « *Qui n'a pas compris quelque chose ?* »

Temps 4 Exercices d'entretien

Organisation	• Individuel
Matériel	• Guide Pédagogique (problèmes A, B, C, D ci-après) • 1 ardoise + 1 feutre
Durée	• 15 minutes

A : Hugo dit « *Je pars du nombre 316. J'ajoute 34 et je retire 150.* » Quel nombre obtient-il ?

B : Lisa dit « *Je pense à un nombre. J'ajoute 100 et je retire 45. Je trouve 105.* » Quel est ce nombre ? Malika propose « *55* », Hugo « *60* » et Sami « *50* ». Qui a raison ?

C : Malika a trois boîtes de boutons. La première boîte compte 53 boutons. Il y a 110 boutons dans la seconde et 137 dans la troisième boîte. Combien a-t-elle de boutons en tout ?

D : Sami avait 205 billes avant de jouer. Il perd 39 billes dans une première partie et 25 dans une seconde. Il n'en gagne pas. Combien lui reste-t-il de billes à la fin ?

Temps 5 Évaluation de fin de période

1 Je sais calculer mentalement un produit (4)

• *Calcule.*

90 × 15	30 × 11	40 × 12	20 × 14
900 × 12	700 × 11	600 × 12	500 × 15

• *Écoute le problème et écris la solution.*

Un joueur mise 200 euros au casino. Trouve la somme qu'il possèdera à chaque fois :
- s'il gagne 12 fois la mise ;
- s'il gagne 15 fois la mise.

2 Je sais décomposer 100 000, compléter à 100 000

• *Complète les décompositions de 100 000.*

30 000 + 30 000 + 30 000 + ?   50 000 + 20 000 + ?
40 000 + 40 000 + ?   10 000 + ?

• *Écris le complément à 100 000 de chaque nombre.*

40 000	30 000	25 000	65 000	15 000
52 000	84 000	95 000	25 500	34 500

• *Écoute le problème et écris la solution.*

Hugo possède 11500 timbres et Sami 11500 également.
Combien leur manque-t-il de timbres pour arriver à 100 000 ?

3 Je sais diviser par 2, 5, 3 et 4 dans les tables

• *Divise par 2.*

6 8 16 10 14

• *Divise par 5.*

15 20 10 40 30

• *Divise par 3.*

6 9 15 21 27

• *Divise par 4.*

8 20 16 40 28

4 Je sais multiplier par 1 000, 10 000 et 100 000

• *Multiplie chaque nombre par 1 000.*

24 51 60 102 550 999 501 200

• *Multiplie chaque nombre par 10 000.*

6 7 8 15 82

• *Multiplie chaque nombre par 100 000.*

2 5 3 7 9

• *Écoute les problèmes et écris chaque solution.*

- Lisa possède 58 euros. Elle gagne 1 000 fois cette somme à la loterie. Combien a-t-elle gagné ?
- Sami possède 453 euros. Il gagne 1 000 fois cette somme à la loterie. Combien a-t-il gagné ?

5 Je sais déterminer un ordre de grandeur

• *Trouve le résultat le plus proche pour chaque addition.*

230 + 161	400 ou 500
528 + 170	700 ou 800

• *Trouve le résultat le plus proche pour chaque soustraction.*

440 - 29	410 ou 420
150 - 24	120 ou 130

6 Je sais calculer le quadruple, le quart d'un nombre

• *Calcule le quadruple de chaque nombre.*

20 11 105 2000 10000 500 2002 20004

• *Calcule le quart de chaque nombre.*

8 4 80 16 24 32 4000 8 040

• *Écoute les problèmes et écris chaque solution.*

– Lisa possède 40000 euros. Elle gagne le quadruple à la loterie. Combien a-t-elle gagné ?

– Malika possède 60000 euros. Elle perd le quart à la loterie. Combien a-t-elle perdu ?

Décomposer 1000000

► Cahier-livre p. 113

Cette séance est à traiter après celles « Découvrir le nombre 1000000 ».

Objectifs

• Apprendre à décomposer le nombre 1000000 en s'appuyant sur les nombres 900000, 800000, 700000, 600000, 500000, 400000, 300000, 200000 et 100000
• Connaître des décompositions additives et multiplicatives du nombre 1000000

Temps 1 Activité de découverte

Jeu des mariages

Organisation	• Binômes
Matériel	• *n* jeux de 20 cartes (10 paires) comportant des décompositions additives et multiplicatives du nombre 1000000
Durée	• 15 minutes

• Mise en situation

Descriptif: Les joueurs se partagent les cartes. Chaque joueur se débarrasse des paires. Puis, chacun leur tour, les joueurs tirent une carte dans le jeu de l'adversaire. Le gagnant est celui qui n'a plus de cartes avant l'autre.

Consigne élève: *« Partagez les cartes, associer les cartes représentant le même nombre. Posez les paires sur la table. Quand vous n'avez plus de paires, chacun votre tour, piochez une carte dans le jeu que vous présente l'adversaire. Le gagnant est celui qui n'a plus de cartes avant l'autre. ».*

Bilan intermédiaire: poser la question: *« Qui n'a pas compris quelque chose ? ».*

Conclusion de l'activité: formuler: *« Les nombres* 900000, 800000, 700000, 600000, 500000, 400000, 300000, 200000 et 100000 permettent de décomposer 1000000.
Variante: Poser les 20 cartes sur la table face vierge visible. Jeu de Memory: chacun leur tour, les joueurs retournent deux cartes et les mémorisent de manière à pouvoir prélever les paires. Le gagnant est celui qui a reconstitué le plus de paires.

Temps 2 Structuration de la leçon

Rappels (2 minutes): Demander aux élèves de reformuler ce qu'ils ont appris à propos des décompositions additives et multiplicatives. Annoncer le jeu (*cf.* Activité de découverte) et rappeler les règles.

Jeux (8 minutes): Faire jouer, de nouveau, les élèves dans les mêmes conditions que lors de la phase de découverte.

Mise en commun (5 minutes): Faire expliquer les stratégies et les procédures utilisées; exprimer les difficultés. Noter au tableau les différentes procédures proposées (dictées par les enfants). Entourer la plus efficace. La reformuler et réexpliquer: *« Pour décomposer 1000000, on utilise les nombres 900000, 800000, 700000, 600000, 500000, 400000, 300000, 200000 et 100000. »*

Synthèse écrite (15 minutes): le savoir prend une forme et une valeur collectives (institutionnalisation).
Construire une **affiche de référence** comportant des décompositions du nombre 1000000. Utiliser la technique de « la dictée à l'adulte »: ce sont les élèves qui dictent les exemples de décompositions.

Proposition d'affiche de référence

Connaître les décompositions du nombre 1000000

• Décompositions additives du nombre 1000000
1000000 = 1000000 + 0
1000000 = 900000 + 100000
1000000 = 800000 + 200000
1000000 = 700000 + 300000
1000000 = 600000 + 400000
1000000 = 500000 + 500000
1000000 = 400000 + 600000
1000000 = 300000 + 700000
1000000 = 200000 + 800000 **= 100000** + 900000

• Décompositions multiplicatives du nombre 1000000
1000000 = 1000000 × 1
1000000 = 100000 × 10
1000000 = (9 × 100000) + (1 × 100000)
1000000 = (6 × 100000) + (4 × 100000) **1000000 = (3 × 100000)** + (7 × 100000)
10 00000 = (8 × 100000) + (2 × 100000)
1000000 = (5 × 100000) + (5 × 100000) **1000000 = (2 × 100000)** + (8 × 100000)
10 00000 = (7 × 100000) + (3 × 100000)
1000000 = (4 × 100000) + (6 × 100000) **1000000 = (1 × 100000)** + (9 × 100000)

• On peut aussi écrire:
1000000 = 100000 + 100000 + 100000 + 100000 + 100000 + 100000 + 100000 + 100000 + 100000 + 100000 = 100000 × 10
1000000 = 300000 + 300000 + 200000 + 200000 = (300000 × 2) + (200000 × 2)

Distribuer, à chaque élève, une copie de l'affiche en format réduit A5, à coller dans le cahier.

Temps 3 Exercices d'entraînement

Organisation	• Individuel
Matériel	• Cahier-livre p. 113, exercices 286 à 292 • 1 ardoise + 1 feutre
Durée	• 20 minutes

Rappel de la leçon (2 minutes): reformuler et / ou faire relire l'affiche «**Connaître les décompositions du nombre 1000000** ».

Exercice 286: les décompositions sont traitées l'une après l'autre.
Dire aux élèves: *«Écris OUI ou NON!»*

Exercice 287: Passer la consigne du cahier-livre. Lire et copier l'exemple au tableau, puis effacer avant de débuter l'exercice.

Exercices 288 et 289: les décompositions sont traitées l'une après l'autre.
Dire aux élèves: *«Écris VRAI ou FAUX!»*

Exercices 290: Passer la consigne du cahier-livre. Lire et copier l'exemple au tableau, puis effacer avant de débuter l'exercice.

Exercices 291 et 292: les décompositions sont traitées l'une après l'autre.
Dire aux élèves: *«Écris VRAI ou FAUX!»*

Bilan: poser la question: *«Qui n'a pas compris quelque chose?»*

Temps 4 Exercices d'entretien

Organisation	• Individuel
Matériel	• Guide Pédagogique (problèmes A, B, C, D ci-après) • 1 ardoise + 1 feutre
Durée	• 15 minutes

A: En utilisant 900 000, complète la décomposition additive de 100 000: 100 000 = ?
B: En utilisant 100 000 et 10, écris deux décompositions multiplicatives de 100 000.
C: Écris quatre décompositions différentes du nombre 1 000 000.
D: Lisa dit *«1 000 000, c'est 900 000 + 80 000 + 20 000»* et Malika dit *«Non! 1 000 000, c'est 300 000 + 500 000»*. Qui a raison?
Hugo dit *«1 000 000, c'est (100 000 × 7) + (100 000 × 3) »* et Sami dit *«Non! 1 000 000, c'est (100 000 × 5) + (100 000 × 6) »*. Qui a raison?

Temps 5 Évaluation

L'évaluation des acquis des élèves est différée en fin de période. Les exercices, dictés par le maître, sont donnés p. 145.

Compléter à 1 000 000

► Cahier-livre p. 113

Objectifs

- Connaître les compléments à 1 000 000 des multiples de 10 000
- Apprendre à compléter un nombre à 1 000 000

Temps 1 Activité de découverte

Les cartes recto-verso

Organisation	• Groupes de 4 élèves
Matériel	• Jeu recto-verso (9 cartes par groupe): Carte recto: un nombre inférieur à 1 000 000 (multiple de 10 000 ou de 100 000), écrit en chiffres; carte verso: le complément de ce nombre à 1 000 000 (*cf.* matériel photocopiable en Annexe)
Durée	• 7 minutes

• Mise en situation

Descriptif: un élève tire une carte dans la pioche disposée au milieu de la table. Il lit au groupe le nombre qui y figure. La carte est alors posée face recto visible. Chacun écrit sur son ardoise le complément du nombre au million. La carte est alors retournée par le tireur. Chaque élève du groupe tire et annonce au moins une fois. On gagne 1 point par bonne réponse.

Consigne élève: *«Écrivez, sur l'ardoise, le complément à 1 000 000 du nombre tiré au sort puis vérifiez votre résultat en retournant la carte. »*
Exemples: le nombre tiré au sort est 300 000. Les élèves écrivent 700 000 sur leur ardoise. Le nombre tiré au sort est 800 000. Les élèves écrivent 200 000 sur leur ardoise.

Bilan intermédiaire: poser la question: *«Qui n'a pas compris quelque chose?»*

Conclusion de l'activité: formuler: *«Pour compléter un nombre à 1 000 000, il faut ajouter ce qui manque au nombre pour atteindre 1 000 000.»*
Exemple: Trouver le complément à 1 000 000 de 400 000.
Il faut atteindre 1 000 000. On calcule 400 000 + ? = 1 000 000.
C'est 600 000.
Le complément à 1 000 000 de 400 000 est 600 000 .

Variante: Un second jeu de cartes propose des nombres multiples de 10 000.
Exemple: Trouver le complément à 1 000 000 de 650 000.
Il faut atteindre 1 000 000.
On calcule: 650 000 + ? = 1 000 000. C'est 350 000.
Le complément à 1 000 000 de 650 000 est 350 000 ».

Les dominos

Organisation	• Groupes de trois joueurs
Matériel	• 1 jeu de 12 dominos par groupe (*cf.* matériel photocopiable en Annexe)
Durée	• 8 minutes

• Mise en situation

Descriptif : 4 dominos (nombres < 1 000 000) par joueur. Chacun leur tour, Les joueurs doivent réunir les compléments. Le vainqueur est celui qui possède le moins de dominos en fin de partie.

Consigne élève : *« Associez les dominos dont la somme fait 1 000 000. Se débarrasser de tous ses dominos avant les autres ».*

Bilan intermédiaire : poser la question : *« Qui n'a pas compris quelque chose ? »*

Conclusion de l'activité : formuler : *« Pour compléter un nombre à 1 000 000, on complète d'abord à la dizaine supérieure puis, on complète à la centaine supérieure, puis à l'unité de mille supérieure, à la dizaine de mille supérieure, à la centaine de mille supérieure et enfin à 1 000 000. On doit ensuite ajouter les compléments. »*
Exemple : Trouver le complément à 1 000 000 de 356 682.
356 682 + ? = **1 000 000**

1. On **complète** à la **dizaine supérieure**.
356 682 + ? = 356 690 Le complément est **8**.
2. On **complète** à la **centaine supérieure**.
356 690 + ? = 356 700 Le complément est **10**.
3. On **complète** à **l'unité de mille supérieure**.
356 700 + ? = 357 000 Le complément est **300**.
4. On **complète** à **la dizaine de mille supérieure**.
357 000 + ? = 360 000 Le complément est **3 000**.
5. On **complète** à **100 000**.
360 000 + ? = 400 000 Le complément est **40 000**.
6. On **complète** à 1 000 000.
400 000 + ? = 1 000 000 Le complément est **600 000**.
7. On **ajoute les compléments**.
600 000 + 40 000 + 3 000 + 300 + 10 + 8 = 643 318
Le complément à 1 000 000 de 356 682 est 643 318.

Variante : Une pioche peut être constituée en ne donnant que 3 dominos par joueur en début de partie.

Temps 2 Structuration de la leçon

Rappels (2 minutes) : Demander aux élèves de reformuler ce qu'ils ont appris pour compléter à 1 000 000. Annoncer les jeux (*cf.* Activités de découverte) et rappeler les règles.

Jeux (8 minutes) : Faire jouer, de nouveau, les élèves dans les mêmes conditions que lors de la phase de découverte.

Mise en commun (5 minutes) : Faire expliquer les stratégies et procédures utilisées et faire s'exprimer les difficultés. Noter au tableau les différentes procédures proposées (dictées par les enfants). Entourer la plus efficace. La reformuler et la réexpliquer : *« Pour compléter un nombre à 1 000 000, on complète d'abord à la dizaine supérieure puis, on complète à la centaine supérieure, puis à l'unité de mille supérieure, à la dizaine de mille supérieure, à la centaine de mille supérieure et enfin à 1 000 000. On doit ensuite ajouter les compléments. »*

Synthèse écrite (15 minutes) : le savoir prend une forme et une valeur collectives (institutionnalisation).

Construire une **affiche de référence.** Utiliser la technique de « la dictée à l'adulte » : ce sont les élèves qui dictent les exemples.

Proposition d'affiche de référence

Compléter à 1 000 000

Pour compléter un nombre à 1 000 000, on complète d'abord à la **dizaine supérieure** puis, on complète à la **centaine supérieure**, puis à **l'unité de mille supérieure**, à la **dizaine de mille supérieure**, à la **centaine de mille supérieure** et enfin à **1 000 000**. On doit ensuite **ajouter les compléments.**
Exemple : Trouver le complément à 1 000 000 de 356 682.
356 682 + ? = 1 000 000
1 On **complète** à la **dizaine supérieure.**
356 682 + ? = 356 690 Le complément est **8**.
2 On **complète** à la **centaine supérieure.**
356 690 + ? = 356 700 Le complément est **10**.
3 On **complète** à l'unité de mille supérieure.
356 700 + ? = 357 000 Le complément est **300**.
4 On **complète** à la dizaine de mille supérieure.
357 000 + ? = 360 000 Le complément est **3 000**.
5 On **complète** à la centaine de mille supérieure.
360 000 + ? = 400 000 Le complément est **40 000**.
6 On **complète** à 1 000 000.
400 000 + ? = 1 000 000 Le complément est **600 000**.
7 On **ajoute les compléments.**
600 000 + 40 000 + 3 000 + 300 + 10 + 8 = 643 318
Le complément à 1 000 000 de 356 682 est 643 318.

Distribuer, à chaque élève, une copie de l'affiche en format réduit A5, à coller dans le cahier.

Temps 3 Exercices d'entraînement

Organisation	• Individuel
Matériel	• Cahier-livre p. 113, exercices 293 à 295 • 1 ardoise + 1 feutre
Durée	• 15 minutes

Rappel de la leçon (2 minutes) : reformuler et faire relire l'affiche « **Compléter à 1 000 000** ».

Exercice 293 : Passer la consigne du cahier-livre.

Exercice 294 : Les propositions sont traitées l'une après l'autre.

Exercice 295 : Lire oralement l'énoncé du problème. Correction immédiate.

Bilan : poser la question : « Qui n'a pas compris quelque chose ? ».

Temps 4 Exercices d'entretien

Organisation	• Individuel
Matériel	• Guide Pédagogique (problèmes A, B, C, D ci-après) • 1 ardoise + 1 feutre
Durée	• 15 minutes

A: Écris la centaine de mille suivante pour chaque nombre puis complète à 1000000:
750950; 599999; 370306; 452672.
B: Complète chaque nombre à 1000000: 300009; 650000; 267200; 777777.
C: La ville de Marseille compte 851 420 habitants. Combien faudrait-il de personnes pour atteindre une population de 1000000 habitants?
D: Un apiculteur possède 9 ruches dans son exploitation. Chacune regroupe 80000 abeilles. Combien lui faut-il encore d'abeilles pour en posséder 1000000?

Temps 5 Évaluation

L'évaluation des acquis des élèves est différée en fin de période. Les exercices, dictés par le maître, sont donnés p. 145.

Calculer mentalement un produit (5)

► Cahier-livre p. 114

Objectifs

- Apprendre à multiplier un nombre à trois chiffres par un nombre à deux chiffres
- Apprendre à mobiliser les résultats des tables de multiplication jusqu'à 12
- Utiliser la commutativité de la multiplication

Temps 1 Activité de découverte

La boîte des multiplications

Organisation	• Groupes de 4 joueurs
Matériel	• 1 boîte contenant 10 étiquettes comportant des nombres à trois chiffres • 1 dé comportant les nombres 10, 20, 30, 60, 80 et 90 • 1 ardoise par élève
Durée	10 minutes

• Mise en situation

Descriptif: Chacun leur tour, les élèves piochent une étiquette dans la boîte, lisent le nombre à haute voix, puis lancent le dé. Chacun écrit le produit des deux nombres sur son ardoise. On gagne 1 point par bonne réponse.

Consigne élève: *« Piochez une étiquette dans la boîte. Lisez le nombre au groupe. Lancez le dé. Lisez le nombre au groupe. Écrivez le produit des deux nombres sur votre ardoise ». Exemple: le nombre tiré est 213 et le dé annonce « 60 ». Les élèves écrivent 12 780 sur l'ardoise.*

Bilan intermédiaire: poser la question: *« Qui n'a pas compris quelque chose? »*

Conclusion de l'activité: Formuler: Pour multiplier un nombre à trois chiffres par un multiple de 10, **on décompose le premier nombre** puis on **multiplie chaque terme**. Enfin, on **additionne les résultats**.
Exemples:
- Calculer 213 × 60 213 = 200 + 10 + 3
On calcule donc
213 × 60 = (200 × 60) + (10 × 60) + (3 × 60) =
12000 + 600 + 180 = 12780
- Calculer 832 × 50 832 = 800 + 30 + 2
On calcule donc
832 × 50 = (800 × 50) + (30 × 50) + (2 × 50) =
40000 + 1500 + 100 = 41600

Variante: Rapidité: le premier qui écrit le résultat correct sur son ardoise gagne 2 points.

Temps 2 Structuration de la leçon

Rappels (2 minutes): Demander aux élèves de reformuler ce qu'ils ont appris à propos de la multiplication d'un nombre à trois chiffres finissant par un zéro par un multiple de 10. Annoncer les jeux (Cf. Activités de découverte) et rappeler les règles.

Jeux (8 minutes): Faire jouer, de nouveau, les élèves dans les mêmes conditions que lors de la phase de découverte.

Mise en commun (5 minutes): Faire expliquer les stratégies et procédures utilisées et s'exprimer les difficultés. Noter au tableau les différentes procédures proposées (dictées par les enfants). Entourer la plus efficace. La reformuler et la réexpliquer: Pour multiplier un nombre à trois chiffres par un multiple de 10, **on décompose le premier nombre** puis on **multiplie chaque terme**. Enfin, on **additionne les résultats**.
Exemples:
- Calculer 213 × 60 213 = 200 + 10 + 3
On calcule donc
213 × 60 = (200 × 60) + (10 × 60) + (3 × 60) =
12000 + 600 + 180 = 12780
- Calculer 832 × 50 832 = 800 + 30 + 2
On calcule donc:
832 × 50 = (800 × 50) + (30 × 50) + (2 × 50) =
40000 + 1500 + 100 = 41600

Variante: Rapidité: le premier qui écrit le résultat correct sur son ardoise gagne 2 points.

Synthèse écrite (15 minutes): le savoir prend une forme et une valeur collectives (institutionnalisation). Construire une **affiche de référence.** Utiliser la technique de « la dictée à l'adulte »: ce sont les élèves qui dictent les exemples.

Proposition d'affiche de référence

Calculer mentalement un produit (5)

Pour multiplier un nombre à trois chiffres par un multiple de 10, **on décompose le premier nombre** puis on **multiplie chaque terme**. Enfin, on **additionne les résultats**.
Exemples:
- **Calculer 213 × 60** 213 = 200 + 10 + 3
On calcule donc
213 × 60 = **(200 × 60) + (10 × 60) + (3 × 60)** =
12 000 + 600 + 180 = **12 780**
- **Calculer 832 × 50** 832 = 800 + 30 + 2
On calcule donc:
832 × 50 = **(800 × 50) + (30 × 50) + (2 × 50)** =
40 000 + 1 500 + 100 = **41 600**

Distribuer, à chaque élève, une copie de l'affiche en format réduit A5, à coller dans le cahier.

Temps 3 Exercices d'entraînement

Organisation	• Individuel
Matériel	• Cahier-livre p. 114, exercices 296 à 302 • 1 ardoise + 1 feutre
Durée	• 15 minutes

Rappel de la leçon (2 minutes): reformuler et / ou faire relire l'affiche « **Calculer mentalement un produit (5)** ».

Exercices 296 à 298: Passer la consigne du cahier-livre.

Exercices 299 à 302: Lire oralement l'énoncé du problème. Correction immédiate.

Bilan: poser la question: *« Qui n'a pas compris quelque chose ? »*

Temps 4 Exercices d'entretien

Organisation	• Individuel
Matériel	• Guide Pédagogique (problèmes A, B, C ci-après) • 1 ardoise + 1 feutre
Durée	• 15 minutes

A: La maîtresse demande à Lisa de ranger des boîtes de 312 boutons. Il y a 30 boîtes. Combien Lisa a-t-il rangé de boutons en tout ?
B: Malika habite à 205 m de son école. Elle fait ce trajet 10 fois par semaine. Quelle distance (en m) Malika parcourt-elle en moyenne en un mois ?
C: Sami, Hugo, Malika et Lisa ont misé chacun 251 euros à la loterie. Ils gagnent 20 fois l'ensemble de leur mise. Quelle somme ont-ils gagnée ?

Temps 5 Évaluation

L'évaluation des acquis des élèves est différée en fin de période. Les exercices, dictés par le maître, sont donnés p. 145.

Diviser par 6 et par 7 dans les tables

► Cahier-livre p. 114

Objectifs

- Apprendre à diviser un nombre par 6 ou par 7
- Connaître la table de division par 6 et celle par 7

Temps 1 Activité de découverte

Les dés magiciens

Organisation	• Binômes
Matériel	• 1 dé numérique avec les nombres divisibles par 6 • 1 dé numérique avec les nombres divisibles par 7 • 1 ardoise par élève
Durée	• 5 minutes

• Mise en situation

Descriptif: Chacun leur tour, les joueurs lancent le dé et annoncent le tirage. Chacun divisent, selon le dé, par 6 ou par 7 sur l'ardoise. On gagne un point par bonne réponse.

Consigne élève: *« Divisez par 6 chacun à votre tour, sur l'ardoise, le nombre de votre tirage. On gagne 1 point par bonne réponse » ou « Divisez par 7 chacun à votre tour, sur l'ardoise, le nombre de votre tirage. On gagne 1 point par bonne réponse ».*

Bilan intermédiaire: poser la question: « Qui n'a pas compris quelque chose ? »

Conclusion de l'activité: Formuler: *« Pour diviser un nombre par 6, on le partage en 6 parts équitables; et pour le diviser par 7, on le partage en 7 parts égales. »*
Exemple: diviser 24 par 6
24 = 4 × 6 = 6 + 6 + 6 + 6
On peut écrire: **24 : 6 = 4** donc **24 divisé par 6 est égal à 4.**

Variantes: Diviser par 6 le double du nombre tiré.

La table de division

Organisation	• individuel
Matériel	• 1 table des nombres divisibles par 6 • 1 table des nombres divisibles par 7 • 1 ardoise par élève
Durée	• 5 minutes

• Mise en situation

Descriptif: Le maître commence par récapituler au tableau, les réponses obtenues lors de l'activité des dés magiciens. Les élèves sont invités à renseigner la table vierge qui leur a été distribuée.

Consigne élève: *« Placez les résultats écrits au tableau, dans la table distribuée. Complétez les cases qui restent. »*

Bilan intermédiaire: poser la question: *« Qui n'a pas compris quelque chose ? »*

Conclusion de l'activité: Formuler: *« Pour diviser un nombre par 6 ou par 7, on se réfère aux résultats des tables de multiplication. »*
Exemple: Diviser 18 par 6.
3 × 6 = 18. On peut écrire:
18 : 6 = 3 donc **18 divisé par 6 est égal à 3.**
Exemple: Diviser 56 par 7.
8 × 7 = 56. On peut écrire:
56 : 7 = 8 donc **56 divisé par 7 est égal à 8.**

Temps 2 Structuration de la leçon

Rappels (2 minutes): Demander aux élèves de reformuler ce qu'ils ont appris pour **diviser un nombre par 6 ou par 7 dans les tables.** Annoncer les jeux (*cf.* Activités de découverte) et rappeler les règles.

Jeux (8 minutes): Faire jouer, de nouveau, les élèves dans les mêmes conditions que lors de la phase de découverte.

Mise en commun (5 minutes): Faire expliquer les stratégies et procédures utilisées et s'exprimer les difficultés. Noter au tableau les différentes procédures proposées (dictées par les enfants). Entourer la plus efficace. La reformuler et la réexpliquer: *« Pour diviser un nombre en 6, on le partage en 6 parts équitables; et pour le diviser en 7, on le partage en 7 parts égales. »*
Lorsqu'on partage 48 en 6 parts équitables, on peut écrire l'opération 48 : 6 = 8.
Lorsqu'on partage 56 en 7 parts équitables, on peut écrire l'opération 56 : 7 = 8.

• Diviser par 6 dans les tables revient à rechercher combien de fois 6 est contenu dans le nombre à diviser.
Exemple: 18 : 6 Combien de fois 6 dans 18 ?
? × 6 = 18
3 × 6 = 18 Donc 18 : 6 = 3

• Diviser par 7 dans les tables revient à rechercher combien de fois 7 est contenu dans le nombre à diviser.
Exemple: 35 : 7 Combien de fois 7 dans 35 ?
? × 7 = 35
5 × 7 = 35 Donc 35 : 7 = 5

Synthèse écrite (15 minutes): le savoir prend une forme et une valeur collectives (institutionnalisation).
Construire une **affiche de référence.** Utiliser la technique de « la dictée à l'adulte »: ce sont les élèves qui dictent les exemples.

Proposition d'affiche de référence

Diviser par 6 et par 7 dans les tables

Lorsqu'on partage 48 en 6 parts équitables, on peut écrire l'opération **48 : 6 = 8.**
Lorsqu'on partage 56 en 7 parts équitables, on peut écrire l'opération **56 : 7 = 8.**

• Diviser par 6 dans les tables revient à rechercher combien de fois 6 est contenu dans le nombre à diviser.
Exemple: 18 : 6 Combien de fois 6 dans 18 ?
? × 6 = 18
3 × 6 = 18 **Donc 18 : 6 = 3**

• Diviser par 7 dans les tables revient à rechercher combien de fois 7 est contenu dans le nombre à diviser.
Exemple: 35 : 7 Combien de fois 7 dans 35 ?
? × 7 = 35
5 × 7 = 35 **Donc 35 : 7 = 5**

Distribuer, à chaque élève, une copie de l'affiche en format réduit A5, à coller dans le cahier.

Temps 3 Exercices d'entraînement

Organisation	• Individuel
Matériel	• Cahier-livre p. 114, exercices 303 à 309 • 1 ardoise et 1 feutre.
Durée	• 15 minutes

Rappel de la leçon (2 minutes): reformuler et/ou faire relire l'affiche «**Diviser par 6 et par 7 dans les tables**».

Exercices 303 à 307: Passer la consigne du cahier-livre.

Exercices 308 et 309: Lire l'énoncé oralement. Traiter les situations l'une après l'autre avec correction intermédiaire.

Bilan: poser la question: « Qui n'a pas compris quelque chose ? »

Temps 4 Exercices d'entretien

Organisation	• Individuel
Matériel	• Guide Pédagogique (problèmes A, B, C, D ci-après) • 1 ardoise et 1 feutre
Durée	• 15 minutes

A: Hugo possède 21 €. Malika a 7 fois moins d'argent. Quelle somme Malika possède-t-elle ?
B: Malika a gagné 24 billes à l'école cette semaine. Sami en a gagné 6 fois moins. Combien Sami a-t-il gagné de billes à l'école cette semaine ?

C: Lisa a utilisé 63 dominos pour créer son parcours. Il y a 7 couleurs différentes de dominos. Il y a autant de dominos de chaque couleur. Combien y a-t-il de dominos de chaque couleur?
D: Hugo dit *«Le nombre 42 se trouve à la fois dans la table de division de 6 et de 7»* et Sami dit *«Non! C'est 24 qui se trouve dans les tables de 6 et de 7»*. Qui a raison?

Temps 5 Évaluation

L'évaluation des acquis des élèves est différée en fin de période. Les exercices, dictés par le maître, sont donnés p. 145.

Diviser par 8 et par 9 dans les tables

► Cahier-livre p. 114

Objectifs

- Apprendre à diviser un nombre par 8 ou par 9
- Connaître la table de division par 8 et celle par 9

Temps 1 Activité de découverte

Les dés magiciens

Organisation	• Binômes
Matériel	• 1 dé numérique avec les nombres divisibles par 8 • 1 dé numérique avec les nombres divisibles par 9 • 1 ardoise par élève
Durée	• 5 minutes

• Mise en situation

Descriptif: Chacun leur tour, les joueurs lancent le dé et annoncent le tirage. Chacun divisent, selon le dé, par 8 ou par 9 sur l'ardoise. On gagne un point par bonne réponse.

Consigne élève: *«Divisez par 8 chacun à votre tour, sur l'ardoise, le nombre de votre tirage. On gagne 1 point par bonne réponse»* ou *«Divisez par 9 chacun à votre tour, sur l'ardoise, le nombre de votre tirage. On gagne 1 point par bonne réponse»*.

Bilan intermédiaire: poser la question: *«Qui n'a pas compris quelque chose?»*

Conclusion de l'activité: Formuler: *«Pour diviser un nombre par 8, on le partage en 8 parts équitables; et pour le diviser par 9, on le partage en 9 parts égales.»*
Exemple: Diviser 24 par 8.
24 = 3 × 8 = 8 + 8 + 8
On peut écrire: **24: 8 = 3** donc **24 divisé par 8 est égal à 3.**

Variantes: Diviser par 8 le double du nombre tiré.

La table de division

Organisation	• Individuel
Matériel	• 1 table des nombres divisibles par 8 • 1 table des nombres divisibles par 9 • 1 ardoise par élève
Durée	• 5 minutes

• Mise en situation

Descriptif: Le maître commence par récapituler au tableau, les réponses obtenues lors de l'activité des dés magiciens. Les élèves sont invités à renseigner la table vierge qui leur a été distribuée.

Consigne élève: «Placez les résultats écrits au tableau, dans la table distribuée. Complétez les cases qui restent.»

Bilan intermédiaire: poser la question: *«Qui n'a pas compris quelque chose?»*

Conclusion de l'activité: Formuler: *«Pour diviser un nombre par 8 ou par 9, on se réfère aux résultats des tables de multiplication.»*
Exemple: Diviser 18 par 9.
2 × 9 = 18. On peut écrire:
18: 9 = 2 donc **18 divisé par 9 est égal à 2.**
Exemple: Diviser 56 par 8.
7 × 8 = 56 On peut écrire:
56: 8 = 7 donc **56 divisé par 8 est égal à 7.**

Temps 2 Structuration de la leçon

Rappels (2 minutes): Demander aux élèves de reformuler ce qu'ils ont appris pour **diviser un nombre par 8 ou par 9 dans les tables.** Annoncer les jeux (*cf.* Activités de découverte) et rappeler les règles.

Jeux (8 minutes): Faire jouer, de nouveau, les élèves dans les mêmes conditions que lors de la phase de découverte.

Mise en commun (5 minutes): Faire expliquer les stratégies et procédures utilisées et s'exprimer les difficultés. Noter au tableau les différentes procédures proposées (dictées par les enfants). Entourer la plus efficace. La reformuler et la réexpliquer: *«Pour diviser un nombre en 8, on le partage en 8 parts égales; et pour le diviser en 9, on le partage en 9 parts égales.»*
Lorsqu'on partage 40 en 8 parts équitables, on peut écrire l'opération: **40: 8 = 5**
Lorsqu'on partage 36 en 9 parts équitables, on peut écrire l'opération: **36: 9 = 4**

• Diviser par 8 dans les tables revient à rechercher **combien de fois 8** est contenu dans le nombre à diviser.
Exemple: 24: 8 Combien de fois 8 dans 24?

? × 8 = 24
3 × 8 = 24 Donc 24 : 8 = 3

• Diviser par 9 dans les tables revient à rechercher **combien de fois 9** est contenu dans le nombre à diviser.
Exemple : 45 : 9 Combien de fois 9 dans 45 ?
? × 9 = 45
5 × 9 = 45 Donc 45 : 9 = 5

Synthèse écrite (15 minutes) : le savoir prend une forme et une valeur collectives (institutionnalisation).
Construire une **affiche de référence.** Utiliser la technique de « la dictée à l'adulte » : ce sont les élèves qui dictent les exemples.

Proposition d'affiche de référence

Diviser par 8 et par 9 dans les tables

Lorsqu'on partage 40 en 8 parts équitables, on peut écrire l'opération 40 : 8 = 5.
Lorsqu'on partage 36 en 9 parts équitables, on peut écrire l'opération 36 : 9 = 4.

• Diviser par 8 dans les tables revient à rechercher combien de fois 8 est contenu dans le nombre à diviser.
Exemple : 24 : 8 Combien de fois 8 dans 24 ?
? × 8 = 24
3 × 8 = 24 Donc 24 : 8 = 3

• Diviser par 9 dans les tables revient à rechercher combien de fois 9 est contenu dans le nombre à diviser.
Exemple : 45 : 9 Combien de fois 9 dans 45 ?
? × 9 = 45
5 × 9 = 45 Donc 45 : 9 = 5

Distribuer, à chaque élève, une copie de l'affiche en format réduit A5, à coller dans le cahier.

Temps 3 Exercices d'entraînement

Organisation	• Individuel
Matériel	• Cahier-livre p.114, exercices 310 à 316 • 1 ardoise et 1 feutre
Durée	• 15 minutes

Rappel de la leçon (2 minutes) : reformuler et/ou faire relire l'affiche «**Diviser par 8 et par 9 dans les tables**».

Exercices 310 à 314 : Passer la consigne du cahier-livre.

Exercices 315 et 316 : Lire l'énoncé oralement. Traiter les situations l'une après l'autre avec correction intermédiaire.

Bilan : poser la question : *« Qui n'a pas compris quelque chose ? »*

Temps 4 Exercices d'entretien

Organisation	• Individuel
Matériel	• Guide Pédagogique (problèmes A, B, C ci-après) • 1 ardoise et 1 feutre
Durée	• 15 minutes

A : Lisa possède 24 €. Combien de livres à 8 € peut-elle s'acheter ?
B : Hugo a une ficelle de 63cm. Combien de bouts de 9 cm peut-il couper ?
C : Sami a utilisé 81 cubes pour construire une tour. Malika en a utilisé 9 fois moins. Combien de cubes Malika a-t-elle utilisés pour faire sa tour ?

Temps 5 Évaluation

L'évaluation des acquis des élèves est différée en fin de période. Les exercices, dictés par le maître, sont donnés p. 145.

Déterminer l'ordre de grandeur d'une multiplication

► Cahier-livre p. 115

Objectifs

• Apprendre à déterminer une valeur approchée d'un nombre entier
• Apprendre à calculer l'ordre de grandeur d'une multiplication

Temps 1 Activité de découverte

Jeu des mariages

Organisation	• Binômes
Matériel	• *n* jeux de 20 cartes (10 paires) comportant des multiplications et les ordres de grandeur correspondants
Durée	• 8 minutes

• Mise en situation

Descriptif : Les joueurs se partagent les cartes. Chaque joueur se débarrasse des paires. Puis, chacun leur tour, les joueurs tirent une carte dans le jeu de l'adversaire. Le gagnant est celui qui n'a plus de cartes avant l'autre.

Consigne élève : *« Partagez les cartes, associer chaque multiplication à son ordre de grandeur. Posez les paires sur la table. Quand vous n'avez plus de paires, chacun votre tour, piochez une carte dans le jeu que vous présente l'adversaire. Le gagnant est celui qui n'a plus de cartes avant l'autre. »*

Bilan intermédiaire : poser la question : *« Qui n'a pas compris quelque chose ? »*

Conclusion de l'activité: formuler: *« Lorsqu'il est difficile de calculer mentalement une multiplication, on peut utiliser les* ***valeurs approchées de chacun des facteurs*** *de la multiplication pour trouver* ***l'ordre de grandeur du produit.*** *»*
Exemples: Trouve le résultat le plus proche de 27 × 3.
27 est proche de 30. Donc on peut estimer que le résultat de 27 × 3 est proche de celui de
30 × 3 = 90
L'ordre de grandeur pour 27 × 3 est 90.
Trouve le résultat le plus proche de 107 × 40.
107 est proche de 100. Donc on peut estimer que le résultat de 107 × 40 est proche de celui de 100 × 40 = 4 000
L'ordre de grandeur pour 107 × 40 est 4 000.

Variante: Poser les 20 cartes sur la table face vierge visible. Jeu de Memory: chacun leur tour, les joueurs retournent deux cartes et les mémorisent de manière à pouvoir prélever les paires. Le gagnant est celui qui a reconstitué le plus de paires.

Temps 2 Structuration de la leçon

Rappels (2 minutes): Demander aux élèves de reformuler ce qu'ils ont appris pour déterminer l'ordre de grandeur d'une multiplication. Annoncer les jeux (*cf.* Activités de découverte) et rappeler les règles.

Jeux (8 minutes): Faire jouer, de nouveau, les élèves dans les mêmes conditions que lors de la phase de découverte.

Mise en commun (5 minutes): Faire expliquer les stratégies et procédures utilisées et s'exprimer les difficultés. Noter au tableau les différentes procédures proposées (dictées par les enfants). Entourer la plus efficace. La reformuler et la réexpliquer: Lorsqu'il est difficile de calculer mentalement une multiplication, on peut utiliser les **valeurs approchées de chacun des facteurs** de la multiplication pour trouver **l'ordre de grandeur du produit.**
Exemples: Trouve le résultat le plus proche de 27 × 3.
27 est proche de 30. Donc on peut estimer que le résultat de 27 × 3 est proche de celui de 30 × 3 = 90
L'ordre de grandeur pour 27 × 3 est 90.
Trouve le résultat le plus proche de 107 × 40.
107 est proche de 100. Donc on peut estimer que le résultat de 107 × 40 est proche de celui de 100 × 40 = 4 000
L'ordre de grandeur pour 107 × 40 est 4 000.

Synthèse écrite (15 minutes): le savoir prend une forme et une valeur collectives (institutionnalisation).
Construire une **affiche de référence.** Utiliser la technique de « la dictée à l'adulte »: ce sont les élèves qui dictent les exemples.

Proposition d'affiche de référence

Déterminer l'ordre de grandeur d'une multiplication

Lorsqu'il est difficile de calculer mentalement une multiplication, on peut utiliser les **valeurs approchées de chacun des facteurs** de la multiplication pour trouver **l'ordre de grandeur du produit.**
Exemples:
- Trouve le résultat le plus proche de 27 × 3.

27 est proche de 30. Donc on peut estimer que le résultat de 27 × 3 est proche de celui de
30 × 3 = 90
L'ordre de grandeur pour 27 × 3 est 90.
- Trouve le résultat le plus proche de 107 × 40.

107 est proche de 100. Donc on peut estimer que le résultat de 107 × 40 est proche de celui de 100 × 40 = 4 000
L'ordre de grandeur pour 107 × 40 est 4 000.

Distribuer, à chaque élève, une copie de l'affiche en format réduit A5, à coller dans le cahier.

Temps 3 Exercices d'entraînement

Organisation	• Individuel
Matériel	• Cahier-livre, exercices 317 à 323 • 1 ardoise et 1 feutre
Durée	• 15 minutes

Rappel de la leçon (2 minutes): reformuler et/ou faire relire l'affiche « **Déterminer l'ordre de grandeur d'une multiplication** ».

Exercices 317 à 320: Passer la consigne du cahier-livre.

Exercices 321 à 323: Lire l'énoncé oralement. Traiter les situations l'une après l'autre avec correction intermédiaire.

Bilan: poser la question: *« Qui n'a pas compris quelque chose ? »*

Temps 4 Exercices d'entretien

Organisation	• Individuel
Matériel	• Guide Pédagogique (problèmes A, B, C ci-après) • 1 ardoise et 1 feutre
Durée	• 15 minutes

A: Hugo, Malika, Sami et Lisa ont chacun un sac avec 48 billes. Estime combien ils en ont à eux quatre.
B: Malika met exactement 14 min à pieds pour aller de chez elle à l'école. Elle fait ce trajet 4 fois par jour. Elle dit à Lisa que cela lui fait moins d'une heure de trajet par jour. Malika a-t-elle raison ?
C: Sami participe à une épreuve de course à pieds. Il doit faire 8 tours de pistes. Chaque tour fait 257 m. Estime la distance que Sami doit parcourir.

Temps 5 Évaluation

L'évaluation des acquis des élèves est différée en fin de période. Les exercices, dictés par le maître, sont donnés p. 145.

Déterminer l'ordre de grandeur d'un quotient

► Cahier-livre p. 115

Objectifs

- Apprendre à estimer une valeur approchée à un nombre entier
- Apprendre à calculer l'ordre de grandeur d'un quotient

Temps 1 Activité de découverte

Jeu des mariages

Organisation	• Binômes
Matériel	• *n* jeux de 20 cartes (10 paires) comportant des quotients et les ordres de grandeur correspondants
Durée	• 8 minutes

• Mise en situation

Descriptif : Les joueurs se partagent les cartes. Chaque joueur se débarrasse des paires. Puis, chacun leur tour, les joueurs tirent une carte dans le jeu de l'adversaire. Le gagnant est celui qui n'a plus de cartes avant l'autre.

Consigne élève *: « Partagez les cartes, associer chaque division à son ordre de grandeur. Posez les paires sur la table. Quand vous n'avez plus de paires, chacun votre tour, piochez une carte dans le jeu que vous présente l'adversaire. Le gagnant est celui qui n'a plus de cartes avant l'autre. »*

Bilan intermédiaire : poser la question : *« Qui n'a pas compris quelque chose ? »*

Conclusion de l'activité : formuler : *« Lorsqu'il est difficile de calculer mentalement une division, on peut utiliser les* ***valeurs approchées de chacun des nombres*** *de la division pour trouver* ***l'ordre de grandeur du quotient.*** *»*
Exemples : Trouve le résultat le plus proche de 23 : 3.
On cherche, dans la table de 3, le résultat le plus proche de 23.
23 est proche de 24. On peut donc estimer que le quotient est proche de celui de 24 : 3 = 8.
L'ordre de grandeur pour 23 : 3 est 8.
Trouve le résultat le plus proche de 107 : 25.
On cherche le multiple de 25 le plus proche de 107.
107 est proche de 100. On peut donc estimer que le quotient est proche de celui de 100 : 25 = 4.
L'ordre de grandeur pour 107 : 25 est 4.
Trouve le résultat le plus proche de 275 : 9.
275 est proche de 300 et 9 est proche de 10.
On peut estimer que le résultat de 275 : 9 est proche de celui de 300 : 10 = 30.
L'ordre de grandeur pour 275 : 9 est 30.

Variante : Poser les 20 cartes sur la table face vierge visible. Jeu de Memory : chacun leur tour, les joueurs retournent deux cartes et les mémorisent de manière à pouvoir prélever les paires. Le gagnant est celui qui a reconstitué le plus de paires.

Temps 2 Structuration de la leçon

Rappels (2 minutes) : Demander aux élèves de reformuler ce qu'ils ont appris pour déterminer l'ordre de grandeur d'un quotient. Annoncer les jeux (*cf.* Activités de découverte) et rappeler les règles.

Jeux (8 minutes) : Faire jouer, de nouveau, les élèves dans les mêmes conditions que lors de la phase de découverte.

Mise en commun (5 minutes) : Faire expliquer les stratégies et procédures utilisées et s'exprimer les difficultés. Noter au tableau les différentes procédures proposées (dictées par les enfants). Entourer la plus efficace. La reformuler et la réexpliquer : Lorsqu'il est difficile de calculer mentalement une division, on peut utiliser les **valeurs approchées de chacun des nombres** de la division pour trouver **l'ordre de grandeur du quotient.**
Exemples : Trouve le résultat le plus proche de 23 : 3.
On cherche, dans la table de 3, le résultat le plus proche de 23.
23 est proche de 24. On peut donc estimer que le quotient est proche de celui de 24 : 3 = 8.
L'ordre de grandeur pour 23 : 3 est 8.
Trouve le résultat le plus proche de 107 : 25.
On cherche le multiple de 25 le plus proche de 107.
107 est proche de 100. On peut donc estimer que le quotient est proche de celui de 100 : 25 = 4.
L'ordre de grandeur pour 107 : 25 est 4.
Trouve le résultat le plus proche de 275 : 9.
275 est proche de 300 et 9 est proche de 10.
On peut estimer que le résultat de 275 : 9 est proche de celui de 300 : 10 = 30.
L'ordre de grandeur pour 275 : 9 est 30.
Construire une **affiche de référence.** Utiliser la technique de « la dictée à l'adulte » : ce sont les élèves qui dictent les exemples.

Proposition d'affiche de référence

Déterminer l'ordre de grandeur d'un quotient

Lorsqu'il est difficile de calculer mentalement une division, on peut utiliser les **valeurs approchées de chacun des nombres** de la division pour trouver **l'ordre de grandeur du quotient.**
Exemples : Trouve le résultat le plus proche de 23 : 3.
On cherche, dans la table de 3, le résultat le plus proche de 23.
23 est proche de 24. On peut donc estimer que le quotient est proche de celui de 24 : 3 = 8.
L'ordre de grandeur pour 23 : 3 est 8.

Trouve le résultat le plus proche de 107 : 25.
On cherche le multiple de 25 le plus proche de 107.
107 est proche de 100. On peut donc estimer que le quotient est proche de celui de 100 : 25 = 4.
L'ordre de grandeur pour 107 : 25 est 4.

Trouve le résultat le plus proche de 275 : 9.
275 est proche de 300 et 9 est proche de 10.
On peut estimer que le résultat de 275 : 9 est proche de celui de 300 : 10 = 30.
L'ordre de grandeur pour 275 : 9 est 30.

Distribuer, à chaque élève, une copie de l'affiche en format réduit A5, à coller dans le cahier.

Temps 3 Exercices d'entraînement

Organisation	• Individuel
Matériel	• Cahier-livre, exercices 324 à 328 • 1 ardoise et 1 feutre
Durée	• 15 minutes

Rappel de la leçon (2 minutes): reformuler et/ou faire relire l'affiche «**Déterminer l'ordre de grandeur d'un quotient**».

Exercices 324, 326 et 328: Passer la consigne du cahier-livre.

Exercices 325 et 327: Lire l'énoncé oralement. Traiter les situations l'une après l'autre avec correction intermédiaire. Etre vigilant à l'argumentation donnée dans l'exercice 327.

Bilan: poser la question: *«Qui n'a pas compris quelque chose?»*

Temps 4 Exercices d'entretien

Organisation	• Individuel
Matériel	• Guide Pédagogique (problèmes A, B, C ci-après) • 1 ardoise et 1 feutre
Durée	• 15 minutes

A: Hugo, Malika, Sami et Lisa possèdent en commun un sac de 33 boutons. Estime combien ils en auraient chacun s'ils se partageaient équitablement les boutons.
B: Lisa participe à une épreuve de rollers sur piste. Elle a fait 9 tours de piste. Ce qui fait qu'elle a parcouru en tout 3000 m. Estime la distance que Lisa a réalisée en 1 tour de piste
C: Le club de basket de Sami a acheté 1000 € d'équipement pour 11 joueurs. Sami dit que cela représente moins de 100 € par joueur. A-t-il raison?

Temps 5 Évaluation

L'évaluation des acquis des élèves est différée en fin de période. Les exercices, dictés par le maître, sont donnés p. 145.

Repérer les termes pour calculer un produit

► Cahier-livre p. 115

Objectifs

• Apprendre à repérer des nombres dont le produit est remarquable (multiple de 10 ou de 100)
• Utiliser la commutativité de la multiplication

Temps 1 Activité de découverte

Le mémo des multiplications

Organisation	• Binômes
Matériel	• 40 cartes comportant des multiplications et les produits correspondants des multiples de 10 ou de 100
Durée	• 15 minutes

• Mise en situation

Descriptif: Les cartes sont à découper et à distribuer à un groupe de 4 élèves. Elles sont disposées faces cachées sur une table. Il s'agit pour les élèves de retrouver les cartes résultats qui correspondent à leur multiplication. Le gagnant est l'élève qui a le plus de paires complémentaires.

Consigne élève: *«Piochez une carte. Lisez le nombre au groupe. Reposez-la, face découverte. Piochez une seconde carte et posez-la, face découverte. Si le résultat correspond à la multiplication, alors vous avez 1 point. Gardez la paire avec vous. Si vous découvrez une paire complémentaire, vous rejouez. Sinon, remettez les cartes face cachée et c'est au tour de votre camarade. Le jeu s'arrête quand il n'y a plus de cartes sur la table. Le gagnant est celui qui a gagné le plus de paires.»*

Bilan intermédiaire: poser la question: *«Qui n'a pas compris quelque chose?»*

Conclusion de l'activité: Formuler: *«Pour calculer mentalement un produit, on peut commencer par **repérer** les nombres dont la multiplication donne **un multiple de 10 ou de 100**.»*

Variante: Poser les 40 cartes sur la table face cachée. Chacun leur tour, les joueurs retournent une carte et doivent trouver mentalement ou le résultat, ou le produit qui permet de l'obtenir. Le gagnant est celui qui a reconstitué le plus de paires.

Temps 2 Structuration de la leçon

Rappels (2 minutes): Demander aux élèves de reformuler ce qu'ils ont appris à propos du repérage de termes pour calculer un produit. Annoncer le jeu (*cf.* Activité de découverte) et rappeler les règles.

Jeux (8 minutes): Faire jouer, de nouveau, les élèves dans les mêmes conditions que lors de la phase de découverte.

Mise en commun (5 minutes): Faire expliquer les stratégies et les procédures utilisées; exprimer les difficultés. Noter au tableau les différentes procédures proposées (dictées par les enfants). Entourer la plus efficace. La reformuler et réexpliquer: *«Pour calculer mentalement un produit, on peut commencer par*

repérer les nombres dont la multiplication permet d'obtenir un ***multiple de dix ou de cent.*** »
Exemples:
- Calculer 25 × 12 × 4
On repère que 25 × 4 donne 100.
On commence par calculer 25 × 4 **= 100.**
Puis on continue la multiplication 100 × 12 = 1200
donc **25 × 12 × 4 = 1 200.**
- Calculer 125 × 3 × 2
On repère que 125 × 2 donne 250.
On commence par calculer 125 × 2 **= 250.**
Puis on continue la multiplication: 250 × 3 = 750
donc **125 × 3 × 2 = 750.**

Synthèse écrite (15 minutes): le savoir prend une forme et une valeur collectives (institutionnalisation).
Construire une **affiche de référence** expliquant **comment repérer les termes pour calculer un produit.** Utiliser la technique de « la dictée à l'adulte »: ce sont les élèves qui dictent les exemples de décompositions. L'affiche prendra la forme d'un cartable.

Proposition d'affiche de référence

Repérer les termes pour calculer un produit

Pour calculer mentalement un produit, on peut commencer par **repérer** les nombres dont la multiplication permet d'obtenir un **multiple de dix ou de cent**.
Exemples:
- Calculer 25 × 12 × 4
On repère que 25 × 4 donne 100. On commence par calculer 25 × 4 **= 100**
Puis on continue la multiplication: 100 × 12 = 1200 donc **25 × 12 × 4 = 1 200**
- Calculer 125 × 3 × 2
On repère que 125 × 2 donne 250. On commence par calculer 125 × 2 **= 250**
Puis on continue la multiplication: 250 × 3 = 750 donc **125 × 3 × 2 = 750**

Distribuer, à chaque élève, une copie de l'affiche en format réduit A5, à coller dans le cahier.

Temps 3 Exercices d'entraînement

Organisation	• Individuel
Matériel	• Cahier-livre p 115, exercices 329 à 335 • 1 ardoise + 1 feutre
Durée	• 20 minutes

Rappel de la leçon (2 minutes): reformuler et / ou faire relire l'affiche « **Repérer les termes pour calculer une somme ou une différence** ».

Exercices 329 à 333: Passer la consigne du cahier-livre.

Exercices 334 à 335: Lire oralement l'énoncé du problème. Correction immédiate.

Bilan: poser la question: *« Qui n'a pas compris quelque chose ? »*

Temps 4 Exercices d'entretien

Organisation	• Individuel
Matériel	• Guide Pédagogique (problèmes A, B, C, D ci-après) • 1 ardoise + 1 feutre
Durée	• 15 minutes

A: Sami dit *« Je pars du nombre 25. Je le multiplie par 4. J'ajoute 10 et je le multiplie par 3. »* Quel nombre obtient-il ?
B: Malika dit *« Je pense à un nombre. J'ajoute 7 et je retire 30. Je le multiplie par 4. Je trouve 200. »* Quel est ce nombre ? Lisa propose *« 55 »*, Hugo *« 73 »* et Sami *« 63 »*. Qui a raison ?
C: Lisa a huit boîtes de boutons. Chacune comporte 50 boutons. Elle en offre 75 à Sami et 25 à Hugo. Combien lui reste-t-il de boutons ?
D: Hugo possède 25 billes. Lisa en a 6 fois plus. Malika a 50 billes de moins que Lisa. Et Sami en a le double de Malika. Combien Sami a-t-il de billes ?

Temps 5 Évaluation de fin de période

1. Je sais calculer mentalement un produit (5)

• Calcule.

12 × 20	31 × 30	42 × 20	25 × 15
900 × 20	700 × 30	600 × 50	500 × 90

• Écoute le problème et écris la solution.
Un joueur mise 200 euros au casino. Trouve la somme qu'il possèdera:
- s'il gagne 20 fois la mise;
- s'il gagne 25 fois la mise.

2. Je sais décomposer 1 000 000, compléter à 1 000 000

• Complète les décompositions de 1 000 000.
300 000 + 300 000 + 300 000 + ? 500 000 + 200 000+ ?
400 000 + 400 000 + ?

• Écris le complément à 1 000 000 de chaque nombre.

400 000	300 000	250 000	650 000	150 000
520 000	840 000	950 000	255 000	345 000

3. Je sais diviser par 6, 7, 8 et 9 dans les tables

• Divise par 6.
12 24 36 54 6
• Divise par par 7.
14 21 35 49 70
• Divise par 8.
16 32 48 56 72
• Divise par 9.
9 90 18 45 63

4. Je sais déterminer un ordre de grandeur

• Trouve le résultat le plus proche pour chaque multiplication.
28 × 4 120 ou 110
81 × 7 560 ou 570

• Trouve le résultat le plus proche pour chaque division.
49 : 8 6 ou 7
30 : 9 3 ou 4

Reconnaître, décrire et tracer un carré

► Cahier-livre p. 116

ENTRETIEN ET ÉVALUATION
• Fiche d'entretien p. 231
• Évaluation, exercice 1, p. 275

Objectifs

- Découvrir et décrire les propriétés du carré.
- Utiliser les outils en fonction des propriétés du carré.

Activité de découverte

Participer à un défi géométrique

Organisation	• Binômes, puis réinvestissement (individuel).
Matériel	• Par binôme : 1 feuille avec la figure à reproduire (*cf.* cahier-livre, exercice 1, p. 116), crayon à papier, gomme, règle graduée, réglet, équerre, gabarit d'angle droit (*cf.* matériel du cahier-livre élève), une feuille blanche • Cahier élève, exercice 1
Durée	• 40 minutes

• Mise en situation

Cette phase permet une révision des acquis du CE1 (procédures de tracé, outils et propriétés).

Présentation du défi : construire une figure, (sans préciser qu'elle est d'abord constituée de carrés), en marquant le moins de points possible.
- Définir les binômes et le rôle de chacun : le Traceur reproduit et le Marqueur note le nombre de points affectés à l'outil choisi, mais tous deux cherchent ensemble pour faire le plus petit score.
- Distribuer les fiches Traceur / Marqueur pendant que les binômes préparent le matériel décrit dans la boîte à outils sur la table.

Consigne élève : *« Un élève, le Traceur, construit la figure. Il peut prendre toutes les informations dont il a besoin sur la figure modèle. À chaque fois qu'il prend un outil, son binôme, le Marqueur, note sur sa fiche le nombre de points de l'outil utilisé. Ensemble, il faut essayer de faire le plus petit score. »*
- Préciser que les deux élèves cherchent ensemble pour reproduire la figure. Laisser le temps nécessaire pour que tous les binômes atteignent une construction aboutie ou presque.
- Interroger sur les scores obtenus et désigner 3 binômes (le plus petit score, un score intermédiaire et le plus grand score repérés dans la classe) qui expliqueront leur démarche au tableau
- Faire systématiquement verbaliser l'observation réalisée sur la figure modèle, l'outil et la technique choisis. *Exemple :* Le traceur annonce *« Il y a 2 côtés non terminés, je les prolonge avec une règle »*. Le marqueur note les points. La classe vérifie.
- Faire verbaliser les propriétés à vérifier dès qu'une figure est annoncée.

Procédure experte (32 points)
1. J'observe la figure tronquée : un petit carré au centre coupé par une droite, et un grand carré avec deux côtés tronqués et un côté à construire.
2. Je vérifie les propriétés des 2 carrés : ce sont bien des carrés.
3. Je reproduis : je prolonge les deux côtés partiels avec la règle graduée, soit 3 + 3 points.
Je vérifie les deux angles droits.
4. Je reporte la longueur sur le côté supérieur (avec la règle graduée) pour tracer l'angle droit (équerre) et tracer le 4e côté, soit 3 + 8 points.
Je vérifie les deux angles droits.
5. Je trace la droite (avec la règle graduée) passant par les deux points alignés, soit 3 points.
Je vérifie les propriétés des quatre figures qui apparaissent, les 4 petits carrés.
6. Je marque d'autres points (milieu de chaque côté du grand carré). Je trace les quatre segments (règle graduée), soit 3 + 3 + 3 + 3 points. Je vérifie les propriétés de la figure qui apparaît. Ce qui fait un total de 3 + 3 + 8 + 3 + 3 + 3 + 3 + 3 + 3 = 32 points.

Mise en commun : partager / échanger sur les résultats afin de permettre les interactions dans la classe.
- La mise en commun des procédures au tableau permet de verbaliser : la perception des figures dans une figure complexe, la perception des propriétés de chacune des figures pour le choix de l'outil et du tracé à réaliser et la recherche d'informations indirectes pour construire (alignement de points et points particuliers).
- Faire remarquer et verbaliser la notion et le vocabulaire pour les termes milieu et diagonale :
  - « milieu », les points positionnés juste au milieu de chaque côté du grand carré ;
  - « diagonales », les segments qui coupent un carré en deux (ou en quatre) triangles rectangles en passant par les sommets opposés du carré.

Conclusion de l'activité
- Faire émerger les propriétés du carré : un carré est une figure qui a 4 côtés de même longueur et 4 angles droits.
- Faire émerger la construction par étapes d'un carré et les exigences de précision liées aux outils : tracer un segment (règle graduée), construire l'angle droit (équerre) à une extrémité du segment puis prolonger de la même mesure de longueur le côté suivant (règle graduée).

• Accompagnement personnalisé

Difficultés rencontrées par l'élève	Aide proposée
• L'élève ne perçoit pas l'assemblage de carrés.	• Faire colorier le carré central et repasser son contour, ou colorier un des 4 carrés et demander de montrer les 3 autres.
• L'élève n'utilise pas correctement l'équerre.	• Faire verbaliser et montrer sur l'outil l'angle droit ou reprendre le gabarit d'angle droit.
• L'élève trace des segments avec l'équerre.	• Reprendre le tracé et mettre en évidence le besoin de « mesurer » les segments qui prolongeront les directions de l'angle données par l'équerre.

• Réinvestissement dans le cahier-élève : « Découvrons ensemble »

Formaliser, après lecture des deux premières consignes, le nouveau contexte : on commence la reproduction par le tracé du plus grand carré.

Je sais faire

Organisation	• Individuel
Matériel	• Cahier-élève, exercice 2 • Règle graduée, équerre (*cf.* matériel du cahier élève) • Crayon à papier, gomme
Durée	• 5 minutes

Exercice 2: vérifier les propriétés du carré: avec la règle graduée, comparer les mesures de longueur des côtés de chaque figure et avec l'équerre vérifier que les 4 angles sont des angles droits.

Différenciation:

- ***Simplification***: utiliser le réglet (*cf.* matériel du cahier élève) et montrer qu'une seule prise de repère par figure est nécessaire. Si ce n'est pas superposable alors les côtés n'ont pas la même longueur puis reprendre l'utilisation de la règle graduée.

Retenons ensemble

Organisation	• Individuel
Matériel	• Cahier-élève
Durée	• 10 minutes

Synthèse de la leçon

Procéder à une lecture silencieuse individuelle de l'écrit de référence. Procéder à une lecture magistrale.

Faire compléter le texte par les élèves avec les mots à retenir: **longueur, droits**.
Vérifier, en passant dans les rangs, la validité des écrits.

Je m'entraîne

Organisation	• Individuel
Matériel	• Cahier-élève, exercices 3 et 4 • Réglet, règle graduée, équerre (*cf.* matériel du cahier élève) • Crayon à papier, gomme
Durée	• 20 à 30 minutes

Exercice 3: **reproduire un carré avec les outils** «règle graduée et équerre», à partir d'une information directe.

Différenciation:

- ***Simplification***: faire tracer une demi-droite à partir du point A, puis reporter la mesure de longueur nécessaire (en aidant à la lecture de la mesure sur la règle graduée, si besoin) et marquer la fin du segment. Aider au positionnement de l'équerre.
- ***Complexification***: passer à l'exercice 4

Exercice 4: **reproduire un carré en cherchant une information indirecte** «la longueur des côtés» sur le segment tracé.

Différenciation:

- ***Simplification***: faire marquer le début du segment par un repère, puis vérifier l'utilisation de la règle graduée pour la prise de mesure. Aider au positionnement de l'équerre.
- ***Complexification***: faire construire un carré de 5 cm en démarrant par un angle droit.

Reproduire et tracer un rectangle

► Cahier-livre p. 118

ENTRETIEN ET ÉVALUATION

• Fiche d'entretien p. 232
• Évaluation, exercice 2, p. 275

Objectifs

• Découvrir et décrire les propriétés du rectangle.
• Utiliser les outils en fonction des propriétés du rectangle.

Activité de découverte

Reproduire une figure avec des rectangles

Organisation	• Binômes, puis réinvestissement (individuel).
Matériel	• Par binôme: 1 feuille avec la figure modèle à reproduire (*cf.* cahier-livre, exercice 1, p. 118), une feuille de brouillon pour l'Observateur, crayon à papier, gomme, règle graduée, réglet, équerre (*cf.* matériel du cahier-livre élève). • 1 affiche de la figure modèle tronquée et 1 affiche de la figure modèle agrandis pour le tableau • Cahier-livre, exercice 1
Durée	• 40 minutes

Cette activité permet un réinvestissement de la procédure de tracé du carré (leçon précédente) dans l'analyse d'une figure complexe ainsi que la verbalisation du vocabulaire spécifique en situation d'observation puis de reproduction: reproduire une figure en échangeant les informations repérées sur le modèle.

• Mise en situation

Définir les binômes et le rôle de chacun (Observateur et Traceur): le Traceur réalise la tâche décrite par l'Observateur. Distribuer la feuille comportant le modèle à reproduire pendant que les binômes préparent le matériel, décrit dans la boîte à outils, sur la table.

Consigne élève: *« Un élève, l'Observateur, écrit au brouillon puis donne les informations nécessaires et pas à pas à son binôme pour reproduire la figure modèle. Le Traceur respecte les informations données par l'Observateur pour réaliser la figure. »*
Préciser que les deux élèves cherchent ensemble pour reproduire la figure. Laisser le temps nécessaire pour que tous les binômes atteignent une construction aboutie ou presque de la figure.

Mise en commun: partager / échanger sur les résultats afin de permettre les interactions dans la classe. Choisir un binôme ayant presque terminé un rectangle, interroger sur les difficultés et les premières observations et l'inviter à commencer la reproduction au tableau.
Faire verbaliser l'observation réalisée sur la figure modèle, l'outil et la technique choisis. Créer l'affiche collective avec d'une part, les termes clés d'action: prolonger, marquer un angle, mesurer un segment, repérer des points alignés et d'autre part, les propriétés de la figure décrite.
Cette mise en commun en observation des différentes procédures au tableau permet de verbaliser: la perception des figures dans une figure complexe, la perception des propriétés des figures pour le choix de l'outil et de la tâche à réaliser.
Faire remarquer et verbaliser la notion et le vocabulaire pour les termes longueur et largeur, «longueur» les deux grands côtés superposables ou de même mesure de longueur et «largeur» les deux petits côtés superposables ou de même mesure de longueur.
Faire remarquer la difficulté à utiliser les termes «longueur» définissant le plus grand côté et «mesure de longueur» définissant justement l'ordre de grandeur entre les différents côtés du rectangle.

Conclusion de l'activité
La figure est composée de plusieurs rectangles. Chaque rectangle possède 4 angles droits, 2 grands et 2 petits côtés appelés longueur et largeur.
- Faire émerger les propriétés du rectangle: un rectangle est une figure qui a 4 angles droits, 2 côtés de même mesure de longueur appelés «longueurs» et 2 autres côtés de même mesure de longueur appelés «largeurs».
- Faire émerger la construction par étapes d'un rectangle et les exigences de précision liées aux outils: tracer un segment (règle graduée), construire l'angle droit (équerre) à une extrémité du segment puis prolonger de la mesure de longueur le côté suivant (règle graduée). Recommencer à chaque extrémité de la même façon.
Laisser aussi s'exprimer d'autres procédures: tracer aux 2 extrémités d'une «longueur» les 2 angles droits puis reporter la mesure de longueur de chaque «largeur». Tracer la 2e «longueur» qui est le segment qui relie les points alignés obtenus par les deux côtés précédents.

• Accompagnement personnalisé

Difficultés rencontrées par l'élève	Aide proposée
• L'élève ne perçoit pas l'assemblage de rectangles.	• Faire décalquer le contour du rectangle du premier plan et le superposer à celui du second plan.
• L'élève n'utilise pas correctement l'équerre.	• Faire verbaliser et montrer sur l'outil l'angle droit ou reprendre le gabarit d'angle droit.
• L'élève trace des segments sans mesurer ou repérer les mesures nécessaires pour identifier les «longueurs» des «largeurs».	• Reprendre le tracé et mettre en évidence le besoin de «mesurer» les segments qui sont superposables ou de même mesure de longueur. Utiliser le calque et le faire tourner sur le modèle.

• Réinvestissement dans le cahier-livre: « Découvrons ensemble »

Formaliser après lecture de la consigne, le nouveau contexte: on commence la reproduction par le tracé du rectangle ayant déjà un angle droit.

Je sais faire

Organisation	• Individuel
Matériel	• Cahier-livre, exercice 2 • Règle graduée, réglet, équerre (*cf.* matériel du cahier-livre élève) • Crayon à papier et gomme
Durée	• 5 minutes

Exercice 2: Vérifier les propriétés du rectangle (avec le réglet ou la règle graduée), comparer les mesures de longueur des côtés de chaque figure, avec l'équerre vérifier que les 4 angles sont des angles droits ou pas.

Différenciation:

- ***Simplification***: utiliser le réglet et montrer que pour les figures 2 et 3, il n'y a qu'une seule mesure de longueur à prendre et que pour la figure 1 il en faut deux. Rappeler la propriété des côtés du rectangle.

Retenons ensemble

Organisation	• Individuel
Matériel	• Cahier-livre
Durée	• 10 minutes

Synthèse de la leçon
Procéder à une lecture silencieuse individuelle de l'écrit de référence.
Procéder à une lecture magistrale.
Faire compléter le texte par les élèves avec les mots à retenir: **largeur, longueur, droits.**
Faire décrire oralement la procédure de construction en 4 points
Vérifier, en passant dans les rangs, la validité des écrits.

Je m'entraîne

Organisation	• Individuel
Matériel	• Cahier-livre, exercices 3 et 4 • Règle graduée, réglet, règle en papier, équerre (*cf.* matériel du cahier-livre élève) • Crayon à papier et gomme
Durée	• 20 à 30 minutes

Exercice 3: reproduire un rectangle avec les outils (règle graduée et équerre) sur le réseau pointé. Vérifier sa production en s'appuyant sur les propriétés du rectangle:
- «Il y a 2 côtés opposés de même longueur appelés «longueurs» et 2 autres côtés opposés appelés «largeurs» (utiliser la technique de la leçon);
- les 4 angles sont droits.

Différenciation:
- ***Simplification***: rappeler les différentes prises d'informations sur le réseau pointé, ici compter le nombre de points pour chaque segment.
- ***Complexification***: l'organisation des trois figures est parfaitement respectée (respect des écarts et non du nombre de points)

Exercice 4: compléter un pavage en cherchant des informations directes ou indirectes (la longueur et la largeur) des figures composant le pavage. La précision des traits verticaux pour le tracé des largeurs implique l'utilisation de l'équerre.

Différenciation:
- *Simplification*: la technique du «prolongement de ligne» est la plus évidente. Réduire à la partie proposant des parties de largeurs des rectangles (seulement sur le plus grand rectangle de la base).
- *Complexification*: faire vérifier des propriétés apparentes comme «2 petits carrés forment un petit rectangle», on peut aussi compter le nombre de carrés compris dans un des grands rectangles.

Reconnaître, décrire et tracer un triangle rectangle

► Cahier-livre p. 120

ENTRETIEN ET ÉVALUATION

- Fiche d'entretien p. 233
- Évaluation, exercice 2, p. 275

Objectifs

- Reconnaître et décrire un triangle rectangle.
- Tracer un triangle rectangle.

Activité de découverte

Reconnaître et tracer des triangles rectangles

Organisation	• Binômes, puis réinvestissement (individuel).
Matériel	• Par binôme: 1 feuille avec le triangle rectangle à reproduire (*cf.* cahier-livre, exercice 1, p. 120), crayon à papier, gomme, règle graduée, réglet, équerre, gabarit d'angle droit (*cf.* matériel du cahier-livre élève), une feuille blanche • Cahier-livre, exercice 1
Durée	• 30 minutes

Cette activité s'appuie sur les acquis des deux leçons précédentes: l'utilisation de l'équerre. En effet l'angle droit est toujours un des éléments de construction du carré et du rectangle.

• Mise en situation

Définir les binômes et le rôle de chacun Traceur et Marqueur: le Traceur reproduit et le Marqueur note le nombre de points affectés à l'outil choisi mais tous deux cherchent ensemble pour faire le plus petit score.
Distribuer la feuille comportant le triangle rectangle à reproduire pendant que les binômes préparent le matériel décrit dans la boîte à outils sur la table.

Consigne élève: *«Un élève, le Traceur, construit la figure. Il peut prendre toutes les informations dont il a besoin sur la figure modèle. À chaque fois qu'il prend un outil, son binôme, le Marqueur, note sur sa fiche le nombre de points de l'outil utilisé. Ensemble, il faut essayer de faire le plus petit score.»*
Préciser que les deux élèves cherchent ensemble pour reproduire la figure. Laisser le temps nécessaire pour que tous les binômes atteignent une construction aboutie ou presque.

Mise en commun: partager / échanger sur les résultats afin de permettre les interactions dans la classe. Interroger sur les scores obtenus et désigner trois binômes qui expliqueront leur démarche au tableau (le plus petit score, un score intermédiaire et le plus grand score repérés dans la classe). Utiliser une des affiches préparées au tableau par binôme: l'un montre les observations et trace, l'autre note les points.
Faire systématiquement verbaliser: l'observation réalisée sur la figure modèle, l'outil et la technique choisis. *Exemple*: Le traceur annonce «Je marque d'abord l'angle droit du triangle puis je les prolonge avec une règle.». Le marqueur note les points. La classe vérifie.
Faire verbaliser les propriétés à vérifier dès qu'une figure est annoncée. Observer les scores trop importants qui montrent des erreurs d'interprétation dans l'observation.

Procédure experte (17 points)
- J'observe la figure à reproduire: un triangle, un angle droit, trois côtés de mesures de longueurs différentes.
- Je vérifie la propriété de la figure: un angle droit. J'utilise l'équerre (8 points) moins coûteuse que le gabarit d'angle droit (15 points).
- Je reproduis l'angle droit avec l'équerre, soit 8 points.

- Je reporte les mesures de longueur de chaque côté avec la règle graduée, soit 3 + 3 = 6 points.

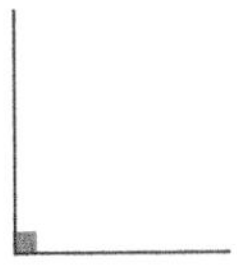

- Je trace la droite passant par les deux points alignés B et C avec la règle graduée, soit 3 points.
Ce qui fait un total de 8 + 3 + 3 + 3 = 17 points.

Conclusion de l'activité
Faire émerger les propriétés du triangle rectangle:
- un triangle est une figure avec 3 sommets, 3 côtés et 3 angles;
- un triangle rectangle est un triangle dont un des angles est un angle droit.
Faire émerger la construction par étapes d'un triangle rectangle et les exigences de précision liées aux outils:
- construire l'angle droit (équerre) qui donne les directions des deux côtés;
- mesurer et prolonger chacun des côtés de cet angle;
- tracer le 3e côté en alignant les extrémités des 2 côtés précédents.
Laisser aussi s'exprimer d'autres procédures: tracer à l'extrémité d'un segment un angle droit, tracer le second côté. Tracer le segment qui relie les points alignés obtenus par les deux côtés précédents.

• Accompagnement personnalisé

Difficultés rencontrées par l'élève	Aide proposée
• L'élève n'utilise pas correctement l'équerre.	• Faire verbaliser et montrer sur l'outil l'angle droit ou reprendre le gabarit d'angle droit.
• L'élève trace des segments avec l'équerre. (problème du zéro)	• Reprendre le tracé et mettre en évidence le besoin de « mesurer » les segments qui prolongeront les directions de l'angle données par l'équerre.

• Réinvestissement dans le cahier-livre : « Découvrons ensemble »

Formaliser après lecture de la consigne : on choisit les outils les moins coûteux, l'équerre et la règle graduée, en prenant garde à la façon de mesurer les segments.

Je sais faire

Organisation	• Individuel
Matériel	• Cahier-livre, exercice 2 • Règle graduée, réglet, équerre (*cf.* matériel du cahier-livre élève) • Crayon à papier et gomme
Durée	• 10 minutes

Exercice 2 : tracer un triangle rectangle à partir d'un segment. Placer correctement l'angle droit de l'équerre, mesurer la longueur du segment proposé et reporter cette mesure de longueur sur le nouveau côté tracé avec la règle graduée (attention a positionnement du zéro). Tracer le dernier côté en alignant les 2 extrémités des côtés tracés sans mesure de longueur.

Différenciation :

- *Simplification* : reprendre la règle graduée pour tracer le second côté.

Retenons ensemble

Organisation	• Individuel
Matériel	• Cahier-livre
Durée	• 10 minutes

Synthèse de la leçon

Procéder à une lecture silencieuse individuelle de l'écrit de référence.

Procéder à une lecture magistrale.

Faire compléter le texte par les élèves avec les mots à retenir : **équerre, réglet, graduée.**

Vérifier, en passant dans les rangs, la validité des écrits.

Je m'entraîne

Organisation	• Individuel
Matériel	• Cahier-livre, exercices 3 et 4 • Règle en papier, réglet, équerre (*cf.* matériel du cahier-livre élève) • Crayon à papier et gomme
Durée	• 20 à 30 minutes

Exercice 3 : reproduire une figure complexe composée de triangles rectangles avec les outils réglet et équerre. Le réglet permet de trouver les alignements et le report de mesure de longueur des côtés.

Différenciation :

- *Simplification* : faire marquer tous les angles droits des différentes figures dans la figure modèle. Avec une règle simple montrer l'alignement de segments pour le dos de l'animal.

Exercice 4 :

- *Consigne 1* : vérifier les propriétés du triangle rectangle : avec une équerre, vérifier si un des angles est un angle droit.
- *Consigne 2* : percevoir les angles droits possibles et les triangles rectangles.

Différenciation :

- *Simplification* : avec une règle simple montrer les alignements de segments et prolonger les deux segments horizontaux ; les triangles rectangles apparaissent alors dans la partie gauche.
- *Complexification* : laisser chercher seul puis en binôme pour comptabiliser le plus grand nombre de triangles rectangles inscrits dans la figure.

Reconnaître, décrire et tracer un losange

► Cahier-livre p. 122

ENTRETIEN ET ÉVALUATION

• Fiche d'entretien p. 234
• Évaluation, exercice 3, p. 276

Objectifs

- Découvrir et décrire les propriétés du losange.
- Utiliser les outils en fonction des propriétés du losange.

Activité de découverte

Jeu des portraits

Organisation	• Binômes, puis réinvestissement (individuel)
Matériel	• Par binôme : une enveloppe contenant des figures « carré et losange » ou des figures « rectangle et losange » • Feuille blanche, crayon à papier, gomme, règle graduée, équerre (*cf.* matériel du cahier-livre élève) • 1 feuille avec les 3 figures : carré, rectangle, losange (*cf.* cahier-livre, exercice 1, p. 122) • Cahier-livre, exercice 1
Durée	• 40 minutes

• Mise en situation

Répartir la classe en binômes, chacun reçoit une enveloppe contenant des figures planes (« rectangle et losange » ou « carré et losange ») et devra pouvoir travailler sans être observé par le groupe voisin.

PHASE 1

Expliquer que, dans un premier temps, le travail des binômes sera de décrire le plus précisément possible les deux figures reçues.

Consigne élève 1 : *« Observez les figures dans l'enveloppe. Décrivez-les par écrit sur votre feuille. Vous ne pouvez pas écrire leurs noms ni les tracer, vous les présentez avec le titre « Première figure » et « deuxième figure ». Soyez précis pour que votre binôme puisse les reconnaître. Vous pouvez utiliser vos outils ».*

Préciser que, dans le binôme, chaque élève doit produire une description. Laisser le temps nécessaire pour que tous les élèves produisent leur texte. Présenter la possibilité de leur venir en aide sur le vocabulaire pour décrire les figures en proposant de trouver des mots comme « quadrilatères, polygones », de revenir sur des acquis de CE1 : le gabarit de cette figure tourne 4 fois sur elle-même, les 4 angles de cette figure sont superposables à l'angle du carré, ...

PHASE 2

Procéder à l'échange des descriptions, en veillant à ce que les binômes ayant travaillé sur les figures « carré et losange » reçoivent la description des figures « rectangle et losange » et inversement.
Distribuer, à tous les binômes, la feuille avec les 3 figures de référence : carré, rectangle, losange.

Consigne élève 2 : *« Lisez le texte de votre camarade et entourez le numéro de la figure décrite. Écrivez son nom. »*

Mise en commun : partager / échanger sur les résultats afin de permettre les interactions dans la classe.

Cette mise en commun des observations des trois figures et des descriptions permet la mise en mots des propriétés des figures. Produire l'affiche collective décrivant chaque figure en gardant les énoncés les plus précis trouvés dans les productions. Inscrire en titre d'affiche le nom de la figure.
Insister aussi sur la méthodologie par élimination ; en effet les élèves ne peuvent réellement décrire les propriétés du losange contrairement à celles du carré et du rectangle. Ils peuvent donc retrouver « carré » et « rectangle » et déjà connaître le nom « losange », sinon introduire le terme spécifique « losange ».

Conclusion de l'activité

Chacune des trois figures possède 4 côtés, ce sont toutes des quadrilatères :
- deux d'entre elles ont 4 angles droits : le carré et le rectangle ;
- deux ont 4 côtés de même mesure de longueur : le carré et la nouvelle figure « le losange » ;
- une possède 2 longueurs et 2 largeurs : le rectangle.

Faire émerger les propriétés du losange : un losange est une figure qui a 4 côtés de même longueur mais pas d'angles droits.

• Accompagnement personnalisé

Difficultés rencontrées par l'élève	Aide proposée
• L'élève ne perçoit pas les égalités de longueurs de côtés.	• L'utilisation de la règle graduée et des différences en millimètres peuvent perturber : reprendre le réglet.
• L'élève n'utilise pas correctement l'équerre.	• Faire verbaliser et montrer sur l'outil l'angle droit ou reprendre le gabarit d'angle droit.

• Réinvestissement dans le cahier-livre : « Découvrons ensemble »

Faire verbaliser la situation : on observe trois figures, on a leur description.
Faire vérifier les propriétés de chaque figure à l'aide des outils puis relier la figure à sa description.

Je sais faire

Organisation	• Individuel
Matériel	• Cahier-livre, exercice 2 • Règle graduée, règle en papier, équerre (*cf.* matériel du cahier-livre élève) • Crayon à papier et gomme
Durée	• 5 minutes

Exercice 2 : terminer les figures : prolonger les côtés des 3 figures.
Vérifier les propriétés de chacune des figures : avec la **règle graduée**, comparer les mesures de longueur des côtés et avec l'**équerre** vérifier si les 4 angles sont des angles droits.

Retenons ensemble

Organisation	• Individuel
Matériel	• Cahier-livre
Durée	• 10 minutes

Synthèse de la leçon

Procéder à une lecture silencieuse individuelle de l'écrit de référence.

Procéder à une lecture magistrale.

Faire compléter le texte par les élèves avec les mots à retenir: **losange, égales.**

Vérifier, en passant dans les rangs, la validité des écrits.

Je m'entraîne

Organisation	• Individuel
Matériel	• Cahier-livre, exercices 3 et 4 • Règle graduée, règle en papier (*cf.* matériel du cahier-livre élève) • Crayon à papier et gomme
Durée	• 20 à 30 minutes

Exercice 3: reproduire un losange sur un réseau pointé avec une règle. Prendre une information indirecte sur le début de la construction: compter les intervalles pour estimer la longueur d'un côté. Vérifier sa production en s'appuyant sur les propriétés: «les 4 côtés sont de même longueur.»

Différenciation:

- *Simplification*: faire colorier la surface englobant un côté déjà tracé pour repérer le déplacement en biais dans le réseau.

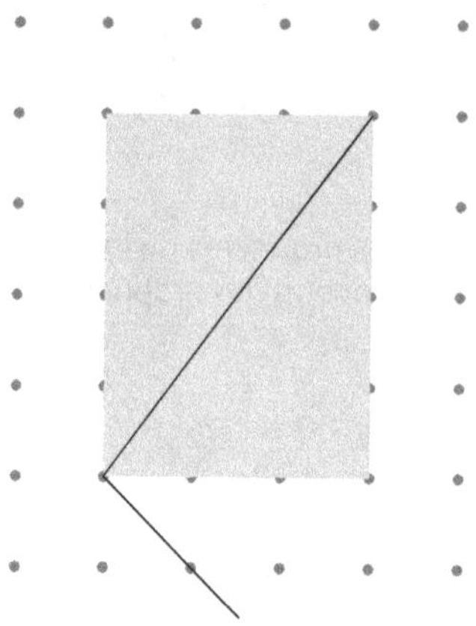

- *Complexification*: tracer un losange plus petit dans l'espace restant du réseau, à droite.

Exercice 4: terminer la figure et la nommer par écrit.

Différenciation:

- *Simplification*: aider l'élève à positionner la règle pour prolonger le premier côté.
- *Complexification*: tracer un losange «horizontal» sur une feuille à carreaux.

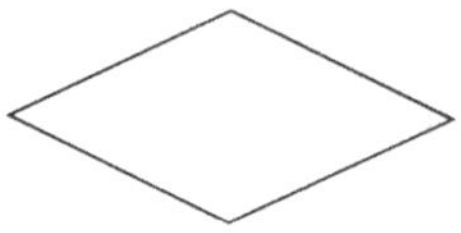

Reconnaître, décrire et reproduire un cercle

► Cahier-livre p. 124

ENTRETIEN ET ÉVALUATION
- Fiche d'entretien p. 235
- Évaluation, exercice 1, p. 276

Objectifs

- Découvrir et décrire le cercle.
- Utiliser le compas pour tracer un cercle.

Activité de découverte

Collecter des formes pour tracer des cercles

Organisation	• Individuel, puis réinvestissement (individuel).
Matériel	• Des objets collectés de formes ovales et rondes ou du matériel de manipulation de cycle 1 • Gabarit de l'horloge (*cf.* matériel du cahier-livre élève) • Feuille blanche, crayon à papier, gomme, compas, sous-main cartonné, papier-calque • Cahier-livre, exercice 1
Durée	• 30 minutes

• Mise en situation

PHASE 1. Le contour de surface appelée «disque»

Distribuer le gabarit de l'horloge, la feuille blanche et les objets de forme ovale ou ronde.

Consigne élève 1: *«Prendre, sur la feuille blanche, quelques empreintes des objets collectés puis triez-les en donnant vos critères de tri; vous noterez «gabarit de l'horloge» sous son empreinte».*

Mise en commun

Partager/échanger sur les résultats afin de permettre les interactions.

- Faire reformuler les stratégies utilisées pour permettre d'éliminer les tracés discontinus: il faut tourner la feuille support ou tourner la main qui tient l'objet pour être sûr de ne pas marquer un arrêt. La perception de l'équidistance doit être installée.
- Faire noter le nom de l'empreinte de l'horloge sous le tracé «gabarit de l'horloge».

- Faire émerger les critères de tris : rond ou ovale. Introduire ou faire émerger le terme « disque » comme nom de la surface utilisée pour le tracé, s'appuyer sur le gabarit de l'horloge qui est un disque.
- Affiner le vocabulaire en insistant sur le nom des figures obtenues « cercle et ovale ». Prendre les notes sur une affiche au tableau qui évoluera au cours de la séance.

PHASE 2. Un nouvel outil le « compas »

Distribuer des sous-main cartonnés à placer sous la feuille de tracé pour une meilleure stabilité lors des premiers essais.

Consigne élève 2 : *« Placer votre sous-main sous la feuille blanche, prenez votre compas et tracez un cercle. »*

PHASE 3. Le compas et le premier report de longueur

Consigne élève 3 : *« Avec le compas, tracer le cercle correspondant au gabarit noté « gabarit de l'horloge ».*

Laisser les élèves faire quelques essais et vérifications avec le papier-calque.

Faire verbaliser la difficulté à placer la pointe du compas au bon endroit sur le cercle témoin ou d'écarter les branches exactement comme on en a besoin.

Proposer aux élèves de prendre l'information nécessaire sur le cahier livre p. 124 dans l'exercice 1 : verbalisation de l'utilité de la « croix » pour poser la pointe et du début du tracé pour écarter la branche « crayon ».

Vérifier avec le papier-calque la superposition des deux tracés « empreinte et cercle décalqué »

Faire verbaliser que l'empreinte obtenue avec le disque est superposable au cercle tracé avec le compas.

Mise en commun

Faire échanger oralement sur la connaissance de cet outil : le décrire précisément, en expliquer l'utilisation. Questionner sur la possibilité de tracer des formes ovales avec cet outil : noter les réponses au tableau. On obtient rarement ici la propriété d'équidistance des points du périmètre au centre du cercle mais les premières formulations sont intéressantes.

Faire noter que l'écart donné aux branches ne doit pas changer et donc que la prise avec les doigts doit être correcte (bien montrer la prise par le haut du compas sans toucher aux branches).

Verbaliser le vocabulaire spécifique : la pointe du compas donne le centre du cercle et l'écartement la position exacte par rapport au centre du tracé du seul côté de cette figure géométrique.

Conclusion de l'activité

Faire émerger le vocabulaire spécifique **disque** et **cercle**. On appelle « **disque** » la surface ronde dont le contour est un cercle. Rappeler quelques objets connus de la vie quotidienne (cédérom, base d'un verre, coton de démaquillage). Le **cercle** est la figure géométrique obtenue par le contour d'un disque ou par le tracé avec un compas.

Faire émerger le **tracé d'un cercle** et les exigences de précision liées à l'outil compas : placer la pointe sur la feuille, écarter les branches puis tourner en tenant l'outil par la partie haute sans toucher aux branches du compas.

• Accompagnement personnalisé

Difficultés rencontrées par l'élève	Aide proposée
• L'élève ne produit pas un tracé continu avec le gabarit ou le compas.	• Aider à manœuvrer en montrant comment tenir le gabarit et tourner la feuille ou en se levant et en tournant la main. • Vérifier l'outil, aider à la position des mains, rassurer en installant le besoin de s'entraîner.

• Réinvestissement dans le cahier-livre : « Découvrons ensemble »

Formaliser le contexte après lecture des deux premières consignes :
- on trace le contour d'un gabarit. Faire nommer précisément le gabarit comme disque ;
- pour tracer un cercle avec un compas : on pose la pointe du compas sur la croix, on écarte la branche jusqu'à la limite donnée par le début du tracé puis on finit le tracé.

Formaliser après lecture et réalisation de la 3e consigne que le cercle est superposable au contour du disque.

Je sais faire

Organisation	• Individuel
Matériel	• Cahier-livre, exercice 2 • Crayon à papier et gomme • Gabarit de l'horloge (*cf.* matériel du cahier-livre élève)
Durée	• 5 minutes

Exercice 2 : continuer la frise avec le disque (gabarit de l'horloge).

Différenciation :
- ***Simplification*** : travailler sur une feuille photocopiée, qui sera plus facile à tourner si besoin, en mode paysage avec une longueur de réalisations possibles plus importante.

Retenons ensemble

Organisation	• Individuel
Matériel	• Cahier-livre
Durée	• 10 minutes

Synthèse de la leçon

Procéder à une lecture silencieuse individuelle de l'écrit de référence.

Procéder à une lecture magistrale.

Faire compléter le texte par les élèves avec les mots à retenir : **disque, centre.**

Vérifier, en passant dans les rangs, la validité des écrits.

Je m'entraîne

Organisation	• Individuel
Matériel	• Cahier-livre, exercices 3 et 4 • Gabarit de l'horloge (*cf.* matériel du cahier-livre élève) • Crayon à papier, gomme et compas
Durée	• 20 à 30 minutes

Exercice 3 : terminer les cercles : s'entraîner à utiliser le compas en prenant les informations « centre du cercle pour la pointe » et « grandeur du cercle par l'écartement des branches ».

Différenciation :
- ***Simplification*** : aider l'élève à procéder progressivement pour prendre le bon écartement.
- ***Complexification*** : faire tracer un cercle plus petit et un plus grand en utilisant le même centre.

Exercice 4 : tracer un cercle en cherchant les informations nécessaires « prendre l'écartement des branches en plaçant la pointe sur le centre marqué du modèle ». Suivre une méthodologie efficace : tracer le centre d'une croix dans la zone vierge puis reporter l'écartement correctement pris sur la figure modèle.

Différenciation :

– ***Simplification*** : marquer le centre dans la zone vierge, aider à la prise gestuelle d'information.

– ***Complexification*** : faire tracer un cercle plus petit et un plus grand en utilisant le même centre.

Reconnaître, décrire et tracer un cercle

► Cahier-livre p. 126

ENTRETIEN ET ÉVALUATION

• Fiche d'entretien p. 236

• Évaluation, exercice 1, p. 276

Objectifs

- Découvrir les propriétés du cercle.
- Décrire et tracer un cercle.

Activité de découverte

Construire une cible

Organisation	• Binômes, puis réinvestissement (individuel).
Matériel	• Par binôme : 1 feuille avec deux points A et B (*cf.* cahier-livre, figure de l'exercice 1, p. 126), crayon à papier, gomme, compas, réglet (*cf.* matériel du cahier-livre élève) • Cahier-livre, exercice 1
Durée	• 30 minutes

• Mise en situation

Distribuer à chaque binôme la feuille avec les deux points A et B.

Consigne élève 1 *: « Placez 10 points bleus à la même distance du point A que le point B. Expliquez votre technique et ce que vous remarquez pour ces points ».*

Mise en commun

Partager/échanger sur les résultats afin de permettre les interactions.

Choisir et afficher trois productions pour engager le débat. Laisser réagir puis demander à un élève d'un des binômes de venir placer quelques points en utilisant sa procédure sur la figure préparée au tableau. La classe peut réagir et proposer une correction si besoin. Penser à observer le type d'erreur relevée. Inviter les autres élèves des deux autres binômes à proposer leurs procédures et poursuivre les échanges.

Les observations possibles des élèves :

– on peut **voir** immédiatement le cercle en construction : la vérification attendue est alors le tracé avec un compas mais les élèves peuvent aussi proposer de « relier » les points entre eux.

– on peut **deviner** mais remarquer une tendance des points à s'éloigner du centre par endroits : la vérification se fait à l'aide des outils « règle » ou « réglet » pour les points semblant éloignés. Remarquer qu'il suffit de **tourner** l'outil (le compas) sur le point A pour tracer le cercle.

Refaire verbaliser la consigne de départ « Les points placés doivent tous être à la même distance de A que B. ». Faire reformuler, en utilisant le tableau, pour induire que la distance de A à B est la même que celle de A à C, puis de A à D, en plaçant au fur et à mesure les noms des points tracés au tableau. Demander aux élèves de trouver trois points comme ceux du tableau et les noter C, D et E sur leur production. Questionner pour vérifier que les points B, C, D et E sont à la même distance de A.

Faire tracer le cercle de centre A qui passe par D, puis celui qui passe par E et faire verbaliser : les deux cercles se superposent exactement. Introduire la propriété : tous les points au cercle sont situés à égale distance du centre.

Faire tracer les segments de [AC], [AB], [AD], [AE] puis vérifier encore leur mesure de longueur et introduire le vocabulaire spécifique « ces segments du centre à un point du cercle s'appellent des rayons ».

Conclusion de l'activité

Faire émerger le vocabulaire spécifique :

– un cercle est un ensemble de points qui sont tous situé à la même distance du centre ;

– le rayon d'un cercle est la distance du centre à un point du cercle.

• Accompagnement personnalisé

Difficultés rencontrées par l'élève	Aide proposée
• L'élève ne positionne pas correctement l'outil de mesure.	• Placer, avec lui, le réglet et vérifier les repères pris sur la figure modèle. • Placer, en tenant le réglet positionné sur le centre, plusieurs points avec lui. Faire verbaliser le mouvement de l'outil qui tourne sur le centre.

• Réinvestissement dans le cahier-livre : « Découvrons ensemble »

Formaliser, après lecture des deux premières consignes, le contexte : on utilise ici uniquement le réglet, puis pour vérifier on utilisera le compas.

Je sais faire

Organisation	• Individuel
Matériel	• Cahier-livre, exercice 2 • Crayon à papier, gomme et compas • Réglet (*cf.* matériel du cahier-livre élève)
Durée	• 5 minutes

Exercice 2 : tracer un cercle passant par 3 autres points violets. Choisir un 1er point à l'extérieur du cercle, le repasser en noir puis tracer un cercle, vérifier s'il répond à la consigne. Recommencer. Questionner : « Ce cercle peut-il être à l'intérieur du cercle bleu ? ».

Différenciation :

- ***Simplification*** : faire repérer le centre du cercle puis reprendre la démarche avec l'élève. Vérifier son geste et sa prise d'indices.

Retenons ensemble

Organisation	• Individuel
Matériel	• Cahier-livre
Durée	• 10 minutes

Synthèse de la leçon

Procéder à une lecture silencieuse individuelle de l'écrit de référence.

Procéder à une lecture magistrale : insister sur la lecture du nom des points appartenant au cercle C, D et E.

Faire compléter le texte par les élèves avec les mots à retenir : **cercle, centre, rayon.**

Vérifier, en passant dans les rangs, la validité des écrits.

Je m'entraîne

Organisation	• Individuel
Matériel	• Cahier-livre, exercices 3 et 4 • Crayon à papier, gomme et compas • Réglet, règle graduée (*cf.* matériel du cahier-livre élève)
Durée	• 20 à 30 minutes

Exercice 3 : tracer un cercle de rayon 2 cm puis un autre de même centre mais de rayon 3 cm.

Différenciation :

- ***Simplification*** : placer un point B à 2 cm du centre, laisser chercher le point à 3 cm.
- ***Complexification*** : faire tracer un cercle plus grand en utilisant le même centre.

Exercice 4 : observer les rayons des cercles, faire émerger qu'ils sont tracés et permettent de trouver les informations nécessaires. Tracer le cercle manquant.

Différenciation :

- ***Simplification*** : marquer un des deux points à trouver en utilisant, avec l'élève, sa règle graduée ou son réglet.
- ***Complexification*** : faire tracer un cercle plus grand en utilisant le même centre (le cercle pourra passer par les quatre sommets du carré).

Utiliser le vocabulaire géométrique pour décrire et tracer des figures

► Cahier-livre p. 128

ENTRETIEN ET ÉVALUATION
- Fiche d'entretien p. 237
- Évaluation, exercice 2, p. 277

Objectifs

- Utiliser le vocabulaire géométrique.
- Décrire et tracer des figures complexes.

Activité de découverte

Utiliser le vocabulaire géométrique

Organisation	• Binômes, puis réinvestissement (individuel).
Matériel	• Par binôme : 1 feuille avec la figure géométrique à décrire (figure du cahier livre p. 128, exercice 1 sans annotation des points), crayon à papier, gomme, règle graduée, réglet, équerre, compas (*cf.* matériel du cahier-livre élève) • Cahier-livre, exercice 1
Durée	• 40 minutes

• Mise en situation

Définir les binômes. Distribuer à chaque élève la feuille comportant la figure géométrique à décrire.

PHASE 1. Décrire la figure

Consigne élève 1 : *« Chacun décrit, sur sa feuille, la figure géométrique. Vous pouvez utiliser les outils dont vous avez besoin ».*

Laisser 5 minutes puis inviter au travail en binôme.

Consigne élève 2 : *« En binôme, comparez vos descriptions de figures et réécrivez ou recopiez la description la plus précise possible pour cette figure. »*

Laisser 5 minutes pour permettre les échanges dans le binôme et la réécriture.

Mise en commun

Faire lire le texte : l'enseignant(e) prend des notes partielles au tableau et un élève commence un tracé, à main levée, en suivant la description proposée.

Interroger d'autres binômes pour compléter au fur et à mesure le tracé et le texte au tableau.

Questionner systématiquement la classe sur des propositions équivalentes, la syntaxe des phrases (courtes et sans verbe).

Faire valider la correspondance entre le tracé obtenu et la description jusqu'à un tracé complet et exact.

Faire émerger les éléments incontournables :

- Les figures sont nommées : cercle, rectangle ainsi que les diagonales.

- Les propriétés de ces figures ont été vérifiées, au besoin les faire verbaliser.
- Insister sur le besoin d'annoter les points: le centre du cercle, les sommets du rectangle, indispensables pour le tracé des diagonales.
- Faire verbaliser la propriété des sommets de la figure inscrite dans le cercle: les sommets appartiennent au cercle, on peut reformuler en insistant sur la description « Ils ne sont pas dans le disque, ni à l'extérieur du cercle mais bien sûr le cercle ».

PHASE 2. Programme de construction

Le programme de construction suivant est copié au tableau.
1. Tracer un segment [AB] de 4 carreaux.
2. Marquer le point O milieu du segment [AB]
3. Tracer le cercle de centre O et de rayon OA.

Laisser quelques minutes pour une lecture silencieuse.

Mise en commun

Faire émerger les représentations à partir du texte: « Est-ce une description ? Qu'y a-t-il de différent ? » Les élèves énoncent la présence de nouveaux indices: les mesures de longueurs et les verbes d'action à réaliser, la chronologie des étapes.
Faire émerger le nouveau vocabulaire: *programme de construction*.
Distribuer alors une feuille quadrillée sur laquelle est recopié le programme de construction à droite d'un espace de tracé (modèle ci-dessous)

Consigne élève 3: *« Suivre les instructions du programme pour tracer la figure. »*
Laisser 5 à 8 minutes pour un tracé le plus soigné possible.

Conclusion de l'activité

Faire émerger le vocabulaire spécifique:
- une description nomme les figures, les points et leurs positions;
- un programme de construction nous indique ce qu'il faut faire pour tracer la figure.

• Accompagnement personnalisé

Difficultés rencontrées par l'élève	Aide proposée
• L'élève inverse les textes et les figures: lecture trop rapide.	• Relire le texte programme et faire souligner les verbes. • Proposer un tracé à main levé sur l'ardoise ou le brouillon.
• L'élève ne comprend pas le « milieu de ».	• Reprendre des exemples de milieu par tracé à main levé ou à partir du comptage du nombre de carreaux pour chaque partie du segment.

• Réinvestissement dans le cahier-livre : « Découvrons ensemble »

Formaliser, après lecture de la consigne, le nouveau contexte en relisant à voix haute les deux textes proposés. Faire émerger les différences observées dans ces textes: verbes d'action ou pas et valider par la relecture de chaque titre.

Je sais faire

Organisation	• Individuel
Matériel	• Cahier-livre, exercice 2 • Réglet, régle et équerre (*cf.* matériel du cahier-livre élève) • Crayon à papier et gomme
Durée	• 5 minutes

Exercice 2: marquer les points des segments.
Questionner: « Avant de tracer cette figure que pensez-vous de l'intersection de ces deux segments ? » Reformuler en parlant du « croisement » des segments. Inviter à comparer ces deux segments et choisir l'outil qui vérifie la perception des angles droits.
Faire marquer d'un point les début et fin de segments, avant de les nommer par une lettre majuscule puis relier.
Compléter la description. Insister sur le type de texte à compléter en faisant entourer le mot « description ». Faire émerger le nom de cette figure, des diagonales et en rappeler les propriétés avant de compléter le texte.

Différenciation:

- *Simplification*: faire repérer le début d'un segment puis reprendre la démarche avec l'élève. Insister sur la prise d'indices dans le texte et vérifier ses gestes.

Retenons ensemble

Organisation	• Individuel
Matériel	• Cahier-livre
Durée	• 10 minutes

Synthèse de la leçon

- Procéder à une lecture silencieuse individuelle de l'écrit de référence.
- Faire compléter le texte par les élèves avec les mots à retenir: **décrire, programme, propriétés.**
- Vérifier, en passant dans les rangs, la validité des écrits.

Je m'entraîne

Organisation	• Individuel
Matériel	• Cahier-livre, exercices 3 et 4 • Règle graduée, équerre (*cf.* matériel du cahier-livre élève) • Crayon à papier, gomme et compas
Durée	• 20 à 30 minutes

Exercice 3: construire une figure géométrique.
Faire émerger qu'il y a plusieurs instructions. Questionner « La figure sera-t-elle un simple triangle ? Proposer un premier tracé à main levée sur un brouillon en plaçant les trois sommets du triangle.

Différenciation:

- *Simplification*: marquer les sommets, puis aider à trouver le premier milieu d'un des côtés du triangle, relire cette phrase du programme et faire émerger qu'il y aura trois points à trouver.

Exercice 4: reproduire une figure géométrique.
Faire émerger qu'il n'y a ni description, ni programme. Laisser procéder comme d'habitude: prise d'indices sur le modèle puis tracé. Faire noter, sur un brouillon, chaque indice prélevé pour commencer le programme de construction de cette figure.

Différenciation:

- *Simplification*: faire décrire oralement la figure pour comprendre, après la reconnaissance du carré, celle des quarts de cercle de centre les « sommets » du carré. Aider, en plaçant le compas sur un des sommets, à tracer un de ces quarts de cercle. Prendre en note, au tableau, la description orale de(s) l'élève(s), cela participe à l'aide du groupe en écriture du programme.
- *Complexification*: à l'aide des notes prises au cours de la construction, écrire le programme de construction de cette figure.

Reproduire et construire des figures

► Cahier-livre p. 130

ENTRETIEN ET ÉVALUATION
• Fiche d'entretien p. 238
• Évaluation, exercice 3, p. 277

Objectifs

- Utiliser les diverses techniques de construction.
- Décrire et tracer des figures complexes.

Activité de découverte

Tracer à main levée et décrire des figures complexes

Organisation	• Individuelle puis en binômes, puis réinvestissement (individuel).
Matériel	• Des feuilles de brouillon, crayon à papier, gomme, règle graduée, réglet, équerre, compas (*cf.* matériel du cahier-livre élève) • Cahier-livre, exercice 1
Durée	• 40 minutes

• Mise en situation

PHASE 1. Tracer à main levée

• Copier au tableau la description de la figure 1:
« Description figure 1:
Un carré et ses diagonales.
Un cercle qui passe par les sommets du carré. »
Distribuer les feuilles de brouillon à chaque élève, faire lire la description copiée au tableau et rappeler qu'il n'y a pas besoin d'outil.

Consigne élève 1: *« Dessinez la figure décrite au tableau sans utiliser les outils de géométrie ».*
Laissez peu de temps pour éviter le gommage intensif.

Mise en commun
Faire émerger que « tracer à main levée » c'est « dessiner une figure ». Faire verbaliser la technique « à main levée » : « Je lis, je trace, je peux respecter l'ordre des informations. »
Faire émerger que cela donne une image de la figure à construire en précisant que les points particuliers doivent être annotés: ici les sommets du carré.
Faire décrire le centre du cercle: c'est l'intersection des diagonales et donc faire émerger que l'on peut déduire des propriétés en observant le « dessin ».
Faire réaliser la figure au tableau par un élève qui peut être guidé oralement par un autre.

• Copier au tableau la description de la figure 2:
« Description de la figure 2:
ABCD est un carré.
Le point E est le milieu du côté [AB] du carré.
Le cercle est de centre A et de rayon AE.
Faire lire la description de la figure 2 copiée au tableau.
Reprendre la consigne 1 élève pour lancer un nouveau tracé à main levée sur le brouillon.

Mise en commun
Faire réaliser une fois encore la figure au tableau et faire valider par la classe en précisant les informations recueillies en particulier:
la place du point E;
le centre du cercle.

PHASE 2. Du tracé à main levée à la construction de la figure

Consigne élève 2: *« En binôme, complétez la description pour construire la figure 2 avec les outils nécessaires. »*
Laisser quelques minutes en écriture puis faire émerger oralement, les besoins en outils et les informations correspondantes pour construire cette même figure:
- une règle graduée pour mesurer la longueur des côtés du carré;
- une équerre pour tracer les angles droits du carré;
- un compas pour tracer le cercle.
Laisser 5 minutes pour permettre les échanges dans le binôme, la réécriture et la construction.

Mise en commun
Noter au tableau une ou deux descriptions obtenues par les binômes. Faire verbaliser les précisions apportées: mesure de longueur, place de points stratégiques « milieu ».
Faire émerger qu'un autre point est intéressant à marquer et laisser chercher ses propriétés: le point I qui coupe le côté AD. Il se peut qu'un élève le remarque, l'aider à verbaliser.
Oralement, procéder à une révision des connaissances en vérifiant que:
- la propriété « tous les points appartenant au cercle sont équidistants » donc AE et AI ont la même mesure de longueur;
- en déduire que ce point I est le milieu de AD.

Conclusion de l'activité
Faire émerger les trois points importants:
- le tracé à main levée permet une première représentation de la figure;
- savoir décrire une figure en nommant les figures, les droites ou segments et les points spécifiques: en verbalisant leurs propriétés respectives, en précisant des indications de mesure de longueur.

• Accompagnement personnalisé

Difficultés rencontrées par l'élève	Aide proposée
• L'élève perd du temps dans un besoin de précision à main levée.	• Faire tracer un cercle, puis un rectangle et un carré à main levée puis faire verbaliser les propriétés que l'élève a respectées sans les outils.
• L'élève se perd dans les informations et leur analyse.	• Reprendre la démarche en faisant souligner dans le texte les informations successivement utilisées pour la réalisation de la figure.

• Réinvestissement dans le cahier-livre : « Découvrons ensemble »

Formaliser, après lecture de la consigne, le nouveau contexte en relisant à voix haute le texte proposé. Laisser lire la consigne et construire la figure seul.

Je sais faire

Organisation	• Individuel
Matériel	• Cahier-livre, exercice 2 • Crayon à papier, gomme
Durée	• 5 minutes

Exercice 2: s'entraîner à l'annotation et la lecture d'information avant de repasser aux constructions. Questionner: « Comment préciser la place du cercle dans chaque figure ? » L'un est à l'extérieur et l'autre à l'intérieur du carré. « Où se trouve son centre dans chaque figure ? » À l'intersection des segments tracés soit à partir des sommets (diagonales) soit à partir des milieux des côtés.

Différenciation :

– ***Simplification***: reprendre un tracé à main levée à partir de la description pour cibler les difficultés de compréhension avec verbalisation des noms des différents éléments composant la figure.

Retenons ensemble

Organisation	• Individuel
Matériel	• Cahier-livre
Durée	• 10 minutes

Synthèse de la leçon

Procéder à une lecture silencieuse individuelle de l'écrit de référence.

Procéder à une lecture magistrale des mots-clés en premier puis du texte à compléter.

Faire compléter le texte par les élèves avec les mots à retenir: **nomme, identifie, propriétés.**

Vérifier, en passant dans les rangs, la validité des écrits.

Je m'entraîne

Organisation	• Individuel
Matériel	• Cahier-livre, exercices 3 et 4 • Crayon à papier, gomme et compas • Équerre, règle (*cf.* matériel du cahier-livre élève)
Durée	• 20 à 30 minutes

Exercice 3: tracer, à main levée, une figure à partir de sa description.

Faire émerger le besoin d'annoter les points nécessaires: les sommets, le centre du cercle en rouge

Différenciation :

– ***Simplification***: faire écarter le compas de la valeur demandée (un des côtés du carré), puis marquer les sommets pour aider à en choisir un et trouver la place de la pointe du compas.

– ***Complexification***: refaire le tracé avec les outils de géométrie.

Exercice 4: compléter la description d'une figure.

Différenciation :

– ***Simplification***: faire émerger la propriété de chacun des triangles en utilisant l'équerre.

– ***Complexification***: faire comparer à la figure décrite de l'exercice 2. On remarque que OB est une partie de la diagonale du carré à demi construit. Continuer pour vérifier cette hypothèse.

Utiliser le vocabulaire : sommet, face, arête

► Cahier-livre p. 132

ENTRETIEN ET ÉVALUATION
- Fiche d'entretien p. 239
- Évaluation, exercice 1, p. 278

Objectifs

- Décrire des solides simples.
- Utiliser le vocabulaire spécifique.

Activité de découverte

Jeu du sac à solides

Organisation	• En groupe de 5 élèves puis en binômes, puis réinvestissement (individuel).
Matériel	• Par groupe: collection d'objets (carré, pavé, pyramide, sphère) dans un sac occultant, une ardoise • Cahier-livre, exercice 1
Durée	• 40 minutes

• Mise en situation

PHASE 1 .Décrire des solides

Organiser les groupes et expliquer la règle du jeu: un maître du jeu commence à décrire un objet aux deux binômes sans le sortir du sac. Le premier binôme qui reconnaît l'objet, le dessine « le plus correctement possible » (la représentation cavalière n'est pas un objet d'étude) et le nomme, gagne 1 point.

Faire trois changements de chef de jeu, le nouveau maître du jeu est pris successivement dans le binôme 1 puis dans le 2, l'ancien maître du jeu remplace alors le membre du binôme qui change de rôle. Le nombre de points dépend des collections réunies

Consigne 1 élève: *« Le maître du jeu choisit un objet sans le sortir du sac et le décrit aux binômes. Chaque binôme essaye de le dessiner et de trouver son nom. Le maître du jeu valide les réponses en sortant l'objet. Au 2e objet on change de maître du jeu et ainsi de suite ».*

Faire reformuler la règle du jeu et exigez de parler à voix basse. Laissez les groupes jouer en notant le vocabulaire utilisé par les élèves pour pouvoir relancer l'activité:
- uniquement le nom d'objet de la vie courante: balle, dé, brique;
- un mélange de vocabulaire géométrique et le nom des objets de la vie courante;
- le vocabulaire approprié.
Au premier changement de maître du jeu, faire émerger les liens entre les objets énoncés et les solides sortis du sac Exemple pour le cube «forme carrée» faire préciser de quoi il parle quand il dit «forme». Rappeler le travail sur les empreintes de solides (*cf.* CE1).
Relancer le jeu en veillant à l'énonciation du vocabulaire, gérer dans le groupe les désaccords sur ce vocabulaire.

Mise en commun
Interroger les groupes sur le nombre de points. Faire intervenir un binôme au tableau, l'un des élèves choisit un objet et le décrit à la classe et l'autre le dessine au tableau.
Faire verbaliser au fur et à mesure les mots spécifiques: arête, face, sommet puis la forme des faces.
Faire émerger les caractéristiques des objets utilisés: cube, pavé droit mais aussi sphère et pyramide. En effet ces deux solides proposent des critères différents: pas de face plane pour la sphère, ni de sommets et pour la pyramide, des faces triangulaire ou carré ou rectangulaire avec sommets et arêtes.
Établir une affiche collective de trois colonnes (une par solide) reprenant ces critères de différenciation des solides en proposant les représentations les plus fiables possibles:
- le nombre de faces, de sommets et d'arêtes;
- la forme des faces: carrée, rectangulaire ou triangulaire.

PHASE 2. Écrire la description de solides
Présenter un cube, un pavé droit et un prisme (ou en donner un ensemble par groupe) et faire écrire la description de chaque objet sur l'ardoise. Si le matériel est collectif, laisser les élèves se déplacer pour venir les toucher au moins une fois par solide.

Consigne 2 élève: *«Chaque groupe décrit un objet par ardoise: donnez le nom de l'objet et précisez les critères définis sur l'affiche.»*

Mise en commun
Envoyer un groupe au tableau pour présenter les descriptions. Choisir un élève de la classe pour valider la production du groupe en utilisant le matériel collectif.
Veiller à faire énoncer et montrer ce qu'il compte et définir les formes appropriées en relevant que pour le cube toutes les faces sont carrées, pour le pavé droit toutes les faces sont rectangulaires et que pour le prisme on peut trouver des faces triangulaires mais aussi rectangulaires. Préciser qu'ils reverront ce solide au CM.
Renvoyer aux critères définis en phase 1 et donc à l'affiche collective. Énoncer les noms des solides au fur et à mesure ou laisser les élèves les retrouver en rappelant les apprentissages du CE1, les noter en tête des colonnes de l'affiche.

Conclusion de l'activité
Relire l'affiche et structurer la relation objet et solide:
- le nom des solides étudiés: le cube, le pavé droit et le prisme;
- les critères de chacun: nombre de faces, arêtes, sommets et forme des faces.

• Réinvestissement dans le cahier-livre: «Découvrons ensemble»

Formaliser, après lecture de la consigne, le nouveau contexte en relisant à voix haute le texte proposé. Faire reformuler la consigne puis laisser un temps de travail individuel.

• Accompagnement personnalisé

Difficultés rencontrées par l'élève	Aide proposée
• L'élève ne reconnaît pas le solide.	• Lui donner le matériel cube et pavé droit, faire verbaliser les observations par le toucher. Faire marquer, à la craie, les faces comptées ou revenir aux empreintes sur de la pâte à modeler.
• L'élève se trompe dans les noms.	• Revenir à l'affiche collective

Je sais faire

Organisation	• Individuel
Matériel	• Cahier-livre, exercice 2
Durée	• 5 minutes

Exercice 2: acquérir une représentation mentale des solides.
Différenciation:
- ***Simplification***: proposer d'aller chercher un des deux solides avant de commencer la correction du nombre d'empreintes, faire verbaliser et aider à la méthodologie de l'observation.

Retenons ensemble

Organisation	• Individuel
Matériel	• Cahier-livre
Durée	• 10 minutes

Synthèse de la leçon
Procéder à une lecture silencieuse individuelle de l'écrit de référence.
Procéder à une lecture magistrale des mots-clés en premier puis du texte à compléter.
Faire compléter le texte par les élèves avec les mots à retenir: **faces, sommets, arêtes.**
Faire préciser les formes des faces: carrées ou rectangulaires.
Vérifier, en passant dans les rangs, la validité des écrits.

Je m'entraîne

Organisation	• Individuel
Matériel	• Cahier-livre, exercices 3 et 4
Durée	• 20 minutes

Exercice 3: mémoriser la propriété du cube et du pavé droit relative aux sommets.
Faire émerger le besoin d'annoter les sommets non apparents.
Différenciation:
- ***Simplification***: revenir à l'écrit de référence sans passer par les objets.
- ***Complexification***: compter les sommets cachés.

Exercice 4: associer chaque élément constitutif du solide à son nom.
Différenciation:
- ***Simplification***: faire verbaliser en utilisant le solide et revenir à l'écrit de référence.
- ***Complexification***: faire décrire un prisme à base carrée.

Reconnaître, décrire, nommer un cube et un pavé droit

► Cahier-livre p. 134

ENTRETIEN ET ÉVALUATION

- Fiche d'entretien p. 240
- Évaluation, exercice 2, p. 278

Objectifs

- Reconnaître, décrire le cube et le pavé droit
- Utiliser le vocabulaire spécifique en situation.

Activité de découverte

Jeu des portraits

Organisation	• Collectif puis en groupe de 5 élèves, puis réinvestissement (individuel).
Matériel	• Collection de solides : cubes et pavés de différentes tailles. Des pavés droits avec deux faces carrées et des pavés droits de faces rectangulaires uniquement. Prévoir un pavé à peine plus grand qu'un des cubes. • 1 enveloppe contenant les paires de faces opposées de même couleur pour le cube ; 1 enveloppe contenant les paires de faces opposées de même couleur le pavé droit (*cf.* figures exercice 1 p. 134 du cahier-livre) ; 1 ardoise • Cahier-livre, exercice 1
Durée	• 40 minutes

• Mise en situation

PHASE 1. Jeu du portrait

Jeu collectif, un maître du jeu est désigné.

Consigne 1 élève : *« Le maître du jeu choisit un objet sans le montrer ni le nommer et le décrit à la classe. Dans la classe on essaye de trouver à quel solide le maître du jeu pense ».*

Faire reformuler la règle du jeu et commencer. Au cours des échanges faire émerger les critères de la séance précédente, évincer les critères de couleur ou de matière et faire émerger qu'il pourrait y avoir d'autres critères.

Retrouver un cube parmi les solides est difficile, il faut préciser, trouver un autre critère de tri pour ce faire.

Mise en commun

Reprendre l'affiche collective (cf. leçon précédente) et stabiliser le vocabulaire étudié et les critères de différenciation.

PHASE 2. Observation des faces des solides et mesure de longueur des arêtes

Organiser la classe en groupes et distribuer les deux enveloppes contenant les trois paires de faces opposées de trois couleurs pour chacun des objets de l'exercice 1 p. 134.

Consigne 2 élève : *« Voici les faces des deux solides que nous étudions. Avec le scotch essayez de les reconstituer puis décrivez-les sur l'ardoise ».*

Faire émerger les liens entre « propriétés de la face » et « propriétés de la figure géométrique » en jeu :
- chaque face est la surface d'une figure plane connue (le carré et le rectangle). Demander à en faire les contours au tableau ;
- toutes les faces du carré se superposent (vérifier avec le matériel) ;
- les faces du pavé se superposent deux à deux, d'où les couples de couleur : vérifier avec le matériel.

Questionner pour reprendre le critère à définir : « Que va-t-il falloir mesurer alors pour comparer deux objets presque identiques ? » Réponse attendue : les arêtes ou les « côtés » des faces.

Mise en commun

Faire venir au tableau un groupe avec ses ardoises, lui donner un matériel agrandi pour procéder à sa présentation.

Rappeler le problème de choix d'un cube parmi les cubes posés : « Comment savoir exactement de quel cube il s'agit, en éliminant les termes petit, moyen ou grand ? » Réponse attendue : il faut mesurer. Faire préciser il faut mesurer les arêtes.

Faire émerger les caractéristiques des arêtes dans ce cas : ce sont les côtés de chaque face.

Faire déduire en questionnant « Que pouvez-vous prévoir des faces du cube ? » Réponse attendue : pour les cubes, les arêtes auront toutes la même mesure de longueur en lien avec la propriété des « carrés » de toutes les faces. Et que pour les pavés droits, il y aura les longueurs et les largeurs de chaque face rectangle.

Établir une affiche collective de deux colonnes (une par solide) reprenant ces critères de différenciation en proposant les représentations cavalières :
- le nombre de faces, de sommets et d'arêtes sont les mêmes pour les deux solides ;
- la forme des faces :

si elles sont carrées, une seule mesure de côté est suffisante, un carré a 4 côtés de même longueur ;

si elles sont rectangulaires alors il faudra prendre la mesure des longueurs et largeurs de chaque face. On retient qu'il y a 3 paires de faces donc 3 faces à mesurer pour le pavé.

Conclusion de l'activité

Compléter l'affiche et structurer la description des solides :

Les critères de chacun :
- le nombre de faces, d'arêtes et de sommets sont identiques pour ces deux solides ;
- la forme des faces :

face carrée : toutes les arêtes ont la même mesure de longueur, c'est un cube ;

face rectangulaire : les arêtes ont des mesures de longueurs différentes, c'est un pavé.

• Accompagnement personnalisé

Difficultés rencontrées par l'élève	Aide proposée
• L'élève ne s'organise pas dans la prise de mesures pour comparer les solides.	• Laisser le matériel à disposition mais suffisamment éloigné pour créer la distanciation et la représentation mentale du solide. Réduire les allers-retours à deux.

• Réinvestissement dans le cahier-livre : « Découvrons ensemble »

Formaliser, après lecture de la consigne, le nouveau contexte en relisant à voix haute le texte proposé. Insister, pour apprendre à se détacher des objets, d'essayer de se créer une image mentale de chaque solide. Faire reformuler la consigne puis laisser un temps de travail individuel.

Je sais faire

Organisation	• Individuel
Matériel	• Cahier-livre, exercice 2
Durée	• 5 minutes

Exercice 2: lire le portrait d'un solide (propriétés) pour trouver son nom.

Différenciation:

- ***Simplification***: même procédure que pour l'exercice 1 avec un seul aller-retour.

Retenons ensemble

Organisation	• Individuel
Matériel	• Cahier-livre
Durée	• 10 minutes

Synthèse de la leçon

Procéder à une lecture silencieuse individuelle de l'écrit de référence.

Procéder à une lecture magistrale des mots-clés en premier puis du texte à compléter.

Faire compléter le texte par les élèves avec les mots à retenir: **cube, faces, pavé.**

Faire préciser les propriétés des faces: carrées ou rectangulaires.

Vérifier, en passant dans les rangs, la validité des écrits.

Je m'entraîne

Organisation	• Individuel
Matériel	• Cahier-livre, exercices 3 et 4
Durée	• 20 minutes

Exercice 3: compléter la carte d'identité d'un solide à partir de sa représentation.

Différenciation:

- ***Simplification***: revenir à l'écrit de référence sans passer par les objets.
- ***Complexification***: écrire le nombre de faces, de sommets et d'arêtes cachés pour chaque solide.

Exercice 4: écrire la carte d'identité d'un solide à partir de sa représentation.

Différenciation:

- ***Simplification***: faire repasser les arêtes visibles du solide et revenir à l'écrit de référence.
- ***Complexification***: écrire la carte d'identité d'un cube en représentation différée (visuel non présent ou à distance).

Reconnaître et tracer un axe de symétrie

► Cahier-livre p. 136

ENTRETIEN ET ÉVALUATION

• Fiche d'entretien p. 241
• Évaluation, exercice 1, p. 279

Objectifs

- Reconnaître l'axe de symétrie d'une figure.
- Utiliser le papier-calque pour tracer un axe de symétrie.

Activité de découverte

Vérifier et tracer des axes de symétrie

Organisation	• Individuel et en binôme, puis réinvestissement (individuel).
Matériel	• Figure de l'hexagone et de l'hexagone tronqué (*cf.* matériel photocopiable en Annexe) • Papier-calque, réglet, crayon à papier, gomme • Cahier-livre, exercice 1
Durée	• 40 minutes

• Mise en situation

PHASE 1. Vérifier qu'une figure est symétrique

Distribuer la feuille avec les hexagones, préciser que la recherche est individuelle.

Consigne élève: «Décalquez la figure 1 puis collez le calque retourné sur cette figure. Que remarquez-vous?»

Laisser s'exprimer. Faire procéder à la manipulation au tableau avec le matériel agrandi. Faire compléter ou corriger la production obtenue. Nommer «hexagone» cette figure de 6 côtés. Faire vérifier l'égalité de longueur des côtés (réglet).

Mise en commun

Faire reformuler la manipulation du retournement du papier-calque avec le nom écrit (hexagone) pour la vérification de la symétrie de cette figure: la retournée est parfaitement superposable à la figure modèle, le nom, lui est bien à l'envers. Faire verbaliser que la figure est une figure symétrique.

PHASE 2. Reproduire une figure symétrique tronquée

Préciser la mise en binôme. Faire observer la figure 2: un hexagone tronqué de moitié par les milieux de deux côtés opposés.

Consigne élève: *«Observez le début de la figure 2 puis reproduisez l'hexagone sur votre calque. Ensuite comparez votre production avec votre binôme».*

Laisser chercher puis faire émerger les remarques sur cette figure tronquée:

- il en manque la moitié: vérifier en décalquant cette moitié et en la posant sur la figure modèle, sans retourner le calque puis en le retournant;

- faire émerger la procédure experte pour obtenir la partie manquante : retourner le calque et l'approcher de la fin de chaque segment tronqué ;
- faire trouver, puis marquer en rouge, les points de contacts sur le calque et sur la figure tronquée.

Procédure observable : l'élève continue de décalquer en utilisant la figure tronquée sous le calque positionné correctement.
Procédure experte : l'élève plie le calque en utilisant les points et complète la figure directement sur le calque. Ne pas contraindre trop tôt à cette procédure mais la faire expliciter par le binôme au tableau
Faire procéder à la vérification sur la figure modèle.

Mise en commun : Faire procéder avec le matériel agrandi par un élève au tableau, laisser la classe réagir et modifier ou valider la procédure présentée.

PHASE 3. Trouver et tracer l'axe de symétrie d'une figure symétrique

Consigne élève : *« Décalque cette partie de l'hexagone, marque les points de contacts puis continue de reproduire l'hexagone sans poser le calque sur la figure tronquée. »*
Faire reformuler la consigne : *« Après avoir décalqué la moitié de la figure, on doit enlever le calque du support et continuer de tracer pour trouver la figure entière. »*
Laisser les binômes chercher la procédure experte en questionnant sur la partie manquante :
- rappel : la retournée est aussi la figure modèle et elles sont superposables ;
- à quoi peuvent servir les points de contact marqués sur le calque ?

Faire tracer une droite entre ces deux points puis faire plier le calque en suivant cette droite.
Laisser les élèves tracer la partie manquante.
Reprendre le calque de l'hexagone et demander de chercher 2 points de contact pour trouver une superposition exacte des deux parties de la figure avec cette technique.
Faire tracer la droite passant par ces 2 points en rouge.

Mise en commun : Faire émerger les différents axes, sur les pliages du calque de l'hexagone entier, obtenus par les binômes. Les tracer sur la figure agrandie au fur et à mesure.
Faire verbaliser la nécessité de décrire les points utilisés « les sommets » et de les nommer pour comparer les axes trouvés par différents binômes.
Nommer chaque droite comme « un axe de symétrie de la figure »

Conclusion de l'activité
Une figure symétrique se superpose exactement à sa figure retournée. Une figure symétrique possède au moins un axe de symétrie. L'hexagone en possède plusieurs.

• Accompagnement personnalisé

Difficultés rencontrées par l'élève	Aide proposée
• L'élève ne s'organise pas dans la tâche en étapes.	• Lui proposer de barrer chaque phase réalisée.

• Réinvestissement dans le cahier-livre : « Découvrons ensemble »

Formaliser, après lecture de la consigne, le nouveau contexte en relisant à voix haute le texte proposé. Faire reformuler la consigne puis insister sur le nombre d'étapes pour la réalisation de l'exercice, laisser un temps de travail individuel.

Je sais faire

Organisation	• Individuel
Matériel	• Crayon à papier, gomme, règle graduée, papier-calque • Cahier-livre, exercice 2
Durée	• 15 minutes

Exercice 2 : reproduire et vérifier des figures symétriques.
Différenciation :
- *Simplification* : marquer les étapes réalisées, découper la figure par l'axe de symétrie pour montrer les superpositions grâce au pli du calque.

Retenons ensemble

Organisation	• Individuel
Matériel	• Cahier-livre
Durée	• 10 minutes

Synthèse de la leçon
Procéder à une lecture silencieuse individuelle de l'écrit de référence.
Procéder à une lecture magistrale des mots-clés en premier puis du texte à compléter.
Faire compléter le texte par les élèves avec les mots à retenir : **tracer, symétrique, axe.**
Faire préciser que« la figure et la figure retournée » sont exactement superposables.
Vérifier, en passant dans les rangs, la validité des écrits.

Je m'entraîne

Organisation	• Individuel
Matériel	• Crayon à papier, gomme, règle, papier-calque • Cahier-livre, exercices 3 et 4
Durée	• 20 minutes

Exercice 3 : tracer des axes de symétrie.
Différenciation :
- *Simplification* : commencer par l'utilisation du papier-calque.
- *Complexification* : marquer les points de l'axe sur la figure avant d'utiliser le papier-calque.

Exercice 4 : **tracer** des axes de symétrie.
Différenciation :
- *Simplification* : commencer par l'utilisation du papier-calque.
- *Complexification* : marquer les points de l'axe sur la figure avant d'utiliser le papier-calque.

Décrire et tracer une figure symétrique par rapport à une droite

► Cahier-livre p. 138

ENTRETIEN ET ÉVALUATION

• Fiche d'entretien p. 242
• Évaluation, exercice 2, p. 279

Objectifs

- Construire une figure symétrique.
- Utiliser le quadrillage pour tracer une figure symétrique.

Activité de découverte

Construire des figures symétriques

Organisation	• Individuel et en binôme, puis réinvestissement (individuel).
Matériel	• Figures modèles A et B (*cf.* matériel photocopiable en Annexe) • Papier-calque, règle, crayon à papier, gomme • Cahier-livre, exercice 1
Durée	• 40 minutes

• Mise en situation

PHASE 1. Reproduire une figure symétrique tronquée

Installer la reproduction agrandie de la figure modèle A au tableau.
Questionner pour faire émerger les observations immédiates:
- «*Cette figure vous paraît-elle symétrique?*». «*Comment peut-on le vérifier?*»; Réponse attendue «*avec le papier-calque*» on trouve la partie droite manquante. Laisser les élèves poursuivre seuls,
Distribuer la figure modèle A et préciser que la recherche est individuelle puis en échange avec son binôme.

Consigne élève: *«Observe la figure A, vérifie avec le calque que la figure est symétrique puis reproduis la figure modèle.»*
Laisser démarrer l'activité et observer les procédures des élèves.
Lancer les échanges avec le binôme.

Mise en commun: faire procéder à la vérification de la symétrie de cette figure au tableau (*cf.* leçon précédente) et verbaliser que la figure est une figure symétrique même si la retournée n'est pas «collée» à la partie gauche.
Faire intervenir (un ou) plusieurs binômes qui ont utilisé le calque pour reproduire la figure:
- Insister sur la procédure pour trouver le bon endroit de reproduction: faire glisser le calque agrandi sur la figure modèle, repérer les deux points repères rouges pour expliquer les deux carreaux de distance entre la figure et sa retournée.
- Verbaliser qu'il faut marquer le point repère nécessaire au tracé sur la partie gauche.

Proposer une autre technique, le coloriage: expliquer et procéder au tableau en coloriant la surface englobant un trait, compter les carreaux juxtaposés à cette surface, marquer le point repère puis reprendre le coloriage de la même surface. Dans cette nouvelle surface coloriée on trace alors le segment repéré, attention au segment en biais. Il faut aussi marquer le plus de points repères possible.
Faire intervenir quelques élèves au tableau pour construire au moins la moitié supérieure de la figure.

PHASE 2. Chercher l'axe d'une figure symétrique sur un quadrillage

Installer la reproduction agrandie de la figure modèle B au tableau et questionner pour installer les acquis précédents: «Cette figure vous paraît-elle symétrique?» Faire émerger qu'elle possède un axe de symétrie donc: «Comment trouver son axe de symétrie? «À quoi peut servir le coloriage présent sur la figure tronquée?» Compter les carreaux entre les points repères» mais ici on a colorié uniquement les carreaux du point à l'axe. Répondre:« Oui, peut-être» et mettre les élèves en activité individuelle.
Rappeler les échanges en binôme après 5 minutes de travail individuel.

Consigne élève: *«Observe la figure B, vérifie avec le calque que la figure est symétrique, reproduis-la et trace l'axe de symétrie avec ta technique»*
Laisser chercher puis faire émerger les remarques sur la ou les techniques utilisées:
- avec le calque: les points éloignés sont souvent cause d'erreur, faire trouver puis marquer en rouge les points de contacts sur le calque et sur la figure tronquée.
- avec le coloriage: la distance entre les points n'est pas respectée ou la distance entre chaque point est coloriée et ils sont correctement positionnés.
- faire émerger les procédures pour tracer l'axe de symétrie: on attend le pliage du calque et la mise en position par superposition sur le quadrillage.

Faire procéder à la vérification pour la figure modèle puis pour la reproduction en binôme.

Mise en commun

Faire procéder avec le matériel agrandi par un élève au tableau, laisser la classe réagir, modifier ou valider la procédure présentée.
Revenir sur la question en observation collective: «À quoi sert le coloriage sur la figure B? Comment trouver son axe de symétrie?»
Réponse attendue: là où passe le pli du calque, dans ce cas faire procéder l'élève au tableau puis demander aux élèves de plier leur calque pour superposer les deux parties de la figure. Faire repasser ce pli et demander de compter par superposition sur la figure reproduite le nombre de carreaux déjà coloriés entre point repère et le ligne verticale.
Vérifier et corriger la position de tous les points repères
Faire émerger que la distance des points repères à cette droite est la même de chaque côté.
Procéder au tableau pour conclure.

PHASE 3. Trouver et tracer l'axe de symétrie des figures étudiées

Consigne élève: *«Plie tes calques pour tracer en rouge l'axe de symétrie de chaque figure reproduite, compte bien les carreaux entre les points repères»*
Faire reformuler la consigne: *«Je prends le calque de ma figure A, je le plie pour superposer les 2 parties de la figure et je trace le pli en rouge sur la figure.»*
Laisser les binômes chercher la procédure experte: il y a autant de carreaux à droite et à gauche du pli du calque.

Mise en commun
Faire tracer cette droite sur la figure en respectant cette équidistance et verbaliser l'emplacement comme le milieu ente les points repères.
Faire tracer la droite passant par ces deux points en rouge.

Conclusion de l'activité
Une figure symétrique possède au moins un axe de symétrie.
Sur un quadrillage, on compte la distance en carreaux, sur la même ligne, entre les points repères et l'axe de symétrie pour reproduire une figure symétrique.
Pour tracer un axe de symétrie sur une figure on mesure la distance entre les points repères et de chaque côté de cette droite.

• Accompagnement personnalisé

Difficultés rencontrées par l'élève	Aide proposée
• L'élève reporte sans retourner la figure mentalement.	• Imposer le calque avec le prénom.

• Réinvestissement dans le cahier-livre : « Découvrons ensemble »

Formaliser, après lecture de la consigne, le nouveau contexte en relisant à voix haute le texte proposé. Faire reformuler la consigne puis insister sur le nombre d'étapes pour la réalisation de l'exercice, laisser un temps de travail individuel.

Je sais faire

Organisation	• Individuel
Matériel	• Cahier-livre, exercice 2 • Règle, crayon à papier et gomme
Durée	• 15 minutes

Exercice 2 : **construire** la figure symétrique d'une figure donnée par rapport à un axe.

Différenciation :

- *Simplification* : reprendre les étapes du texte de référence, utiliser le papier-calque et le plier pour voir les deux parties de la figure. Laisser l'élève tourner le cahier mais le contraindre à tracer en revenant à la position initiale.

Retenons ensemble

Organisation	• Individuel
Matériel	• Cahier-livre
Durée	• 10 minutes

Synthèse de la leçon
Procéder à une lecture silencieuse individuelle de l'écrit de référence.
Procéder à une lecture magistrale des mots-clés en premier puis du texte à compléter.
Faire compléter le texte par les élèves avec les mots à retenir : **droite, sommets.**
Faire préciser que « les deux parties de la figure » sont exactement superposables.
Vérifier, en passant dans les rangs, la validité des écrits.

Je m'entraîne

Organisation	• Individuel
Matériel	• Cahier-livre, exercices 3 et 4 • Règle, crayon à papier et gomme
Durée	• 20 minutes

Exercice 3 : **identifier puis construire** la figure symétrique d'une figure donnée par rapport à un axe.

Différenciation :

- *Simplification* : faire verbaliser le changement de direction des points par le biais du drapeau, utiliser le pli du calque.
- *Complexification* : sur une autre feuille quadrillée proposer la figure avec un axe de symétrie horizontal.

Exercice 4 : **construire** la figure symétrique d'une figure donnée par rapport à un axe à tracer.

Différenciation :

- *Simplification* : faire verbaliser le changement de direction des points par le biais des pointes des flèches, utiliser le pli du calque.
- *Complexification* : sur une autre feuille quadrillée, continuer le tracé pour obtenir une frise de quatre flèches.

Connaître la relation entre euro et centime d'euro

► Cahier-livre p. 142

ENTRETIEN ET ÉVALUATION
- Fiche d'entretien p. 243
- Évaluation, exercice 1, p. 280

Objectifs

- Connaître la relation entre euro et centime d'euro.
- Utiliser le centime d'euro.
- Réaliser des échanges, établir des correspondances.

Activité de découverte

Réaliser des enveloppes de 1 €, 2 € et 1 € 65

Organisation	• Groupes hétérogènes de 5/6 élèves, puis réinvestissement (individuel)
Matériel	• Par groupe : 1 boîte contenant 3 pièces de 50 cts, 11 pièces de 20 cts, 8 pièces de 10 cts, 1 pièce de 5 cts et 5 pièces de 2 cts ; 3 enveloppes • Cahier-livre, exercice 1
Durée	• 15 minutes

• Mise en situation

Chaque groupe reçoit une boîte contenant de la monnaie.

Consigne élève : *« Triez la monnaie de la boîte et réalisez des enveloppes de 1 €, 2 € et 1 € 65. Attention, chaque enveloppe doit contenir une seule pièce de 50 centimes et il ne doit rien rester dans la boîte ! »*

Mise en commun : partager / échanger sur les résultats afin de permettre les interactions. Procédures attendues :
- Enveloppe de 1 € : 1 pièce de 50 cts, 2 pièces de 20 cts et 1 pièce de 10 cts.
- Enveloppe de 2 € : 1 pièce de 50 cts, 7 pièces de 20 cts et 1 pièce de 10 cts.
- Enveloppe de 1 € 65 : 1 pièce de 50 cts, 2 pièces de 20 cts, 6 pièces de 10 cts, 1 pièce de 5 cts et 5 pièces de 2 cts.

Hiérarchiser les procédures en respectant la contrainte de départ.

Conclusion de l'activité : affiner la réflexion en créant un arbre au tableau, avec la monnaie factice ; recenser d'autres façons de faire chaque somme en complétant l'arbre 50 + 20 + 20 + 10 + ...
Expliciter : Il y a plusieurs façons de faire 1 € avec des centimes. Dans le mot « **cent**ime » on retrouve le mot « cent ».
Conclure : « Pour *réaliser la somme d'1 € avec des centimes, il suffit de réunir 100 centimes.* » On réunira 200 centimes pour réaliser la somme de 2 €.
S'il reste des centimes, il suffit de les ajouter pour dire la somme : « 2 euros et ... centimes d'euros ».

• Accompagnement personnalisé

Difficultés rencontrées par l'élève	Aide proposée
• L'élève ne parvient pas à réaliser des échanges.	• Aider à manipuler les centimes. Mettre une pièce de 50 cts puis compléter à 1 €.
• L'élève ne se représente pas mentalement les unités usuelles euros (€) et centimes d'euro (cts).	• Choisir l'unité appropriée. Mise en place d'un répertoire d'équivalences : un bonbon c'est 2 cts, une bouteille de jus d'orange c'est 2 €, un paquet de pâtes c'est 50 cts, un jeu vidéo c'est 50 € ...
• L'élève ne se représente pas mentalement les situations-problèmes.	• Schématiser les situations ; utiliser la monnaie factice, le jeu du marchand.

• Réinvestissement dans le cahier-livre : « Découvrons ensemble »

Faire dessiner les pièces pour avoir la somme demandée dans chaque enveloppe : laisser 5 minutes.

Je sais faire

Organisation	• Individuel
Matériel	• Cahier-livre, exercice 2
Durée	• 5 minutes

Exercice 2 : réaliser une somme en centimes d'euros de différentes façons.

Différenciation :
- *Simplification* : aider l'élève à formuler : « cent centimes c'est 1 € ». Commencer par réaliser 1 €. Faire énumérer chaque pièce, utiliser la monnaie factice pour calculer la somme de 1 € 46.

Retenons ensemble

Organisation	• Individuel
Matériel	• Cahier-livre
Durée	• 10 minutes

Synthèse de la leçon
Procéder à une lecture silencieuse individuelle de l'écrit de référence.
Procéder à une lecture magistrale.
Faire compléter le texte par les élèves avec les mots à retenir : **euro, cent.**
Vérifier, en passant dans les rangs, la validité des écrits.

Je m'entraîne

Organisation	• Individuel
Matériel	• Cahier-livre, exercices 3, 4, 5, 6, 7 et 8
Durée	• 20 minutes

Exercice 3: identifier une collection de pièces qui ne correspond pas à la somme donnée.

Différenciation :

- *Simplification*: faire entourer 1 euro puis compléter à 1 € 23 en cochant les pièces énumérées oralement. Utiliser la monnaie factice.
- *Complexification*: écrire le montant, en euros, de la somme erronée.

Exercice 4: compléter une collection de pièces correspondant à une somme donnée.

Différenciation :

- *Simplification*: faire entourer 1 euro puis compléter à 1 € 78 en cochant les pièces énumérées oralement. Utiliser la monnaie factice.
- *Complexification*: dessiner, sur l'ardoise, une collection de pièces différente pour réaliser 1 € 78.

Exercice 5: réaliser une somme d'argent donnée en respectant des contraintes.

Différenciation :

- *Simplification*: commencer par réaliser 1 €. Manipuler la monnaie factice.
- *Complexification*: trouver une autre façon de réaliser chaque somme en utilisant les centimes, puis une dernière façon avec le moins de pièces possibles dont une pièce de 1 €.

Exercice 6: calculer une somme d'argent donnée en centimes d'euros et l'exprimer en euros.

Différenciation :

- *Simplification*: commencer par réaliser 1 €. Manipuler la monnaie factice.
- *Complexification*: trouver une autre façon de réaliser chaque somme en utilisant les centimes, puis une dernière façon avec le moins de pièces possibles dont une pièce de 1 €.

Exercice 7: représenter une collection de pièces correspondant à une somme donnée.

Différenciation :

- *Simplification*: commencer par réaliser 1 €. Demander: « Il en faut combien ? » Manipuler la monnaie factice.
- *Complexification*: trouver une autre façon de réaliser 5 € 79.

Exercice 8: représenter une collection de pièces correspondant à une somme donnée en respectant des contraintes.

Différenciation :

- *Simplification*: commencer par réaliser 1 €. Demander: « Il faut combien de pièces de 20 cts ? » Manipuler la monnaie factice.
- *Complexification*: trouver une autre façon de réaliser 1 € 39 : avec le moins de pièces possibles.

Connaître la relation entre année, mois, heure, minute, seconde

► Cahier-livre p. 144

ENTRETIEN ET ÉVALUATION

• Fiche d'entretien p. 244
• Évaluation, exercice 2, p. 280

Objectifs

- Connaître la relation entre année et mois.
- Connaître la relation entre heure, minute, seconde.
- Effectuer des conversions simples.

Activité de découverte

Reconstituer une puzzle-calendrier en étant chronométré

Organisation	• Groupes de 3 élèves, puis réinvestissement (individuel).
Matériel	• Par groupe : 1 enveloppe contenant une photocopie de calendrier découpée selon les mois en 12 pièces ; 1 chronomètre. • Pour la classe : 3 types de puzzle-calendriers différents. • Cahier-livre, exercice 1
Durée	• 15 minutes

• Mise en situation

Chaque groupe a reçu une enveloppe contenant le puzzle-calendrier et un chronomètre.

Consigne élève: *« Reconstituez le puzzle le plus vite possible. Attention vous êtes chronométré ! Chaque temps sera noté. On change ensuite de rôle et de puzzle ».*

Mise en commun : partager / échanger sur les résultats afin de permettre les interactions.
Chaque groupe donne son meilleur temps. Le meilleur temps de la classe est noté au tableau pour chaque type de puzzle-calendrier. Faire formuler les réponses aux questions: « Les puzzles à reconstituer étaient des ... ? Comment avez-vous fait pour reconnaître les pièces ? Comment est construit un calendrier et à quoi sert-il ? À quoi sert le chronomètre ? Que nous indique-t-il ? »
Hiérarchiser les réponses et les procédures.

Conclusion de l'activité : affiner la réflexion en collant au tableau les trois puzzle-calendriers en grand modèle, reconstitués.
Expliciter: Un **calendrier** comporte 12 mois. Chaque mois compte 30 ou 31 jours (28 ou 29 jours pour février). On peut mesurer le temps sur une année.
Le **chronomètre** indique un temps en minutes et secondes. Dans une minute il y a 60 secondes. Le chronomètre permet de mesurer un temps très court.
Conclure: « Un **calendrier** permet de **mesurer une durée longue** (année et mois), un chronomètre permet de **mesurer une durée courte** (heures, minutes, secondes). »

• Accompagnement personnalisé

Difficultés rencontrées par l'élève	Aide proposée
• L'élève ne parvient pas à reconstituer le puzzle.	• Aider à manipuler les pièces. Mettre le mois de janvier en premier.
• L'élève ne parvient pas à comprendre les unités indiquées par le chronomètre.	• Mise en place d'un répertoire d'équivalences en frappant dans ses mains avec l'élève : une seconde c'est une frappe dans les mains, 60 frappes c'est 1 minute, la récréation c'est 15 minutes, un match de foot c'est 90 minutes.

• Réinvestissement dans le cahier-livre : « Découvrons ensemble »

Faire compléter les éléments de réponse. Laisser 5 minutes.

Je sais faire

Organisation	• Individuel
Matériel	• Cahier-livre, exercice 2
Durée	• 5 minutes

Exercice 2 : associer des durées identiques exprimées dans des unités différentes.

Différenciation :

- ***Simplification*** : aider l'élève à formuler : « 60 secondes c'est 1 minute, donc 2 minutes c'est... ». Faire relier 2 minutes et 120 secondes.

Retenons ensemble

Organisation	• Individuel
Matériel	• Cahier-livre
Durée	• 10 minutes

Synthèse de la leçon

Procéder à une lecture silencieuse individuelle de l'écrit de référence.

Procéder à une lecture magistrale.

Faire compléter le texte par les élèves avec les mots à retenir : **calendrier, chronomètre, heure, minute.**

Vérifier, en passant dans les rangs, la validité des écrits.

Je m'entraîne

Organisation	• Individuel
Matériel	• Cahier-livre, exercices 3, 4, 5, 6 et 7
Durée	• 20 minutes

Exercice 3 : ranger des durées dans l'ordre décroissant.

Différenciation :

- ***Simplification*** : faire entourer 1 an et demi.
- ***Complexification*** : écrire le nombre de mois dans un an et demi.

Exercice 4 : ranger des durées dans l'ordre croissant.

Différenciation :

- ***Simplification*** : faire entourer 1 minute et demie.
- ***Complexification*** : écrire le nombre de secondes dans une minute et demie.

Exercice 5 : calculer une durée en minutes.

Différenciation :

- ***Simplification*** : faire oraliser le schéma.
- ***Complexification*** : faire résoudre : « Si Sami reste 30 minutes en plus pour les APC, combien de minutes aura duré, en tout, sa matinée ? ».

Exercice 6 : résoudre un problème de durée et connaître la relation entre heure et minute.

Différenciation :

- ***Simplification*** : utiliser un répertoire de conversions, faire formuler que 1 h = 60 min et donc, que 3 h =..... minutes.
- ***Complexification*** : faire résoudre : « Pour enregistrer deux matchs de football d'une heure et demie, le DVD qui convient est celui de .... minutes. »

Exercice 7 : résoudre un problème de durée et connaître la relation entre minute et seconde.

Différenciation :

- ***Simplification*** : utiliser un répertoire de conversions, faire formuler que 1 min = 60 s et donc, que 2 min = ... s.
- ***Complexification*** : faire résoudre : « Si Hugo bat son record de 30 secondes, son nouveau temps record sera de .... minutes et .... secondes. »

Lire l'heure

► Cahier-livre p. 146

ENTRETIEN ET ÉVALUATION
• Fiche d'entretien p. 245
• Évaluation, exercice 3, p. 280

Objectifs

- Lire l'heure sur une horloge à aiguilles.
- Lire l'heure sur une horloge numérique.
- Connaître et utiliser les expressions « et quart », « moins le quart ».

Activité de découverte

Lire l'heure en reconstituant des paires

Organisation	• Groupes de 2 élèves, puis réinvestissement (individuel).
Matériel	• 1 boîte contenant 8 cartes-heures (*cf.* matériel photocopiable en Annexe), 1 ardoise. • Cahier-livre, exercice 1
Durée	• 15 minutes

• Mise en situation

Mettre les élèves par deux. Chaque binôme reçoit une boîte contenant 8 cartes-heures.

Consigne élève : *« Videz le contenu de votre boîte. Associez les étiquettes qui vont ensemble ».*

Mise en commun : Mettre en évidence les différents tris effectués par les élèves en les faisant coller au tableau. Faire reformuler les stratégies en utilisant la bonne terminologie. Faire lire les heures. Hiérarchiser les procédures. Isoler la plus efficace : étiquettes regroupées par paires avec les différents affichages des heures (analogique et numérique).

Conclusion de l'activité

Expliciter : « *Une heure lue sur une horloge à aiguille peut s'écrire sous forme numérique. La petite aiguille indique les heures et la grande, les minutes.* »

Après 12 h, les heures se lisent 14 h 00, 15 h 00, 16 h 00... Lorsque la grande aiguille passe du 1 au 2, il s'écoule 5 minutes... Si elle passe du 6 au 9, alors il s'écoule 15 minutes, c'est-à-dire un quart d'heure. »

Conclure : « Il faut connaître les différentes façons de lire l'heure : avec les aiguilles mais aussi en affichage numérique. À partir de 12 h, on lit 13 h, 14 h, 15 h... Lorsque la grande aiguille se déplace de 3 chiffres il s'écoule un quart d'heure. »

Illustrer avec une grande horloge affichée au tableau, faire bouger les aiguilles pour obtenir 4 h 30, 14 h 23, 6 h 15, 19 h 55, 9 h et quart, 10 h moins le quart.

• Accompagnement personnalisé

Difficultés rencontrées par l'élève	Aide proposée
• L'élève ne parvient pas à entrer dans l'activité.	• Associer les deux cates-heures de 4 h 30. Faire verbaliser.
• L'élève ne parvient pas à lire les heures à l'aide des aiguilles.	• Utiliser une horloge à aiguilles, faire manipuler en verbalisant les unités correspondant aux graduations franchies par les aiguilles. • Faire formuler que, pour les minutes, chaque chiffre des heures est multiplié par 5.

• Réinvestissement dans le cahier-livre : « Découvrons ensemble »

Faire relier les horloges représentant la même heure. Laisser 5 minutes.

Je sais faire

Organisation	• Individuel
Matériel	• Cahier-livre, exercice 2
Durée	• 5 minutes

Exercice 2 : associer des heures identiques exprimées dans des écritures différentes.

Différenciation :

- ***Simplification*** : aider l'élève à formuler : « 15, c'est *et quart* et 45, c'est ... ».

Retenons ensemble

Organisation	• Individuel
Matériel	• Cahier-livre
Durée	• 10 minutes

Synthèse de la leçon

Procéder à une lecture silencieuse individuelle de l'écrit de référence.
Procéder à une lecture magistrale.
Faire compléter le texte par les élèves avec les mots à retenir : **heures, minutes, matin, après-midi.**
Vérifier, en passant dans les rangs, la validité des écrits.

Je m'entraîne

Organisation	• Individuel
Matériel	• Cahier-livre, exercices 3, 4, 5, 6 et 7
Durée	• 20 minutes

Exercice 3 : écrire l'heure lue sur une horloge à aiguille en respectant des contraintes.

Différenciation :

- ***Simplification*** : faire formuler : 3 h l'après-midi se dit « quinze heures » et rappeler que, pour les minutes, on multiplie chaque chiffre par 5. Donner la table de multiplication par 5 comme outil d'aide.
- ***Complexification*** : écrire chaque heure lorsque c'est le matin.

Exercice 4 : savoir lire l'heure (affichage digital) et donner l'équivalence sur une horloge à aiguilles.

Différenciation :

- ***Simplification*** : utiliser les couleurs bleu et rouge pour dessiner les aiguilles. Faire compter les graduations.
- ***Complexification*** : dessiner, en vert, une aiguille des minutes en ajoutant 15 minutes sur chaque horloge.

Exercice 5: ranger des heures dans l'ordre chronologique croissant.

Différenciation:
- *Simplification*: faire oraliser chaque heure.
- *Complexification*: faire dessiner les aiguilles, correspondant à chaque heure écrite, sur une horloge vierge.

Exercice 6: ranger des heures dans l'ordre chronologique décroissant.

Différenciation:
- *Simplification*: faire oraliser chaque heure.
- *Complexification*: faire dessiner les aiguilles, correspondant à chaque heure écrite, sur une horloge vierge.

Exercice 7: résoudre un problème de durée en s'appuyant sur la lecture d'horloges à aiguilles.

Différenciation:
- *Simplification*: faire oraliser les heures de départ et d'arrivée. Faire calculer la durée écoulée jusqu'à 7 h 00 puis, de 7 h 00 à 9 h 00.
- *Complexification*: résoudre le problème avec une heure d'arrivée prévue à 9 h 30.

Connaître la relation entre kilomètre, mètre, centimètre, millimètre

► Cahier-livre p. 148

ENTRETIEN ET ÉVALUATION

• Fiche d'entretien p. 245
• Évaluation, exercice 1, p. 281

Objectifs

• Connaître la relation entre kilomètre et mètre.
• Connaître la relation entre centimètre et millimètre.
• Effectuer des conversions simples.

Activité de découverte

Mesurer le terrain de balle aux prisonniers

Organisation	• Groupes de 2 élèves, puis réinvestissement (individuel)
Matériel	• 1 décamètre, un mètre de tableau, un double décimètre gradué; 2 cônes • 1 plan du terrain de balle aux prisonniers (*cf.* matériel photocopiable en Annexe), 1 ardoise • Cahier-livre, exercice 1
Durée	• 15 minutes

• Mise en situation

Chaque groupe reçoit 1 décamètre, un mètre de tableau, un double décimètre gradué et une ardoise pour noter les dimensions relevées.

TEMPS 1. Dans la cour ou dans la salle de sports

Deux cônes ont été disposés pour former un rectangle dont la longueur mesure 16,92 m (terrain de balle aux prisonniers).

Consigne élève 1: *« Mesurez la longueur du terrain pour placer les deux autres cônes afin de former un rectangle. Attention, il convient d'utiliser la bonne unité de mesure! ».*

Mise en commun: partager / échanger sur les résultats afin de permettre les interactions. Chaque groupe donne les dimensions relevées et l'instrument utilisé. « Il fallait utiliser quel instrument pour mesurer plus rapidement? Quelle unité de mesure utilise-t-on en priorité? Quelle est la longueur du terrain? »
Hiérarchiser les réponses et les procédures. Réponses attendues: Décamètre ou mètre de tableau. Le mètre (puis le cm). 16 m et 92 cm (1 m = 100 cm).

TEMPS 2. Dans la classe

Le plan du terrain est remis à chaque binôme.

Consigne élève 2: *« Mesurez la longueur du terrain sur le plan. Attention, utilisez la bonne unité de mesure! ».*

Mise en commun: partager / échanger sur les résultats afin de permettre les interactions. Chaque groupe donne les dimensions relevées et l'instrument utilisé.
« Il fallait utiliser quel instrument pour mesurer efficacement? Quelle unité de mesure utilise-t-on en priorité? Quelle est la longueur du terrain sur le plan? »
Hiérarchiser les réponses et les procédures. Réponses attendues: Double décimètre. Le centimètre (puis le millimètre). 14 cm et 2 mm (1 cm = 10 mm).

Conclusion de l'activité

Expliciter: Dans la réalité, on a mesuré la longueur du terrain en mètres et en centimètres. Sur le plan, on a mesuré la longueur du terrain en centimètres et en millimètres. Les instruments utilisés sont différents.
Conclure: « Pour mesurer des grandes longueurs, on utilise le mètre/ Le kilomètre (km) est une unité de mesure de longueur plus grande (1 km = 1000 m).
Pour mesurer des longueurs plus courtes, on utilise le centimètre. Le millimètre est une unité de mesure de longueur plus petite, elle permet d'être plus précis (1 cm = 10 mm). »
Noter au tableau les égalités: 1 km = 1000 m, 1 cm = 10 mm, 10 cm = 100 mm.

• Accompagnement personnalisé

Difficultés rencontrées par l'élève	Aide proposée
• L'élève ne parvient pas à mesurer précisément.	• Aider à manipuler les instruments. Mettre le zéro sur le point de départ et faire tracer des graduations à la craie tous les mètres.
• L'élève ne parvient pas à trouver la mesure finale.	• Aider à additionner les mesures successives: les m et ensuite les cm. • Mise en place d'un répertoire d'équivalences: - 4 m, c'est la longueur du tableau; - 10 m c'est la longueur de la classe; - 5 mm c'est la longueur d'une fourmi.

• Réinvestissement dans le cahier-livre : « Découvrons ensemble »

Faire compléter les éléments de réponse. Laisser 5 minutes.

Je sais faire

Organisation	• Individuel
Matériel	• Cahier-livre, exercice 2
Durée	• 5 minutes

Exercice 2 : associer des longueurs identiques exprimées dans des unités différentes.

Différenciation :

– *Simplification* : aider l'élève à formuler : « 1 m c'est 100 cm, donc 2 m c'est… ». Faire relier 2 m et 200 cm.

Retenons ensemble

Organisation	• Individuel
Matériel	• Cahier-livre
Durée	• 10 minutes

Synthèse de la leçon

Procéder à une lecture silencieuse individuelle de l'écrit de référence.

Procéder à une lecture magistrale.

Faire compléter le texte par les élèves avec les mots à retenir : **kilomètre, mètre, centimètre, millimètre.**

Vérifier, en passant dans les rangs, la validité des écrits.

Je m'entraîne

Organisation	• Individuel
Matériel	• Cahier-livre, exercices 3, 4, 5, 6, 7 et 8
Durée	• 20 minutes

Exercice 3 : déterminer l'unité de mesure de longueur appropriée à un objet donné.

Différenciation :

– *Simplification* : faire compléter 20 cm pour la trousse.

– *Complexification* : écrire les unités de mesure de longueur pour un cahier, un camion, la distance Paris – New-York …

Exercice 4 : ranger des longueurs dans l'ordre décroissant.

Différenciation :

– *Simplification* : faire verbaliser que la plus grande unité de mesure de longueur est le km.

– *Complexification* : recopier les mesures des étiquettes dans l'ordre croissant, sur l'ardoise, et écrire une mesure comprise entre chacune d'elles.

Exercice 5 : ranger des longueurs dans l'ordre croissant.

Différenciation :

– *Simplification* : faire verbaliser que la plus petite unité de mesure de longueur est le mm.

– *Complexification* : recopier les mesures des étiquettes dans l'ordre décroissant, sur l'ardoise, et écrire une mesure comprise entre chacune d'elles.

Exercice 6 : additionner des mesures pour calculer une longueur en m et cm.

Différenciation :

– *Simplification* : faire oraliser le schéma et compléter l'addition. Exprimer le résultat en cm avant de convertir.

– *Complexification* : faire résoudre : Quelle distance l'escargot doit-il encore parcourir pour arriver à 1 m 50 cm ?

Exercice 7 : identifier une écriture erronée parmi 4 propositions de mesures de longueurs.

Différenciation :

– *Simplification* : faire tracer des segments sur une feuille blanche.

– *Complexification* : écrire autrement 35 cm et 10 mm.

Exercice 8 : résoudre un problème de longueur et connaître la relation entre km et m.

Différenciation :

– *Simplification* : utiliser un répertoire de conversions, faire formuler que 1 km = 1 000 m, et donc que 2 km =….. m.

– *Complexification* : résoudre : « Si Hugo bat son record de 300 m, son nouveau record sera de ………… km ……… m. »

Mesurer une longueur à l'aide d'instruments

► Cahier-livre p. 150

ENTRETIEN ET ÉVALUATION
- Fiche d'entretien p. 247
- Évaluation, exercice 2, p. 281

Objectifs

- Connaître différents instruments de mesure de longueur.
- Utiliser les instruments pour mesurer des longueurs, des distances.
- Résoudre des problèmes en effectuant des mesurages.

Activité de découverte

Choisir le bon instrument de mesure

Organisation	• Groupes de 3 élèves, puis réinvestissement (individuel)
Matériel	• Par groupe : 1 décamètre à enrouleur (10 m), un mètre ruban (2 m), une règle graduée (30 cm) ; 2 cônes, une latte, 3 balles en mousse (verte, orange, bleue) ; 1 ardoise • Cahier-livre, exercice 1
Durée	• 15 minutes

• Mise en situation

Chaque groupe reçoit 1 décamètre à enrouleur (10 m), un mètre ruban (2 m), une règle graduée (30 cm) et une ardoise pour noter les dimensions relevées.
Pour chaque groupe, dans la cour ou dans la salle de sports, le matériel a été disposé comme sur le schéma ci-dessous.

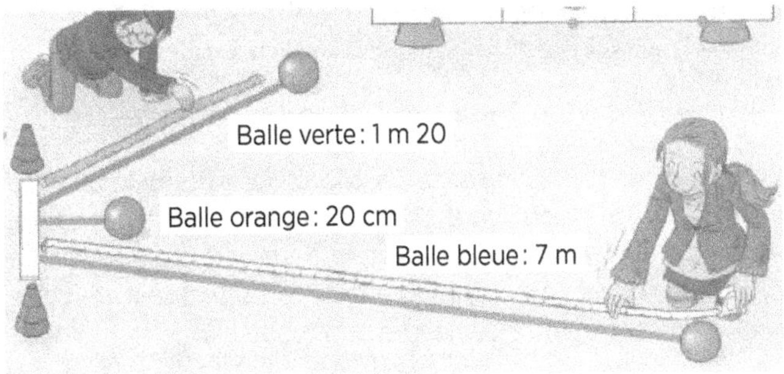

Consigne élève *: « Mesurez la distance entre la latte et les balles. Choisissez chacun une balle. Au signal, vous irez prendre l'instrument de mesure de votre choix pour mesurer le plus vite possible. Attention, une fois l'instrument en mains, vous ne pourrez plus en changer ! Le groupe gagnant sera celui qui aura fini en premier et qui aura noté, sur son ardoise, les bonnes distances. Soyez précis ! ».*

Mise en commun : partager / échanger sur les résultats afin de permettre les interactions. Chaque groupe donne les dimensions relevées et l'instrument utilisé pour chaque balle. « Il fallait utiliser quel instrument pour mesurer plus rapidement ? Quelles sont les distances trouvées ? »
Hiérarchiser les réponses et les procédures. Réponses attendues :
- balle verte : le mètre ruban (distance trouvée : 1 m 20 cm)
- balle orange : la règle graduée (distance trouvée : 20 cm)
- balle bleue : le décamètre à enrouleur (distance trouvée : 7 m)

Conclusion de l'activité
Expliciter : Les instruments utilisés permettent de mesurer plus ou moins rapidement. Le décamètre pour mesurer une distance en mètres supérieure à 2 m, le mètre ruban pour mesurer une distance en mètres jusqu'à 2 m et la règle graduée pour mesurer une distance en centimètres inférieure à 1 m.
Conclure : « Pour **mesurer des longueurs, des distances**, on utilise l'instrument qui nous permet d'aller plus vite et qui comporte l'unité de mesure appropriée. »
Noter au tableau le relevé de dimensions suivant :
- balle verte : le mètre ruban (distance trouvée : 1 m 20 cm) ;
- balle orange : la règle graduée (distance trouvée : 20 cm) ;
- balle bleue : le décamètre à enrouleur (distance trouvée : 7 m).

• Accompagnement personnalisé

Difficultés rencontrées par l'élève	Aide proposée
• L'élève ne parvient pas à choisir le bon instrument.	• Faire formuler que si la distance paraît grande, on choisira une unité de mesure plus grande et l'instrument permettant de l'utiliser. • Rappeler les équivalences de la séance précédente.
• L'élève ne parvient pas à mesurer précisément.	• Aider à manipuler les instruments. Mettre le zéro sur le point de départ et faire tracer des graduations à la craie.

• Réinvestissement dans le cahier-livre : « Découvrons ensemble »

Faire relier et compléter les éléments de réponse.
Laisser 5 minutes.

Je sais faire

Organisation	• Individuel
Matériel	• Cahier-livre, exercice 2
Durée	• 5 minutes

Exercice 2 : mesurer précisément la longueur de segments.

Différenciation :
- ***Simplification*** : aider l'élève à formuler : « On va utiliser des cm et des .... ». Faire positionner la règle graduée correctement (le zéro sur le début du segment) et compter les graduations (les cm puis les mm).

Retenons ensemble

Organisation	• Individuel
Matériel	• Cahier-livre
Durée	• 10 minutes

Synthèse de la leçon
Procéder à une lecture silencieuse individuelle de l'écrit de référence.
Procéder à une lecture magistrale.
Faire compléter le texte par les élèves avec les mots à retenir : **mètre ruban, décamètre, graduée.**
Vérifier, en passant dans les rangs, la validité des écrits.

Je m'entraîne

Organisation	• Individuel
Matériel	• Cahier-livre, exercices 3, 4, 5, 6 et 7
Durée	• 20 minutes

Exercice 3 : déterminer l'instrument de mesure de longueur approprié à une distance donnée.
Différenciation :
- *Simplification* : faire compléter « règle » pour 8 mm.
- *Complexification* : noter trois instruments pouvant servir à mesurer une distance de 15 m 12 cm 4 mm.

Exercice 4 : mesurer des segments et déterminer une mesure erronée.
Différenciation :
- *Simplification* : faire positionner la règle graduée correctement (le zéro sur le début du segment) et compter les graduations (les cm puis les mm).
- *Complexification* : écrire la mesure des trois segments mis bout à bout.

Exercice 5 : mesurer une ligne brisée en respectant des contraintes.
Différenciation :
- *Simplification* : faire positionner la règle graduée correctement (le zéro sur le point bleu).
- *Complexification* : écrire la longueur totale de la ligne brisée.

Exercice 6 : résoudre un problème de longueur en s'appuyant sur le mesurage de portions de lignes brisées données.
Différenciation :
- *Simplification* : aider à repérer les points et faire pointer/suivre le cheminement de la fourmi sur la ligne brisée.
- *Complexification* : résoudre le problème avec la fourmi qui revient au point B.

Exercice 7 : résoudre un problème de distance en utilisant l'addition.
Différenciation :
- *Simplification* : aider à repérer les distances parcourues par chaque enfant. Demander quelle opération va permettre de calculer la distance totale de l'équipe.
- *Complexification* : résoudre le problème si chaque enfant parcourt deux fois la distance.

Calculer le périmètre d'un polygone

► Cahier-livre p. 152

ENTRETIEN ET ÉVALUATION
• Fiche d'entretien p. 248
• Évaluation, exercice 3, p. 281

Objectifs
- Connaître la notion de périmètre.
- Mesurer pour calculer un périmètre.
- Comparer des périmètres.

Activité de découverte

Calculer et comparer des périmètres.

Organisation	• Groupes de 4 élèves, puis réinvestissement (individuel).
Matériel	• Par groupe : cadres carré et rectangle (*cf.* matériel photocopiable en Annexe) en carton épais, 2 règles graduées, une paire de ciseaux, 1 tube de colle, 1 bande de tissu bleu (20 cm), 1 bande de tissu vert (20 cm), 1 ardoise • Cahier-livre, exercice 1
Durée	• 15 minutes

• Mise en situation
Chaque groupe reçoit le matériel énoncé ci-dessus avec les cadres carré et rectangle.

Consigne élève : *« Choisissez un cadre pour deux. Vous allez découper juste ce qu'il faut de tissu pour entourer votre cadre. Attention, encadrez le carré avec le tissu vert et le rectangle avec le tissu bleu. Soyez précis. Collez le tissu autour de votre cadre. Présentez votre démarche sur l'ardoise ».*

Mise en commun : partager / échanger sur les résultats afin de permettre les interactions. Chaque groupe donne la longueur de tissu nécessaire pour chaque cadre et la démarche employée.
Hiérarchiser les réponses et les procédures. Réponses attendues :
- Le **contour du cadre rectangulaire** mesure : 5 cm + 2 cm + 5 cm + 2 cm. Cela fait (5 × 2) + (2 × 2) = 14 cm.
La longueur de tissu bleu nécessaire pour entourer le cadre rectangulaire est 14 cm.
- Le **contour du cadre carré** mesure : 4 cm + 4 cm + 4 cm + 4 cm. Cela fait (4 × 4) = 16 cm.
La longueur de tissu vert nécessaire pour entourer le cadre carré est 16 cm.
Le contour du carré est plus long que le contour du rectangle.

Conclusion de l'activité
Expliciter : pour chaque figure, il faut mesurer la longueur des côtés et les additionner pour trouver la longueur du contour. La **longueur du contour** d'une figure s'appelle le **périmètre**.

Conclure: « Pour déterminer le périmètre d'une figure, on **mesure** la longueur de ses côtés puis on **calcule**:
- rectangle: 5 cm + 2 cm + 5 cm + 2 cm = (5× 2) + (2 × 2) = 14 cm
- carré: 4 cm + 4 cm + 4 cm + 4 cm = 4 × 4 = 16 cm

• Accompagnement personnalisé

Difficultés rencontrées par l'élève	Aide proposée
• L'élève ne comprend pas la notion de périmètre.	• Faire suivre du doigt le chemin matérialisant le contour de son cadre. Aider à mesurer la longueur du premier côté.
• L'élève ne parvient pas à calculer le périmètre.	• Faire formuler l'opération en jeu pour calculer la longueur des deux premiers côtés.

• Réinvestissement dans le cahier-livre : « Découvrons ensemble »

Faire mesurer puis compléter les éléments de réponse. Laisser 5 minutes.

Je sais faire

Organisation	• Individuel
Matériel	• Cahier-livre, exercice 2
Durée	• 5 minutes

Exercice 2: calculer le périmètre de polygones.

Différenciation :

- ***Simplification***: aider l'élève à formuler: « On va (additionner) les longueurs des côtés ».

Retenons ensemble

Organisation	• Individuel
Matériel	• Cahier-livre
Durée	• 10 minutes

Synthèse de la leçon

Procéder à une lecture silencieuse individuelle de l'écrit de référence.

Procéder à une lecture magistrale.

Faire compléter le texte par les élèves avec les mots à retenir: **additionne, côtés.**

Vérifier, en passant dans les rangs, la validité des écrits.

Je m'entraîne

Organisation	• Individuel
Matériel	• Cahier-livre, exercices 3, 4, 5, 6 et 7
Durée	• 20 minutes

Exercice 3: calculer le périmètre de polygones de dimensions données.

Différenciation :

- ***Simplification***: faire écrire « 2 cm » sur les deux côtés du carré puis additionner.
- ***Complexification***: écrire la multiplication qui correspond au calcul du périmètre d'un carré de 4 cm de côté.

Exercice 4: mesurer pour calculer le périmètre de polygones.

Différenciation :

- ***Simplification***: faire positionner la règle graduée correctement, noter les mesures au-dessus de chaque côté, additionner.
- ***Complexification***: écrire la multiplication qui correspond au calcul du périmètre quand c'est possible.

Exercice 5: mesurer pour calculer puis comparer des périmètres de polygones donnés.

Différenciation :

- ***Simplification***: aider à calculer le périmètre du rectangle. Faire noter les mesures sur chaque côté du dodécagone.
- ***Complexification***: écrire les multiplications qui correspondent au calcul du périmètre quand c'est possible.

Exercice 6: mesurer pour calculer le périmètre d'une figure géométrique complexe.

Différenciation :

- ***Simplification***: faire noter les mesures sur chaque côté du dodécagone.
- ***Complexification***: écrire les multiplications qui correspondent au calcul du périmètre quand c'est possible.

Exercice 7: résoudre un problème de périmètre dans une configuration en tableau de données.

Différenciation :

- ***Simplification***: faire tracer les figures à mains levées et noter les dimensions données dans le tableau sur chaque côté avant de calculer.
- ***Complexification***: écrire les dimensions (longueur et largeur) d'un rectangle de 12 cm de périmètre.

Connaître la relation entre kilogramme et gramme

► Cahier-livre p. 154

ENTRETIEN ET ÉVALUATION
- Fiche d'entretien p. 249
- Évaluation, exercice 1, p. 282

Objectifs

- Connaître la relation entre kilogramme et gramme.
- Effectuer des conversions simples.

Activité de découverte

Jouer au Mass Jack

Organisation	• Groupes de 4 élèves, puis réinvestissement (individuel)
Matériel	• Par groupe: des étiquettes-masses et des cartes masses marquées (*cf.* matériel photocopiable en Annexe) • Cahier-livre, exercice 1
Durée	• 15 minutes

• Mise en situation

Chaque élève du groupe reçoit des étiquettes-masses sur laquelle sont dessinées des masses à découper ainsi que des cartes masses marquées. Un meneur de jeu est désigné et tire au sort une étiquette masse.

Consigne élève: *«Choisissez vos masses marquées pour obtenir la masse tirée au sort. Vous devez additionner le moins de masses marquées possibles pour gagner.»*

Mise en commun: partager / échanger sur les résultats afin de permettre les interactions. Chaque élève donne ses propositions sous la forme d'une addition.
«Quelle est la masse à déterminer? Quelles masses marquées fallait-il utiliser pour en utiliser le moins possible? Quelle unité de mesure utilise-t-on en priorité?»
Hiérarchiser les réponses et les procédures.

Conclusion de l'activité
- Expliciter: Pour espérer utiliser le moins de masses parquées possibles, il faut d'abord choisir les masses les plus lourdes et compléter avec les plus légères sans pour autant dépasser la masse à atteindre.
- Conclure: «Pour mesurer des masses, on utilise en priorité le kilogramme.
Le gramme est une plus petite unité de mesure de masse, elle permet d'être plus précis. Noter au tableau l'égalité:
1 kg = 1000 g»

• Accompagnement personnalisé

Difficultés rencontrées par l'élève	Aide proposée
• L'élève ne parvient pas à utiliser les masses marquées misent à disposition.	• Aider à manipuler les masses marquées. Faire des équivalences: 1 kg = 500 g + 500 g 500 g = 200 g + 200 g + 100 g
• L'élève ne parvient pas à trouver la masse finale.	• Aider à additionner les masses successives: les kg et ensuite les g.

• Réinvestissement dans le cahier-livre: «Découvrons ensemble»

Faire compléter les éléments de réponse. Laisser 5 minutes.

Je sais faire

Organisation	• Individuel
Matériel	• Cahier-livre, exercice 2
Durée	• 5 minutes

Exercice 2: associer des masses identiques exprimées dans des unités différentes.

Différenciation:
- *Simplification*: aider l'élève à formuler: «1 kg c'est 1000 g, donc 3 kg c'est...». Faire relier 4 kg + 12 g et 4 012 g.

Retenons ensemble

Organisation	• Individuel
Matériel	• Cahier-livre
Durée	• 10 minutes

Synthèse de la leçon
Procéder à une lecture silencieuse individuelle de l'écrit de référence.
Procéder à une lecture magistrale.
Faire compléter le texte par les élèves avec les mots à retenir: **kilogramme, gramme, unité.**
Vérifier, en passant dans les rangs, la validité des écrits.

Je m'entraîne

Organisation	• Individuel
Matériel	• Cahier-livre, exercices 3, 4, 5, 6, 7 et 8
Durée	• 20 minutes

Exercice 3: déterminer l'unité de mesure de masse appropriée à un objet donné.

Différenciation:
- *Simplification*: faire compléter 30 kg pour Malika.
- *Complexification*: écrire les unités de mesure de masse pour un cahier, un avion, une table.

Exercice 4: ranger des masses dans l'ordre décroissant.

Différenciation:
- *Simplification*: faire verbaliser toutes les mesures de masse en grammes grâce aux indications de mascotte.
- *Complexification*: recopier les mesures des étiquettes dans l'ordre croissant, sur l'ardoise, et écrire une mesure comprise entre chacune d'elles.

Exercice 5: ranger des masses dans l'ordre croissant.

Différenciation:

- ***Simplification***: faire verbaliser toutes les mesures de masse en grammes grâce aux indications de mascotte (*cf.* exercice 4).
- ***Complexification***: recopier les mesures des étiquettes dans l'ordre décroissant, sur l'ardoise, et écrire une mesure comprise entre chacune d'elles.

Exercice 6: résoudre un problème de masses et connaître la relation kg/g.

Différenciation:

- ***Simplification***: utiliser un répertoire de conversions, faire formuler que 1 kg = 1000 g, et donc que 33 000 g =..... kg.
- ***Complexification***: résoudre « Sami pèse 34 500 g. Trouve une autre combinaison possible pour que les trois enfants puissent monter. »

Exercice 7: identifier une écriture erronée parmi quatre propositions de mesures de masses.

Différenciation:

- ***Simplification***: utiliser les poids du Mass Jack pour représenter les masses proposées.
- ***Complexification***: écrire autrement 2 000 g + 10 g.

Exercice 8: résoudre un problème de masses et connaître la relation kg/g.

Différenciation:

- ***Simplification***: utiliser un répertoire de conversions, faire formuler que 1 kg = 1000 g et donc, que 35 kg =..... g.
- ***Complexification***: résoudre « Si Hugo pèse 4 kg 500 g de plus que Lisa, combien pèse Lisa ? »

Mesurer une masse à l'aide d'instruments

► Cahier-livre p. 156

ENTRETIEN ET ÉVALUATION

• Fiche d'entretien p. 250
• Évaluation, exercice 2, p. 282

Objectifs

- Connaître différents instruments de mesure de masses.
- Utiliser les instruments pour mesurer des masses
- Résoudre des problèmes en effectuant des mesures.

Activité de découverte

Peser des objets avec différents instruments

Organisation	• Groupes de 6 élèves, puis réinvestissement (individuel)
Matériel	• Par groupe: 2 balances de Roberval, 2 balances de cuisine, 2 balances électroniques, 8 pommes, 2 billes, 2 dictionnaires, 2 ardoises • Cahier-livre, exercice 1
Durée	• 15 minutes

• Mise en situation

Chaque groupe de 6 élèves est composé de 2 équipes de 3. Chaque équipe reçoit une balance électronique, une balance de cuisine, une balance de Roberval et une ardoise pour noter les masses relevées. 4 pommes, 1 bille et 1 dictionnaire sont mis à leur disposition.

Consigne élève: *« Vous allez peser les objets posés sur la table. Choisissez-en chacun un. Au signal, vous irez prendre la balance de votre choix pour peser le plus vite possible. Attention, une fois l'instrument choisi, vous ne pourrez plus en changer ! Le groupe gagnant sera celui qui aura fini en premier et qui aura noté, sur son ardoise, les bonnes masses. Soyez précis ! »*

Mise en commun: partager / échanger sur les résultats afin de permettre les interactions. Chaque groupe donne les masses relevées et l'instrument utilisé à chaque fois. « Quel instrument fallait-il utiliser pour mesurer plus rapidement ? Quelles sont les masses trouvées ? »

Hiérarchiser les réponses et les procédures.
Réponses attendues:
- 1 bille: la balance électronique (masse trouvée: 4 g)
- 4 pommes: la balance de cuisine (masse trouvée: 600 g)
- 1 dictionnaire: la balance de Roberval (masse trouvée: 1 kg 200 g)

Conclusion de l'activité

Expliciter: Les instruments utilisés permettent de mesurer plus ou moins précisément. La balance électronique est celui qui permet la mesure la plus très précise
Conclure: « Pour mesurer des masses, on utilise l'instrument qui nous permet d'aller plus vite et qui comporte l'unité de mesure appropriée.
Noter au tableau le relevé de masses:
- 1 bille: la balance électronique (masse trouvée: 4 g)
- 4 pommes: la balance de cuisine (masse trouvée: 600 g)
- 1 dictionnaire: la balance de Roberval (masse trouvée: 1 kg 200 g)

• Accompagnement personnalisé

Difficultés rencontrées par l'élève	Aide proposée
• L'élève ne parvient pas à choisir le bon instrument.	• Faire formuler que si la masse paraît très légère, on choisira le g comme unité de mesure et la balance électronique comme instrument de mesure. • Rappeler les équivalences de la séance précédente.
• L'élève ne parvient pas à mesurer précisément.	• Aider à manipuler les instruments: lecture des pesées pour la balance de cuisine, choix des masses marquées pour la balance de Roberval.

• Réinvestissement dans le cahier-livre : « Découvrons ensemble »

Faire relier et compléter les éléments de réponse.
Laisser 5 minutes.

Je sais faire

Organisation	• Individuel
Matériel	• Cahier-livre, exercice 2
Durée	• 5 minutes

Exercice 2 : Mesurer la masse d'un objet et déterminer l'instrument de mesure approprié.

Différenciation :

- *Simplification* : limiter le nombre de propositions (masses marquées et instruments).
- *Complexification* : déterminer la masse de deux ananas et dessiner les masses marquées nécessaires.

Retenons ensemble

Organisation	• Individuel
Matériel	• Cahier-livre
Durée	• 10 minutes

Synthèse de la leçon

Procéder à une lecture silencieuse individuelle de l'écrit de référence.
Procéder à une lecture magistrale.
Faire compléter le texte par les élèves avec les mots à retenir : **balance, électronique.**
Vérifier, en passant dans les rangs, la validité des écrits.

Je m'entraîne

Organisation	• Individuel
Matériel	• Cahier-livre, exercices 3, 4, 5, 6 et 7
Durée	• 20 minutes

Exercice 3 : déterminer des masses à l'aide d'instruments de mesure.

Différenciation :

- *Simplification* : aider à la lecture des masses marquées pour la balance de Roberval, puis graduer au tableau la balance de cuisine.
- *Complexification* : déduire la masse d'un seul livre puis celle de deux poulets.

Exercice 4 : estimer la masse d'un objet et déterminer l'instrument de mesure approprié.

Différenciation :

- *Simplification* : limiter le nombre de propositions.
- *Complexification* : « combien de timbres faudrait-il pour affranchir deux enveloppes ? »

Exercice 5 : mesurer la masse d'un objet en respectant des contraintes.

Différenciation :

- *Simplification* : donner la masse du dictionnaire en gramme dès le départ.
- *Complexification* : trouver différentes façons d'illustrer la masse du dictionnaire en utilisant les masses marquées de l'exercice 1.

Exercice 6 : résoudre un problème de masse en s'appuyant sur la mesure d'un élément.

Différenciation :

- *Simplification* : aider en donnant l'addition à renseigner : ... + ... + ... + ... =
- *Complexification* : résoudre le problème avec 6, 7 puis 10 trombones.

Exercice 7 : résoudre un problème de masses en utilisant les déductions logiques.

Différenciation :

- *Simplification* : aider à repérer le rangement dans l'ordre décroissant (du plus lourd au moins lourd) à chaque illustration.
- *Complexification* : déduire la comparaison entre la pyramide et la boule puis le cube et la boule.

Connaître la relation entre litre et centilitre

► Cahier-livre p. 158

ENTRETIEN ET ÉVALUATION

• Fiche d'entretien p. 251
• Évaluation, exercice 1, p. 283

Objectifs

• Connaître la relation entre litre et centilitre.
• Effectuer des conversions simples.

Activité de découverte

Mesurer la capacité de différents récipients

Organisation	• Groupes de 4 élèves, puis réinvestissement (individuel)
Matériel	• Par groupe : 1 bouteille d'eau vide de 25 cL, 1 vase, 1 bol de cafetière, 1 bouteille de soda et 1 saladier (leur capacité, en cL, doit être un multiple de 25), 1 ardoise • Cahier-livre, exercice 1
Durée	• 15 minutes

• Mise en situation

Chaque groupe reçoit une bouteille « étalon » et des récipients dont il faut déterminer la capacité.

Consigne élève : *« À l'aide de la bouteille d'eau de 25 cL, déterminer la capacité de chaque récipient. »*

Mise en commun : partager / échanger sur les résultats afin de permettre les interactions. Chaque élève donne ses propositions sous la forme d'une addition ou d'une multiplication. L'unité de mesure fera aussi l'objet d'une discussion entre pairs.
Hiérarchiser les réponses et les procédures.

Conclusion de l'activité
Expliciter : Pour déterminer la capacité d'un récipient, il faut utiliser une référence (un étalon), ici la bouteille d'eau de 25 cL. En comptant le nombre de fois que l'on verse le contenu d'une bouteille entière, on parvient à déduire la capacité du récipient en cL. Une écriture en litre est alors possible.
Conclure : « Pour mesurer des capacités, on utilise le litre (L) ou le centilitre (cL).
Le centilitre est une petite unité de mesure de capacité, elle permet d'être plus précis. Noter au tableau les égalités :
1 L = 100 cL ; 250 cL = 2 L 50 cL ; 405 cL = 4 L 05 cL »

• Accompagnement personnalisé

Difficultés rencontrées par l'élève	Aide proposée
• L'élève ne parvient pas à utiliser la bouteille mise à disposition.	• Aider à manipuler la bouteille, en additionner la capacité et faire les équivalences.
• L'élève ne parvient pas à trouver la capacité finale.	• Aider à additionner les capacités successives en cL.

• Réinvestissement dans le cahier-livre : « Découvrons ensemble »

Faire compléter les éléments de réponse. Laisser 5 minutes.

Je sais faire

Organisation	• Individuel
Matériel	• Cahier-livre, exercice 2
Durée	• 5 minutes

Exercice 2 : associer des capacités identiques exprimées dans des unités différentes.

Différenciation :
- *Simplification* : aider l'élève à formuler : « 1 L c'est 100 cL, donc 3 L c'est... ». Faire relier 25 L + 50 cL et 2 550 cL.

Retenons ensemble

Organisation	• Individuel
Matériel	• Cahier-livre
Durée	• 10 minutes

Synthèse de la leçon
Procéder à une lecture silencieuse individuelle de l'écrit de référence.
Procéder à une lecture magistrale.
Faire compléter le texte par les élèves avec les mots à retenir : **capacité, litre, centilitre.**
Vérifier, en passant dans les rangs, la validité des écrits.

Je m'entraîne

Organisation	• Individuel
Matériel	• Cahier-livre, exercices 3, 4, 5, 6, 7 et 8
Durée	• 20 minutes

Exercice 3 : déterminer l'unité de mesure de capacité appropriée à un objet donné.

Différenciation :
- *Simplification* : faire réaliser un exemple.
- *Complexification* : faire exprimer les capacités dans une autre unité.

Exercice 4 : ranger des capacités dans l'ordre décroissant.

Différenciation :
- *Simplification* : faire verbaliser toutes les mesures de capacités en centilitres grâce aux indications de la mascotte.
- *Complexification* : recopier les mesures des étiquettes dans l'ordre croissant, sur l'ardoise, et écrire une mesure comprise entre chacune d'elles.

Exercice 5 : ranger des capacités dans l'ordre croissant.

Différenciation :
- *Simplification* : faire verbaliser toutes les mesures de capacités en centilitres grâce aux indications de la mascotte (*cf.* exercice 4).

- *Complexification*: recopier les mesures des étiquettes dans l'ordre décroissant, sur l'ardoise, et écrire une mesure comprise entre chacune d'elles.

Exercice 6: résoudre un problème de capacités et connaître la relation L/cL.

Différenciation:

- *Simplification*: utiliser un répertoire de conversions, faire formuler que 1 L = 100 cL et donc, que 2 L =.... cL.
- *Complexification*: même situation mais avec une bouteille de 3 L.

Exercice 7: identifier une écriture erronée parmi quatre propositions de mesures de capacités.

Différenciation:

- *Simplification*: écrire 330 cL sous la forme 3 L 30 cL.
- *Complexification*: écrire autrement 3 L 03 cL.

Exercice 8: résoudre un problème de capacités et connaître la relation L/cL.

Différenciation:

- *Simplification*: utiliser un répertoire de conversions, faire formuler que 1 L = 100 cL et donc que 152 L =.... cL = ...L et .....cL = ...L .....cL.
- *Complexification*: résoudre « Si Malika consomme 13 L de moins que la moyenne des Français, quelle consommation d'eau Malka fait-elle par jour ? »

Mesurer une capacité à l'aide d'instruments

Cahier-livre p. 160

ENTRETIEN ET ÉVALUATION

- Fiche d'entretien p. 252
- Évaluation, exercice 2, p. 283

Objectifs

- Connaître différents instruments de mesure de capacités.
- Utiliser les instruments pour mesurer des capacités.
- Résoudre des problèmes en effectuant des mesurages.

Activité de découverte

Mesurer la quantité de liquide avec différents instruments.

Organisation	• Groupes de 4 élèves, puis réinvestissement (individuel)
Matériel	• Par groupe : 2 verres doseurs de cuisine gradués de 10 cL en 10 cL, 2 verres mesureurs gradués de 20 cL en 20 cL, 4 bouteilles d'eau colorée (2 couleurs) de capacités différentes • 2 ardoises • Cahier-livre, exercice 1
Durée	• 15 minutes

• Mise en situation

Chaque groupe de 4 élèves est composé de 2 équipes de 2 élèves. Chaque équipe reçoit un verre doseur de cuisine, un verre doseur type becher et 2 bouteilles d'eau colorée de capacités différentes.

Consigne élève: *« Vous allez mesurer les quantités de liquides contenues dans ces deux bouteilles. Vous avez 5 minutes. L'équipe gagnante sera celle qui aura noté, sur son ardoise, les bonnes quantités dans la bonne unité. Soyez précis ! »*

Mise en commun: partager / échanger sur les résultats afin de permettre les interactions. Chaque équipe donne les quantités relevées et le récipient utilisé à chaque fois. « Quel récipient fallait-il utiliser pour mesurer précisément ? Quelles sont les quantités de liquides trouvées ? »
Hiérarchiser les réponses et les procédures.

Réponses attendues :
- liquide rouge : le verre becher (quantité trouvée : 20 cL) ;
- liquide vert : le verre de cuisine (quantité trouvée : 50 cL).

Conclusion de l'activité

Expliciter : Les récipients utilisés permettent de mesurer une quantité de liquide. La fréquence des graduations rend les mesures plus ou moins précises.
Conclure : « Pour mesurer des liquides, on utilise le récipient qui comporte la graduation appropriée. »
Noter au tableau le relevé de dimensions suivant :
- liquide rouge : le verre becher (quantité trouvée : 20 cL) ;
- liquide vert : le verre de cuisine (quantité trouvée : 50 cL).

• Accompagnement personnalisé

Difficultés rencontrées par l'élève	Aide proposée
• L'élève ne parvient pas à mesurer précisément.	• Aider à manipuler les instruments : lecture des graduations notamment.

• Réinvestissement dans le cahier-livre : « Découvrons ensemble »

Faire relier et compléter les éléments de réponse. Laisser 5 minutes.

Je sais faire

Organisation	• Individuel
Matériel	• Cahier-livre, exercice 2
Durée	• 5 minutes

Exercice 2: mesurer une quantité d'eau à l'aide d'un instrument de mesure.

Différenciation :

- *Simplification* : donner, au tableau, 3 propositions.
- *Complexification* : ne pas écrire les graduations mais ne donner comme indication que : « une graduation tous les 20 cL » pour le premier et « une graduation tous les 10 cL » pour le second verre doseur.

Retenons ensemble

Organisation	• Individuel
Matériel	• Cahier-livre
Durée	• 10 minutes

Synthèse de la leçon

Procéder à une lecture silencieuse individuelle de l'écrit de référence.
Procéder à une lecture magistrale.
Faire compléter le texte par les élèves avec les mots à retenir : **récipients, graduations.**
Vérifier, en passant dans les rangs, la validité des écrits.

Je m'entraîne

Organisation	• Individuel
Matériel	• Cahier-livre, exercices 3, 4, 5, 6 et 7
Durée	• 20 minutes

Exercice 3 : déterminer des capacités à l'aide d'un instrument de mesure.

Différenciation :

- *Simplification* : aider à la lecture de la graduation.
- *Complexification* : colorier en jaune un liquide supplémentaire de 25 cL.

Exercice 4 : lire la quantité de liquide à l'aide d'un instrument de mesure.

Différenciation :

- *Simplification* : limiter le nombre de propositions.
- *Complexification* : reproduire le verre doseur et ne pas donner de propositions.

Exercice 5 : résoudre un problème de capacité en s'appuyant sur la mesure d'un élément.

Différenciation :

- *Simplification* : aider à la lecture du cadrant.
- *Complexification* : trouver le quart du réservoir.

Exercice 6 : résoudre un problème de capacité en s'appuyant sur des décompositions/conversions dans le but d'obtenir 1 litre.

Différenciation :

- *Simplification* : aider en donnant l'addition à renseigner : ... + ... + ... + ...
- *Complexification* : résoudre le problème avec comme objectif d'atteindre 1 L 50 cL.

Exercice 7 : résoudre un problème de capacité en utilisant des graduations.

Différenciation :

- *Simplification* : noter chaque graduation du verre mesureur.
- *Complexification* : colorier en rouge, dans le verre, un troisième liquide de 25 cL d'alcool (il vient se placer au-dessus de l'huile).

Résoudre des problèmes en utilisant des conversions

► Cahier-livre p. 162

ENTRETIEN ET ÉVALUATION

• Fiche d'entretien p. 253
• Évaluation, exercices 1, 2 et 3, p. 284

Objectifs

- Savoir utiliser un tableau de conversions.
- Effectuer des conversions simples

Activité de découverte

Utiliser un tableau de conversions.

Organisation	• Groupes de 6 élèves dans la cour de l'école ou au stade, puis réinvestissement (individuel)
Matériel	• 1 ardoise • Cahier-livre, exercice 1
Durée	• 20 minutes

• Mise en situation

Il s'agit d'une course de relais. Il y a 6 élèves dans chaque équipe. L'enseignant doit connaître la distance totale que vont parcourir les élèves. Cela peut se faire au stade ou dans la cour de l'école. Chaque membre d'une équipe devra parcourir la même distance.

Consigne élève : *« Au top départ, vous commencerez à courir. Quand vous arriverez au niveau de votre coéquipier, vous lui passerez le témoin pour qu'il vous relaie. À la fin de la course, je vous dirai quelle distance, en km, votre équipe a parcourue et vous devrez me dire quelle distance en m, vous avez courue. »*

Mise en commun : Les calculs peuvent se faire de retour en classe. Il s'agit de partager et d'échanger sur les résultats afin de permettre les interactions.
Chaque élève donne ses propositions sous la forme d'un calcul (sans doute addition ou division). Un tableau de conversion vierge est proposé pour relancer la réflexion.
Hiérarchiser les réponses et les procédures.

Conclusion de l'activité

Expliciter: Pour faire des calculs avec des mesures, il faut les exprimer dans la même unité. Pour convertir une mesure à l'aide d'un tableau de conversion, il faut noter la mesure de départ en faisant correspondre le dernier chiffre à la colonne de ses unités. Puis, on place autant de zéros qu'il est nécessaire pour atteindre la colonne de l'unité que l'on souhaite (la nouvelle unité de conversion).

Exemple: 3 km = ... m?

unités						
km			m		cm	mm
3						
3	0	0	0			

En plaçant trois zéros on parvient à convertir 3 km en m:
3 km = 3 000 m.

Conclure: « Pour résoudre des problèmes de mesures, il faut que toutes les données soient dans la même unité. Le tableau de conversions permet de modifier l'unité d'une mesure sans en changer la valeur réelle. Il existe des tableaux de conversions pour les distances, les masses ou les capacités.
Ainsi 1 kg = 1000 g; 1 L = 100 cL et 1 km = 1000 m »

• Accompagnement personnalisé

Difficultés rencontrées par l'élève	Aide proposée
• L'élève ne parvient pas à remplir un tableau pour trouver une conversion correcte.	• Aider à manipuler un tableau de conversions. Faire des équivalences: 5 km = 5 000 m; 30 m = 3 000 cm ... • Aider à renseigner le nombre de zéros suffisant pour trouver une conversion.
• L'élève ne parvient pas à trouver la distance parcourue par un membre d'une équipe.	• Inciter à utiliser la division de la distance totale (en m) par 6 (car 6 élèves dans une équipe).

• Réinvestissement dans le cahier-livre : « Découvrons ensemble »

Faire compléter les éléments de réponse. Laisser 5 minutes.

Je sais faire

Organisation	• Individuel
Matériel	• Cahier-livre, exercice 2
Durée	• 5 minutes

Exercice 2: résoudre un problème en utilisant des conversions.

Différenciation:

- *Simplification*: faire un exemple en utilisant un tableau de conversion.
- *Complexification*: ranger les enfants du plus lourd au plus léger.

Retenons ensemble

Organisation	• Individuel
Matériel	• Cahier-livre
Durée	• 10 minutes

Synthèse de la leçon

Procéder à une lecture silencieuse individuelle de l'écrit de référence.
Procéder à une lecture magistrale.
Faire compléter le texte par les élèves avec les mots à retenir: **mesures, unité conversions.**
Vérifier, en passant dans les rangs, la validité des écrits.

Je m'entraîne

Organisation	• Individuel
Matériel	• Cahier-livre, exercices 3, 4, 5, 6, 7 et 8
Durée	• 20 minutes

Exercice 3: réaliser des conversions.

Différenciation:

- *Simplification*: utiliser un tableau de conversions.
- *Complexification*: ranger les mesures de capacité, de masse et de longueur dans l'ordre croissant (trois rangements).

Exercice 4: résoudre un problème de capacité en utilisant des conversions.

Différenciation:

- *Simplification*: utiliser un tableau de conversions.
- *Complexification*: considérer des verres de 25 cL.

Exercice 5: résoudre un problème de masse en utilisant des conversions.

Différenciation:

- *Simplification*: utiliser un tableau de conversions.
- *Complexification*: considérer des sachets de 50 g.

Exercice 6: résoudre un problème de longueur en utilisant des conversions.

Différenciation:

- *Simplification*: utiliser un tableau de conversions.
- *Complexification*: résoudre « Si les coureurs parcourent 720 km en 4 jours, quelle distance, en mètres, font-ils en une journée? »

Exercice 7: résoudre un problème de capacité en utilisant des conversions.

Différenciation:

- *Simplification*: utiliser un tableau de conversions. Faire trois propositions pour la seconde question: « 4 fois, 6 fois ou 8 fois. »
- *Complexification*: changer l'énoncé par « Malika et Hugo ont besoin de 3 200 cL pour arroser le potager de l'école ».

Exercice 8: résoudre un problème de masse en utilisant des conversions.

Différenciation:

- *Simplification*: utiliser un tableau de conversions. Faire trois propositions pour la seconde question: « 4, 8 ou 10 livres. »
- *Complexification*: changer l'énoncé par: « Le colis ne doit pas dépasser 2 kg 300 g. »

Lire et utiliser un tableau à double entrée

Cahier-livre p. 166

ENTRETIEN ET ÉVALUATION
- Fiche d'entretien p. 254
- Évaluation, exercice 1, p. 166

Objectifs

- Savoir lire un tableau à double entrée dans des situations concrètes.
- Connaître le tableau à double entrée comme outil synthétique d'organisation de données.
- Apprendre à lire et calculer dans un tableau à double entrée pour répondre à des questions.

Activité de découverte

Rechercher une information dans un tableau.

Organisation	• Binômes et groupes de 4 élèves, puis réinvestissement (individuel)
Matériel	• Par binômes : 8 cartes-choix à compléter et un tableau d'activités sportive (*cf.* matériel photocopiable en Annexe) • Par groupe : 1 tableau à double entrée à compléter • Cahier-livre, exercice 1
Durée	• 15 minutes

• Mise en situation

L'enseignant distribue à chaque binôme d'élèves, les étiquettes-choix ainsi que le tableau des activités.

PHASE 1

Consigne élève : *« Grâce aux informations que vous trouverez dans le tableau d'activités sportives, vous devez répondre, par deux, aux questions posées sur les étiquettes-choix. »*

Mise en commun : Répondre aux différentes questions en mettant en relation les deux critères relatifs aux activités : le choix du sport et le nom de l'enfant.
Exemples de questions : « Qui a pris le moins d'activités ? Sami fait-il du skate ? Combien d'activités Malika fait-elle ? Avec qui Hugo fait-il du futsal ? »

PHASE 2

Consigne élève : *« Par groupe de 4, remplissez le tableau à double entrée avec des croix sportives (utilise les cartes-choix pour t'aider ! Attention, un enfant peut faire plusieurs activités »*

Mise en commun : partager / échanger sur les résultats afin de permettre les interactions.

Conclusion de l'activité :
- Expliciter : Le tableau à double entrée permet de placer toutes les données dans un même document et de pouvoir lire les informations rapidement.
- Conclure : Pour trouver une information dans un tableau à double entrée, il faut faire correspondre les données situées sur une ligne (horizontale) avec celles situées sur dans une colonne (verticale).

• Accompagnement personnalisé

Difficultés rencontrées par l'élève	Aide proposée
• L'élève ne sait pas énumérer les activités choisies par chacun des enfants.	• Faire remarquer que les activités sont regroupées dans une seule et même colonne et que les choix par enfant sont sur la même ligne.

• Réinvestissement dans le cahier-livre : « Découvrons ensemble »

Reporter les éléments de réponse dans la rubrique « Découvrons ensemble » : laisser 5 minutes.

Je sais faire

Organisation	• Individuel
Matériel	• Cahier-livre, exercice 2
Durée	• 10 minutes

Exercice 2 : savoir lire un tableau à double entrée.

Différenciation :
- ***Simplification*** : faire oraliser les informations du tableau à double entrée. Mener l'exemple de Lisa avec les élèves.
- ***Complexification*** : lire le texte : « Le jeudi, les élèves n'ont droit qu'à un seul matériel d'Arts plastiques. Ils prennent tous un matériel différent. Lisa n'utilise pas l'encre et Malika prend le crayon. » À l'aide du tableau et du texte, réponds à la question : « Quel matériel prend chacun des enfants le jeudi ? »

Retenons ensemble

Organisation	• Individuel
Matériel	• Cahier-livre
Durée	• 10 minutes

Synthèse de la leçon
Procéder à une lecture magistrale.
Faire compléter le texte par les élèves avec les mots à retenir : **informations, entrée, colonne.**
Vérifier, en passant dans les rangs, la validité des écrits.

Je m'entraîne

Organisation	• Individuel
Matériel	• Cahier-livre, exercices 3, 4 et 5
Durée	• 20 minutes

Exercice 3: lire un tableau à double entrée et calculer pour répondre à des questions.

Différenciation:

- *Simplification*: faire oraliser les informations du tableau à double entrée. Mener l'exemple des CE1 avec les élèves.
- *Complexification*: calculer le nombre total d'élèves qui mangent à la cantine dans la semaine.

Exercice 4: lire un tableau à double entrée et calculer pour répondre à des questions.

Différenciation:

- *Simplification*: faire oraliser les informations du tableau à double entrée.
- *Complexification*: calculer le nombre total d'élèves qui font du sport.

Exercice 5: lire un tableau à double entrée dans des situations concrètes simples.

Différenciation:

- *Simplification*: faire oraliser les informations du tableau à double entrée. Mener l'exemple du train numéro 2 avec les élèves.

Lire et utiliser un graphique

► Cahier-livre p. 168

ENTRETIEN ET ÉVALUATION

• Fiche d'entretien p. 255
• Évaluation, exercices 2 et 3, p. 168

Objectifs

• Savoir lire un graphique dans des situations concrètes.
• Connaître le graphique comme outil synthétique d'organisation de données.
• Apprendre à lire et calculer les données d'un graphique pour répondre à des questions.

Activité de découverte

Rechercher une information dans un graphique.

Organisation	• Groupes de 2 élèves, , puis réinvestissement (individuel)
Matériel	• Par binômes: 1 fiche fréquentation de la médiathèque avec le tableau à renseigner (*cf.* matériel photocopiable en Annexe) • Cahier-livre, exercice 1
Durée	• 15 minutes

• Mise en situation

L'enseignant distribue à chaque binôme d'élèves, la fiche avec le graphique sur la fréquentation de la médiathèque.

Consigne élève: *« Grâce aux informations que vous trouverez sur le graphique, vous devez remplir par deux, le tableau de fréquentation de la médiathèque. »*

Mise en commun: Partager / échanger sur les informations lues afin de permettre les interactions. Faire énoncer la fréquentation de la médiathèque mois après mois.

Conclusion de l'activité:

- Expliciter: Ce type de graphique est appelé une courbe. Il permet de placer toutes les données dans un même document et de pouvoir lire les informations globalement. Dans notre exemple, on voit que la fréquentation à la médiathèque augmente.
- Conclure: Pour trouver une information dans un graphique en courbe, il faut faire correspondre les données situées sur l'axe horizontal avec celles situées sur l'axe vertical.

• Accompagnement personnalisé

Difficultés rencontrées par l'élève	Aide proposée
• L'élève ne sait pas se repérer sur le graphique.	• Faire remarquer l'intitulé (et le sens) des deux axes (vertical et horizontal).
• L'élève ne sait pas mettre en corrélation, les informations en ordonnées (nombre d'élèves) et celles en abscisses (mois de l'année).	• Faire remarquer à l'aide d'une règle, que les nœuds de la courbe correspondent avec le croisement de deux droites: une issue de l'axe des mois et une issue de l'axe du nombre d'élèves.

• Réinvestissement dans le cahier-livre: « Découvrons ensemble »

Reporter les éléments de réponse dans la rubrique « Découvrons ensemble »: laisser 5 minutes.

Je sais faire

Organisation	• Individuel
Matériel	• Cahier-livre, exercice 2
Durée	• 10 minutes

Exercice 2: savoir lire un graphique.

Différenciation:

- *Simplification*: faire oraliser les informations du graphique. Mener l'exemple des CE1 avec les élèves.
- *Complexification*: calculer le nombre total d'élèves qui jouent au tennis.

Retenons ensemble

Organisation	• Individuel
Matériel	• Cahier-livre
Durée	• 10 minutes

Synthèse de la leçon
Procéder à une lecture magistrale.
Faire compléter le texte par les élèves avec les mots à retenir: **graphique, courbe, diagramme.**
Vérifier, en passant dans les rangs, la validité des écrits.

Je m'entraîne

Organisation	• Individuel
Matériel	• Cahier-livre, exercices 3, 4 et 5
Durée	• 20 minutes

Exercice 3: lire un graphique dans une situation concrète simple.
Différenciation:
- ***Simplification***: faire oraliser les informations du graphique.
- ***Complexification***: calculer le nombre total d'élèves qui mangent à la cantine dans la semaine.

Exercice 4: utiliser un diagramme circulaire pour répondre à des questions.
Différenciation:
- ***Simplification***: faire oraliser les informations du diagramme circulaire.
- ***Complexification***: résoudre: «Si chaque enfant a emprunté 2 livres, calcule combien d'enfants sont allés à la BCD.»

Exercice 5: lire un diagramme en bâtons.
Différenciation:
- ***Simplification***: faire oraliser les informations du graphique. Mener l'exemple de Malika avec les élèves.
- ***Complexification***: calculer la différence de taille à 6 ans entre Malika et Sami. Calculer de combien de cm Lisa a grandi entre 4 et 8 ans.

Organiser les données d'un problème dans un tableau

► Cahier-livre p. 170

ENTRETIEN ET ÉVALUATION
• Fiche d'entretien p. 256
• Évaluation, exercice 1, p. 286

Objectifs
• Savoir remplir un tableau avec les informations tirées de situations problèmes.
• Apprendre à calculer et déduire à partir des données d'un tableau.

Activité de découverte

Compléter un tableau pour résoudre un problème.

Organisation	• Groupes de 4 élèves, puis réinvestissement (individuel)
Matériel	• Par binômes: 1 le tableau des réservations de salle informatique (*cf.* matériel photocopiable en Annexe) • Cahier-livre, exercice 1
Durée	• 15 minutes

• Mise en situation
L'enseignant distribue,à chaque binôme d'élèves, la fiche avec le tableau des réservations de la salle informatique.

Consigne élève: *«Grâce aux informations que vous trouverez dans le texte, compétez le tableau des réservations pour savoir quelle classe profite le plus de la salle informatique.»*

Mise en commun: Partager / échanger sur les informations lues afin de permettre les interactions. Faire énoncer la façon dont les élèves ont utilisé les lignes et les colonnes «total»

Conclusion de l'activité:
Expliciter: Le texte nous indique que l'on peut renseigner immédiatement la première colonne «Total». La colonne du mardi se remplit entièrement car le tableau montre que toutes les classes vont en salle informatique. Celles du mercredi et du vendredi sont déjà renseignées. Il ne reste qu'à compléter la colonne du jeudi. Le total indiqué à chaque ligne donne des indications précieuses.

Voici la correction du tableau:

	Réservation de la salle informatique					
	Lundi	Mardi	Mercredi	Jeudi	Vendredi	Total
CP		x		x		2
CE1		x	x			2
CE2	x	x		x		3
CM1	x	x	x	x		4
CM2	x	x		x		3
Total	3	5	2	4	0	14

La journée la plus utilisée est le mardi.
- Conclure: Pour résoudre un problème, il faut parfois organiser toutes les informations dans un tableau. Une ligne «Total» est obtenue en additionnant toutes les données situées sur cette ligne. Une colonne «Total» est obtenue aussi en additionnant toutes les valeurs situées sur cette colonne.

• Accompagnement personnalisé

Difficultés rencontrées par l'élève	Aide proposée
• L'élève ne sait pas renseigner le tableau avec les informations du texte.	• Prendre chaque phrase et en noter les incidences dans le tableau au fur et à mesure.
• L'élève ne sait pas renseigner les cases «Total».	• Faire remarquer qu'on détermine ces totaux en additionnant les données situées sur la même ligne ou la même colonne.

• Réinvestissement dans le cahier-livre: « Découvrons ensemble »
Reporter les éléments de réponse dans la rubrique «découvrons ensemble». Laisser 5 minutes.

Je sais faire

Organisation	• Individuel
Matériel	• Cahier-livre, exercice 2
Durée	• 10 minutes

Exercice 2 : compléter un tableau à double entrée.

Différenciation :

– ***Simplification*** : faire oraliser les informations du tableau à double entrée. Donner comme indice de commencer par la classe de Monsieur C.
– ***Complexification*** : calculer le nombre total de sorties effectuées par l'école.

Retenons ensemble

Organisation	• Individuel
Matériel	• Cahier-livre
Durée	• 10 minutes

Synthèse de la leçon
Procéder à une lecture magistrale.
Faire compléter le texte par les élèves avec les mots à retenir : **organiser, tableau.**
Vérifier, en passant dans les rangs, la validité des écrits.

Je m'entraîne

Organisation	• Individuel
Matériel	• Cahier-livre, exercices 3, 4 et 5
Durée	• 20 minutes

Exercice 3 : compléter un tableau à double entrée.

Différenciation :

– ***Simplification*** : faire oraliser les informations du tableau à double entrée. Mener l'exemple de Malika avec les élèves.
– ***Complexification*** : calculer le nombre total de chaque choix (entrée, plat chaud…)

Exercice 4 : lire un tableau à double entrée et calculer certaines données.

Différenciation :

– ***Simplification*** : faire oraliser les informations du tableau à double entrée. Mener l'exemple des CE1 avec les élèves.
– ***Complexification*** : Calculer la différence entre le nombre d'élèves inscrits au cycle 2 (CP-CE1-CE2) et le nombre inscrit au cycle 3 (CM1 + CM2).

Exercice 5 : lire un tableau à double entrée et calculer pour répondre à des questions.

Différenciation :

– ***Simplification*** : faire oraliser les informations du tableau à double entrée. Mener l'exemple du train numéro 3 avec les élèves.
– ***Complexification*** : La fréquence des départs des trains est régulière, sauf pour un train. Lequel ?

Organiser les données d'un problème dans un graphique

► Cahier-livre p. 172

ENTRETIEN ET ÉVALUATION
• Fiche d'entretien p. 257
• Évaluation, exercice 2, p. 286

Objectifs

• Savoir remplir un graphique avec les informations tirées de situations problèmes.
• Apprendre à calculer et déduire à partir des données d'un graphique.

Activité de découverte

Compléter un graphique pour résoudre un problème.

Organisation	• Groupes de 2 élèves, puis réinvestissement (individuel)
Matériel	• Par binômes : 1 tableau de températures avec le graphique à compléter (*cf.* matériel photcopiable en Annexe) • Cahier-livre, exercice 1
Durée	• 15 minutes

• Mise en situation

L'enseignant distribue à chaque binôme d'élèves le tableau des températures et le graphique à compléter.

Consigne élève : *« Grâce aux informations que vous trouverez dans le tableau, complétez les deux graphiques. Une fois terminé, comparez avec votre voisin. »*

Mise en commun : Partager / échanger sur les informations lues et sur la façon de compléter les graphiques, afin de permettre les interactions. Faire énoncer la façon dont les élèves ont utilisé les axes horizontaux et verticaux. À l'issue de la mise en commun, les graphiques des deux fiches doivent être identiques.

Conclusion de l'activité :
– Expliciter : Il est important de bien repérer les données du problème, que l'on va placer sur les deux axes. Le choix de l'unité est également déterminant.
– Conclure : Pour résoudre un problème, il faut parfois organiser toutes les informations dans un graphique avec des unités précises.
Pour compléter un graphique en courbe, il faut faire correspondre les données situées sur l'axe horizontal avec celles situées sur l'axe vertical. On repère le croisement de ces informations par un point. Il faut relier tous les points pour voir apparaître la courbe.
Pour compléter un diagramme en bâtons, il faut tracer les bâtons de la hauteur du nombre repéré sur l'axe vertical.

• Accompagnement personnalisé

Difficultés rencontrées par l'élève	Aide proposée
• L'élève ne sait pas compléter le graphique en courbe avec les informations du tableau.	• Faire remarquer que les points de la courbe sont issus du croisement entre les données de l'axe horizontal avec celles de l'axe vertical.
• L'élève ne sait pas compléter le diagramme bâton avec les informations du tableau.	• Faire remarquer à l'aide d'une règle, que le haut de la bande est aligné avec la donnée repérée sur l'axe vertical.

• Réinvestissement dans le cahier-livre : « Découvrons ensemble »

Reporter les éléments de réponse dans la rubrique «découvrons ensemble» : laisser 5 minutes.

Je sais faire

Organisation	• Individuel
Matériel	• Cahier-livre, exercice 2
Durée	• 10 minutes

Exercice 2 : compléter un graphique à partir des données d'un tableau.

Différenciation :

- ***Simplification*** : faire oraliser les informations du graphique. Mener l'exemple de l'hiver avec les élèves.
- ***Complexification*** : calculer la hauteur totale des précipitations au cours de l'année.

Retenons ensemble

Organisation	• Individuel
Matériel	• Cahier-livre
Durée	• 10 minutes

Synthèse de la leçon

Procéder à une lecture magistrale.
Faire compléter le texte par les élèves avec les mots à retenir : **gradue, unités.**
Vérifier, en passant dans les rangs, la validité des écrits.

Je m'entraîne

Organisation	• Individuel
Matériel	• Cahier-livre, exercices 3, 4 et 5
Durée	• 20 minutes

Exercice 3 : compléter un diagramme en bâtons à partir d'un problème.

Différenciation :

- ***Simplification*** : faire oraliser les informations du diagramme. Refaire l'exemple de Malika avec les élèves.
- ***Complexification*** : calculer le nombre total de livres lus par les 4 enfants.

Exercice 4 : compléter un graphique-courbe à partir d'un problème.

Différenciation :

- ***Simplification*** : faire oraliser les informations du graphique. Refaire l'exemple de Lisa à 2 ans avec les élèves.
- ***Complexification*** : calculer la différence de poids entre les 8 ans et les 4 ans de Lisa.

Exercice 5 : compléter un diagramme en bâtons à partir des données d'un tableau.

Différenciation :

- ***Simplification*** : faire oraliser les informations du diagramme. Mener l'exemple de la Statue de la Liberté avec les élèves.
- ***Complexification*** : calculer la différence de taille entre le monument le plus élevé et le monument le plus petit.

Utiliser un tableau ou un graphique pour résoudre un problème

► Cahier-livre p. 174

ENTRETIEN ET ÉVALUATION

• Fiche d'entretien p. 258
• Évaluation, exercice 3, p. 286

Objectifs

• Apprendre à trier et sélectionner les données d'un tableau pour résoudre un problème.
• Apprendre à trier et sélectionner les données d'un graphique pour résoudre un problème.

Activité de découverte

Résoudre un problème avec un tableau ou un graphique.

Organisation	• Groupes de 2 élèves, puis réinvestissement (individuel)
Matériel	• Par binômes : 1 graphique des candidats avec le tableau à compléter (*cf.* matériel photcopiable en Annexe) • Cahier-livre, exercice 1
Durée	• 15 minutes

• Mise en situation

L'enseignant distribue à chaque binôme d'élèves le graphique des candidats et le tableau à compléter.

Consigne élève: *« Grâce aux informations que vous trouverez dans le graphique, complétez le tableau en rangeant les candidats de celui qui a eu le plus de voix à celui qui en a eu le moins. Attention ne gardez que les trois candidats élus ! »*

Mise en commun: Partager / échanger sur les informations lues et sur la façon de compléter le tableau, afin de permettre les interactions.

Conclusion de l'activité:
- Expliciter: Il est important de bien repérer les données du graphique qui sont utiles pour résoudre le problème: « Qui a le plus de voix ? Quels sont les trois élèves retenus ? »
- Conclure: Quand il y a trop d'informations dans un énoncé de problème pour pouvoir le résoudre rapidement, organiser les données dans un graphique ou un tableau permet de sélectionner ce qui est utile.

• Accompagnement personnalisé

Difficultés rencontrées par l'élève	Aide proposée
• L'élève ne sait pas sélectionner les informations utiles à la résolution du problème.	• Faire remarquer que la hauteur des bâtons représentant les candidats est fonction du nombre de voix obtenues.
• L'élève ne sait pas ordonner son tableau.	• Faire remarquer la corrélation entre la hauteur de du bâton représentant un candidat et son classement à l'élection.

• Réinvestissement dans le cahier-livre : « Découvrons ensemble »

Reporter les éléments de réponse dans la rubrique « découvrons ensemble ». 5 minutes.

Je sais faire

Organisation	• Individuel
Matériel	• Cahier-livre, exercice 2
Durée	• 10 minutes

Exercice 2: utiliser un diagramme en bâtons pour répondre à des questions.

Différenciation :
- ***Simplification***: faire oraliser les informations du graphique. Faire la première question avec les élèves.
- ***Complexification***: calculer le nombre total de fleurs.

Retenons ensemble

Organisation	• Individuel
Matériel	• Cahier-livre
Durée	• 10 minutes

Synthèse de la leçon
Procéder à une lecture magistrale.
Faire compléter le texte par les élèves avec les mots à retenir: **représentées, organisées, trier.**
Vérifier, en passant dans les rangs, la validité des écrits.

Je m'entraîne

Organisation	• Individuel
Matériel	• Cahier-livre, exercices 3, 4 et 5
Durée	• 20 minutes

Exercice 3: utiliser une courbe pour répondre à des questions.

Différenciation :
- ***Simplification***: faire oraliser les informations de la courbe. Faire la première question avec les élèves.
- ***Complexification***: résoudre à partir de la courbe: « Quelle différence de taille y a-t-il entre Lisa et Hugo à 4 ans ? À 6 ans ? ».

Exercice 4: utiliser un tableau pour répondre à des questions.

Différenciation :
- ***Simplification***: faire oraliser les informations du tableau. Faire la première question avec les élèves.
- ***Complexification***: résoudre à partir du tableau: « Malika part de Lille, elle va à Bordeaux en passant par Paris. De Bordeaux, elle va à Marseille en faisant escale à Lyon. Quelle distance Malika a-t-elle parcourue en tout ? »

Exercice 5: utiliser un diagramme circulaire pour répondre à des questions.

Différenciation :
- ***Simplification***: faire oraliser les informations du diagramme.
- ***Complexification***: résoudre à partir du diagramme: « Sami a fait de la natation, de l'escalade et du futsal. Malika a pratiqué le kin ball, l'endurance et le tennis de table. Lequel des deux a pratiqué le plus d'heures de sport ? »

mille
1000
neuf
9
1 2

Lire et écrire les nombres jusqu'à 999

► Cahier-livre p. 8

Date : ....

Nom : ....

SIMPLIFICATION

Exercice 1 : Relier 269 à titre d'exemple.
Exercices 2 et 3 : Consulter l'écrit de référence.

1 Relie les nombres identiques.

sept-cent-quatre-vingt-dix-huit •	• 643 •	• 2c 6d 9u
deux-cent-soixante-neuf •	• 454 •	• 7c 9d 8u
deux-cent-quatre-vingt-sept •	• 564 •	• 4c 5d 4u
quatre-cent-cinquante-quatre •	• 269 •	• 2c 8d 7u
cinq-cent-soixante-quatre •	• 287 •	• 6c 4d 3u
six-cent-quarante-trois •	• 798 •	• 5c 6d 4u

★ **Écris** le plus grand nombre étiquette ci-dessus plus 1 en chiffres et en lettres.

____

2 Écris en lettres.

- 644 ____
- 981 ____
- 215 ____
- 376 ____

★ **Écris** le plus grand nombre ci-dessus plus 1 en lettres.

____

3 Écris en chiffres.

- cent-six : ....
- six-cents : ....
- huit-cent-cinquante-et-un : ....
- neuf-cent-quatre-vingt-dix-sept : ....

★ **Écris** le plus grand nombre ci-dessus moins 1 en chiffres puis en lettres.

____

mille 1000
neuf 9

Décomposer un nombre jusqu'à 999

Cahier-livre p. 10

Date : ....

Nom : ....

SIMPLIFICATION

Exercice 1 : Relier 245 à titre d'exemple.
Exercices 2 et 3 : Consulter l'écrit de référence.

1 Relie les nombres identiques.

100 + 100 + 10 + 10 + 10 + 10 + 5	854	(2 × 100) + (4 × 10) + 5
100 + 100 + 100 + 100 + 10 + 10 + 9	245	(4 × 100) + (2 × 10) + 9
800 + 50 + 4	429	(8 × 100) + (5 × 10) + 4
600 + 60 + 4	334	(6 × 100) + (6 × 10) + 4
900 + 10 + 9	664	(9 × 100) + (1 × 10) + 9
100 + 100 + 100 + 10 + 10 + 10 + 4	919	(3 × 100) + (3 × 10) + 4

★ **Décompose** de deux façons 999.

....

2 Décompose chaque nombre de deux façons.

- 443 = ...

....

- 254 = ...

....

★ **Décompose** 443 de deux façons après avoir ajouté 10.

....

....

3 Décompose de deux façons.

- 702 = ...

....

★ **Décompose** 702 de deux façons après avoir retiré 100.

....

mille 1000
neuf 9

Comparer, ranger et encadrer les nombres jusqu'à 999

Cahier-livre p. 12

Date : ……………………………………

Nom : ……………………………………

SIMPLIFICATION

Exercice **1** : Compléter 478 … 487 à titre d'exemple.
Exercices **2**, **3** et **4** : Consulter l'écrit de référence.

1 Complète avec les signes < ou >.

478 …… 487 788 …… 787 608 …… 680 891 …… 890 109 …… 901

400 …… 300 850 …… 950 660 …… 650 420 …… 410 407 …… 402

★ **Encadre** chaque nombre par deux centaines.

- …… < 450 < …… • …… < 620 < …… • …… < 745 < ……

2 Complète pour encadrer chaque nombre au plus près.

- …… < 750 < …… • …… < 830 < …… • …… < 945 < ……
- …… < 101 < …… • …… < 308 < …… • …… < 250 < ……

★ **Encadre** chaque nombre entre deux centaines.

- …… < 101 < …… • …… < 308 < …… • …… < 250 < ……

3 Range les nombres dans l'ordre croissant.

602 206 532 357 235 620 423 782 799 260

……………………………………………………………………

★ **Encadre** le plus grand nombre entre deux centaines.

…… < …… < ……

4 Range les nombres dans l'ordre décroissant.

325 524 200 534 354 253 505 997 979 799

……………………………………………………………………

★ **Encadre** le plus petit nombre au plus près.

…… < …… < ……

mille 1000
neuf 9

Se repérer dans la suite des nombres jusqu'à 999

► Cahier-livre p. 14

Date : ....

Nom : ....

SIMPLIFICATION

Exercice 1 : Compléter 815 et 820 à titre d'exemple.
Exercices 2, 3 et 4 : Consulter l'écrit de référence.

1 Complète la droite graduée.

800 805 810 .... 850 .... 865 .... 890 ....

★ **Écris** les 10 nombres précédents de la suite ci-dessus.

....

2 Écris les nombres manquants.

500 503 506 .... 515 .... 530 .... 539 .... 554 ....

★ **Écris** les 10 nombres précédents de la suite ci-dessus.

....

3 Continue la suite de nombres en prenant un écart de 4.

204 208 212 ....

★ **Écris** les 10 nombres précédents de la suite ci-dessus.

....

4 Écris une suite qui commence par 11 en prenant un écart de 11.

....

★ **Écris** les 10 nombres suivants de la suite ci-dessus.

....

Connaître et utiliser les expressions : double, moitié ou demi

– Cahier-livre p. 16

Date : ....

Nom : ....

SIMPLIFICATION
Exercice 1 : Relier 402 à titre d'exemple. Exercices 2, 3 et 4 : Consulter l'écrit de référence.

1 Relie chaque nombre à son double et à sa moitié.

125 •	• **402** •	• 580
208 •	• **140** •	• 500
201 •	• **250** •	• 280
145 •	• **416** •	• 832
70 •	• **150** •	• 300
75 •	• **290** •	• 804

★ **Écris** la moitié du plus petit nombre étiquette ci-dessus. ....

2 Écris le double ou le demi de chaque nombre.

Double	Demi	Double	Demi
422 →	846 →	399 →	510 → ....
306 →	904 →	297 →	850 → ....

★ **Écris** la moitié du plus petit nombre ci-dessus plus 3. ....

3 Calcule le double du double de chaque nombre.

20 →	25 →	70 → ....
42 →	45 →	75 → ....

★ **Écris** la moitié du plus petit nombre ci-dessus plus 25. ....

4 Calcule la moitié de la moitié de chaque nombre.

408 →	436 →	500 → ....
804 →	232 →	828 → ....

★ **Écris** la moitié du plus grand nombre ci-dessus plus 2. ....

mille 1000
neuf 9

Découvrir le nombre 1 000

► Cahier-livre p. 18

Date : ....

Nom : ....

SIMPLIFICATION

Exercice 1 : Entourer une unité de mille en violet.
Exercice 2 : Dessiner le premier paquet de 100.
Exercice 3 : Consulter l'écrit de référence.

1 Entoure 1003 feuilles et barre les feuilles en trop.

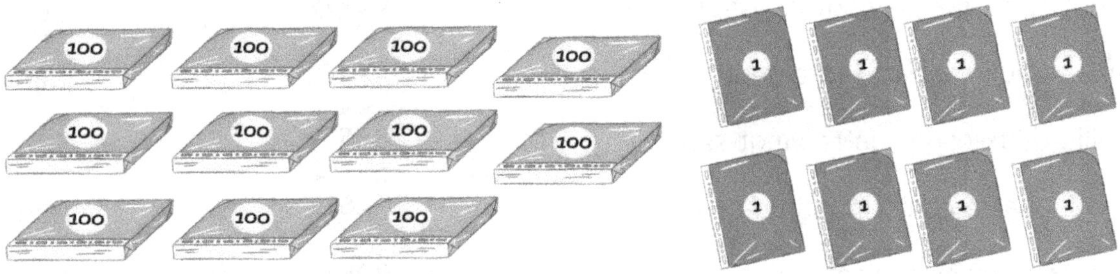

★ **Écris** le nombre de feuilles en lettres.

____

2 Dessine une collection de 1 011 craies.

100 craies : 100

10 craies : 10

1 craie : 1

★ **Écris** le nombre de craies en lettres.

____

3 Complète.

1001, c'est 1 paquet de .... et .... punaise seule.

1000, c'est .... paquet de .... et .... punaise seule.

1007, c'est .... paquet de .... et .... punaises seules.

1005, c'est .... paquet de .... et .... punaises seules.

1018, c'est .... paquet de ...., 1 paquet de .... et 8 punaises seules.

★ **Écris** les groupements dans 1017.

....

mille 1000
neuf 9

Lire et écrire les nombres jusqu'à 9 999

► Cahier-livre p. 20

Date : ....

Nom : ....

SIMPLIFICATION
Exercice 1 : Consulter l'écrit de référence. Relier 6 647 à titre d'exemple. Exercices 2 et 3 : Consulter l'écrit de référence.

1 Relie les nombres identiques.

mille-sept-cent-quatre-vingt-dix-sept •	• 6 647 •	• 3um 2c 6d 7u
trois-mille-deux-cent-soixante-sept •	• 5 457 •	• 1um 7c 9d 7u
neuf-mille-deux-cent-quatre-vingt-sept •	• 8 567 •	• 5um 4c 5d 7u
cinq-mille-quatre-cent-cinquante-sept •	• 3 267 •	• 9um 2c 8d 7u
huit-mille-cinq-cent-soixante-sept •	• 9 287 •	• 6um 6c 4d 7u
six-mille-six-cent-quarante-sept •	• 1797 •	• 8um 5c 6d 7u

★ **Écris** le plus grand nombre étiquette ci-dessus plus 1 en chiffres et en lettres.

2 Écris en lettres.

- 6 445 :
- 9 818 :
- 2 153 :
- 3 769 :

★ **Écris** le plus grand nombre ci-dessus plus 1 en lettres.

3 Écris en chiffres.

- mille-deux-cent-sept : ....
- six-mille-trois-cent-trente-et-un : ....
- neuf-mille-cinq-cents : ....
- cinq-mille-cinq-cent-quatre-vingt-neuf : ....

★ **Écris** le plus grand nombre ci-dessus moins 1 en chiffres puis en lettres.

mille 1000
neuf 9

Décomposer un nombre jusqu'à 9 999

► Cahier-livre p. 22

Date : ....

Nom : ....

SIMPLIFICATION

Exercice 1 : Relier 1 333 à titre d'exemple.
Exercices 2 et 3 : Consulter l'écrit de référence.

1 Relie les nombres identiques.

1 000 + 1 000 + 100 + 100 + 100 + 10 + 10 + 3 •	• **1333** •	• (9 × 1000) + (4 × 100) + (7 × 10) + 7
1 000 + 1 000 + 1 000 + 100 + 100 + 10 + 9 •	• **5 638** •	• (3 × 1000) + (2 × 100) + (1 × 10) + 9
8 000 + 900 + 50 + 9 •	• **9 477** •	• (1 × 1 000) + (3 × 100) + (3 × 10) + 3
5 000 + 600 + 30 + 8 •	• **3 219** •	• (5 × 1 000) + (6 × 100) + (3 × 10) + 8
9 000 + 400 + 70 + 7 •	• **8 959** •	• (2 × 1 000) + (3 × 100) + (2 × 10) + 3
1 000 + 100 + 100 + 100 + 10 + 10 + 10 + 3 •	• **2 323** •	• (8 × 1000) + (9 × 100) + (5 × 10) + 9

★ **Décompose** de deux façons 9 999.

....

2 Décompose chaque nombre de deux façons.

- 4 543 = ...

....

- 2 654 = ...

....

★ **Décompose** 5 735 de deux façons après avoir ajouté 100.

....

3 Décompose le nombre de deux façons.

- 7 002 = ...

....

★ **Décompose** 8 090 de deux façons.

....

Comparer, ranger et encadrer les nombres jusqu'à 9 999

► Cahier-livre p. 24

Date : ....

Nom : ....

SIMPLIFICATION
Exercice 1 : Compléter 4780...4870 à titre d'exemple.
Exercices 2, 3 et 4 : Consulter l'écrit de référence.

1 Complète avec les signes < ou >.

- 4 780 .... 4 870
- 6 878 .... 6 877
- 9 008 .... 9 080
- 3 991 .... 3 990
- 5 000 .... 4 000
- 7 500 .... 6 500
- 8 600 .... 8 500
- 5 530 .... 5 520

★ **Complète** pour encadrer chaque nombre par deux unités de mille.

- .... < 4 500 < ....
- .... < 6 200 < ....

2 Complète pour encadrer chaque nombre au plus près.

- .... < 7 150 < ....
- .... < 8 230 < ....
- .... < 9 453 < ....
- .... < 6 119 < ....
- .... < 1 010 < ....
- .... < 3 008 < ....
- .... < 2 500 < ....
- .... < 5 050 < ....

★ **Encadre** chaque nombre entre deux unités de mille.

- .... < 2 500 < ....
- .... < 5 050 < ....

3 Range les nombres dans l'ordre croissant.

2 006 6 030 2 135 6 620 5 230 7 823 7 998 6 260 6 003 5 321

....

★ **Encadre** le plus grand nombre ci-dessus entre deux unités de mille.

.... < .... < ....

4 Range les nombres dans l'ordre décroissant.

4 025 5 024 2 000 4 032 4 052 2 054 5 004 9 099 9 079 7 990

....

★ **Encadre** le plus petit nombre ci-dessus au plus près.

.... < .... < ....

mille 1000
neuf 9

Se repérer dans la suite des nombres jusqu'à 9 999

► Cahier-livre p. 26

Date : ....

Nom : ....

SIMPLIFICATION
Exercice 1 : Compléter 1800 et 2100 à titre d'exemple.
Exercices 2, 3 et 4 : Consulter l'écrit de référence.

1 Complète la droite graduée.

900 — 1200 — 1500 — .... — .... — 2400 — .... — 3000 — .... — .... — 3900 — ....

★ **Écris** les deux nombres précédents de la suite ci-dessus.

....

2 Écris les nombres manquants.

300 — 450 — 600 — .... — .... — 1050 — .... — 1350 — .... — .... — 1800 — ....

★ **Écris** les cinq nombres suivants de la suite ci-dessus.

....

3 Continue la suite de nombres en prenant un écart de 500.

200 — 700 — 1200 — .... — .... — .... — .... — .... — ....

★ **Écris** les 10 nombres suivants de la suite ci-dessus.

....

4 Écris une suite qui commence par 0 en prenant un écart de 1 500.

.... — .... — .... — .... — .... — ....

★ **Écris** le nombre suivant de la suite ci-dessus.

....

mille 1000
neuf 9

Connaître les expressions : triple, tiers

► Cahier-livre p. 28

Date : ....

Nom : ....

SIMPLIFICATION

Exercice 1 : Relier 30 à titre d'exemple.
Exercices 2, 3 et 4 : Consulter l'écrit de référence.

1 Relie chaque nombre à son triple et à son tiers.

2 •	• **30** •	• 54
6 •	• **6** •	• 90
100 •	• **18** •	• 450
50 •	• **300** •	• 36
10 •	• **12** •	• 18
4 •	• **150** •	• 900

★ **Écris** le tiers du plus grand nombre ci-dessus plus 3. ....

2 Écris le triple ou le tiers de chaque nombre.

Triple	Tiers	Triple	Tiers
306 →	606 →	305 →	9 999 → ....
3 200 →	9 000 →	3 005 →	6 099 → ....

★ **Écris** le tiers du plus petit nombre ci-dessus moins 6. ....

3 Calcule le triple du triple de chaque nombre.

2 →	100 →	1 001 → ....
4 →	111 →	1 010 → ....
5 →	200 →	1 100 → ....

★ **Écris** le triple du triple du plus petit nombre ci-dessus plus 8. ....

4 Calcule le tiers du tiers de chaque nombre.

18 →	45 →	9 090 → ....
27 →	450 →	9 099 → ....

★ **Écris** le tiers du tiers du plus petit nombre ci-dessus plus 18. ....

mille 1000
neuf 9

Découvrir le nombre 10 000

► Cahier-livre p. 30

Date : ....

Nom : ....

SIMPLIFICATION
Exercice 1 : Entourer une dizaine de mille en marron.
Exercice 2 : Dessiner le premier paquet de 1 000.
Exercice 3 : Consulter l'écrit de référence.

1 Entoure 10 006 punaises et barre les punaises en trop.

★ **Écris** le nombre de punaises en lettres.

____

2 Dessine une collection de 10 011 craies.

1000 craies : 1000

100 craies : 100

10 craies : 10

1 craie : 1

★ **Écris** le nombre de craies en lettres.

____

3 Complète.

10 001, c'est 1 paquet de .... et .... feuille seule.

10 000, c'est .... paquet de .... et .... feuille seule.

10 007, c'est .... paquet de .... et .... feuilles seules.

10 018, c'est .... paquet de ...., 1 paquet de .... et 8 feuilles seules.

★ **Écris** les groupements dans 10 017.

....

mille 1000
neuf 9

Lire et écrire les nombres jusqu'à 99 999

Cahier-livre p. 32

Date : ....

Nom : ....

SIMPLIFICATION
Exercice 1 : Relier 50 643 à titre d'exemple.
Exercices 2 et 3 : Consulter l'écrit de référence.

1 Relie les nombres identiques.

cinquante-deux-mille-sept-cent-vingt-cinq	50 643	5dm 3um 2c 6d 8u
cinquante-trois-mille-deux-cent-soixante-huit	30 457	5dm 2um 7c 2d 5u
quatre-vingt-dix-neuf-mille-deux-cent-huit	58 564	3dm 0um 4c 5d 7u
trente-mille-quatre-cent-cinquante-sept	53 268	9dm 9um 2c 0d 8u
cinquante-huit-mille-cinq-cent-soixante-quatre	99 208	5dm 0um 6c 4d 3u
cinquante-mille-six-cent-quarante-trois	52 725	5dm 8um 5c 6d 4u

★ **Écris** le plus grand nombre ci-dessus plus 1 en chiffres et en lettres.

____

2 Écris en lettres.

- 64 345 : ______________________
- 98 418 : ______________________
- 21 653 : ______________________
- 37 869 : ______________________

★ **Écris** le plus grand nombre ci-dessus plus 1 en lettres.

____

3 Écris en chiffres.

- soixante-douze-mille-cent-deux : ....
- quatre-vingt-six-mille-cent-trente-et-un : ....
- quatre-vingt-neuf-mille-six-cents : ....
- trente-cinq-mille-cinq-cent-quatre-vingt-dix-sept : ....

★ **Écris** le plus grand nombre ci-dessus moins 1 en chiffres puis en lettres.

____

Décomposer un nombre jusqu'à 99 999 – Cahier-livre p. 34

Date : ....

Nom : ....

SIMPLIFICATION
Exercice **1** : Relier 59 479 à titre d'exemple.
Exercices **2** et **3** : Consulter l'écrit de référence.

1 Relie les nombres identiques.

10 000 + 10 000 + 10 000 + 1 000 + 100 + 100 + 100 + 10 + 10 + 5 •	• 59 479
10 000 + 1 000 + 1 000 + 100 + 100 + 10 + 9 •	• 99 339
80 000 + 2 000 + 900 + 50 + 9 •	• 35 635
(3 × 10 000) + (5 × 1 000) + (6 × 100) + (3 × 10) + 5 •	• 82 959
(5 × 10 000) + (9 × 1 000) + (4 × 100) + (7 × 10) + 9 •	• 31 325
(9 × 10 000) + (9 × 1 000) + (3 × 100) + (3 × 10) + 9 •	• 12 219

★ **Décompose** de deux façons 99 999.

....

2 Décompose chaque nombre de deux façons.

• 43 543 = ...

....

• 25 654 = ...

....

★ **Décompose** 43 543 de deux façons après avoir ajouté 1 000.

....

3 Décompose le nombre de deux façons.

• 70 002 = ...

....

★ **Décompose** 70 002 de deux façons après avoir retiré 10 000.

....

Comparer, ranger et encadrer les nombres jusqu'à 99 999 – Cahier-livre p. 36

Date : ....

Nom : ....

SIMPLIFICATION

Exercice 1 : Compléter 54 800...58 400 à titre d'exemple.
Exercices 2, 3 et 4 : Consulter l'écrit de référence.

1 Complète avec les signes < ou >.

- 54 800 .... 58 400
- 68 788 .... 68 787
- 90 008 .... 90 080
- 99 971 .... 99 970
- 40 000 .... 30 000
- 15 000 .... 25 000
- 56 000 .... 65 000
- 55 300 .... 55 200

★ **Complète** pour encadrer chaque nombre par deux dizaines de mille.

- .... < 45 000 < ....
- .... < 62 000 < ....

2 Complète pour encadrer chaque nombre au plus près.

- .... < 71 500 < ....
- .... < 82 030 < ....
- .... < 44 531 < ....
- .... < 61 190 < ....
- .... < 10 010 < ....
- .... < 30 080 < ....
- .... < 25 000 < ....
- .... < 50 500 < ....

★ **Encadre** chaque nombre entre deux dizaines de mille.

- .... < 25 000 < ....
- .... < 50 500 < ....

3 Range les nombres dans l'ordre croissant.

60 005 50 006 50 323 60 020 23 135 60 620 50 230 70 822 80 999

....

★ **Encadre** le plus grand nombre ci-dessus entre deux dizaines de mille.

.... < .... < ....

4 Range les nombres dans l'ordre décroissant.

30 024 40 023 20 000 40 032 30 042 20 043 50 004 90 099 90 079

....

★ **Encadre** le plus petit nombre ci-dessus au plus près.

.... < .... < ....

mille 1000 neuf 9

Se repérer dans la suite des nombres jusqu'à 99 999

► Cahier-livre p. 38

Date : ....

Nom : ....

SIMPLIFICATION
Exercice 1 : Compléter 15 000 à titre d'exemple. Exercices 2, 3 et 4 : Consulter l'écrit de référence.

1 Complète la droite graduée.

★ **Écris** les deux nombres précédents de la suite ci-dessus.

....

2 Écris les nombres manquants.

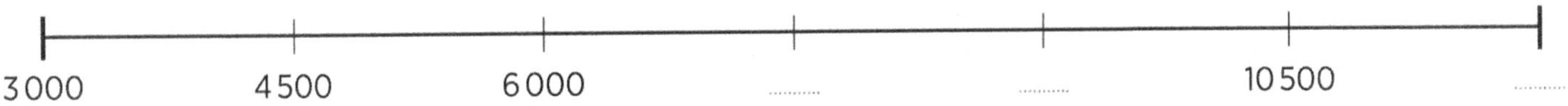

★ **Écris** les cinq nombres suivants de la suite ci-dessus.

....

3 Continue la suite de nombres en prenant un écart de 5 000.

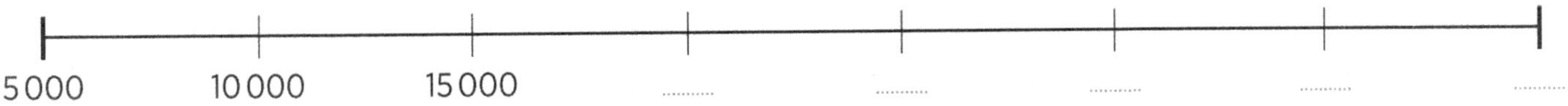

★ **Écris** les cinq nombres suivants de la suite ci-dessus.

....

4 Écris une suite commençant par 0 en prenant un écart de 20 000.

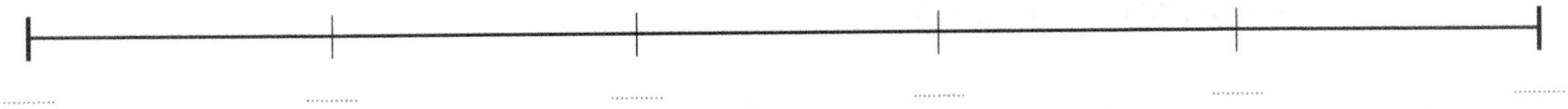

★ **Écris** le nombre suivant de la suite ci-dessus.

....

mille 1000
neuf 9

Connaître les expressions : quadruple, quart

Cahier-livre p. 40

Date : ....

Nom : ....

SIMPLIFICATION

Exercice 1 : Relier 200 à titre d'exemple.
Exercices 2, 3 et 4 : Consulter l'écrit de référence.

1 Relie chaque nombre à son quadruple et à son quart.

500 •	• 200 •	• 480
50 •	• 120 •	• 800
101 •	• 100 •	• 1616
30 •	• 404 •	• 400
25 •	• 2000 •	• 16000
1000 •	• 4000 •	• 8000

★ **Écris** le quart du plus grand nombre ci-dessus plus 4. ....

2 Écris le quadruple ou le quart de chaque nombre.

Quadruple	Quart	Quadruple	Quart
30 →	100 →	11 000 →	80 016 → ....
4 000 →	8 000 →	20 025 →	80 400 → ....

★ **Écris** le quart du plus petit nombre ci-dessus moins 6. ....

3 Calcule le quadruple du quadruple de chaque nombre.

10 →	101 →	1 001 → ....
2 →	111 →	5 001 → ....
30 →	202 →	6 000 → ....

★ **Écris** le quadruple du quadruple du plus petit nombre ci-dessus plus 3. ....

4 Calcule le quart du quart de chaque nombre.

8 000 →	16 →	240 → ....
400 →	160 →	2 400 → ....

★ **Écris** le quart du quart du plus petit nombre ci-dessus plus 16. ....

Découvrir le nombre 100 000

Cahier-livre p. 42

Date : ....

Nom : ....

SIMPLIFICATION
Exercice 1 : Entourer une centaine de mille en rose.
Exercice 2 : Dessiner le premier paquet de 10 000.
Exercice 3 : Consulter l'écrit de référence.

1 Entoure 100 005 clous et barre les clous en trop.

★ **Écris** le nombre de clous en lettres.

____

2 Dessine une collection de 100 011 craies.

10 000 craies : [10 000]

1000 craies : [1000]

100 craies : [100]

10 craies : [10]

1 craie : [1]

★ **Écris** le nombre de craies en lettres.

____

3 Complète.

100 001, c'est 1 paquet de .... et .... punaise seule.

100 000, c'est .... paquet de .... et .... punaise seule.

100 007, c'est .... paquet de .... et .... punaises seules.

100 018, c'est .... paquet de ...., 1 paquet de .... et 8 punaises seules.

★ **Écris** les groupements dans 100 017.

....

mille 1000
neuf 9

Lire et écrire les nombres jusqu'à 999 999

➤ Cahier-livre p. 44

Date : ....

Nom : ....

SIMPLIFICATION
Exercice 1 : Relier 150 643 à titre d'exemple. Exercices 2 et 3 : Consulter l'écrit de référence.

1 Relie les nombres identiques.

cent-cinquante-deux-mille-sept-cent-vingt-cinq •	• 150 643 •	• 1cm 5dm 3um 2c 6d 8u
cent-cinquante-trois-mille-deux-cent-soixante-huit •	• 130 457 •	• 1cm 5dm 2um 7c 2d 5u
cent-quatre-vingt-dix-neuf-mille-deux-cent-huit •	• 158 564 •	• 1cm 3dm 0um 4c 5d 7u
cent-trente-mille-quatre-cent-cinquante-sept •	• 153 268 •	• 1cm 9dm 9um 2c 0d 8u
cent-cinquante-huit-mille-cinq-cent-soixante-quatre •	• 199 208 •	• 1cm 5dm 0um 6c 4d 3u
cent-cinquante-mille-six-cent-quarante-trois •	• 152 725 •	• 1cm 5dm 8um 5c 6d 4u

★ **Écris** le plus grand nombre ci-dessus plus 2 en chiffres et en lettres.

____

2 Écris en lettres.

- 964 345 : ______________________________
- 898 418 : ______________________________
- 721 653 : ______________________________
- 637 869 : ______________________________

★ **Écris** le plus grand nombre ci-dessus plus 5 en lettres.

____

3 Écris en chiffres.

- huit-cent-soixante-douze-mille-cent-deux : ....
- neuf-cent-quatre-vingt-six-mille-cent-trente-et-un : ....
- cinq-cent-quatre-vingt-neuf-mille-six-cents : ....
- trois-cent-trente-cinq-mille-cinq-cent-quatre-vingt-dix-sept : ....

★ **Écris** le plus grand nombre ci-dessusmoins 1 en chiffres puis en lettres.

____

mille 1000
neuf 9

Décomposer un nombre jusqu'à 999 999

► Cahier-livre p. 46

Date : ....

Nom : ....

SIMPLIFICATION

Exercice 1 : Relier 594 079 à titre d'exemple.
Exercices 2 et 3 : Consulter l'écrit de référence.

1 Relie les nombres identiques.

100 000 + 100 000 + 10 000 + 1 000 + 100 + 100 + 100 + 10 + 10 + 5 •	• 594 079
100 000 + 1 000 + 1 000 + 100 + 100 + 10 + 9 •	• 909 339
800 000 + 20 000 + 900 + 50 + 9 •	• 356 035
(3 × 100 000) + (5 × 10 000) + (6 × 1 000) + (3 × 10) + 5 •	• 820 959
(5 × 100 000) + (9 × 10 000) + (4 × 1 000) + (7 × 10) + 9 •	• 211 325
(9 × 100 000) + (9 × 1 000) + (3 × 100) + (3 × 10) + 9 •	• 102 219

★ **Décompose** de deux façons 999 999.

....

2 Décompose chaque nombre de deux façons.

- 436 543 = ...

....

- 265 654 = ...

....

- 561 735 = ...

....

★ **Décompose** 561 735 de deux façons après avoir ajouté 1 000.

....

3 Décompose le nombre de deux façons.

- 800 090 = ...

....

★ **Décompose** 900 800 de deux façons après avoir retiré 10 000.

....

mille 1000
neuf 9

Comparer, ranger et encadrer les nombres jusqu'à 999 999

– Cahier-livre p. 48

Date : ....

Nom : ....

SIMPLIFICATION

Exercice 1 : Compléter 504 800...508 400 à titre d'exemple.
Exercices 2, 3 et 4 : Consulter l'écrit de référence.

1 Complète avec les signes < ou >.

- 504 800 .... 508 400
- 680 788 .... 680 787
- 900 008 .... 900 080
- 990 971 .... 990 970
- 400 000 .... 300 000
- 150 000 .... 250 000
- 560 000 .... 650 000
- 505 300 .... 505 200
- 505 000 .... 505 001

★ **Complète** pour encadrer chaque nombre par deux centaines de mille.

- .... < 245 000 < ....
- .... < 362 000 < ....

2 Complète pour encadrer chaque nombre au plus près.

- .... < 271 500 < ....
- .... < 382 030 < ....
- .... < 444 531 < ....
- .... < 561 190 < ....
- .... < 610 010 < ....
- .... < 730 080 < ....
- .... < 825 000 < ....
- .... < 950 500 < ....

★ **Encadre** chaque nombre entre deux centaines de mille.

- .... < 825 000 < ....
- .... < 950 500 < ....

3 Range les nombres dans l'ordre croissant.

600 005 500 006 500 323 600 020 230 135 600 620 500 230 700 822 800 999

....

★ **Encadre** le plus grand nombre ci-dessus entre deux centaines de mille.

.... < .... < ....

4 Range les nombres dans l'ordre décroissant.

300 024 400 023 200 000 400 032 300 042 200 043 500 004 900 099 900 079

....

★ **Encadre** le plus petit nombre ci-dessus au plus près. .... < .... < ....

Se repérer dans la suite des nombres jusqu'à 999 999

► Cahier-livre p. 50

Date : ……………………………………

Nom : ……………………………………

SIMPLIFICATION

Exercice 1 : Compléter 120 000 à titre d'exemple.
Exercices 2, 3 et 4 : Consulter l'écrit de référence.

1 Complète la droite graduée.

60 000 — 90 000 — …… — 150 000 — …… — …… — 240 000 — ……

★ **Écris** les deux nombres précédents de la suite ci-dessus.

……………………………………………………………………

2 Écris les nombres manquants.

0 — 15 000 — …… — 45 000 — …… — 75 000 — …… — ……

★ **Écris** les cinq nombres suivants de la suite ci-dessus.

……………………………………………………………………

3 Continue la suite de nombres en prenant un écart de 50 000.

50 000 — 100 000 — 150 000 — …… — …… — …… — ……

★ **Écris** les cinq nombres suivants de la suite ci-dessus.

……………………………………………………………………

4 Écris une suite commençant par 0 en prenant un écart de 200 000.

…… — …… — …… — …… — …… — ……

★ **Écris** le nombre suivant de la suite ci-dessus.

……………………………………………………………………

mille 1000
neuf 9

Connaître les relations entre 5, 10, 25, 50 et 100

Cahier-livre p. 52

Date : ……………………………………

Nom : ……………………………………

SIMPLIFICATION
Exercices 1, 2, 3 et 4 : Consulter l'écrit de référence.

1 Complète avec *double, quart, moitié.*

- 50 est le ______________ de 25.
- 25 est la ______________ de 50.
- 25 est le ______________ de 100.
- 50 est la ______________ de 100.

★ **Complète.** 100 est le ______________ de 50.

2 Complète.

+	5	10	……	50	100
5	10	15	……	55	105
……	15	……	……	……	……
25	……	……	……	……	125
50	……	……	75	……	……
……	105	……	……	……	……

★ **Écris** la moitié du quart du résultat de 5 + 5 + 10 + 10 + 25 + 25. ……………………

3 Complète avec 10, 25 ou 50.

- 10 + 10 + 10 + 10 + 10 + 10 + 10 + 10 + 10 + 10 = …… × 10 = 100
- …… + …… + …… + …… = 25 × 4 = 100
- …… + …… = 50 × 2 = 100
- 5 + 5 + 5 + 5 + 5 = …… × 5 = 25
- 25 + 25 = …… × 2 = 50

★ **Écris** la moitié du résultat de 5 + 5 + 5 + 10 + 25 + 25 + 25. ……………………

4 Complète pour obtenir 100.

- 25 + …… + …… = 100
- 25 + …… + …… + …… = 100
- …… × 4 = 100
- …… × 2 = 100
- …… × 20 = 100
- …… × 10 = 100

★ **Écris** la moitié du résultat de 2 × 5 × 10. ……………………

mille 1000
neuf 9

Découvrir le million

► Cahier-livre p. 54

Date : ....

Nom : ....

SIMPLIFICATION
Exercice 1 : Entourer une unité de million en orange.
Exercice 2 : Dessiner le premier paquet de 100 000.
Exercice 3 : Consulter l'écrit de référence.

1 Entoure 1 000 004 clous et barre les clous en trop.

★ **Écris** le nombre de clous en lettres. ____________________________________

2 Dessine une collection de 1 000 112 craies.

100 000 craies : [100 000]

10 000 craies : [10 000]

1 000 craies : [1 000]

100 craies : [100]

10 craies : [10]   1 craie : [1]

★ **Écris** le nombre de craies en lettres.

____

3 Complète.

1 000 001, c'est 1 paquet de .... et .... punaise seule.

1 000 000, c'est .... paquet de .... et .... punaise seule.

1 000 007, c'est .... paquet de .... et .... punaises seules.

1 000 018, c'est .... paquet de ...., 1 paquet de .... et 8 punaises seules.

★ **Écris** les groupements dans 1 000 017.

....

Connaître les relations entre 15, 30 et 60

➤ Cahier-livre p. 56

Date : ....

Nom : ....

SIMPLIFICATION
Exercices 1, 2, 3 et 4 : Consulter l'écrit de référence.

1 Complète.

- 30 × .... = 60
- 60 − 30 − 15 = ...
- 15 + 15 + 15 + 15 = ...
- 15 + 30 + ... = 60
- 15 × 2 = ...
- 15 + 15 = ...

★ **Complète.**

- 60 est le ________ de 30.
- 30 est le ________ de 15.
- 15 est le ________ de 60.

2 Complète.

+	60	30	15
15	....	....	....
30	....	....	....
60	....	....	....

★ **Écris** la moitié du résultat de 15 + 15 + 30 + 60. ....

3 Complète avec 15, 30 ou 60.

- (15 × 2) + 30 = ...
- 15 + 15 + 15 + 15 = ... × 4 = 60
- 15 + 15 = ... × 2 = 30
- .... + ... = 30 × 2 = 60

★ **Écris** le tiers du résultat de (15 × 2) + (30 × 2). ....

4 Complète.

- 30 : 2 = ...
- 90 : 3 = ...
- 60 : 4 = ...
- 60 : 2 = ...
- 45 : 3 = ...
- 120 : 2 = ...

★ **Écris** la moitié du résultat de 90 : 3. ....

Calculer des sommes en ligne

► Cahier-livre p. 62

Date : ....

Nom : ....

SIMPLIFICATION
Exercices 1, 2 et 3 : Consulter l'écrit de référence.

1 Calcule.

★ **Calcule** au dos de la feuille. 501 + 72 + 109 = ...

2 Calcule.

★ **Calcule** au dos de la feuille. 329 + 208 + 101 + 122 = ...

3 Problème

La première classe dépense 221 € pour les entrées.
La seconde classe paie 136 €.
La troisième dépense 319 € et la quatrième 134 €.

- **Combien** l'école dépense-t-elle pour payer les tickets de ses quatre classes ?

L'école dépense ....€ pour ses quatre classes.

★ **Calcule** la somme dépensée par l'école si une cinquième classe va au musée et dépense 180 euros.

....

Poser et effectuer une addition

► Cahier-livre p. 64

Date : ....

Nom : ....

SIMPLIFICATION
Exercices 1, 2 et 3 : Consulter l'écrit de référence.

1 Effectue les additions.

	c	d	u
	3	6	1
+	5	9	7
=	......	......	......

361 + 597 = ...

	c	d	u
	4	8	7
+	5	0	8
=	......	......	......

487 + 508 = ...

	c	d	u
	4	7	6
+	3	8	8
=	......	......	......

476 + 388 = ...

★ **Pose** l'addition au dos de la feuille et **calcule** 511 + 78 + 129 .

2 Effectue les additions.

	c	d	u
	2	7	6
+	3	2	9
+	2	9	7
=	......	......	......

276 + 329 + 297 = ...

	c	d	u
	4	8	9
+		8	8
+	3	4	7
=	......	......	......

489 + 88 + 347 = ...

★ **Pose** l'addition au dos de la feuille et **calcule** 91 + 108 + 699 .

3 Pose les additions en colonnes et calcule.

457 + 393

	c	d	u
	......	......	......
+	......	......	......
=	......	......	......

633 + 289

	c	d	u
	......	......	......
+	......	......	......
=	......	......	......

★ **Pose** l'addition au dos de la feuille et **calcule** 209 + 312 + 429 .

Calculer des différences en ligne

► Cahier-livre p. 66

Date : ....

Nom : ....

SIMPLIFICATION

Exercices 1, 2 et 3 : Consulter l'écrit de référence.

1 Calcule.

★ **Calcule.** 656 – 146 – 110 = ...

2 Calcule.

★ **Calcule.** 995 – 242 – 623 = ...

3 Problème

Sami habite à 968 m de son école. Sur sa route, il va chercher Malika qui habite à 231 m de chez lui. Tous les deux, ils passent ensemble chez Hugo qui se trouve 308 m plus loin. Les trois amis font encore 134 m pour arriver chez Lisa.

- **Quelle distance** leur reste-t-il pour parvenir jusqu'à l'école ?

Il leur reste .... m pour arriver à l'école.

★ **Calcule** la distance restante s'ils font un détour, pour aller à la boulangerie, de 180 m.

....

Calcul Entretien

Poser et effectuer une soustraction sans retenue

► Cahier-livre p. 68

Date : ....

Nom : ....

SIMPLIFICATION
Exercices 1, 2 et 3 : Consulter l'écrit de référence.

1 Effectue les soustractions.

	c	d	u
	7	6	7
–	7	5	1
=	......	......	......

767 – 751 = ...

	c	d	u
	7	5	5
–	3	4	2
=	......	......	......

755 – 342 = ...

	c	d	u
	8	6	5
–	2	5	1
=	......	......	......

865 – 251 = ...

★ **Pose** la soustraction au dos de la feuille et **calcule** 571 - 410.

2 Effectue les soustractions.

	c	d	u
	8	6	3
–	7	0	1
=	......	......	......

863 – 701 = ...

	c	d	u
	8	8	0
–	5	5	0
=	......	......	......

880 – 550 = ...

	c	d	u
	8	7	2
–	2	7	1
=	......	......	......

872 – 271 = ...

★ **Pose** la soustraction au dos de la feuille et **calcule** 872 - 771.

3 Pose les soustractions en colonnes et calcule.

744 – 334

	c	d	u
	......	......	......
–	......	......	......
=	......	......	......

744 – 334 = ...

896 – 83

	c	d	u
	......	......	......
–	......	......	......
=	......	......	......

896 – 83 = ...

★ **Pose** la soustraction au dos de la feuille et **calcule** 802 - 501.

Résoudre des problèmes additifs et soustractifs (1)

► Cahier-livre p. 70

Date : ....

Nom : ....

SIMPLIFICATION
Exercices **1** et **2** : Consulter l'écrit de référence.

1 Problème Combien y a-t-il d'élèves en plus, ou en moins, dans le bus ?

• **Dessine** le problème.

• **Écris** le calcul. ....

• **Écris** la réponse à la question. ....

★**Calcule** le nombre d'élèves en plus ou en moins dans le bus si 18 élèves sont entrés et 25 sont sortis.

....

2 Problème De combien de cases Sami a-t-il avancé ou reculé, lors de ses deux derniers coups ?

• **Écris** la réponse à la question. ....

★**Calcule** le nombre de cases avancées ou reculées de Sami si, lors des deux derniers coups, il a reculé de 18 cases et avancé de 15 cases.

....

Poser et effectuer une soustraction avec retenue

► Cahier-livre p. 72

Date : ....

Nom : ....

SIMPLIFICATION
Exercices 1, 2 et 3 : Consulter l'écrit de référence.

1 Effectue les soustractions.

	m	c	d	u
	2	6	2	7
−	1	3	1	8
=	......	......	......	......

2 627 − 1 318 = ...

	m	c	d	u
	3	9	3	8
−	2	6	6	9
=	......	......	......	......

3 938 − 2 669 = ...

	m	c	d	u
	6	2	4	7
−	4	5	6	8
=	......	......	......	......

6 247 − 4 568 = ...

★ **Pose** la soustraction au dos de la feuille et **calcule** 5 571 − 4 892.

2 Effectue les soustractions

	m	c	d	u
	5	6	2	7
−	3	5	7	9
=	......	......	......	......

5627 − 3579 = ...

	m	c	d	u
	7	0	0	8
−	4	6	6	5
=	......	......	......	......

7008 − 4 665 = ...

	m	c	d	u
	8	0	7	7
−	4	0	9	9
=	......	......	......	......

8 077 − 4 099 = ...

★ **Pose** la soustraction au dos de la feuille et **calcule** 8 972 − 7 998.

3 Pose les soustractions en colonnes et calcule.

7562 − 3875

	m	c	d	u
	......	......	......	......
−	......	......	......	......
=	......	......	......	......

8 419 − 5 829

	m	c	d	u
	......	......	......	......
−	......	......	......	......
=	......	......	......	......

★ **Pose** la soustraction au dos de la feuille et **calcule** 8 002 − 5 085.

Calculer un produit en ligne

► Cahier-livre p. 74

Date : ....

Nom : ....

SIMPLIFICATION
Exercices 1, 2 et 3 : Consulter l'écrit de référence.

1 Calcule.

320 × 4 = ... × 4 + ... × 4

.... + ...

....

410 × 3 = ... × 3 + ... × 3

.... + ...

....

★ **Calcule** 210 × 3 = ...

2 Calcule.

310 × 5 = ... × 5 + ... × 5

.... + ...

....

540 × 6 = ... × 6 + ... × 6

.... + ...

....

★ **Calcule** 330 × 5 = ...

3 Problème

Hugo habite à 431 m de son école.
Il fait le trajet à pied, 4 fois par semaine.

Il revient, tous les soirs, en voiture.

• **Quelle distance** parcourt-il, à pied, chaque semaine, pour aller jusqu'à l'école ?

★ **Hugo** parcourt ....m, à pied, chaque semaine, pour aller à l'école.
Calcule la distance parcourue s'il revient chaque soir à pied.

Tu peux dessiner un arbre de calcul.

....

Poser et effectuer une multiplication par un nombre à 1 chiffre

Cahier-livre p. 76

Date : ....

Nom : ....

SIMPLIFICATION
Exercices 1, 2 et 3 : Consulter l'écrit de référence.

1 Effectue les multiplications.

	m	c	d	u
		7	2	6
×				6
=	.....	.....	.....	.....

Boîte à retenues		
m	c	d
....	....	....

726 × 6 = ...

	m	c	d	u
		4	7	3
×				7
=	.....	.....	.....	.....

Boîte à retenues		
m	c	d
....	....	....

473 × 7 = ...

★ **Pose** la multiplication au dos de la feuille et **calcule** 627 × 8.

2 Pose les multiplications en colonnes et calcule.

733 × 6

	m	c	d	u
		.....	.....	.....
×				.....
=	.....	.....	.....	.....

Boîte à retenues		
m	c	d
....	....	....

733 × 6 = ...

1 885 × 5

	m	c	d	u
	.....	.....	.....	.....
×				.....
=	.....	.....	.....	.....

Boîte à retenues		
m	c	d
....	....	....

1 885 × 5 = ...

★ **Pose** la multiplication au dos de la feuille et **calcule** 1 015 × 5.

3 Problème

Hugo, Malika et Sami ont tous les trois calculé 2 079 × 3.

Un seul résultat est juste.

Hugo 2 079 × 3 = 6 517

Malika 2 079 × 3 = 6 627

Sami 2 079 × 3 = 6 237

	m	c	d	u
	2	0	7	9
×				3
=	.....	.....	.....	.....

• **Complète.**

______________ a trouvé le résultat exact.

★ **Pose** la multiplication au dos de la feuille et **calcule** 3 118 × 2.

Résoudre des problèmes multiplicatifs

► Cahier-livre p. 78

Date : ....

Nom : ....

SIMPLIFICATION

Exercices 1, 2, 3 et 4 : Consulter l'écrit de référence.

1 Problème

Juliette a acheté 8 paquets de 57 yaourts chacun.
Combien a-t-elle acheté de yaourts ?

- **Écris** le calcul. ....

★ **Calcule** le nombre de yaourts achetés s'il y a 9 paquets de 58 yaourts.

....

2 Problème

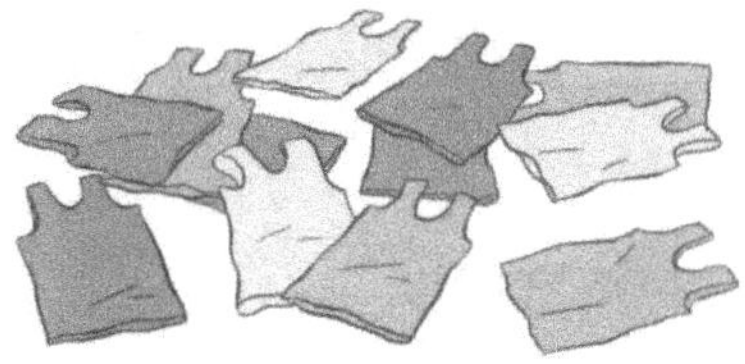

L'école a commandé 75 dossards de chaque couleur pour les séances de sport : des bleus, des rouges, des jaunes et des verts. Combien y a-t-il de dossards disponibles dans l'école ?

- **Écris** le calcul. ....

★ **Calcule** le nombre de dossards achetés par l'école si la commande était de 69 dossards de chaque couleur : des violets, des noirs et des roses.

....

3 Problème

Pour la fête de l'école, la coopérative a vendu 127 carnets de tickets. Chaque carnet est vendu 7 €. Quelle somme d'argent l'école a-t-elle gagnée ?

- **Écris** la réponse à la question. ....

★ **Calcule** la somme d'argent gagnée par l'école si 134 carnets à 6 € ont été vendus.

....

4 Problème

Pour les cadeaux de Noël, j'achète 7 jeux de société, 4 poupées et 5 sacs de billes. Un jeu de société coûte 25 €, une poupée coûte 11 € et un sac de billes coûte 7 €. Combien vais-je dépenser ?

- **Écris** la réponse à la question. ....

★ **Calcule** la somme d'argent dépensée pour 9 jeux de société.

....

Résoudre des problèmes additifs et soustractifs (2)

► Cahier-livre p. 80

Date : ....

Nom : ....

SIMPLIFICATION
Exercices 1 et 2 : Consulter l'écrit de référence.

1 Problème

Combien de cahiers ont été utilisés au mois d'octobre ?

• **Dessine** le problème.

• **Écris** le calcul.

....

★ **Calcule** le nombre de cahiers utilisés en octobre si 54 cahiers ont été utilisés en septembre.

....

2 Problème De combien de cases Malika a-t-elle avancé lors de son coup précédent ?

• **Écris** la réponse à la question.

....

★ **De combien** de cases Malika a-t-elle avancé lors de son deuxième coup, si en tout elle a avancé de 50 cases et qu'au premier coup elle avait avancé de 21 cases ?

....

Utiliser les touches +, –, × de la calculatrice pour résoudre des problèmes

► Cahier-livre p. 82

Date : ....

Nom : ....

SIMPLIFICATION
Exercices 1, 2, 3 et 4 : Consulter l'écrit de référence.

1 **Dessine les touches pour afficher 400 sur la calculatrice, sans taper sur les touches 4 et +.**

★ **Dessine** les touches pour afficher 600 sans taper 6 et +.

....

2 **Effectue le programme de calcul.**

- Affiche 514.
- Ajoute 295.
- Retire 150.
- Multiplie par 2.

• **Complète.**
Le résultat est ....

- Affiche 20 625.
- Ajoute 14 854.
- Retire 5 550.
- Multiplie par 3.

• **Complète.**
Le résultat est ....

★ **Écris** un programme de calcul.

....

3 Problème Malika se rend à Bordeaux en partant de Lille. Après avoir déjà roulé 227 km, elle fait un arrêt à Paris. Combien de kilomètres lui reste-t-il à parcourir pour atteindre Bordeaux sachant que 809 km séparent Lille de Bordeaux ?

• **Complète.** Il lui reste .... km à parcourir.

★ **Calcule** la distance parcourue si elle revient directement à Lille.

....

4 **Complète pour que la multiplication de chaque ligne et de chaque colonne soit égale à 96.**

12	....	4
....	24	1
2	....	....

★ **Calcule** 6 × 2 × 2 × 2 × 2 = ...

Utiliser les touches +, −, × et : de la calculatrice pour résoudre des problèmes

Date : ....

Nom : ....

► Cahier-livre p. 84

SIMPLIFICATION
Exercices 1, 2 et 3 : Consulter l'écrit de référence.

1 Utilise ta calculatrice pour effectuer ces opérations.

- 459 : 9 = ...
- 49 × 26 = ...
- 703 − 224 = ...
- 6 369 + 2893 = ...
- 240 : 16 = ...
- 113 × 33 = ...
- 273 : 13 = ...
- 58 × .... = 406
- .... × 3 = 456

★ **Calcule.** 23 × 24 × 25 = ...

2 Problème

Pour partir en vacances à Marseille, le père de Malika lui achète un maillot de bain à 38 €, de la crème solaire à 17 €, un chapeau à 11 € et une tente à 82 €.
Quelle somme le père de Malika a-t-il dépensée ?

- **Complète.**

Le père de Malika a dépensé .... €.

★ **Quelle somme** aura-t-il dépensé si la tente coute 92 € ?

....

3 Problème

Le club de foot de Lisa a acheté 17 ballons pour 816 €.

Quel est le prix d'un ballon ?

- **Complète.**

Un ballon coûte .... €.

36 maillots ont été achetés pour 540 €. Le prix d'un maillot est .... €.

★ **Calcule** le prix pour 34 ballons. ....

Résoudre des problèmes multiplicatifs et de partage (1)

► Cahier-livre p. 86

Date : ....

Nom : ....

SIMPLIFICATION

Exercices **1**, **2** et **3** : Consulter l'écrit de référence.

1 Problème

Hugo et Sami doivent ranger les 960 cotons-tiges de la séance d'arts visuels dans 6 boîtes de façon équitable. Combien y aura-t-il de cotons-tiges dans chaque boîte ?

- **Écris** le calcul. ....

★ **Calcule** le nombre de cotons tiges par boîte s'ils doivent en ranger 996.

....

2 Problème

L'organisateur d'un triathlon a reçu 1950 €. Il y a 75 coureurs qui participent à la course. Combien chaque coureur a-t-il payé son inscription ?

- **Écris** le calcul. ....

★ **Calcule** le montant des frais d'inscription si 50 coureurs participent à la course.

....

3 Problème

Les élèves de la classe ont tous le même âge. En tout, ils ont 279 ans. Il y a 31 élèves dans la classe. Quel âge a chaque élève ?

- **Écris** la réponse à la question. ....

★ **Calcule** l'âge de chaque élève d'une classe de 24 totalisant 192 ans.

....

Poser et effectuer une multiplication par un nombre à deux chiffres

► Cahier-livre p. 88

Date : ....

Nom : ....

SIMPLIFICATION
Exercices 1, 2 et 3 : Consulter l'écrit de référence.

1 Effectue les multiplications.

	m	c	d	u
			5	7
×			3	6
	.....	.....	.....	.....
+	.....	.....	.....	.....
=	.....	.....	.....	.....

Boîte à retenues 1	
c	d
....	....

Boîte à retenues 2	
m	c
....	....

57 × 36 = ...

	m	c	d	u
			7	9
×			4	5
	.....	.....	.....	.....
+	.....	.....	.....	.....
=	.....	.....	.....	.....

Boîte à retenues 1	
c	d
....	....

Boîte à retenues 2	
m	c
....	....

79 × 45 = ...

★ **Pose** les multiplications au dos de la feuille et **calcule** 56 × 37 97 × 54.

2 Effectue les multiplications.

	m	c	d	u
		1	0	9
×			4	7
	.....	.....	.....	.....
+	.....	.....	.....	.....
=	.....	.....	.....	.....

Boîte à retenues 1	
c	d
....	....

Boîte à retenues 2	
m	c
....	....

109 × 47 = ...

	m	c	d	u
		5	0	6
×			1	4
	.....	.....	.....	.....
+	.....	.....	.....	.....
=	.....	.....	.....	.....

Boîte à retenues 1	
c	d
....	....

Boîte à retenues 2	
m	c
....	....

506 × 14 = ...

★ **Pose** les multiplications au dos de la feuille et **calcule** 106 × 37 602 × 13.

3 Entoure le bon résultat.

56 × 56 × 56 = ?

75 606

175 616

275 616

★ **Calcule** le produit de 39 × 39 multiplié par 39. ....

Résoudre des problèmes multiplicatifs et de partage (2)

Cahier-livre p. 90

Date : ....

Nom : ....

SIMPLIFICATION
Exercices 1, 2 et 3 : Consulter l'écrit de référence.

1 Problème

Dans un mariage, il y a 391 invités qui sont assis par table de 23 personnes.
Combien y a-t-il de tables ?

- **Écris** le calcul.

....

★ **Calcule** le nombre de tables de 23 personnes pour 506 invités.

....

2 Problème

Dans une raffinerie de pétrole, une citerne contient 88 776 litres d'essence. On charge des bidons de 9 litres. Combien peut-on charger de bidons avec l'essence contenue dans la citerne ?

- **Écris** le calcul.

....

★ **Calcule** le nombre de bidons de 8 litres chargés pour une citerne de 98 456 L.

....

3 Problème

La voiture des parents de Hugo consomme 7 litres par centaine de kilomètres. Ils ont fait un voyage qui leur a fait consommer 63 litres d'essence.
Quelle distance, en centaines de kilomètres, ont-ils parcourue ?

- **Écris** la réponse à la question. ....

★ **Calcule** la distance parcourue par une voiture consommant 8 litres aux 100 km et ayant consommé 64 litres d'essence.

....

Poser et effectuer une division avec un dividende à deux chiffres

► Cahier-livre p. 92

Date : ....

Nom : ....

SIMPLIFICATION
Exercices 1, 2 et 3 : Consulter l'écrit de référence.

1 Effectue les divisions.

d u
8 8 | 8

88 : 8 = ...

d u
8 5 | 5

85 : 5 = ...

d u
8 4 | 3

84 : 3 = ...

★ **Pose** la division au dos de la feuille et **calcule** 96 : 4.

2 Effectue les divisions.

d u
8 0 | 5

80 : 5 = ...

d u
6 0 | 4

60 : 4 = ...

d u
9 0 | 6

90 : 6 = ...

★ **Pose** la division au dos de la feuille et **calcule** 70 : 5.

3 Problème

Hugo, Malika et Sami ont tous les trois calculé 93 : 3.
Un seul résultat est juste.

Hugo 93 : 3 = 29

Malika 93 : 3 = 39

Sami 93 : 3 = 31

• **Complète.** ____________ a trouvé le résultat exact.

★ **Pose** la division au dos de la feuille et **calcule** 96 : 3.

Poser et effectuer une division avec un dividende à trois chiffres

► Cahier-livre p. 94

Date : ....

Nom : ....

SIMPLIFICATION

Exercices 1 et 2 : Consulter l'écrit de référence.

1 Effectue les divisions.

c	d	u			
9	5	2	4		

952 : 4 = ...

c	d	u			
9	4	5	7		

945 : 7 = ...

c	d	u			
9	2	5	5		

925 : 5 = ...

★ **Pose** la division au dos de la feuille et **calcule** 952 : 8 .

2 Effectue les divisions.

c	d	u			
8	1	0	6		

810 : 6 = ...

c	d	u			
9	0	0	6		

900 : 6 = ...

c	d	u			
8	6	4	8		

864 : 8 = ...

★ **Pose** la division au dos de la feuille et **calcule** 906 : 6 .

Résoudre des problèmes relevant des quatre opérations

► Cahier-livre p. 96

Date : ....

Nom : ....

SIMPLIFICATION
Exercices 1, 2 et 3 : Consulter l'écrit de référence.

1 Problème

Lors de la finale de la coupe de France de football, on a enregistré 90 485 entrées dont 68 845 payantes. Combien a-t-on distribué d'entrées gratuites ?

- **Écris** le calcul.

....

★ **Calcule** le nombre d'entrées gratuites pour 69 350 entrées payantes.

....

2 Problème

Hugo a acheté un manteau en solde qui coûte 119 €. La remise était de 34 €. Combien valait le manteau avant les soldes ?

- **Écris** le calcul.

....

★ **Calcule** le prix non soldé d'un manteau payé 169 € avec une remise de 40 euros.

....

3 Problème

Avant la tempête, le toit de la maison était couvert de 1500 tuiles. Pendant la tempête, des tuiles se sont envolées. Après la tempête, il n'en restait plus que 76. Combien le vent a-t-il emporté de tuiles sur le toit ?

- **Écris** le calcul.

....

★ **Calcule** le nombre de tuiles emportées par le vent s'il n'en reste plus que 52 sur le toit.

....

Reconnaître, décrire et tracer un carré

► Cahier-livre p. 116

Date : ....

Nom : ....

SIMPLIFICATION
Exercices 1 et 2 : Consulter l'écrit de référence.

1 Vérifie avec les outils qui conviennent puis entoure le(s) carré(s).

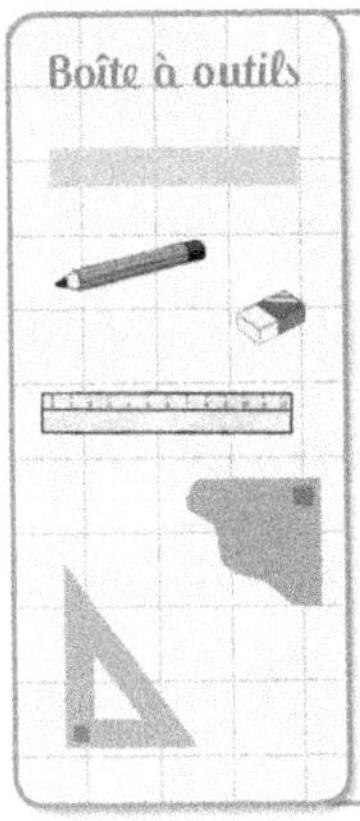

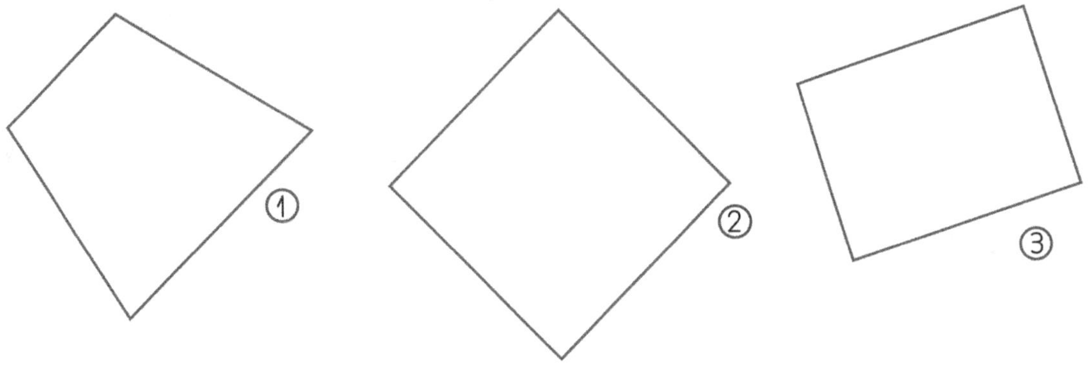

★ Complète.

Mes 4 côtés sont de même longueur.	Mes 4 angles sont droits.	Je suis la figure ....
Mes côtés sont deux à deux de même longueur.	Mes 4 angles sont droits.	Je suis la figure ....
Mes côtés sont deux à deux de même longueur.	Mes 4 angles ne sont pas droits.	Je suis la figure ....

2 Trace un carré de 3 cm de côté à partir du point A.

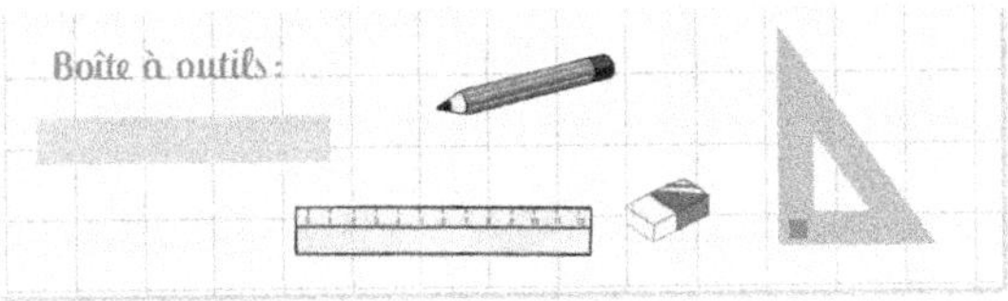

★ **Place** un point B et **trace** un carré de 4 cm de côté à partir du point B.

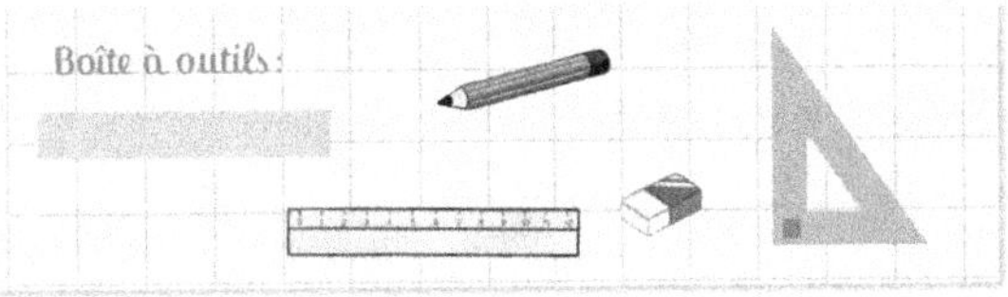

Reproduire et tracer un rectangle

► Cahier-livre p. 118

Date : ....

Nom : ....

SIMPLIFICATION
Exercices 1 et 2 : Consulter l'écrit de référence.

1 Vérifie avec les outils qui conviennent puis entoure le(s) rectangles(s).

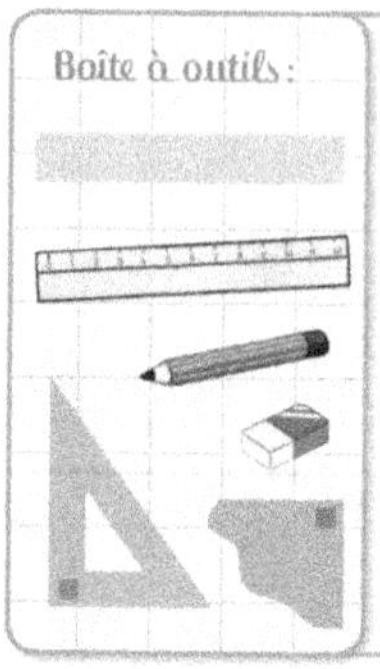

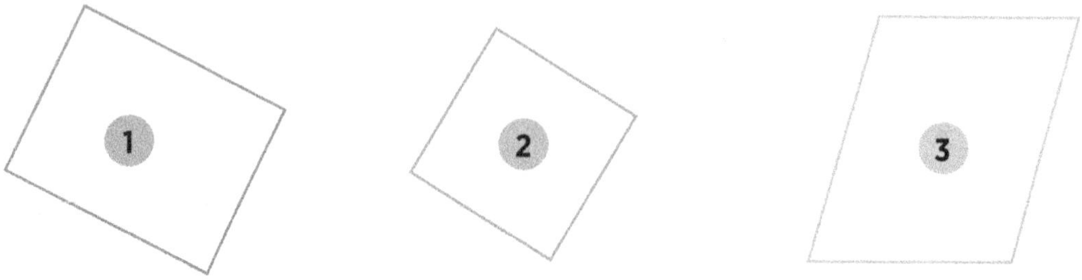

★ **Complète.**

J'ai 2 longueurs superposables à mes 2 largeurs.	J'ai 4 angles sont droits.	Je suis la figure ....
J'ai 2 longueurs superposables et 2 largeurs superposables.	J'ai 4 angles sont droits.	Je suis la figure ....
J'ai 2 longueurs superposables et 2 largeurs superposables.	Je n'ai pas 4 angles sont droits.	Je suis la figure ....

2 Trace un rectangle à partir du point A, de 7 points de longueur et de 4 points de largeur.

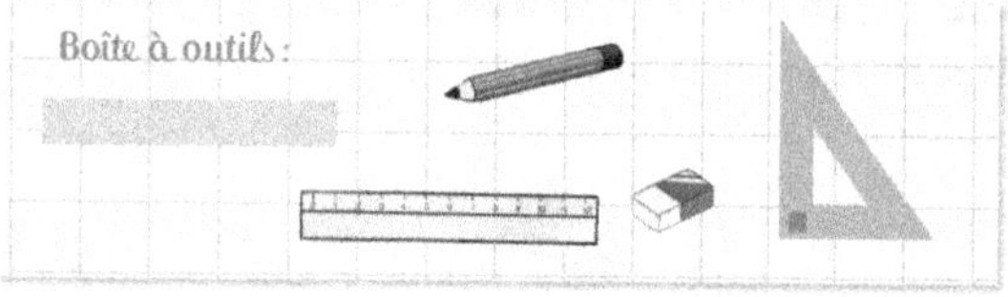

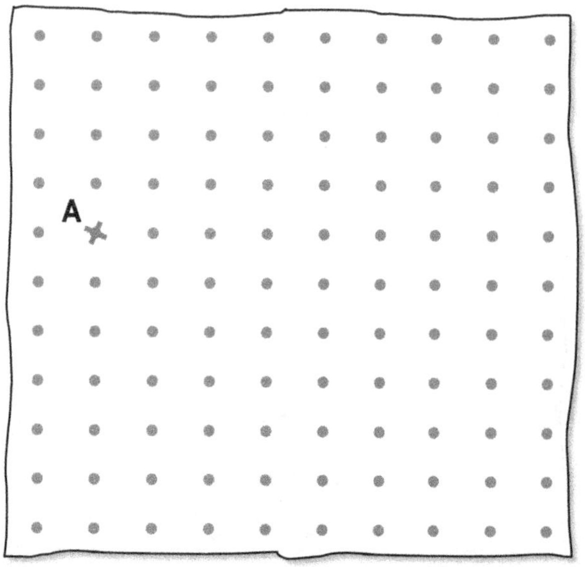

★ **Place** un point B et **trace** un rectangle de 3 cm de largueur et 5 cm de longueur à partir du point B.

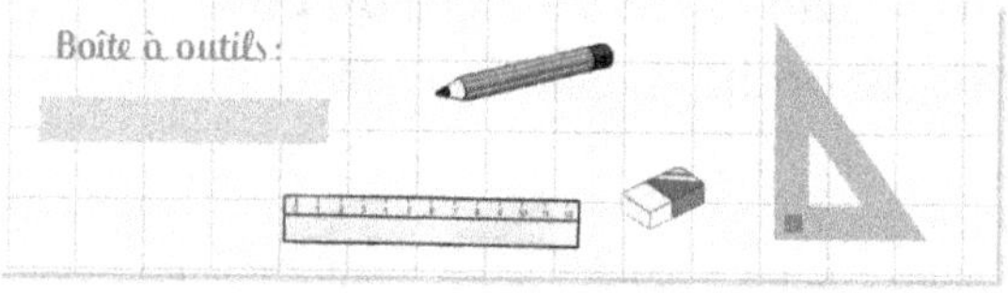

Reconnaître, décrire et tracer un triangle rectangle

Cahier-livre p. 120

Date : ....

Nom : ....

SIMPLIFICATION
Exercices 1 et 2 : Consulter l'écrit de référence.

1 Relie 3 points dans chaque réseau pour tracer un triangle rectangle. Vérifie avec ton équerre.

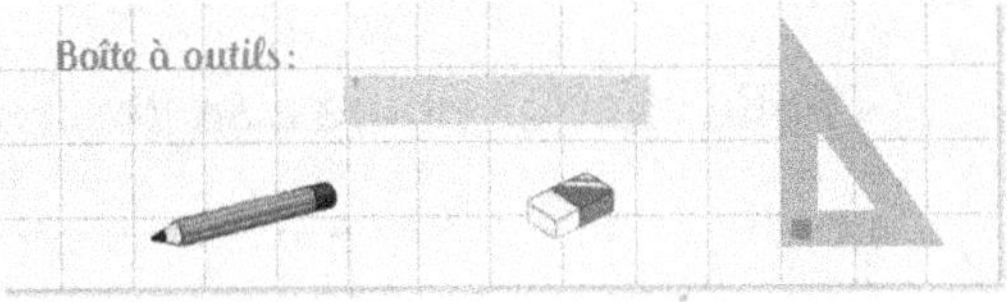

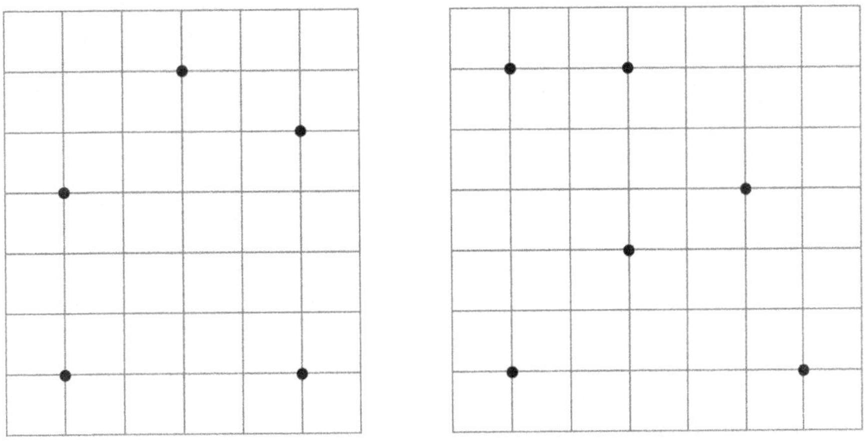

★ **Trace** un second triangle rectangle quand c'est possible.

2 Trace un triangle rectangle à partir du point A en respectant les informations suivantes :

- Le point A est le sommet de l'angle droit.
- Le côté AB mesure 3 cm.
- Le côté AC mesure 4 cm.

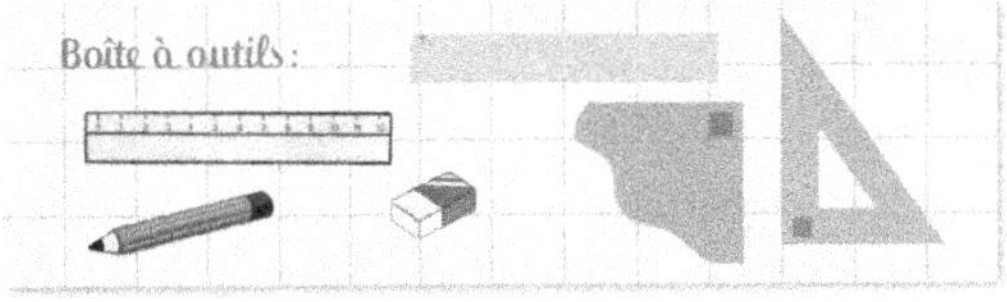

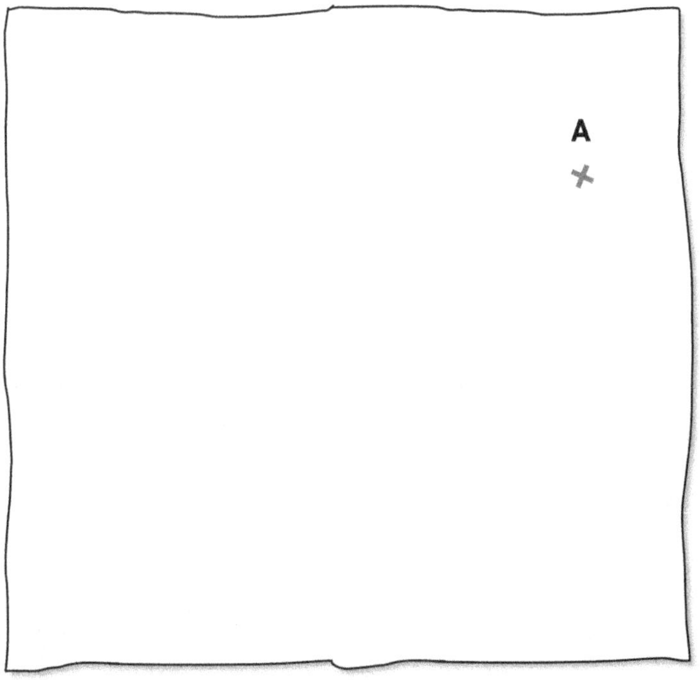

★ **Trace** un triangle rectangle FEG en respectant les informations suivantes :

- Le point F est le sommet de l'angle droit.
- Le côté FE mesure 3 cm.
- Le côté FG mesure 5 cm.

Reconnaître, décrire et tracer un losange

► Cahier-livre p. 122

Date : ....

Nom : ....

SIMPLIFICATION
Exercices 1 et 2 : Consulter l'écrit de référence.

1 Relie chaque figure à sa description.

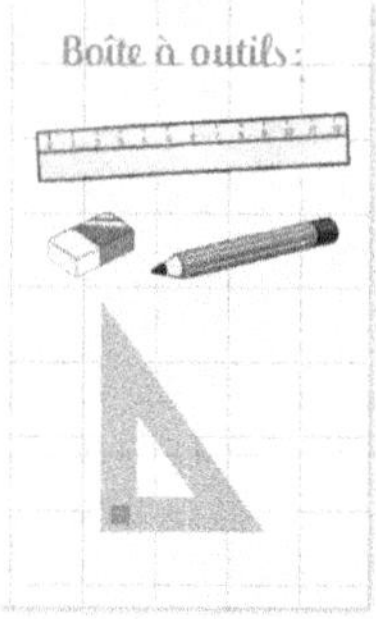

J'ai 4 côtés de même longueur.
J'ai 4 angles droits.

J'ai 4 côtés de même longueur.

2 Termine en rouge le losange et en bleu le carré.

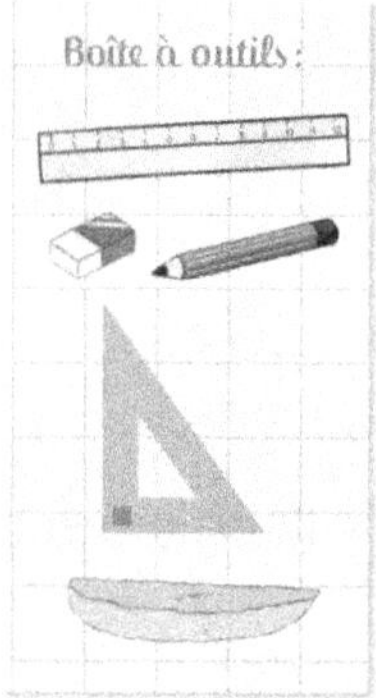

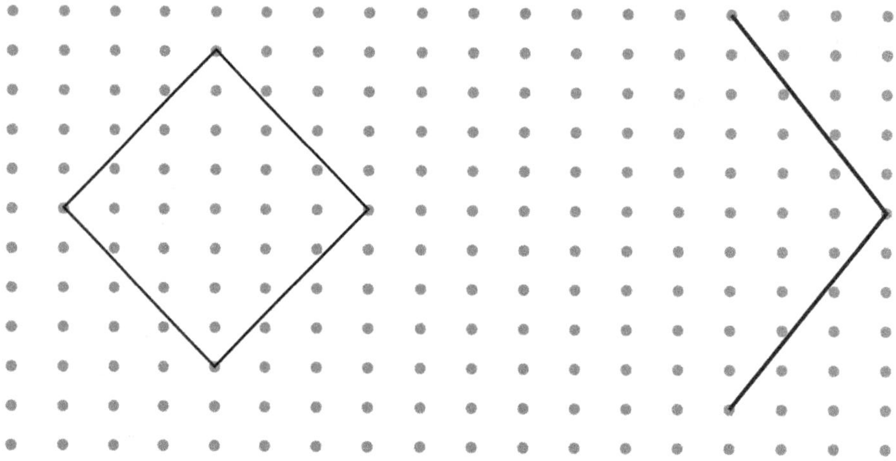

★ **Écris** le nom sous chaque figure et un court texte pour expliquer les différences entre le carré et le losange.

....

....

....

Reconnaître, décrire et reproduire un cercle

► Cahier-livre p. 124

Date : ....

Nom : ....

SIMPLIFICATION
Exercices 1 et 2 : Consulter l'écrit de référence.

1 Trace le contour du gabarit puis repasse le cercle en rouge et colorie le disque en bleu.

Distribuer le gabarit de cercle du cahier-livre p. 117

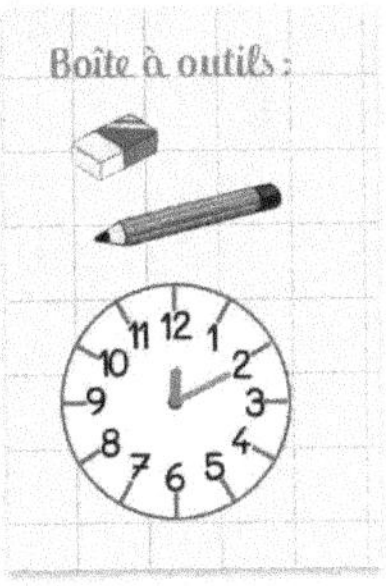

★ **Construis,** au dos de la feuille, une frise de quatre disques en utilisant le gabarit.

2 Termine le cercle.

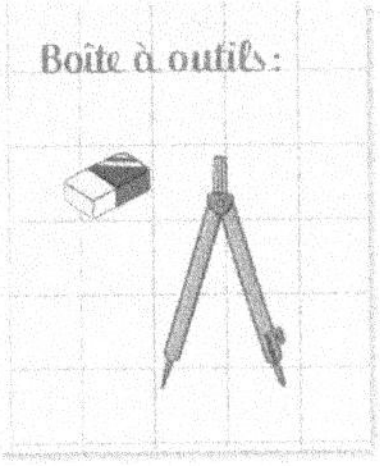

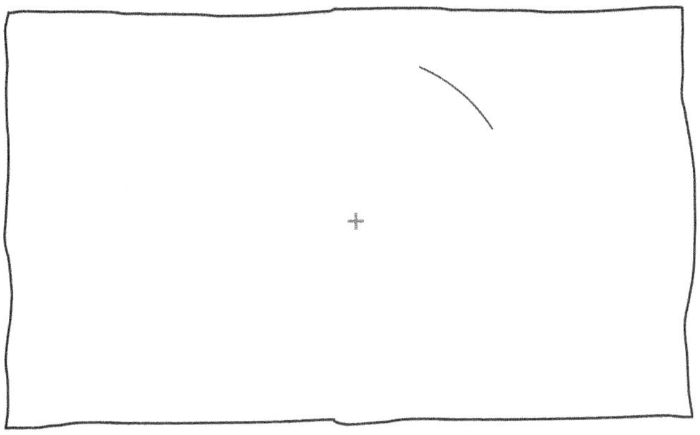

★ **Continue** la frise.

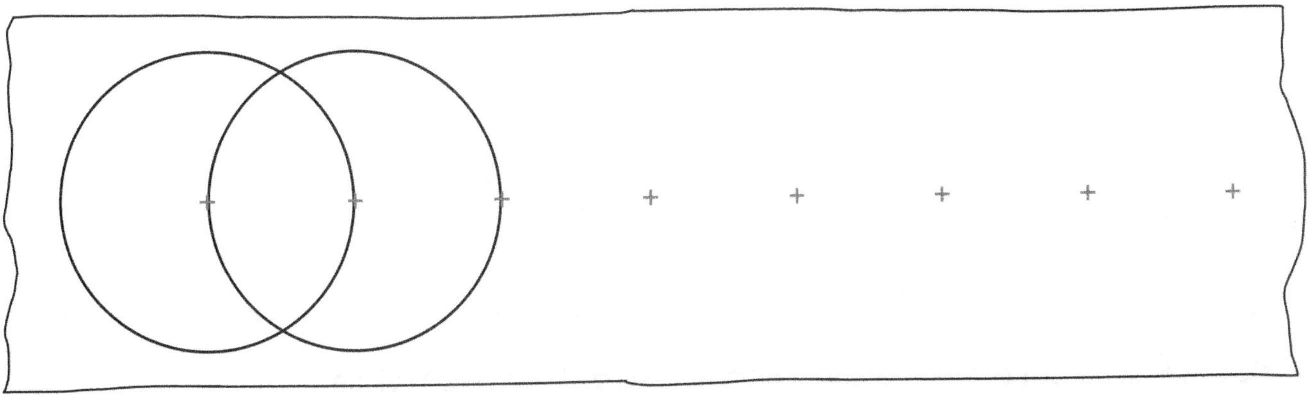

Reconnaître, décrire et tracer un cercle

► Cahier-livre p. 126

Date : ....

Nom : ....

SIMPLIFICATION
Exercices 1 et 2 : Consulter l'écrit de référence.

1 Place les points B, C et D sur un cercle ; le point E à l'intérieur du cercle et un point F à l'extérieur.

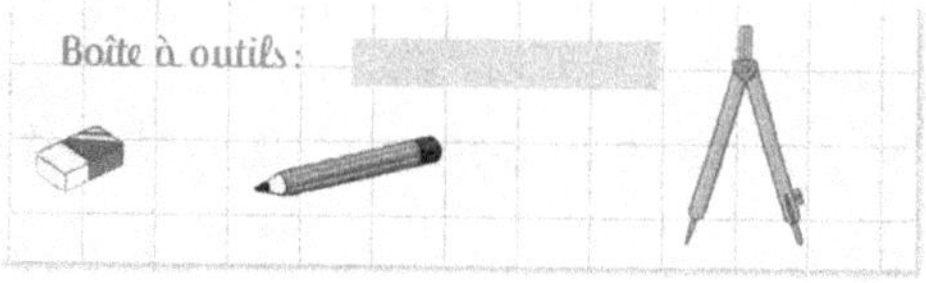

★**Trace** trois rayons du cercle.

2 Trace un cercle de centre A et de rayon AB de 3 cm. Trace le rayon AB.

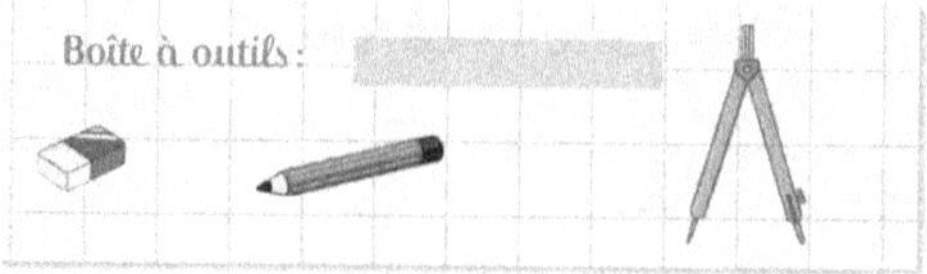

★**Continue** la construction de la cible en traçant le cercle de rayon AC de 2 cm.

Utiliser le vocabulaire pour décrire et tracer des figures

– Cahier-livre p. 128

Date : ....

Nom : ....

SIMPLIFICATION

Exercice **1** : Consulter l'écrit de référence.
Exercice **2** : Revenir à l'exercice 4 p.129 du cahier -livre

1 Lis la description puis trace la figure à main levée.

Description

La figure est formée d'un carré et de 4 triangles. Chaque triangle a un côté commun avec le carré et se trouve à l'extérieur du carré.

★ **Trace,** au dos de la feuille, la même figure en remplaçant le carré par un rectangle.

2 Suis le programme de construction et trace la figure.

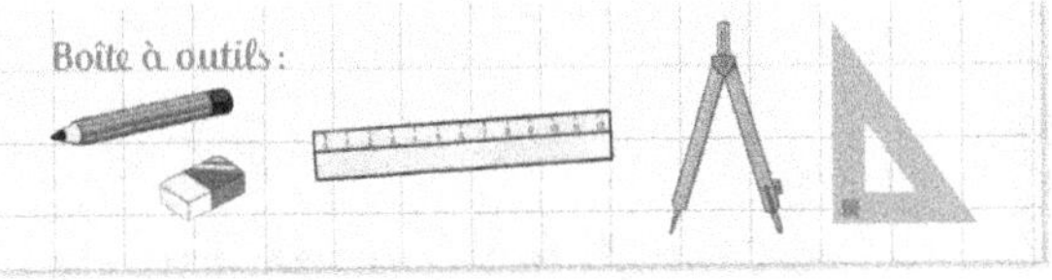

Programme de construction

- Trace un carré de 6 carreaux de côté.
- Marque les sommets du carré A, B, C, D et les milieux I, J, K, L de chaque côté du carré.
- Trace 4 cercles :
  - de centre A et de rayon AI ;
  - de centre B et de rayon BJ ;
  - de centre C et de rayon CK ;
  - de centre D et de rayon DL.
- Gomme les parties du cercle à l'extérieur du carré.

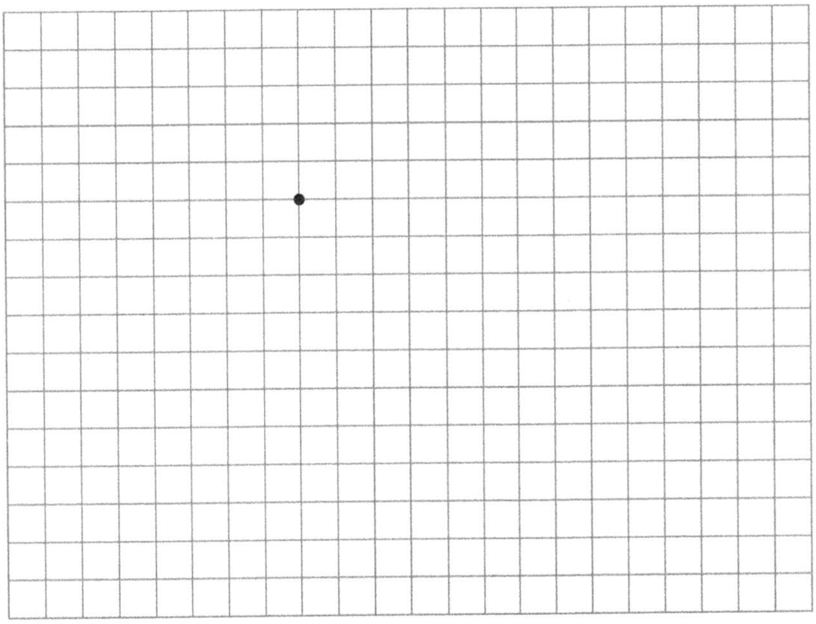

★ **Écris** un programme de construction pour la figure de **l'exercice 1.**

....

....

....

Reproduire et construire des figures

► Cahier-livre p. 130

Date : ....

Nom : ....

SIMPLIFICATION
Exercices 1 et 2 : Consulter l'écrit de référence.

1 Trace, à main levée, la figure en suivant sa description.

Description

Un triangle rectangle ABC.
B est le point de l'angle droit.
Les côtés BA et BC du triangle rectangle sont de même longueur.
Un cercle de centre B et de rayon BA.

★ **Trace,** au dos de la feuille, la même figure en remplaçant le cercle de centre B par un cercle de centre C et de rayon BC.

2 Complète le programme de construction et construis la figure.

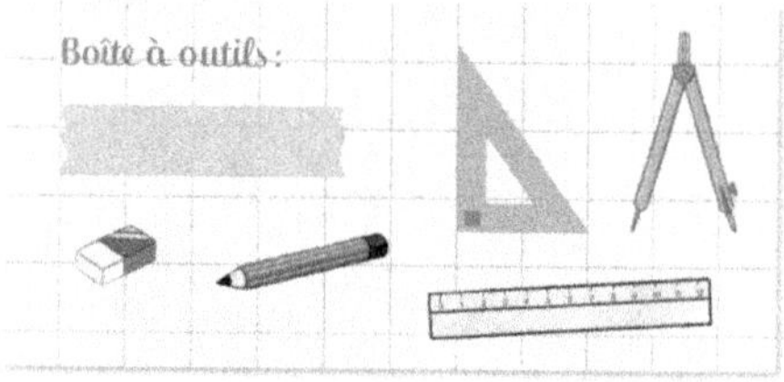

Description

Un rectangle ABCD.
Un carré de côté égal à la moitié d'une longueur.
Un cercle de centre C de rayon CB.
Un cercle de centre D de rayon DA.

Programme de construction

1 Trace le ....

2 Place le point I milieu de [AB] et J, milieu de [DC].

3 Trace le .... AIJD.

4 Trace un .... de centre .... et de .... CB.

5 Trace un .... de centre .... et de .... DA.

★ **Trace,** au dos de la feuille, la même figure à main levée.

Utiliser le vocabulaire : sommet, face, arête

▸ Cahier-livre p. 132

Date : ....

Nom : ....

SIMPLIFICATION
Exercices 1 et 2 : Repasser les arêtes, les sommets visibles. Avoir recours à l'objet.

1 Entoure les objets qui correspondent à la description du pavé droit.

Le pavé droit

- Nombre de sommets : 8
- Nombre d'arêtes : 12
- Nombre de faces : 6
- Forme des faces : rectangulaire

★ **Nomme** deux autres objets du quotidien qui ont la forme et les propriétés du pavé droit.

....

....

2 Complète la description de chaque solide.

Le cube	Le pavé droit
• Nombre de .... :	• Nombre de .... : ....
• Nombre de .... :	• Nombre de .... : ....
• Nombre de .... :	• Nombre de .... : ....
• Forme des .... :	• Forme des .... : ....

★ **Complète.**

Pavé. → .... faces cachées, ... arêtes cachées, ... sommets cachés

Cube. → .... faces cachées, ... arêtes cachées, ... sommets cachés

Reconnaître, décrire, nommer un cube et un pavé droit

► Cahier-livre p. 134

Date : ....

Nom : ....

SIMPLIFICATION

Exercices 1 et 2 : Consulter l'écrit de référence.

1 Complète et relie.

Carte d'identité

- 6 faces ________________
- 12 arêtes
- .... sommets

C'est un ________________.

Carte d'identité

- 6 faces carrées
- .... arêtes de même longueur
- 8 sommets

C'est un ________________.

★ **Entoure** la bonne réponse.

Les deux solides n'ont pas le même nombre d'arêtes cachées. **Vrai** **Faux**

2 Écris la carte d'identité de ce solide.

Carte d'identité

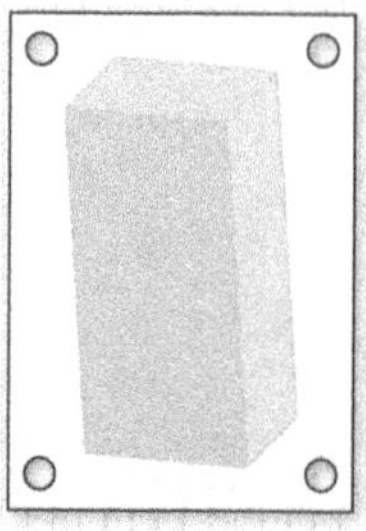

- ________________
- ________________
- ________________

C'est un ________________.

★ **Entoure** la bonne réponse et **complète**.

Si on coupe un cube en deux parties égales on obtient deux cubes plus petits. **Vrai** **Faux**

On obtient deux ....

Reconnaître et tracer un axe de symétrie

► Cahier-livre p. 136

Date : ....

Nom : ....

SIMPLIFICATION
Exercice 1 : Permettre l'échange avec un pair. Exercice 2 : Revenir au texte de référence.

1 Barre la proposition fausse pour chaque figure puis trace un axe de symétrie si c'est possible.

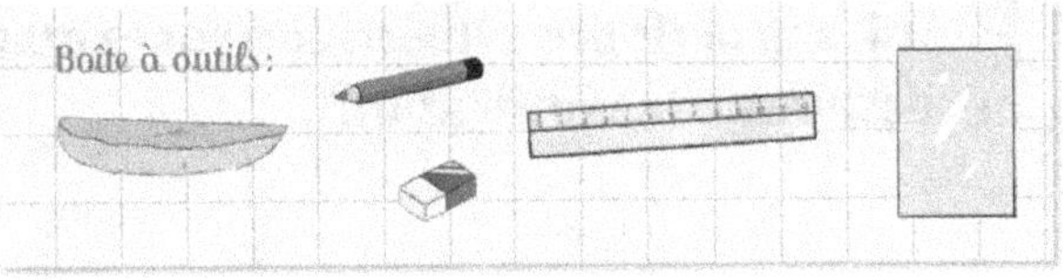

Cette figure [est] [n'est pas] symétrique

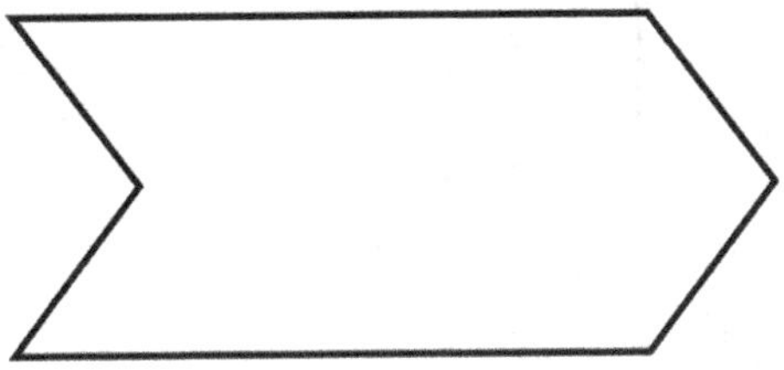

Cette figure [est] [n'est pas] symétrique

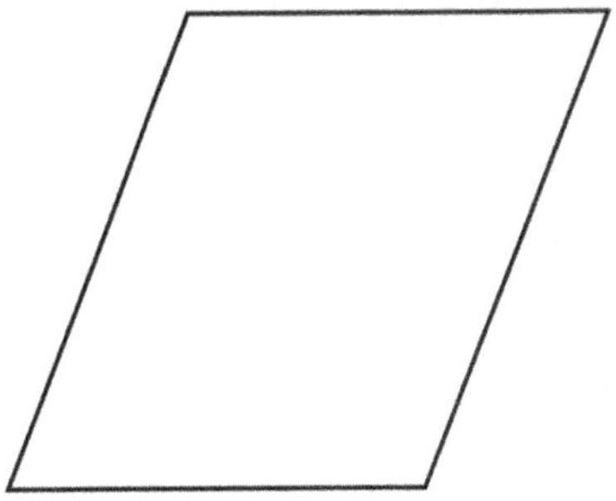

★ **Trace,** au dos de la feuille, à main levée, une figure non symétrique. **Vérifie** avec ton papier-calque.

2 Reproduis la figure modèle sur ton papier-calque puis trace deux axes de symétrie sur cette figure.

Figure modèle

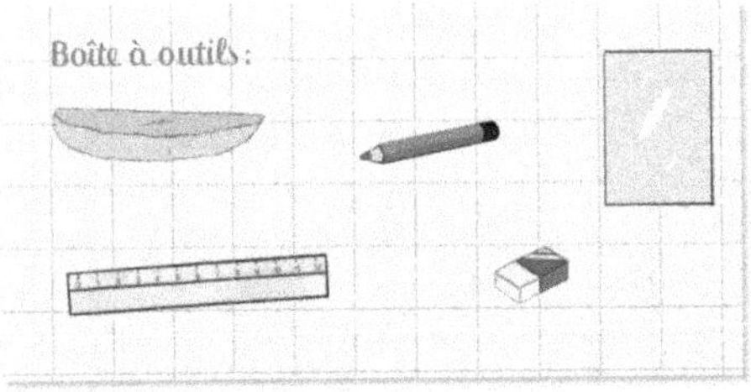

★ **Trace** un autre axe de symétrie sur la figure.

Décrire et tracer une figure symétrique par rapport à une droite

► Cahier-livre p. 138

Date : ....

Nom : ....

SIMPLIFICATION
Exercices 1 et 2 : Consulter l'écrit de référence.

1 **Trace la figure symétrique sur le quadrillage, vérifie avec ton calque (ou colorie les surfaces nécessaires à la vérification).**

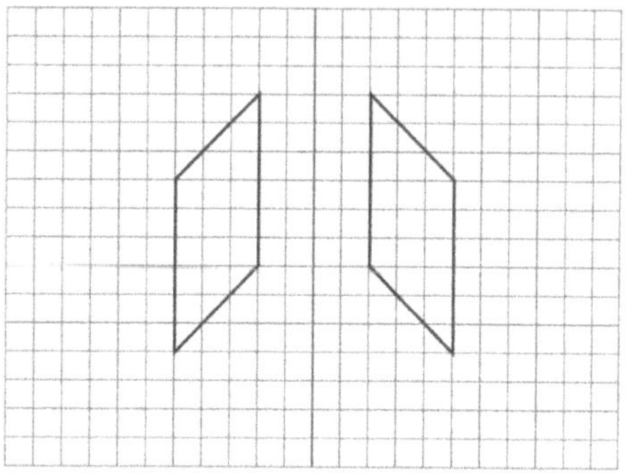

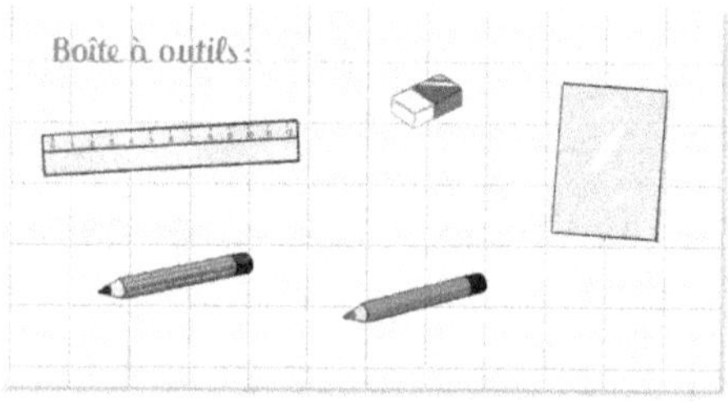

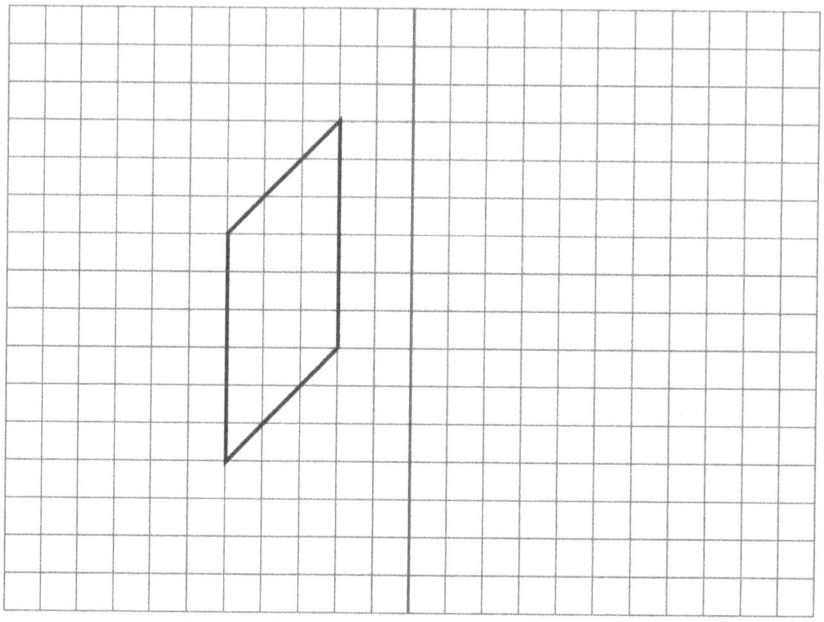

★ **Trace,** sur une autre feuille quadrillée, les figures plus longues de deux carreaux.

2 **Trace la figure symétrique décrite.**

Description de la figure symétrique

Un carré de 3 carreaux de côté. Un des côtés du carré est placé verticalement à 2 carreaux de l'axe de symétrie de cette figure symétrique.

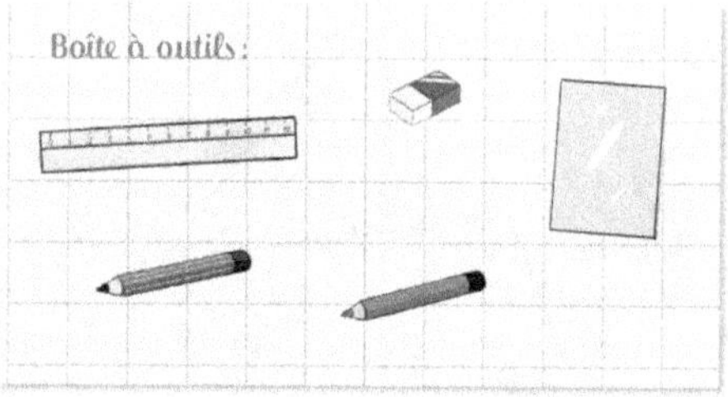

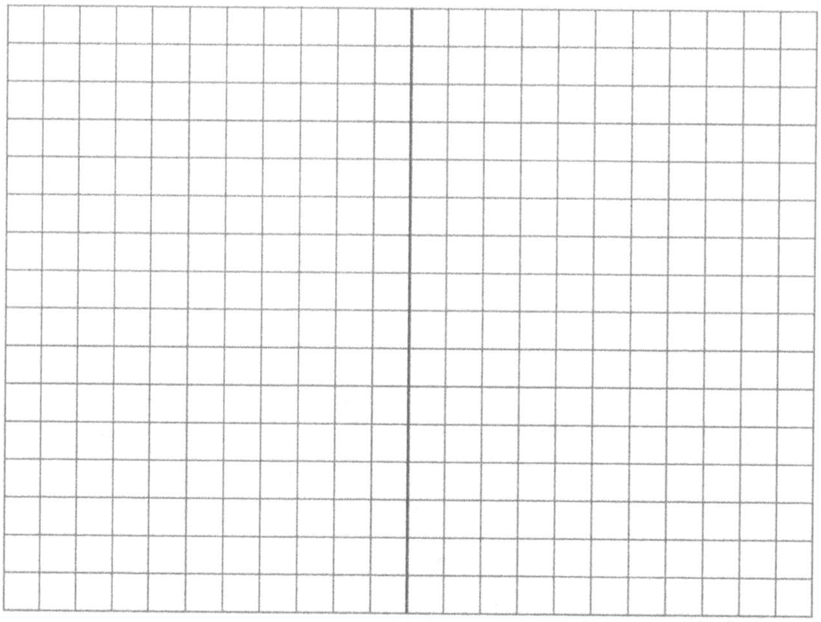

★ **Trace,** sur une autre feuille quadrillée, les figures avec des côtés de 2 carreaux.

Connaître la relation entre euro et centime d'euro

➤ Cahier-livre p. 142

Date : ....

Nom : ....

SIMPLIFICATION
Exercices 1, 2 et 3 : Consulter l'écrit de référence. Utiliser de la monnaie factice.

1 Barre les sommes qui ne correspondent pas au prix du croissant.

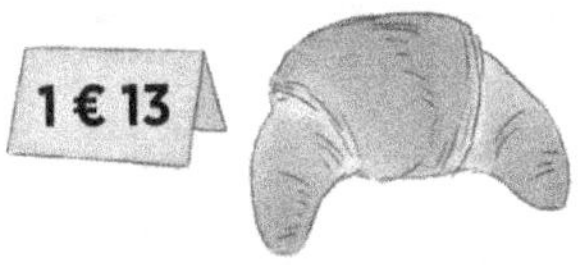

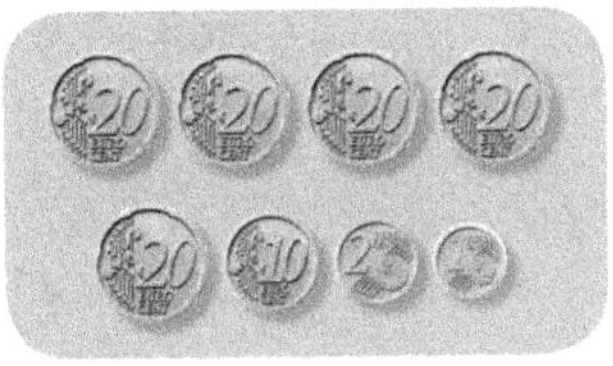

★ **Écris** la somme qui correspond à toutes les pièces. ....

2 Écris la valeur sur les pièces en centimes d'euros.

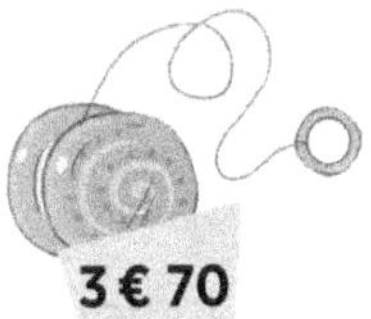

★ **Dessine** chaque somme au dos de la feuille en utilisant des pièces de 1 €.

3 Dessine les pièces correspondant au prix du livre.

★ **Dessine** la somme au dos de la feuille en utilisant des pièces de 1 €.

Connaître les relations entre année, mois, heure, min et s

► Cahier-livre p. 144

Date : ....

Nom : ....

SIMPLIFICATION
Exercices 1, 2 et 3 : Consulter l'écrit de référence.

1 Numérote les durées de la plus longue à la plus courte.

13 mois	1 an	130 min	130 s	2 h 08
....	....	....	....	....

★ **Écris** une durée, en secondes, comprise entre 2 minutes et 3 minutes.

....

2 Numérote les durées de la plus courte à la plus longue.

3 mois	85 s	130 min	1 minute et demi	98 jours
....	....	....	....	....

★ **Écris** une durée, en minutes, comprise entre 2 heures et demi et 3 heures.

....

3 Problème Malika veut enregistrer son film préféré qui dure 3 h 20.

Quel DVD va-t-elle choisir ?

★ **Écris,** en minutes, la durée qui manque sur les deux autres DVD. ....

....

Lire l'heure

► Cahier-livre p. 146

Date : ....

Nom : ....

SIMPLIFICATION
Exercices 1 et 2 : Consulter l'écrit de référence.

1 Écris l'heure sous chaque horloge.

.... h ....

.... h ....

.... h ....

.... h ....

★ **Écris** l'heure indiquée l'après-midi par chaque horloge ci-dessus.

.... h .... | .... h .... | .... h .... | .... h ....

2 Dessine les aiguilles sur chaque horloge.

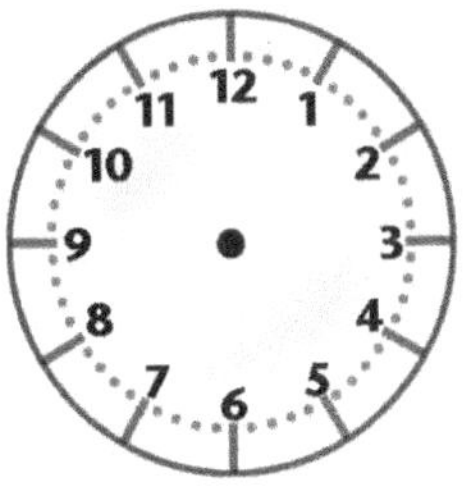

4 h 34

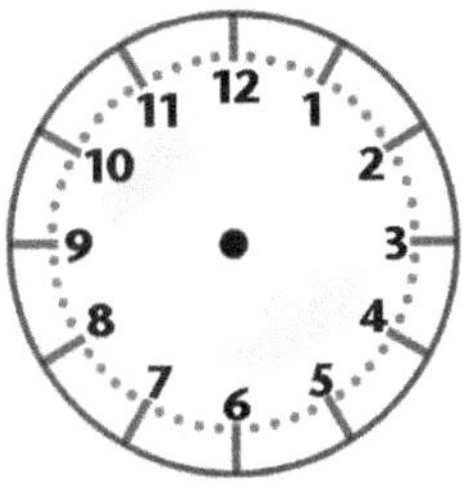

15 h 18

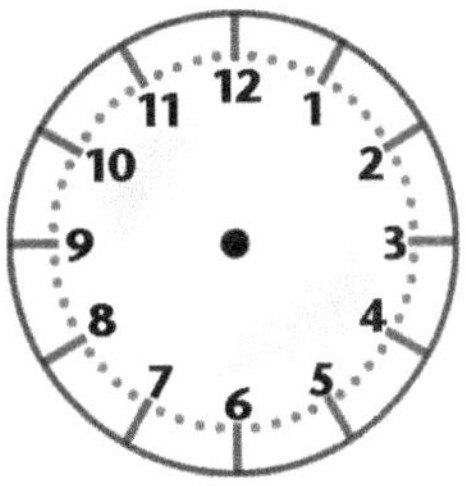

13 h 59

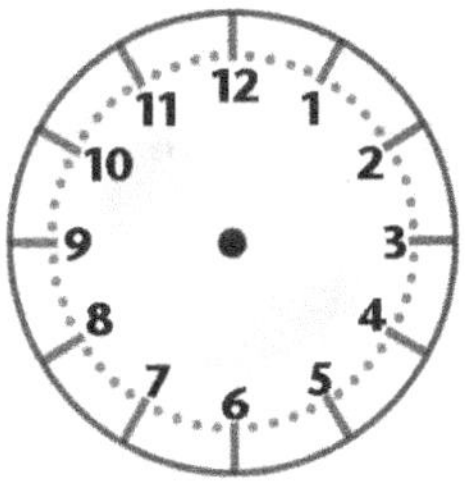

5 h 30

★ **Dessine** l'aiguille des secondes sur chaque horloge.

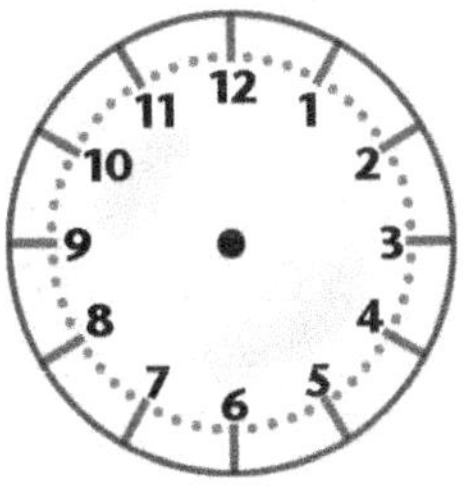

15 s

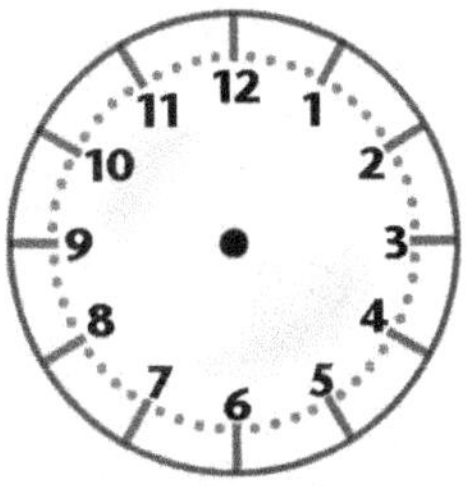

40 s

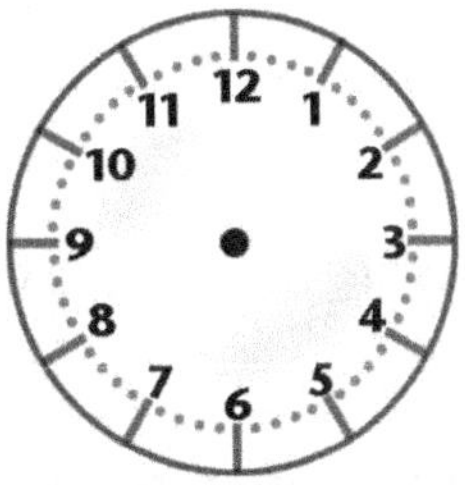

52 s

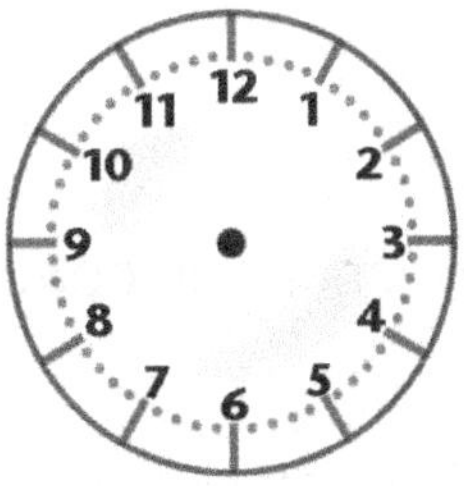

59 s

Connaître les relations entre km, m, cm et mm

Cahier-livre p. 148

Date : ....

Nom : ....

SIMPLIFICATION
Exercices 1, 2 et 3 : Consulter l'écrit de référence.

1 Numérote les longueurs de la plus courte à la plus longue.

100 cm c'est 1 m.

4 cm	20 mm	10 m	50 km	401 mm	900 cm
....	....	....	....	....	....

★ **Écris** une longueur, en cm, comprise entre 20 mm et 4 cm.

....

2 Numérote les longueurs de la plus longue à la plus courte.

25 mm	2 cm 2 mm	5 m	5 000 m	4 km 500 m	500 cm 3 mm
....	....	....	....	....	....

★ **Écris** une longueur, en km, comprise entre 4 000 m et 6 km.

....

3 Complète et calcule.

100 cm c'est 1 m.

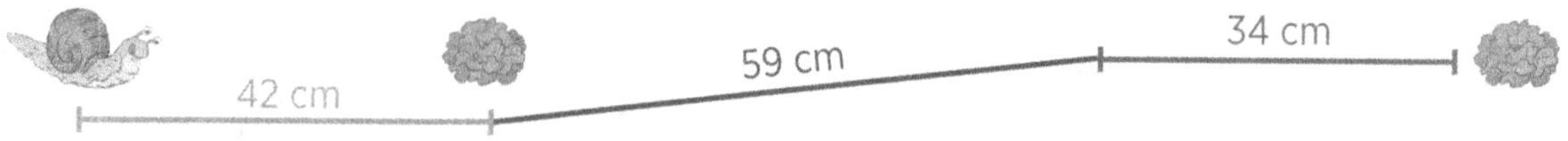

Distance parcourue par l'escargot : .... cm + ... cm + ... cm = ... m .... cm

★ **Écris,** en m et cm, la distance parcourue par l'escargot s'il fait encore 15 cm.

....

Mesurer une longueur à l'aide d'instruments

➤ Cahier-livre p. 150

Date : ....

Nom : ....

SIMPLIFICATION
Exercices 1, 2 et 3 : Consulter l'écrit de référence.

1 Complète avec l'instrument de mesure qui convient.

règle, mètre ruban, mètre de tableau, décamètre.

26 m ______________________

1 m 66 cm ______________________

73 cm ______________________

7 mm ______________________

★ **Écris** une longueur, en mm, comprise entre 8 mm et 2 cm. Avec quel instrument peut-on la mesurer ?

....

2 Relie chaque segment à sa longueur et barre l'intrus.

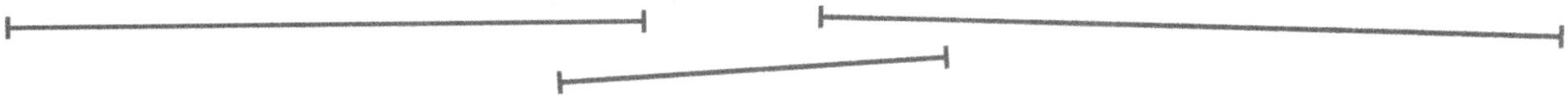

4 cm 2 mm   4 cm 4 mm   8 cm 1 mm   6 cm 9 mm

★ **Trace** un segment de 4 cm et 3 mm de longueur.

3 Calcule la distance parcourue par la fourmi qui va du point A au point G puis fait demi-tour pour s'arrêter au point C.

La distance totale parcourue par la fourmi est .... cm.

★ **Calcule** la distance parcourue si la fourmi s'arrête au point B après avoir fait demi-tour.

....

Calculer le périmètre d'un polygone

➤ Cahier-livre p. 152

Date : ....

Nom : ....

SIMPLIFICATION
Exercices 1, 2 et 3 : Consulter l'écrit de référence.

1 Calcule le périmètre de chaque polygone.

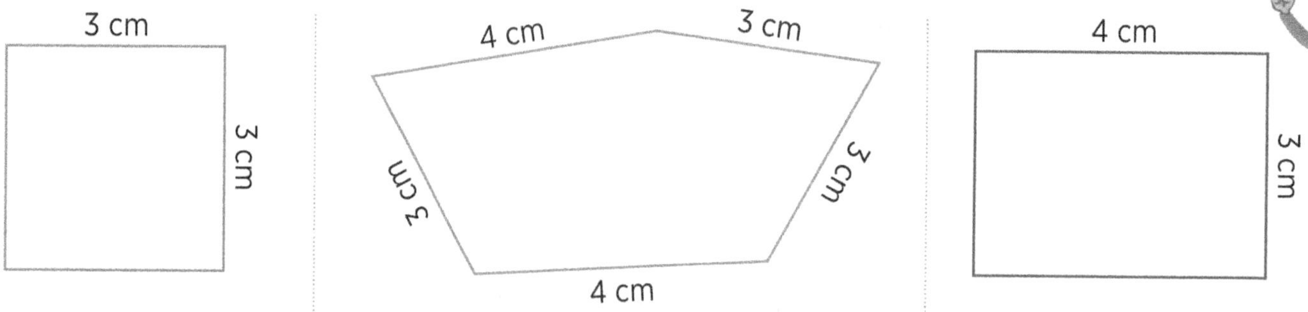

P = ... P = ... P = ...

★ **Calcule** le périmètre d'un carré de 5 cm de côté.

....

2 Mesure les côtés puis calcule le périmètre de chaque polygone.

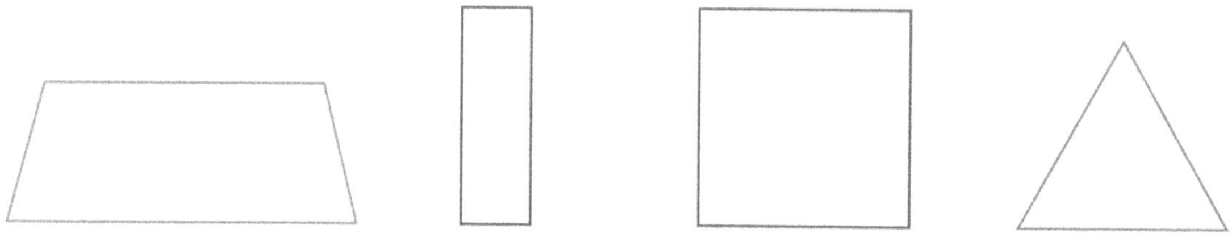

P = ... P = ... P = ... P = ...

★ **Calcule** le périmètre d'un triangle dont chaque côté mesure 5 cm.

....

3 Entoure le polygone qui a le plus petit périmètre.

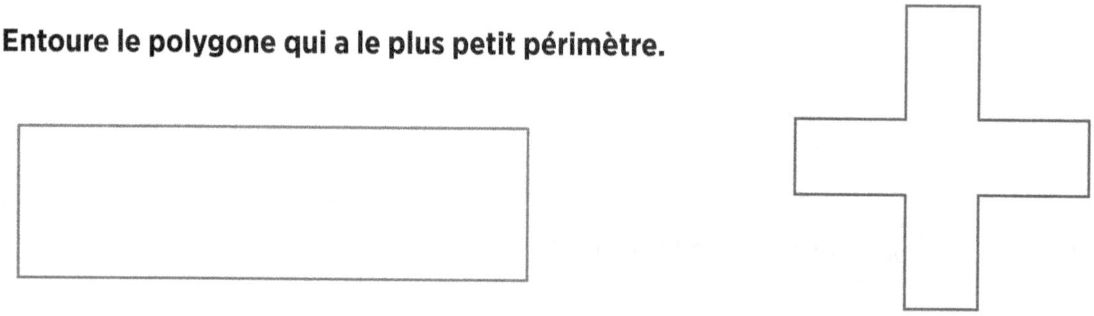

★ **Calcule** le périmètre d'un rectangle de 5 cm de longueur et de 4 cm de largeur.

....

Connaître les relations entre kg et g

► Cahier-livre p. 154

Date : ....

Nom : ....

SIMPLIFICATION

Exercices 1, 2 et 3 : Consulter l'écrit de référence.

1 Numérote les masses de la plus légère à la plus lourde.

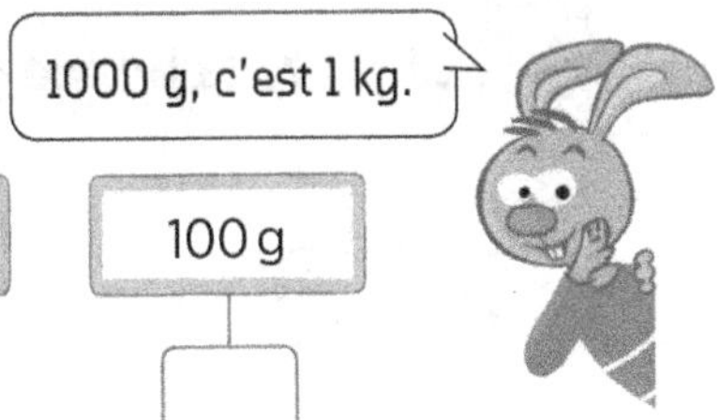

5 kg	1100 g	1 kg	69 kg	8 000 g	100 g
....	....	....	....	....	....

★ **Écris** une masse, en g, comprise entre 1 kg et 1 100 g.

....

2 Numérote les masses de la plus lourde à la plus légère.

2 kg	500 g	1 kg	100 kg	3 000 g	40 g
....	....	....	....	....	....

★ **Écris** une masse, en g, comprise entre 1 500 g et 2 000 g.

....

3 Problème

- **Complète.**
Masse totale des trois enfants :
.... kg .... g

- **Coche** la bonne proposition.
Les trois enfants peuvent monter dans la même nacelle.

☐ Oui ☐ Non

★ **Écris,** en kg et g, la masse totale des deux filles.

....

Mesurer une masse à l'aide d'instruments

► Cahier-livre p. 156

Date : ....

Nom : ....

SIMPLIFICATION
Exercices 1, 2 et 3 : Consulter l'écrit de référence.

1 Entoure la bonne proposition.

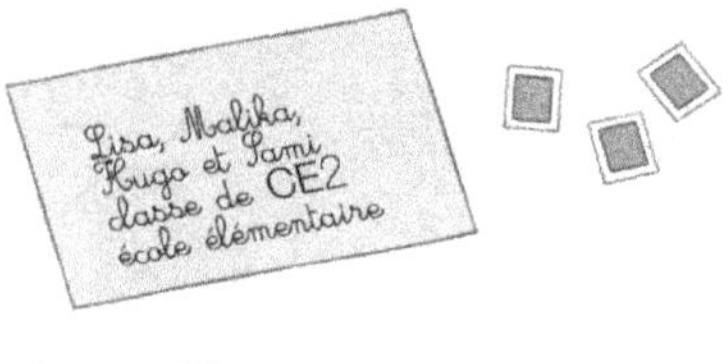

Cette enveloppe pèse : 21 kg   1 kg   1 g   25 g

Pour la peser, on utilise une balance :

Balance électronique   Balance de Roberval   Balance de cuisine

• **Complète**.

Pour affranchir une enveloppe de 20 g, on doit coller un timbre.
Combien faudra-t-il de timbres pour affranchir cette enveloppe ? Il faudra .... timbre.

★ **Écris** le nombre de timbres nécessaires pour affranchir une enveloppe de 63 g.

....

2 Problème Le dictionnaire pèse plus de 1 500 g mais moins d'1 kg 800 g.

• **Entoure** les poids qui conviennent.

• **Complète**.
Le dictionnaire pèse
..................kg ....g.

★ **Calcule** la masse de trois dictionnaires. Avec quel instrument peut-on les peser ?

....

....

3 Observe la balance et complète.

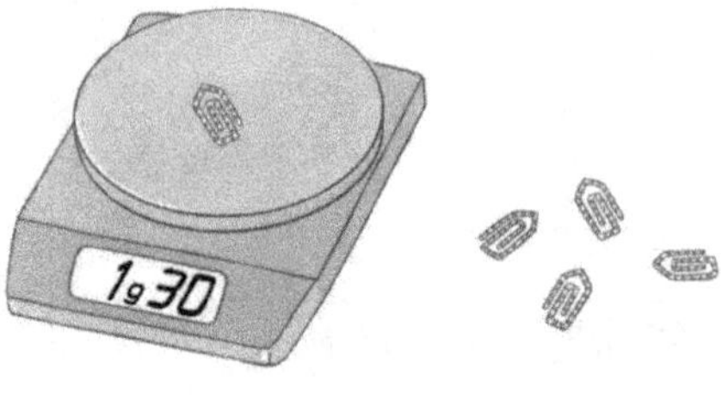

5 trombones pèsent : ....

★ **Calcule** la masse de dix trombones.

....

Connaître la relation entre litre et centilitre

► Cahier-livre p. 158

Date : ....

Nom : ....

SIMPLIFICATION
Exercices 1, 2 et 3 : Consulter l'écrit de référence.

1 Numérote les contenances de la plus petite à la plus grande.

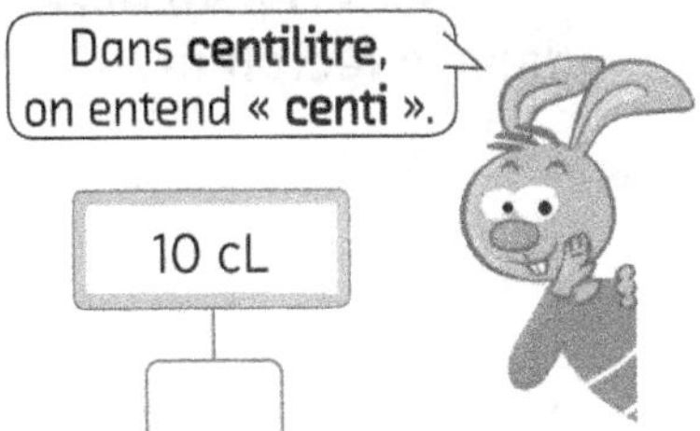

1 L	110 cL	4 L	3 L 80 cL	370 cL	10 cL
....	....	....	....	....	....

★ **Écris** une contenance, en cL, comprise entre 1 L et 110 cL.

....

2 Numérote les contenances de la plus grande à la plus petite.

3 L	50 cL	1 L	10 L	250 cL	10 cL
....	....	....	....	....	....

★ **Écris** une contenance, en cL, comprise entre 1 L et 2 L.

....

3 Problème Combien de verres de 30 cL peut-on servir avec une bouteille de soda de 2 L ?

• **Complète**.

On peut servir .... verres de 30 cL avec une bouteille de 2 L.

★ **Calcule** pour une bouteille de soda de 3 L.

....

Mesurer une capacité à l'aide d'instruments

➤ Cahier-livre p. 160

Date : ....

Nom : ....

SIMPLIFICATION
Exercices 1, 2 et 3 : Consulter l'écrit de référence.

1 **Colorie, en bleu, 80 cL d'eau dans le récipient.**

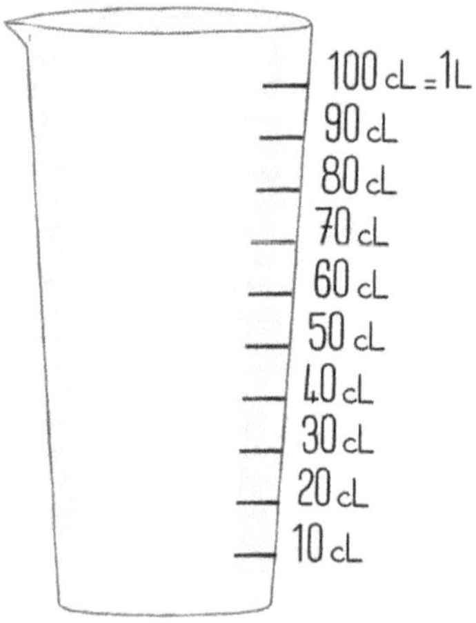

★ **Colorie** 15 cL d'huile au-dessus de l'eau.

2 **Complète.**

Récipient	Capacité	Nombre de récipients pour obtenir 3 L
	10 cL	....
	50 cL	....
	¼ L	....
	25 cL	....

★ **Calcule** pour un récipient d'une capacité de 30 cL.

....

3 **Problème** Le réservoir du bus de l'école a une capacité maximale de 2 000 L de gaz naturel. En observant le tableau de bord du bus trouve la quantité restante de carburant.

• **Complète.**

Il reste .... L de gaz dans le réservoir.

★ **Calcule** pour un réservoir de 3 000 L.

....

Résoudre des problèmes en utilisant des conversions

► Cahier-livre p. 162

Date : ....

Nom : ....

SIMPLIFICATION

Exercices 1, 2 et 3 : Consulter l'écrit de référence.

1 Problème Durant le tour de France, les coureurs font en moyenne 135 km par jour.

Quelle distance, en mètres, parcourent-ils en 2 jours ?

• **Complète.**

135 km = ... m

En 2 jours, les coureurs du Tour de France parcourent .... m.

★ **Écris** la distance parcourue par les coureurs en une semaine.

....

2 Problème Pour la fête de l'école, le directeur prévoit de distribuer 2 kg de confettis.

Combien de sachets de 20 g doit-il acheter ?

• **Complète.**

2 kg = ... g

Il doit acheter .... sachets de 20 g de confettis.

★ **Calcule** le nombre de sachets de 40 g à acheter pour 8 kg de confettis.

....

3 Problème Pour arroser le potager de l'école, Malika et Hugo ont besoin de 10 000 cL d'eau.

Quelle capacité d'eau cela représente-t-il en litres ?

• **Complète.**

Il faut .... L d'eau pour arroser le potager.

• **Calcule.**

Ils ont un arrosoir de 5 litres.

Combien de fois devront-ils le remplir pour arroser tout le potager de l'école ?

Malika et Hugo devront remplir .... arrosoirs pour arroser le potager.

★ **Calcule** le nombre d'arrosoirs de 10 litres à remplir pour arroser le potager.

....

Lire et utiliser un tableau à double entrée

➤ Cahier-livre p. 166

Date : ....

Nom : ....

SIMPLIFICATION
Exercices **1** et **2** : Faire oraliser les informations du tableau à double entrée.

1 Voici les sports pratiqués pendant les activités périscolaires.

- **Colorie** en rouge l'enfant qui a choisi le plus d'activités sportives différentes.
- **Colorie** en bleu le sport qui a été le moins choisi.

	Escrime	Pétanque	Kin-ball	Flag-football
Malika	x		x	
Lisa	x		x	x
Hugo		x		
Sami			x	x

★ **Écris** les sports en les rangeant du plus choisi au moins choisi.

....

2 Lisa doit prendre l'autocar pour rejoindre Malika à la piscine.

Voici les horaires des bus en partance de la gare et à destination de la piscine.

	1	2	3	4	5
gare	16 h 15	16 h 30	16 h 45	17 h 00	17 h 15
square		16 h 40		17 h 10	17 h 25
piscine	16 h 45	17 h 15	17 h 15	17 h 45	18 h 00

- **Complète.**

– Si Lisa prend le bus 2 à la gare, à quelle heure arrivera-t-elle à la piscine ?

Elle arrivera à .... à la piscine.

– Si Lisa doit rejoindre Malika à la piscine avant 17 h 30. Quels bus pourrait-elle prendre ?

Elle pourrait prendre les bus .... ; .... et ....

★ **Complète.**

Si Lisa doit rejoindre Malika à la piscine sans arrêt au square (bus direct).
Quels bus pourrait-elle prendre ?

Elle pourrait prendre les bus .... et ....

Lire et utiliser un graphique

➤ Cahier-livre p. 168

Date : ....

Nom : ....

SIMPLIFICATION

Faire oraliser les informations du graphique.
Compléter la première série de phrases avec les élèves.

Voici le graphique du nombre de livres empruntés à la bibliothèque des CM.

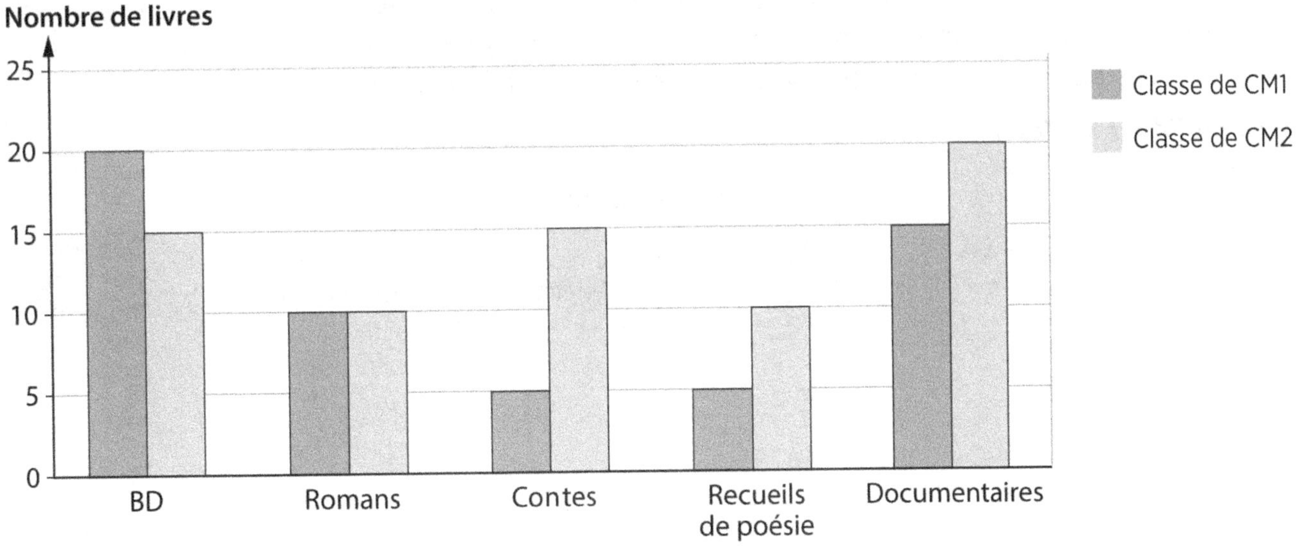

• **Complète.**

Les .... sont les livres les moins empruntés sur l'ensemble des bibliothèques des deux classes.

Mais il y a eu .... contes choisis en tout par les élèves de CM1 et de CM2.

Il faudrait que les classes achètent .... recueils de poésie pour en avoir au total autant que de BD.

Au total, il y a .... livres dans les deux bibliothèques.

Recherches

★ **Écris** les types de livres en les rangeant du plus choisi au moins choisi, dans chaque bibliothèque.

CM1 : ....

CM2 : ....

Organiser les données d'un problème dans un tableau

► Cahier-livre p. 170

Date : ....

Nom : ....

SIMPLIFICATION

Exercices 1 et 2 : Faire oraliser les informations du texte. Mener un exemple avec les élèves.

1 À la cantine, chaque enfant doit faire 4 choix avec obligatoirement le plat de résistance.

Malika ne prend jamais d'entrée froide. Lisa, elle, ne mange pas de sucré.
Sami préfère prendre un dessert plutôt qu'un laitage. Et Hugo, exceptionnellement, ne prend pas de plat de résistance, mais il a quand même fait 4 choix !

• **Complète** le tableau.

	Menus du jour				
	Entrée Froide Crudités	Entrée Chaude Potage	Plat de résistance Paëlla	Laitage Emmental	Dessert Mousse au chocolat
Malika					
Lisa					
Sami					
Hugo					

★ **Écris** le plat le plus choisi par les quatre enfants. ....

2 L'école du Mont des bruyères comporte 4 classes.

Madame D a la classe de CP/CM1 ; ils sont 27 en tout. Il y a 13 CP et le reste en CM1.
Il y a également, la classe des CE1 de Madame N. Son effectif est de 29 élèves.
Monsieur E, lui, a les CE2. Sa classe est assez chargée ; il a 30 élèves.
Enfin, Monsieur G, le directeur, gère la classe des CM1/CM2. Il a un effectif de 28 avec autant de CM1 que de CM2.

• **Complète** le tableau.

	CP	CE1	CE2	CM1	CM2	Total par classe
Madame D	....	....	....	....	....	....
Madame N	....	....	....	....	....	....
Monsieur E	....	....	....	....	....	....
Monsieur G	....	....	....	....	....	....
Total par niveau	....	....	....	....	....	

★ **Range** les classes de la plus chargée à la moins chargée.

....

Organiser les données d'un problème dans un graphique

Cahier-livre p. 172

Date : ....

Nom : ....

SIMPLIFICATION

Faire oraliser les informations du tableau. Mener un exemple pour chaque graphique avec les élèves.

- **Observe le tableau du relevé météorologique de la cour de l'école.**

Mois	Janvier	Mars	Mai	Juillet	Septembre	Novembre
Températures (en degré)	0	10	20	25	15	5
Précipitations (en mm)	50	40	20	30	40	60

1 Trace la courbe de l'évolution des températures de la cour de l'école.

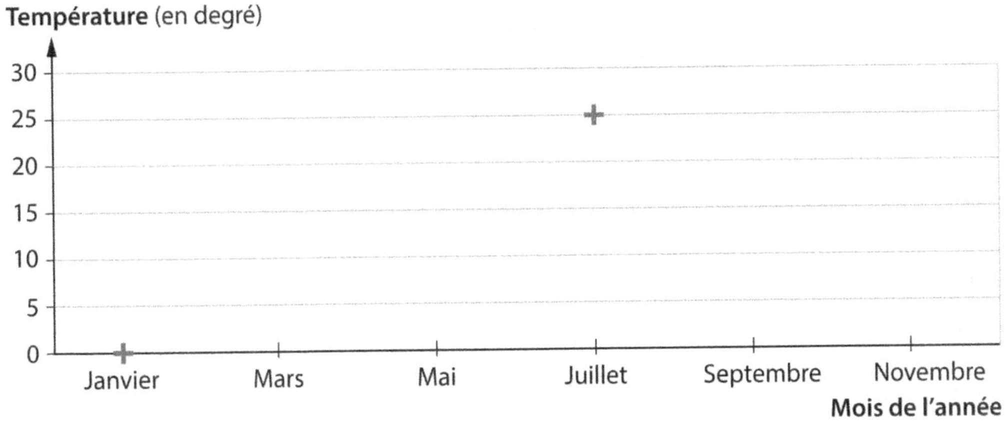

★ **Écris** le mois le plus chaud. ....

2 Complète le diagramme en bâtons de l'évolution des précipitations dans la cour de l'école.

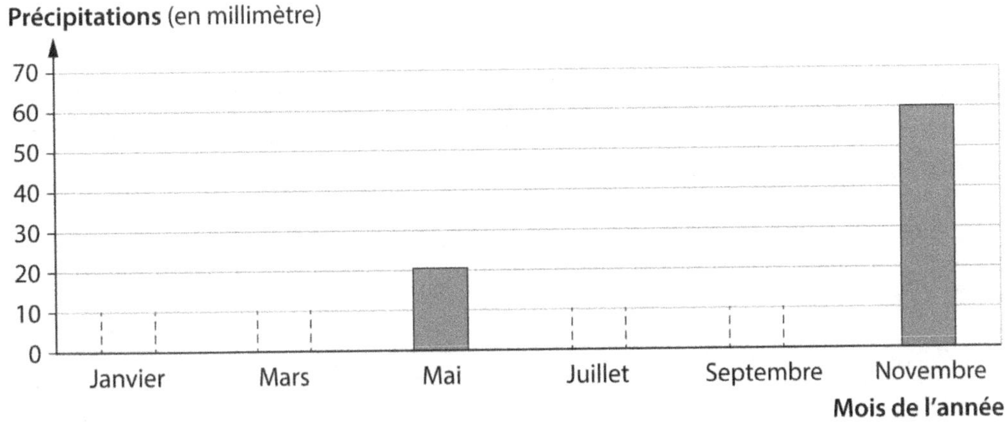

★ **Écris** le mois le plus humide. ....

Utiliser un graphique pour résoudre un problème

Cahier-livre p 174

Date : ....

Nom : ....

SIMPLIFICATION
Faire oraliser les informations du graphique. Mener un exemple avec les élèves.

Voici la répartition du Temps d'Activités Périscolaires (TAP) pour les élèves de CE2.

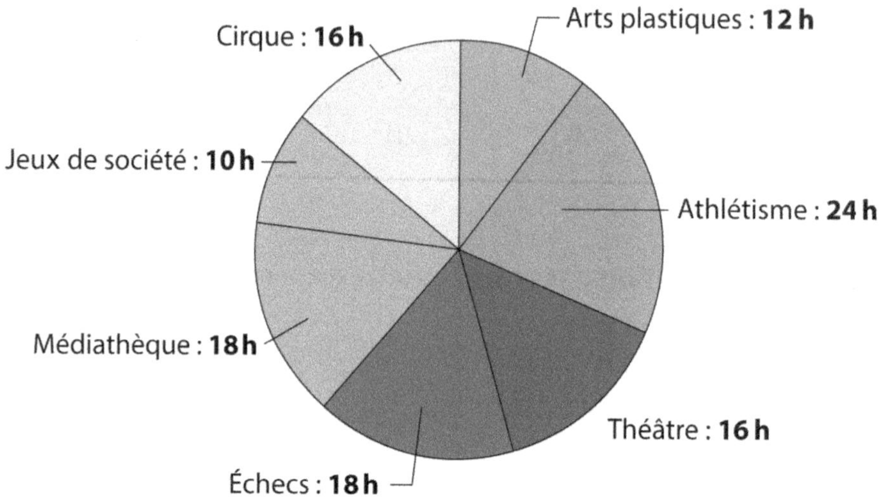

• **Complète.**

– Quelle est l'activité la moins pratiquée par les élèves de CE2 cette année ?

L'activité la moins pratiquée est ....

– Combien d'heures de TAP un élève de CE2 peut-il faire ?

Un élève de CE2 peut faire .... d'heures d'activités périscolaires.

– Malika s'est inscrite au jeu d'échecs et en théâtre. Combien d'heures de TAP fera-t-elle ?

Malika fera .... heures de TAP.

– Lisa ne s'est inscrite qu'en athlétisme. Combien d'heures de TAP Lisa fera-t-elle en plus ou en moins par rapport à Malika ?

Lisa fera .... heures de TAP de .... que Malika.

★ Trois types d'activités sont prévues : les activités culturelles (arts plastiques, théâtre, médiathèque), les activités ludiques (jeux de société et échecs) et les activités sportives (athlétisme et cirque). **Quel type d'activité** est le plus proposé aux CE2 ?

Les CE2 pourront surtout faire des activités ....

Organisation et gestion des données Entretien

Évaluation

Les nombres jusqu'à 999

1 Je sais lire et écrire les nombres

Je sais faire
non | avec aide | oui

- **Écris** en chiffres.

sept-cent-quarante : ……………

six-cents : ……………

huit-cent-quatre-vingt-dix-neuf : ……………

neuf-cent-sept : ……………

- **Écris** en lettres.

302 : ______

428 : ______

800 : ______

980 : ______

2 Je sais décomposer les nombres

Je sais faire
non | avec aide | oui

- **Décompose** à l'aide de l'addition.

523 = ……………

306 = ……………

- **Décompose** à l'aide la multiplication.

882 = ……………

712 = ……………

- **Recompose** chaque nombre.

100 + 100 + 100 + 100 + 10 + 5 = ……………

900 + 50 + 5 + 1 = ……………

COMPÉTENCES		NON ACQUIS	EN COURS D'ACQUISITION	ACQUIS
Exercice 1 : Lire et écrire les nombres.	Cahier-livre élève p. 8	☐	☐	☐
Exercice 2 : Décomposer les nombres.	Cahier-livre élève p. 10	☐	☐	☐

mille 1000 neuf 9

Évaluation

Les nombres jusqu'à 999

3 Je sais comparer, ranger et encadrer les nombres

Je sais faire
non | avec aide | oui

- **Complète** avec < ou >.

215 .... 512 478 .... 399 504 045

- **Encadre** entre deux centaines.

.... < 409 < .... < 788 < ....

- **Range** dans l'ordre décroissant.

701 802 970 902 685

....

4 Je sais écrire des suites de nombres

Je sais faire
non | avec aide | oui

- **Écris** la suite des nombres de 886 à 903.

....

....

- **Écris** la suite des nombres de 0 à 900 avec un écart de 150.

....

....

5 Je sais utiliser les relations entre les nombres

Je sais faire
non | avec aide | oui

- **Complète.**

Le double de 230 c'est ....

La moitié de 600 c'est ....

- **Complète** avec les mots qui conviennent.

Le .... de 203 c'est 406.

451, c'est la .... de 902.

COMPÉTENCES		NON ACQUIS	EN COURS D'ACQUISITION	ACQUIS
Exercice 3 : Comparer, ranger, encadrer les nombres.	Cahier-livre élève p. 12	☐	☐	☐
Exercice 4 : Se repérer dans la suite des nombres.	Cahier-livre élève p. 14	☐	☐	☐
Exercice 5 : Utiliser les relations entre les nombres.	Cahier-livre élève p. 16	☐	☐	☐

mille 1000
neuf 9

Évaluation

Les nombres jusqu'à 9 999

1 Je sais lire et écrire les nombres

Je sais faire
non | avec aide | oui

- **Écris** en chiffres.

trois-mille-sept-cent-quarante : ....

six-mille-six-cents : ....

huit-mille-neuf-cent-quatre-vingt-dix-neuf : ....

neuf-mille-huit-cent-sept : ....

- **Écris** en lettres.

2 302 : ______________________________

1 428 : ______________________________

5 800 : ______________________________

3 080 : ______________________________

2 Je sais décomposer les nombres

Je sais faire
non | avec aide | oui

- **Décompose** à l'aide de l'addition.

2 523 = ...

5 068 = ...

- **Décompose** à l'aide la multiplication.

8 825 = ...

9 712 = ...

- **Recompose** chaque nombre.

1 000 + 1 000 + 100 + 100 + 10 + 5 = = ...

9 000 + 500 + 50 + 1 = = ...

COMPÉTENCES		NON ACQUIS	EN COURS D'ACQUISITION	ACQUIS
Exercice 1 : Lire et écrire les nombres.	Cahier-livre élève p. 20	☐	☐	☐
Exercice 2 : Décomposer les nombres.	Cahier-livre élève p. 22	☐	☐	☐

mille 1000 neuf 9

Évaluation

Les nombres jusqu'à 9 999

3 Je sais comparer, ranger et encadrer les nombres

Je sais faire: non | avec aide | oui

- **Complète** en utilisant < ou >.

6 215 .... 6 512   3 478 .... 3 399   5 504 .... 5 045

- **Encadre** entre deux unités de mille.

.... < 4 079 < .... < 7 588 < ....

- **Range** dans l'ordre décroissant.

6701   5802   6970   5902   6085

....

4 Je sais écrire des suites de nombres

Je sais faire: non | avec aide | oui

- **Écris** la suite des nombres de 8 986 à 9 001.

....

....

- **Écris** la suite des nombres de 0 à 9 000 avec un écart de 1 500.

....

....

5 Je sais utiliser les relations entre les nombres

Je sais faire: non | avec aide | oui

- **Complète.**

Le triple de 230 c'est ....

Le tiers de 6 000 c'est ....

- **Complète** avec les mots qui conviennent.

Le .... de 2 003 c'est 6 009.

Un .... de 9 999 c'est 3 333.

2 000, c'est le .... de 6 000.

2 400, c'est le .... de 800.

COMPÉTENCES		NON ACQUIS	EN COURS D'ACQUISITION	ACQUIS
Exercice 3 : Comparer, ranger, encadrer les nombres.	Cahier-livre élève p. 24	☐	☐	☐
Exercice 4 : Ecrire des suites de nombres.	Cahier-livre élève p. 26	☐	☐	☐
Exercice 5 : Utiliser les relations entre les nombres.	Cahier-livre élève p. 28	☐	☐	☐

mille 1000
neuf 9

Évaluation

Les nombres jusqu'à 99 999

1 Je sais lire et écrire les nombres

Je sais faire
non | avec aide | oui

- **Écris** en chiffres.

trente-trois-mille-sept-cent-quarante : ....

soixante-six-mille-six-cents : ....

quarante-huit-mille-neuf-cent-quatre-vingt-dix-neuf: ....

soixante-dix-neuf-mille-huit-cent-sept : ....

- **Écris** en lettres.

23 402 : ____________________

14 528 : ____________________

30 800 : ____________________

2 Je sais décomposer les nombres

Je sais faire
non | avec aide | oui

- **Décompose** à l'aide de l'addition.

25 123 = ...

- **Décompose** à l'aide la multiplication.

88 225 = ...

- **Recompose** chaque nombre.

10 000 + 10 000 + 1 000 + 100 + 10 + 5 = ...

10 000 + 10 000 + 10 000 + 10 000 + 10 + 10 + 3 = ...

(2 × 10 000) + (3 × 1 000) + (4 × 100) = ...

(9 × 10 000) + (9 × 100) + 9 = ...

COMPÉTENCES		NON ACQUIS	EN COURS D'ACQUISITION	ACQUIS
Exercice 1 : Lire et écrire les nombres.	Cahier-livre élève p. 32	☐	☐	☐
Exercice 2 : Décomposer les nombres.	Cahier-livre élève p. 34	☐	☐	☐

Évaluation

Les nombres jusqu'à 99 999

3 Je sais comparer, ranger et encadrer les nombres

Je sais faire
non | avec aide | oui

- **Complète** en utilisant < ou >.

65 015 .... 65 012 34 780 .... 34 990 50 004 .... 50 045

- **Encadre** entre deux dizaines de mille.

.... < 45 079 < .... < 79 588 < ....

- **Range** dans l'ordre décroissant.

67 010 58 020 69 700 59 020 60 850

....

4 Je sais écrire des suites de nombres

Je sais faire
non | avec aide | oui

- **Écris** la suite des nombres de 89 986 à 90 003.

....

....

- **Écris** la suite des nombres de 0 à 90 000 avec un écart de 15 000.

....

5 Je sais utiliser les relations entre les nombres

Je sais faire
non | avec aide | oui

- **Complète.**

Le quadruple de 21 000 c'est ....

Le quart de 80 000 c'est ....

- **Complète** avec les mots qui conviennent.

Le .... de 20 003, c'est 80 012.

Un .... de 88 888, c'est 22 222.

20 001, c'est le .... de 80 004.

32 000, c'est le .... de 8000.

COMPÉTENCES		NON ACQUIS	EN COURS D'ACQUISITION	ACQUIS
Exercice 3 : Comparer, ranger, encadrer les nombres.	Cahier-livre élève p. 36	☐	☐	☐
Exercice 4 : Ecrire des suites de nombres.	Cahier-livre élève p. 38	☐	☐	☐
Exercice 5 : Utiliser les relations entre les nombres.	Cahier-livre élève p. 40	☐	☐	☐

Évaluation

Les nombres jusqu'à 999 999

1 Je sais lire et écrire les nombres

Je sais faire: non | avec aide | oui

- **Écris** en chiffres.

cent-trente-trois-mille-sept-cent-quarante ....

deux-cent-soixante-six-mille-six-cents ....

quatre-cent-quarante-huit-mille-neuf-cent-quatre-vingt-dix-neuf ....

neuf-cent-soixante-dix-neuf-mille-huit-cent-sept ....

- **Écris** en lettres.

223 402 : ____________

514 528 : ____________

858 300 : ____________

930 800: ____________

2 Je sais décomposer les nombres

Je sais faire: non | avec aide | oui

- **Décompose** à l'aide de l'addition.

252 123 = ...

506 468 = ...

- **Décompose** à l'aide la multiplication.

858 225 = ...

947 512 = ...

- **Recompose** chaque nombre.

100 000 + 100 000 + 10 000 + 1 000 + 100 + 5 = ...

900 000 + 50 000 + 5 000 + 100 = ...

(4 × 100 000) + (5 × 10 000) + (2 × 1 000) = ...

COMPÉTENCES		NON ACQUIS	EN COURS D'ACQUISITION	ACQUIS
Exercice 1 : Lire et écrire les nombres.	Cahier-livre élève p. 44	☐	☐	☐
Exercice 2 : Décomposer les nombres.	Cahier-livre élève p. 46	☐	☐	☐

Les nombres jusqu'à 999 999

3 Je sais comparer, ranger et encadrer les nombres

Je sais faire: non | avec aide | oui

- **Complète** en utilisant < ou >.

65 015 .... 65 012   34 780 .... 34 990   50 004 .... 50 045

- **Encadre** entre deux centaines de mille.

.... < 457 079 < .... < 799 588 < ....

- **Range** dans l'ordre décroissant.

670 010   580 020   690 700   590 020   670 850

....

4 Je sais écrire des suites de nombres

Je sais faire: non | avec aide | oui

- **Écris** la suite des nombres de 899 986 à 900 003.

....

5 Je sais utiliser les relations entre les nombres

Je sais faire: non | avec aide | oui

- **Complète.**

10 : 2 = ...   50 : 2 = ...   100 : 2 = ...   10 : .... = 2   50 : 5 = ...

25 : 5 = ...   100 : 4 = ...   50 : 10 = ...   100 : 10 = ...

- **Complète.**

25 = (........ × 2) + 5   50 = (........ × 5) + 25   50 = (........ × 4) + 10

100 = (........ × 10) + 50   100 = (........ × 6) + (........ × 2) + (........ × 2)

COMPÉTENCES		NON ACQUIS	EN COURS D'ACQUISITION	ACQUIS
Exercice 3 : Comparer, ranger, encadrer les nombres.	Cahier-livre élève p. 48	☐	☐	☐
Exercice 4 : Ecrire des suites de nombres.	Cahier-livre élève p. 50	☐	☐	☐
Exercice 5 : Utiliser les relations entre les nombres.	Cahier-livre élève p. 52	☐	☐	☐

6 Je connais le million

Je sais faire: non | avec aide | oui

- **Complète.**

1 000 004, c'est 1 unité de .... et .... unités.

1 000 00......, c'est 1 unité de .... et 9 unités.

- **Écris** en chiffres.

un million deux : ....

un million cinq : ....

un million huit : ....

un million trois : ....

7 Je sais utiliser les relations entre les nombres

Je sais faire: non | avec aide | oui

- **Complète** la table d'addition.

+	60	30	15
15	....	....	....
30	....	....	....
60	....	....	....

- **Complète.**

15 + 15 = ... × 2 = 30

15 + 15 + 15 + 15 = ... × 4 = 60

.... + ... = 30 × 2 = 60

(15 × 2) + 30 = ...

30 : 2 = ...

60 : 2 = ...

60 : 4 = ...

120 : 2 = ...

45 : 3 = ...

COMPÉTENCES		NON ACQUIS	EN COURS D'ACQUISITION	ACQUIS
Exercice 6 : Découvrir le million.	Cahier-livre élève p. 54	☐	☐	☐
Exercice 7 : Utiliser les relations entre les nombres.	Cahier-livre élève p. 56	☐	☐	☐

Évaluation

Les nombres jusqu'à 999

1 Je sais calculer des sommes en ligne

Je sais faire : non | avec aide | oui

- **Calcule.**

115 + 131 + 185 + 406

.... + ...

....

272 + 133 + 217 + 128

.... + ...

....

2 Je sais poser et effectuer une addition

Je sais faire : non | avec aide | oui

- **Pose** les additions en colonne et **calcule**.

455 + 167

	c	d	u
	......	......	......
+	......	......	......
=	......	......	......

285 + 107 + 317

	c	d	u
	......	......	......
+	......	......	......
+	......	......	......
=	......	......	......

3 Je sais calculer des différences en ligne

Je sais faire : non | avec aide | oui

- **Calcule**

874 – 341 – 323

.... – ....

....

867 – 221 – 325 – 210

.... – .... – ....

.... – ....

....

COMPÉTENCES		NON ACQUIS	EN COURS D'ACQUISITION	ACQUIS
Exercice 1 : Calculer des sommes en ligne.	Cahier-livre élève p. 62	☐	☐	☐
Exercice 2 : Poser et effectuer une addition.	Cahier-livre élève p. 64	☐	☐	☐
Exercice 3 : Calculer des différences en ligne.	Cahier-livre élève p. 66	☐	☐	☐

Évaluation

Les nombres jusqu'à 999

4 Je sais poser et effectuer une soustraction sans retenue

Je sais faire: non | avec aide | oui

- **Pose** les soustractions en colonne et **calcule**.

865 − 53

	c	d	u
−			
=	......	......	......

605 − 304

	c	d	u
−			
=	......	......	......

865 − 53 = ...

605 − 304 = ...

5 Je sais résoudre des problèmes additifs et soustractifs

Je sais faire: non | avec aide | oui

Problème Sami a joué aux billes pendant la récréation.
À la première partie, il a gagné 35 billes. À la seconde partie, il a perdu 31 billes.
Combien de billes en plus, ou en moins, Sami possède-t-il à la fin de la récréation ?

- **Écris** la réponse à la question.

Sami possède .... billes en .... à la fin de la récréation.

Les nombres jusqu'à 9 999

1 Je sais poser et effectuer une soustraction avec retenue

Je sais faire: non | avec aide | oui

- **Pose** les soustractions en colonne et **calcule**.

8 165 − 1 378

	m	c	d	u
−				
=	......	......	......	......

7 035 − 3 789

	m	c	d	u
−				
=	......	......	......	......

8 165 − 1 378 = ...

7 035 − 3 789 = ...

COMPÉTENCES		NON ACQUIS	EN COURS D'ACQUISITION	ACQUIS
Exercice 4 : Poser et effectuer une soustraction. sans retenue	Cahier-livre élève p. 68	☐	☐	☐
Exercice 5 : Résoudre des problèmes additifs et soustractifs.	Cahier-livre élève p. 70	☐	☐	☐
Exercice 1 : Poser et effectuer une soustraction avec retenue.	Cahier-livre élève p. 72	☐	☐	☐

Évaluation

Les nombres jusqu'à 9 999

2 Je sais calculer un produit en ligne

Je sais faire : non | avec aide | oui

- **Calcule.**

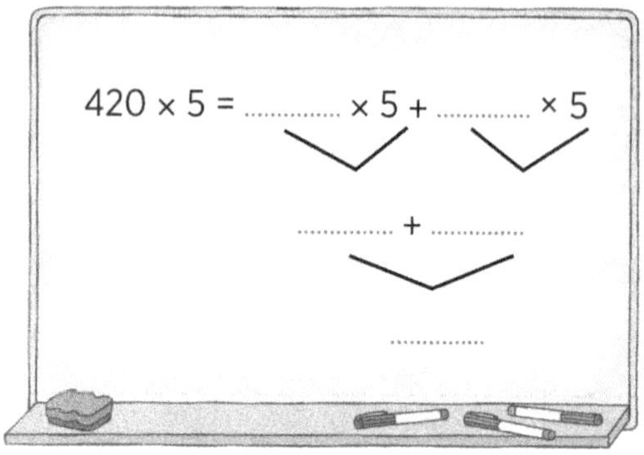

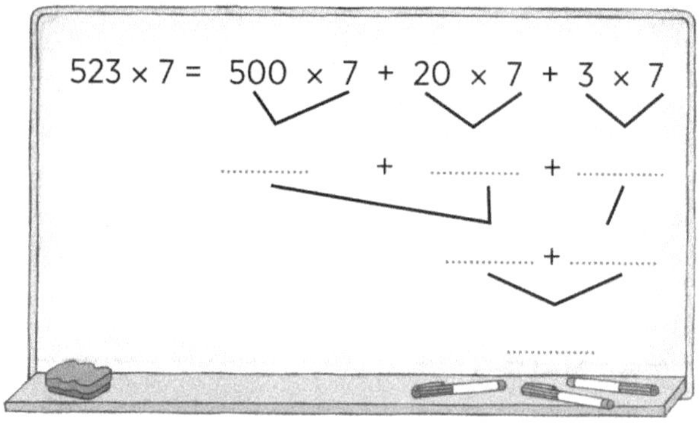

3 Je sais poser et effectuer une multiplication par un nombre à un chiffre

Je sais faire : non | avec aide | oui

- **Effectue** les multiplications en colonne.

	m	c	d	u
	1	2	4	1
×				5
=	.....	.....	.....	.....

Boîte à retenues		
m	c	d
....	....	....

$1\,241 \times 5 =$ ....

	m	c	d	u
	1	4	1	6
×				6
=	.....	.....	.....	.....

Boîte à retenues		
m	c	d
....	....	....

$1416 \times 6 =$ ....

4 Je sais résoudre des problèmes multiplicatifs

Je sais faire : non | avec aide | oui

Problème Pour la fête de l'école, Malika a vendu 128 carnets de tickets.
Chaque carnet est vendu 4 €.
Quelle somme d'argent Malika a-t-elle fait gagner à l'école ?

	c	d	u
×			
=	.....	.....	.....

Boîte à retenues		
m	c	d
....	....	....

- **Écris** la réponse à la question.

Malika a fait gagner .... € à l'école.

COMPÉTENCES		NON ACQUIS	EN COURS D'ACQUISITION	ACQUIS
Exercice 2 : Calculer un produit en ligne.	Cahier-livre élève p. 74	☐	☐	☐
Exercice 3 : Poser et effectuer une multiplication par un nombre à un chiffre.	Cahier-livre élève p. 76	☐	☐	☐
Exercice 4 : Résoudre des problèmes multiplicatifs	Cahier-livre élève p. 78	☐	☐	☐

Évaluation

Les nombres jusqu'à 99 999

① Je sais résoudre des problèmes additifs et soustractifs

Je sais faire
non | avec aide | oui

Problème Lisa a joué aux billes pendant la récréation.
À la première partie, elle avait gagné 35 billes.
À la seconde partie, elle a perdu des billes.
À la fin de la récréation, elle avait gagné 17 billes.
Combien de billes Lisa a-t-elle perdues lors de la seconde partie ?

- **Écris** la réponse à la question.

Lisa a perdu .... billes lors de la seconde partie.

② Je sais utiliser les touches +, – et × de la calculatrice pour résoudre des problèmes.

Je sais faire
non | avec aide | oui

Problème Le mathématicien Gaspard Monge est né en 1 746 et mort en 1 818.
À vingt-quatre ans, il publie pour la première fois ses travaux : une étude qui fera date dans l'histoire de la géométrie.

- **Complète.**

Les premiers travaux de Monge en géométrie ont été publiés en ....

③ Je sais utiliser les touches +, –, × et : de la calculatrice pour résoudre des problèmes

Je sais faire
non | avec aide | oui

Problème L'équipe de handball de Malika a acheté 12 ballons pour 216 €.
Quel est le prix d'un ballon ?

- **Complète.**

Un ballon de handball coûte .... €

COMPÉTENCES	NON ACQUIS	EN COURS D'ACQUISITION	ACQUIS
Exercice ① : Résoudre des problèmes additifs et soustractifs. Cahier-livre élève p. 80	☐	☐	☐
Exercice ② : Utiliser les touches +, – et × de la calculatrice pour résoudre des problèmes. Cahier-livre élève p. 82	☐	☐	☐
Exercice ③ : Utiliser les touches +, –, × et : de la calculatrice pour résoudre des problèmes. Cahier-livre élève p. 84	☐	☐	☐

Évaluation

Les nombres jusqu'à 999 999

1 Je sais résoudre des problèmes multiplicatifs et de partage (1)

Je sais faire: non | avec aide | oui

Problème Malika et Lisa doivent ranger les 861 bouchons de la collecte de l'école dans 7 boîtes de façon équitable. Combien y aura-t-il de bouchons dans chaque boîte ?

- **Écris** la réponse à la question.

Dans chaque boîte, il y aura .... bouchons.

2 Je sais poser et effectuer une multiplication par un nombre à deux chiffres

Je sais faire: non | avec aide | oui

- **Pose et effectue** les multiplications en colonne.

261 × 32

	m	c	d	u
	.....	.....	.....	.....
×	.....	.....	.....	.....
	.....	.....	.....	.....
+	.....	.....	.....	.....
=	.....	.....	.....	.....

Boîte à retenues 1		
m	c	d
....	....	....

Boîte à retenues 2		
m	c	d
....	....	....

407 × 14

	m	c	d	u
	.....	.....	.....	.....
×	.....	.....	.....	.....
	.....	.....	.....	.....
+	.....	.....	.....	.....
=	.....	.....	.....	.....

Boîte à retenues 1		
m	c	d
....	....	....

Boîte à retenues 2		
m	c	d
....	....	....

3 Je sais résoudre des problèmes multiplicatifs et de partage (2)

Je sais faire: non | avec aide | oui

Problème La voiture des parents de Lisa consomme 6 litres par centaine de kilomètres.
Ils ont fait un voyage qui leur a fait consommer 54 litres d'essence.
Quelle distance, en centaines de kilomètres, ont-ils parcourue ?

- **Écris** la réponse à la question.

Ils ont parcouru .... km.

COMPÉTENCES		NON ACQUIS	EN COURS D'ACQUISITION	ACQUIS
Exercice 1 : Résoudre des problèmes multiplicatifs et de partage (1).	Cahier-livre élève p. 86	☐	☐	☐
Exercice 2 : Poser et effectuer une multiplication par un nombre à deux chiffres.	Cahier-livre élève p. 88	☐	☐	☐
Exercice 3 : Résoudre des problèmes multiplicatifs et de partage (2).	Cahier-livre élève p. 90	☐	☐	☐

Les nombres jusqu'à 999 999

4 Je sais poser et effectuer une division avec un dividende à deux chiffres

Je sais faire
non | avec aide | oui

- **Effectue** les divisions en colonne.

75 : 5

	d	u		
	......	......	......	......
−	......		......	......
	......	......		
−	......	......		
=	......	......		

75 : 5 = ...

78 : 6

	d	u		
	......	......	......	......
−	......		......	......
	......	......		
−	......	......		
=	......	......		

78 : 6 = ...

5 Je sais poser et effectuer une division avec un dividende à trois chiffres

Je sais faire
non | avec aide | oui

- **Effectue** les divisions en colonne.

906 : 6

	c	d	u			
	......	......	......	......		
−	......			......	......	......
	......	......				
−	......	......				
	......	......	......			
−			......			
=		......	......			

906 : 6 = ...

992 : 8

	c	d	u			
	......	......	......	......		
−	......			......	......	......
	......	......				
−	......	......				
	......	......	......			
−		......	......			
=		......	......			

992 : 8 = ...

COMPÉTENCES	NON ACQUIS	EN COURS D'ACQUISITION	ACQUIS
Exercice 4 : Poser et effectuer une division avec un dividende à deux chiffres. Cahier-livre élève p. 92	☐	☐	☐
Exercice 5 : Poser et effectuer une division avec un dividende à trois chiffres. Cahier-livre élève p. 94	☐	☐	☐

+ − × :

Évaluation

Les nombres jusqu'à 999 999

1 Je sais résoudre des problèmes relevant des quatre opérations (1)

Je sais faire
non | avec aide | oui

Problème Lors de la finale de la coupe du monde de football, on a enregistré 139 280 entrées dont 37 195 gratuites.
Combien a-t-on vendu d'entrées payantes ?

- **Écris** la réponse à la question.

Il y a eu .... entrés payantes lors de la finale de la coupe du monde de football.

2 Je sais résoudre des problèmes relevant des quatre opérations (2)

Je sais faire
non | avec aide | oui

Problème Malika fait des tours de piste pendant 21 minutes.
Elle met 3 minutes pour faire 1 tour.
Combien de tours a-t-elle fait ?

- **Écris** la réponse à la question.

Malika a fait .... tours en 21 minutes.

COMPÉTENCES		NON ACQUIS	EN COURS D'ACQUISITION	ACQUIS
Exercice 1 : Résoudre des problèmes relevant des quatre opérations (1).	Cahier-livre élève p. 96	☐	☐	☐
Exercice 2 : Résoudre des problèmes relevant des quatre opérations (2).	Cahier-livre élève p. 96	☐	☐	☐

Évaluation

Polygones particuliers

1 Je sais décrire, tracer un carré

Je sais faire: non | avec aide | oui

- **Trace** la figure décrite.

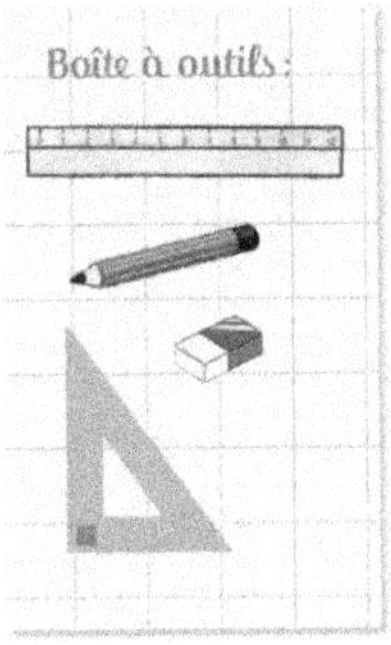

Description

Cette figure a 4 sommets A, B, C et D.
Cette figure a 4 côtés de 5 cm de longueur.
Cette figure a 4 angles droits.

2 Je sais reconnaître, tracer un rectangle, un triangle-rectangle

Je sais faire: non | avec aide | oui

- **Relie** les sommets A, B, C, D de la figure.

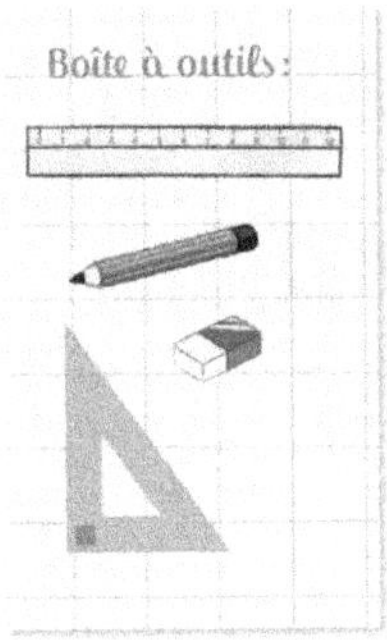

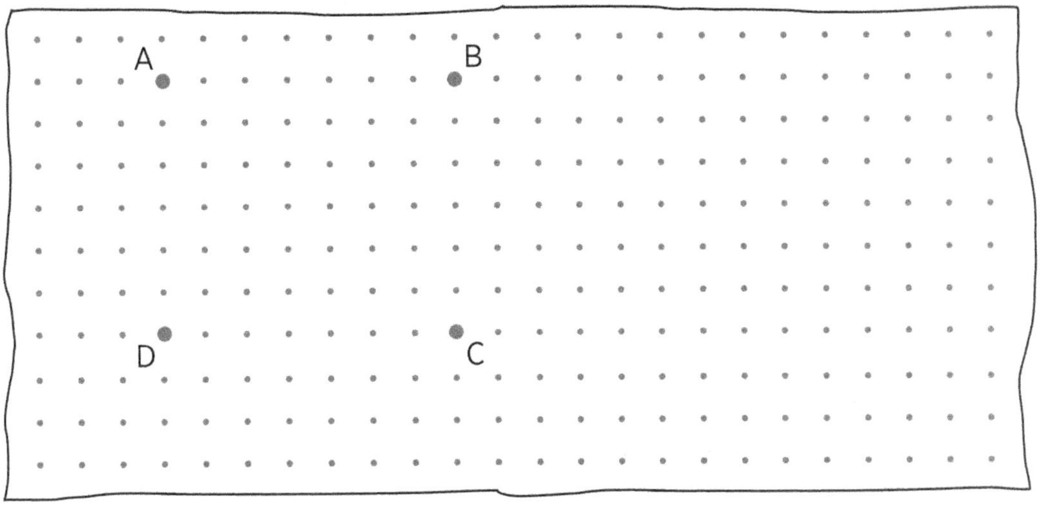

- **Vérifie** avec tes outils et **complète.**

C'est un ....

- **Puis trace** un triangle rectangle BCE ayant pour côté le segment BC.

COMPÉTENCES	NON ACQUIS	EN COURS D'ACQUISITION	ACQUIS
Exercice 1 : Reconnaître et tracer un carré. Cahier-livre élève p. 116	☐	☐	☐
Exercice 2 : Reconnaître, décrire, tracer un rectangle, un triangle rectangle Cahier-livre élève p. 118, p. 120	☐	☐	☐

Polygones particuliers

(3) Je sais reconnaître, décrire, tracer un losange

Je sais faire
non | avec aide | oui

- **Reproduis** la figure.

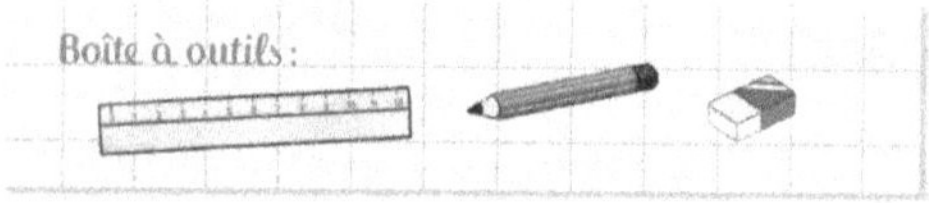

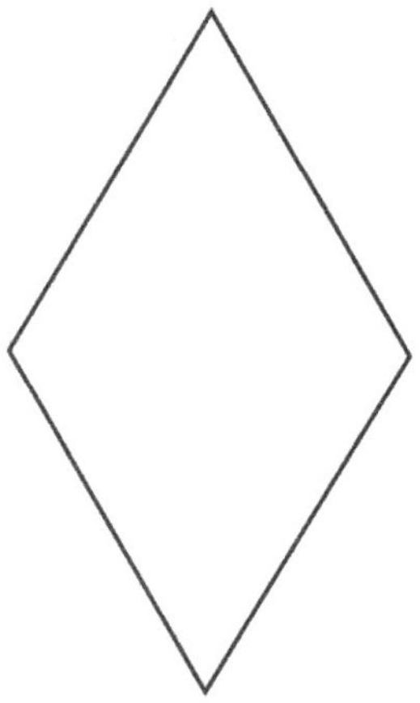

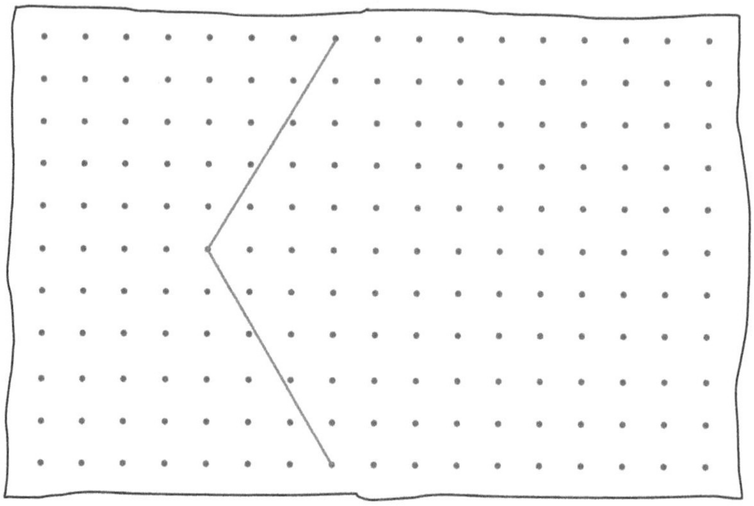

- **Complète** sa description.

Cette figure a 4 côtés de longueurs .... Cette figure a 4 angles et 4 sommets.

C'est un ....

Cercles, polygones

(1) Je sais décrire, tracer un cercle

Je sais faire
non | avec aide | oui

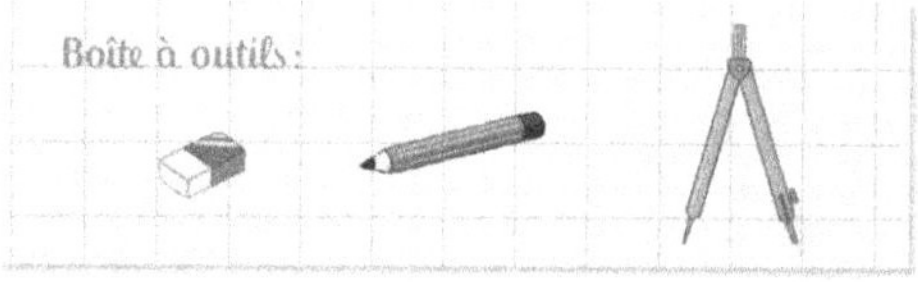

- **Trace** un cercle de centre O et de rayon OA de 3 cm.
- **Colorie** le disque de ce cercle en jaune.
- **Place** un point B sur le cercle.
- **Place** un point C à l'extérieur du cercle et un point D sur le disque.

COMPÉTENCES		NON ACQUIS	EN COURS D'ACQUISITION	ACQUIS
Exercice (3) : Reconnaître, décrire, tracer un losange.	Cahier-livre élève p. 122	☐	☐	☐
Exercice (1) : Reproduire et construire un cercle.	Cahier-livre élève pp. 124, 126	☐	☐	☐

Cercles, polygones

2 Je sais utiliser le vocabulaire pour décrire des figures

Je sais faire
non | avec aide | oui

- **Écris** la description de la figure tracée à main levée.

Description
....
....
....
....

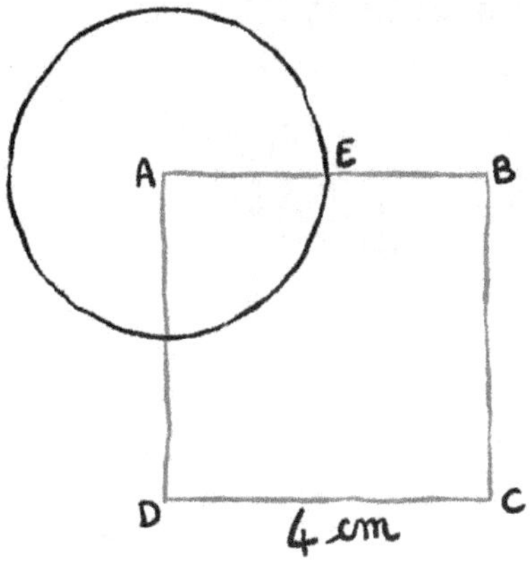

- **Complète** le programme de construction de cette figure.

Programme de construction de la figure

1. Trace le .... ABCD de .... de .... cm de côté.

2. Place le point E .... de [AB].

3. Trace un .... de centre .... et de .... [..........].

3 Je sais reproduire et construire des figures

Je sais faire
non | avec aide | oui

- **Construis** la figure de l'exercice 2.

COMPÉTENCES		NON ACQUIS	EN COURS D'ACQUISITION	ACQUIS
Exercice 2 : Utiliser le vocabulaire géométrique pour décrire et tracer des figures.	Cahier-livre élève p. 128	☐	☐	☐
Exercice 3 : Reproduire et construire des figures.	Cahier-livre élève p. 130	☐	☐	☐

Évaluation

Solides

1 Je sais reconnaître un cube ou un pavé

Je sais faire
non | avec aide | oui

- **Entoure** les pavés.

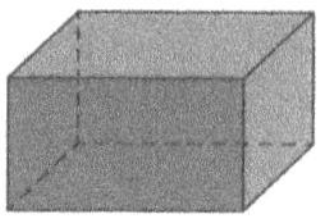

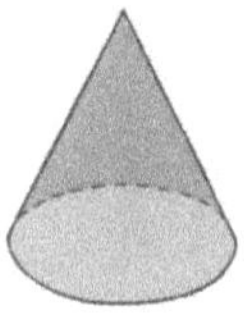
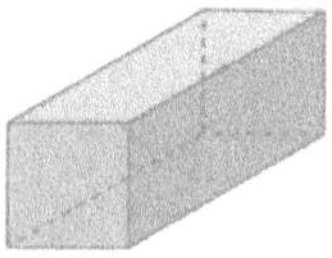
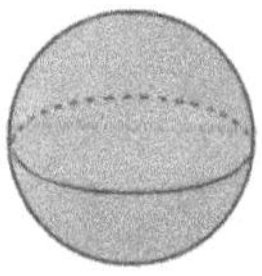
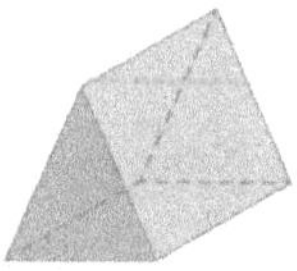

2 Je sais utiliser le vocabulaire géométrique pour décrire un solide

Je sais faire
non | avec aide | oui

- **Écris** le portrait de ce solide.

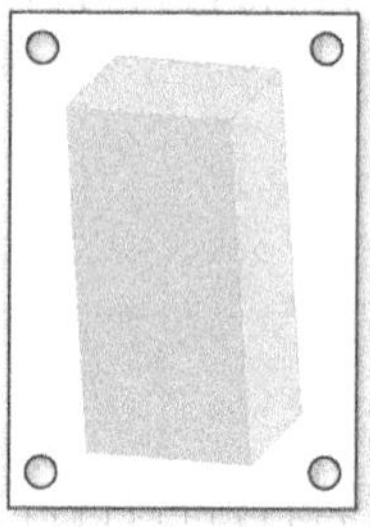

Carte d'identité

– ....

– ....

– ....

C'est un ....

- **Écris** le portrait de ce solide.

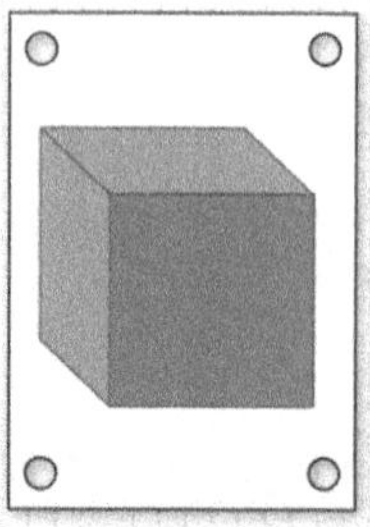

Carte d'identité

– ....

– ....

– ....

C'est un ....

COMPÉTENCES		NON ACQUIS	EN COURS D'ACQUISITION	ACQUIS
Exercice 1 : Reconnaître et nommer un cube, un pavé.	Cahier-livre élève pp. 132	☐	☐	☐
Exercice 2 : Utiliser le vocabulaire géométrique pour décrire et nommer le cube, le pavé droit.	Cahier-livre élève p. 134	☐	☐	☐

Symétrie axiale

1 Je sais tracer un axe de symétrie

Je sais faire

non | avec aide | oui

- **Trace** le (ou les) axe(s) de symétrie des figures.

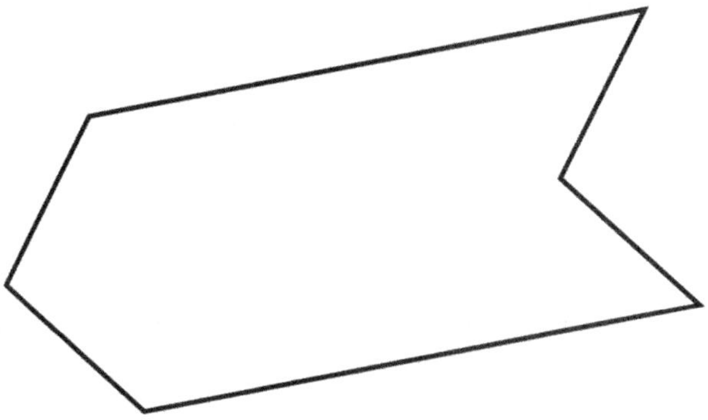

2 Je sais tracer une figure symétrique par rapport à une droite

Je sais faire

non | avec aide | oui

- **Trace** la figure symétrique par rapport à la droite rouge.

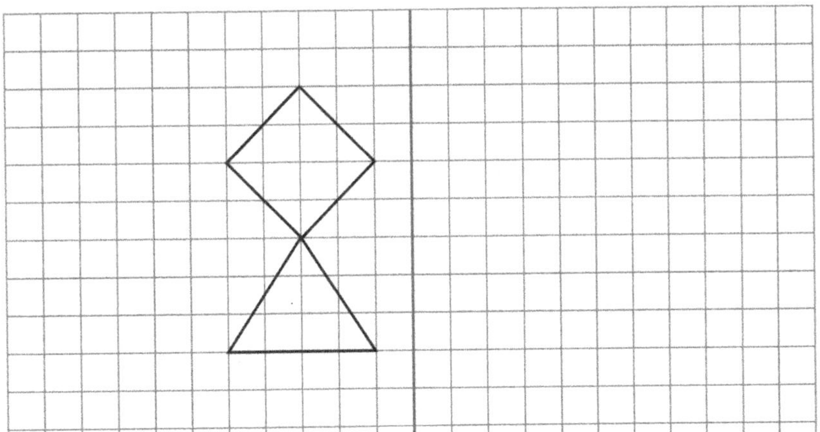

COMPÉTENCES		NON ACQUIS	EN COURS D'ACQUISITION	ACQUIS
Exercice 1 : Reconnaître et tracer l'axe de symétrie d'une figure.	Cahier-livre élève p. 136	☐	☐	☐
Exercice 2 : Décrire et tracer une figure symétrique par rapport à une droite.	Cahier-livre élève p.138	☐	☐	☐

Évaluation

Monnaie, heure, durée

1 Je connais la relation entre euro et centime d'euro

Je sais faire : non | avec aide | oui

- **Dessine** les pièces de centimes d'euros correspondant au prix du livre.

2 Je connais la relation entre année, mois, heure, minute, seconde

Je sais faire : non | avec aide | oui

- **Numérote** les durées de la plus courte à la plus longue.

1 mois	87 s	120 min	1 minute et demi	40 jours
....	....	....	....	....

3 Je sais lire l'heure

Je sais faire : non | avec aide | oui

- **Dessine** les aiguilles sur chaque horloge.

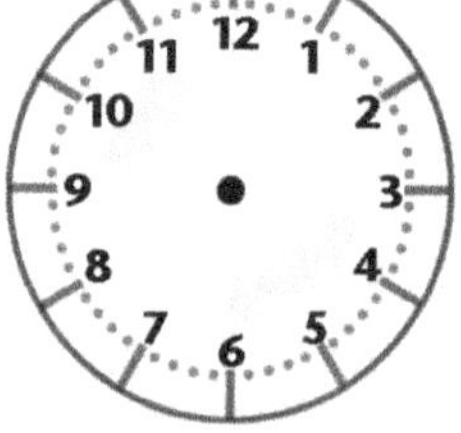

4 h 44

14 h 18

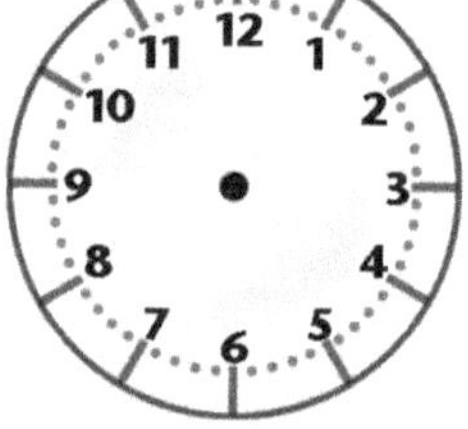

15 h 59

4 h 30

COMPÉTENCES		NON ACQUIS	EN COURS D'ACQUISITION	ACQUIS
Exercice 1 : Connaître la relation entre euro et centime d'euro.	Cahier-livre élève p. 142	☐	☐	☐
Exercice 2 : Connaître la relation entre année, mois, heure, minute, seconde.	Cahier-livre élève p. 144	☐	☐	☐
Exercice 3 : Savoir lire l'heure.	Cahier-livre élève p. 146	☐	☐	☐

Évaluation

Les longueurs

1 Je connais la relation entre km, m, cm, mm

Je sais faire
non | avec aide | oui

- **Numérote** les longueurs de la plus longue à la plus courte.

30 mm	2 cm 7 mm	7 m	7 000 m	6 km 500 m	700 cm 2 mm
....	....	....	....	....	....

2 Je sais mesurer une longueur à l'aide d'instruments

Je sais faire
non | avec aide | oui

- **Complète** avec l'instrument de mesure qui convient :

règle, mètre ruban, mètre de tableau, décamètre.

27 m ____________________

1 m 76 cm ____________________

75 cm ____________________

6 mm ____________________

3 Je sais calculer le périmètre d'un polygone

Je sais faire
non | avec aide | oui

- **Mesure** les côtés puis **calcule** le périmètre de chaque polygone.

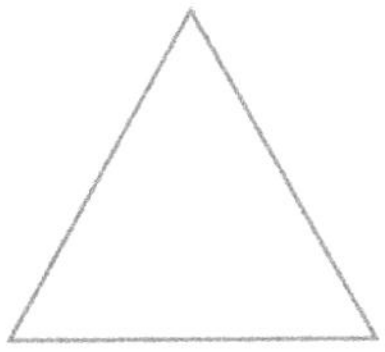

P = ...

P = ...

P = ...

P = ...

COMPÉTENCES		NON ACQUIS	EN COURS D'ACQUISITION	ACQUIS
Exercice 1 : Connaître la relation entre km, m, cm, mm.	Cahier-livre élève p. 148	☐	☐	☐
Exercice 2 : Mesurer une longueur à l'aide d'instruments.	Cahier-livre élève p. 150	☐	☐	☐
Exercice 3 : Calculer le périmètre d'un polygone.	Cahier-livre élève p. 152	☐	☐	☐

Évaluation

Masses

① Je connais la relation entre kilogramme et gramme

Je sais faire : non | avec aide | oui

- **Numérote** les masses de la plus légère à la plus lourde.

3 kg	600 g	2 000 g	200 kg	4 000 g	500 g
....	....	....	....	....	....

② Je sais mesurer une masse à l'aide d'instruments

Je sais faire : non | avec aide | oui

- **Entoure** la bonne proposition.

Cette enveloppe pèse : 23 kg | 3 kg | 3 g | 33 g

Pour la peser, on utilise une balance :

Balance électronique | Balance de Roberval | Balance de cuisine

- **Complète.**

Pour affranchir une enveloppe de 20 g, on doit coller un timbre.
Combien faudra-t-il de timbres pour affranchir cette enveloppe ? Il faudra .... timbre(s).

Problème Le dictionnaire pèse moins de 1 500 g mais plus d'1 kg 200 g.

- **Entoure** les poids qui conviennent.

- **Complète.**

Le dictionnaire pèse ....kg ....g.

COMPÉTENCES		NON ACQUIS	EN COURS D'ACQUISITION	ACQUIS
Exercice ① : Connaître la relation entre kilogramme et gramme.	Cahier-livre élève p. 154	☐	☐	☐
Exercice ② : Mesurer une masse à l'aide d'instruments.	Cahier-livre élève p. 156	☐	☐	☐

Évaluation

Contenances

1 Je connais la relation entre litre et centilitre

Je sais faire
non | avec aide | oui

- **Numérote** les contenances de la plus petite à la plus grande.

4 L	60 cL	200 cL	10 L	2 L 50 cL	15 cL
....	....	....	....	....	....

Problème Combien de verres de 25 cL peut-on servir avec une bouteille de soda de 2 L ?

- **Complète.**

On peut servir .... verres de 25 cL avec une bouteille de 2 L.

2 Je sais mesurer une capacité à l'aide d'instruments

Je sais faire
non | avec aide | oui

- **Complète** le tableau.

	Capacité	Nombre de récipients pour obtenir 2 L
	10 cL	....
	50 cL	....
	¼ L	....
	25 cL	....

Problème Le réservoir du bus de l'école a une capacité maximale de 2000 L de gaz naturel.
En observant le tableau de bord du bus trouve la quantité restante de carburant.

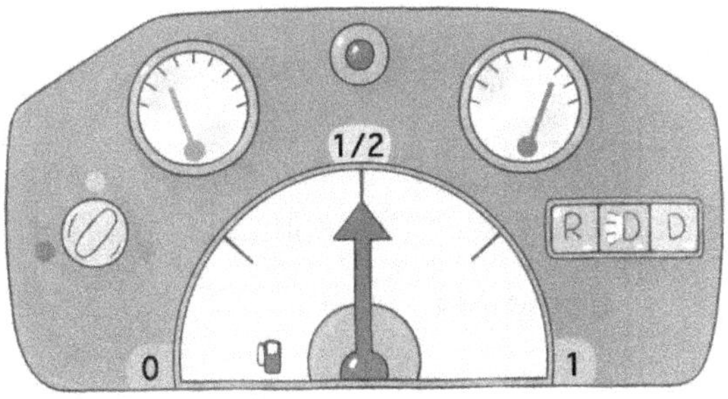

- **Complète.**

Il reste .... L de gaz dans le réservoir.

COMPÉTENCES		NON ACQUIS	EN COURS D'ACQUISITION	ACQUIS
Exercice 1 : Connaître la relation entre litre et centilitre.	Cahier-livre élève p. 158	☐	☐	☐
Exercice 2 : Mesurer une capacité à l'aide d'instruments.	Cahier-livre élève p. 160	☐	☐	☐

Problèmes de conversion

1 Je sais résoudre un problème de longueur

Je sais faire
non | avec aide | oui

Problème Durant le Tour de France, les coureurs font en moyenne 175 km par jour. Quelle distance, en mètres, parcourent-ils en 2 jours ?

- **Complète.**

175 km = ... m

En 2 jours, les coureurs du Tour de France parcourent .... m.

2 Je sais résoudre un problème de masse

Je sais faire
non | avec aide | oui

Problème Pour la fête de l'école, le directeur prévoit de distribuer 6 kg de confettis. Combien de sachets de 60 g doit-il acheter ?

- **Complète.**

6 kg = ... g

Il doit acheter .... sachets de 60 g de confettis.

3 Je sais résoudre un problème de capacité

Je sais faire
non | avec aide | oui

Problème Pour arroser le potager de l'école, Malika et Hugo ont besoin de 5 000 cL d'eau. Quelle capacité d'eau cela représente-t-il en litres ?

- **Complète.**

Il faut .... L d'eau pour arroser le potager.

- **Calcule** et **complète**.

Ils ont un arrosoir de 5 litres.

Combien de fois devront-ils le remplir pour arroser tout le potager de l'école ?

Malika et Hugo devront remplir .... arrosoir(s) pour arroser le potager.

COMPÉTENCES		NON ACQUIS	EN COURS D'ACQUISITION	ACQUIS
Exercice 1 : Résoudre un problème de longueur.	Cahier-livre élève p. 162	☐	☐	☐
Exercice 2 : Résoudre un problème de masse.	Cahier-livre élève p. 162	☐	☐	☐
Exercice 3 : Résoudre un problème de capacité.	Cahier-livre élève p. 162	☐	☐	☐

Évaluation

1 Je sais lire un tableau à double entrée

Je sais faire
non | avec aide | oui

Voici les horaires des bus en partance de la gare et à destination de l'école.

Numéro de train	1	2	3	4
Gare	8 h 05	8 h 05	8 h 20	8 h 25
Grand Place		8 h 20		8 h 40
École	8 h 25	8 h 35	8 h 40	8 h 55

- **Entoure** les bonnes propositions.

– Si Malika prend le bus n° 2 à la gare, elle arrivera à l'école à : **8 h 25 – 8 h 35 – 8 h 40**

– La classe commence à 8 h 50 ; Malika peut-elle prendre le bus n° 3 sans arriver en retard ? **oui – non**

2 Je sais lire un diagramme

Je sais faire
non | avec aide | oui

- **Lis** le graphique et **réponds** aux questions.

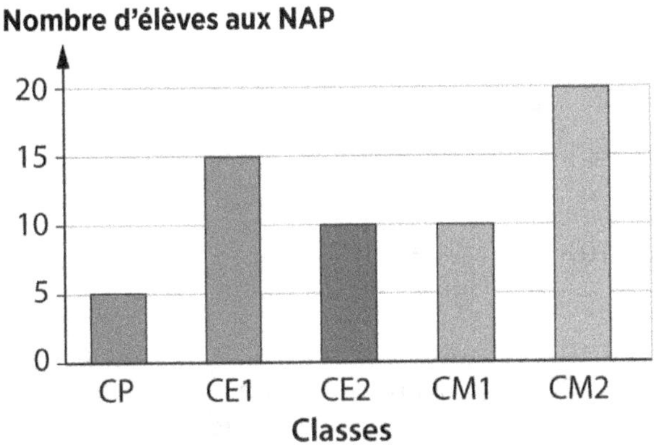

– Quelle classe a le moins d'élèves aux nouvelles activités périscolaires (NAP) ?

C'est la classe de ....

– Combien d'élèves de CM2 vont aux NAP ?

Il y a .... élèves de CM2 aux NAP.

3 Je sais lire une courbe

Je sais faire
non | avec aide | oui

- **Lis** le graphique et **entoure** les bonnes propositions.

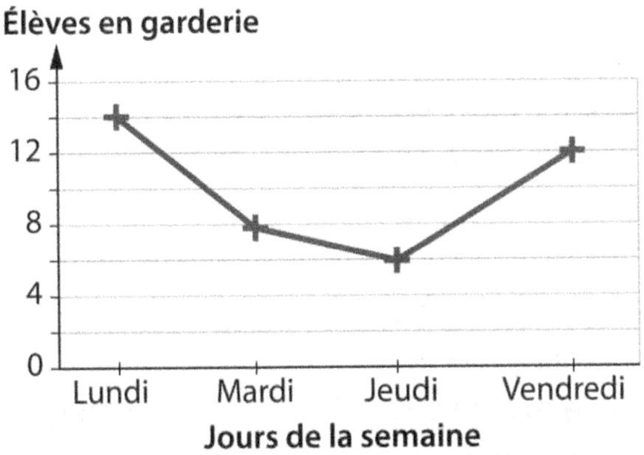

– Au cours de la semaine, la fréquentation de la garderie a globalement : **augmenté – diminué**

– Il y a 12 élèves qui restent en garderie : **mardi – vendredi**

COMPÉTENCES		NON ACQUIS	EN COURS D'ACQUISITION	ACQUIS
Exercice 1 : Savoir lire un tableau à double entrée.	Cahier-livre élève p. 166	☐	☐	☐
Exercice 2 : Savoir lire un diagramme.	Cahier-livre élève p. 168	☐	☐	☐
Exercice 3 : Savoir lire une courbe.	Cahier-livre élève p. 168	☐	☐	☐

Évaluation

1 Je sais organiser les données d'un problème dans un tableau

Je sais faire : non | avec aide | oui

- **Complète** le tableau pour trouver les trois activités périscolaires de chaque enfant.

Sami : « Je préfère faire du sport plutôt que réfléchir aux échecs ».
Malika : « Je n'aime pas danser ! » Hugo : « Les échecs c'est génial ! Mais je déteste le futsal».
Lisa : « Je ne choisis jamais d'activités qui me saliront les doigts ».

	Sport Futsal	Activité artistique Sculpture	Jeux Echecs	Spectacle Danse
Sami				
Malika				
Hugo				
Lisa				

2 Je sais organiser les données d'un problème dans un graphique

Je sais faire : non | avec aide | oui

- **Complète** la courbe à partir du tableau.

Évolution du poids de Sami				
Âge (en an)	2	4	7	9
Poids (en kg)	10	15	25	25

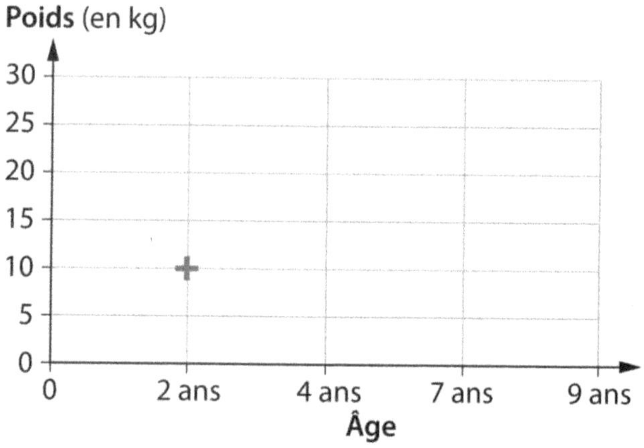

3 Je sais utiliser un graphique pour résoudre un problème

Je sais faire : non | avec aide | oui

Voici la répartition des heures de pratique sportive pour l'année de CE2.

- **Lis** le graphique et **réponds** aux questions.

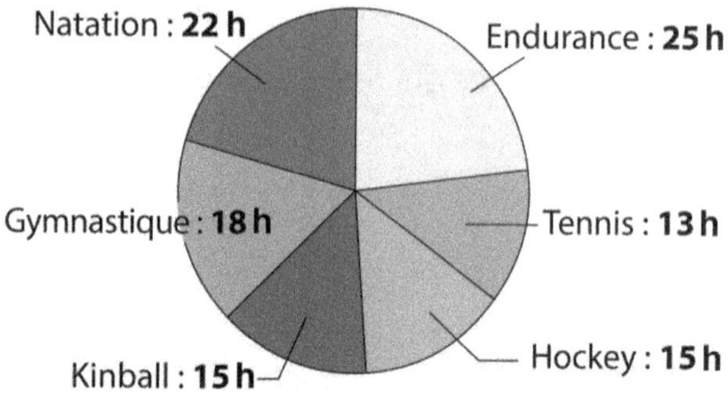

– Quelle est l'activité sportive la plus pratiquée par les élèves de CE2 cette année ?
L'activité sportive la plus pratiquée est : ....

– Combien d'heures de sport un élève de CE2 fait-il par an ?
Un élève de CE2 fait .... d'heures de sport par an.

COMPÉTENCES		NON ACQUIS	EN COURS D'ACQUISITION	ACQUIS
Exercice 1 : Savoir organiser les données d'un problème dans un tableau.	Cahier-livre élève p. 170	☐	☐	☐
Exercice 2 : Savoir organiser les données d'un problème dans un graphique.	Cahier-livre élève p. 172	☐	☐	☐
Exercice 3 : Savoir utiliser un graphique pour résoudre un problème.	Cahier-livre élève p. 174	☐	☐	☐

Les étiquettes nombres

► Cahier-livre p. 8

CONSIGNES
- À photocopier
- À découper
- À distribuer aux binômes

huit-cent-quatre-vingt-treize	893	8c 9d et 3u
neuf-cent-soixante-dix-neuf	979	9c 7d et 9u
sept-cent-deux	702	7c et 2u
six-cent-cinquante	650	6c et 5d

Les étiquettes nombres ► Cahier-livre p. 10

CONSIGNES
- À photocopier
- À découper
- À distribuer aux binômes

100 + 100 + 100 + 10 + 10 + 7	327	$(3 \times 100) + (2 \times 10) + 7$
100 + 100 + 10 + 10 + 10 + 4	234	$(2 \times 100) + (3 \times 10) + 4$
800 + 4	804	$(8 \times 100) + 4$
900 + 10 + 9	919	$(9 \times 100) + (1 \times 10) + 9$

Les puzzles

► Cahier-livre p. 14

CONSIGNES

- À photocopier
- À découper suivant les pointillés
- À distribuer aux groupes

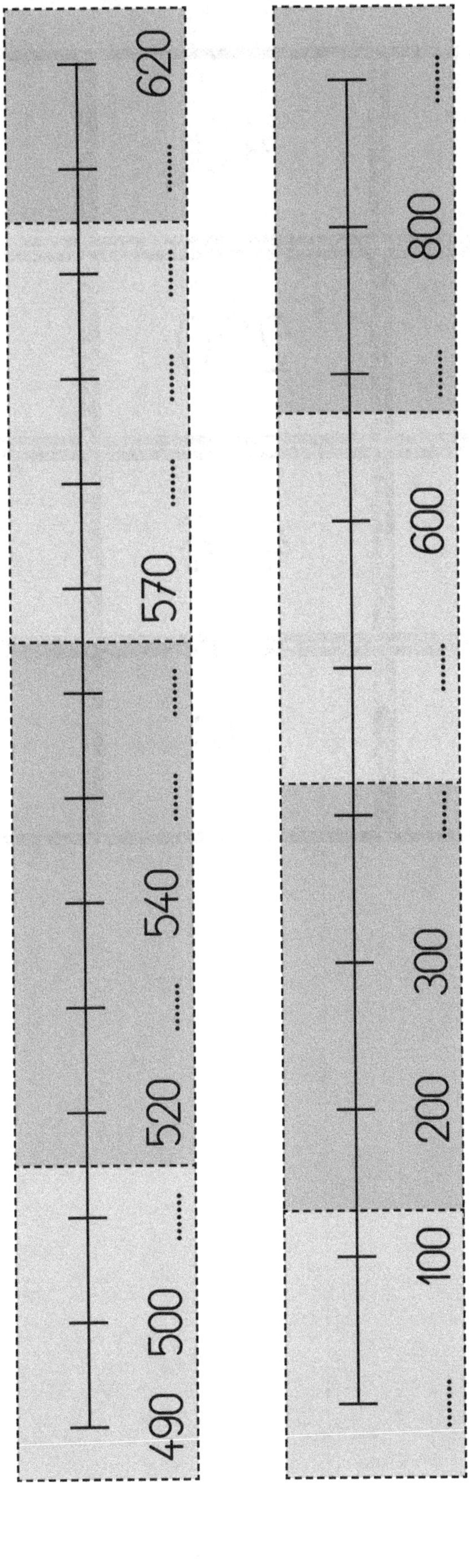

Les étiquettes nombres

► Cahier-livre p. 16

CONSIGNES
- À photocopier
- À découper
- À distribuer aux binômes

20	40	80
100	200	400
203	406	812
109	218	436

Les étiquettes nombres

► Cahier-livre p. 20

CONSIGNES
- À photocopier
- À découper
- À distribuer aux binômes

deux-mille-huit-cent-quatre-vingt-treize	2 893	2um 8c 9d et 3u
cinq-mille-neuf-cent-soixante-dix-neuf	5 979	5um 9c 7d et 9u
sept-mille-neuf-cent-deux	7 902	7um 9c et 2u
cinq-mille-cinq-cents	5 500	5um et 5c

Les étiquettes nombres

► Cahier-livre p. 22

CONSIGNES
- À photocopier
- À découper
- À distribuer aux binômes

3 000 + 300 + 20 + 7	3 327	(3 × 1 000) + (3 × 100) + (2 × 10) + 7
5 000 + 200 + 4	5 204	(5 × 1 000) + (2 × 100) + 4
8 000 + 4	8 004	(8 × 1 000) + 4
9 000 + 100 + 90	9 190	(9 × 1 000) + (1 × 100) + (9 × 10)

Les puzzles

► Cahier-livre p. 26

CONSIGNES
- À photocopier
- À découper suivant les pointillés
- À distribuer aux groupes

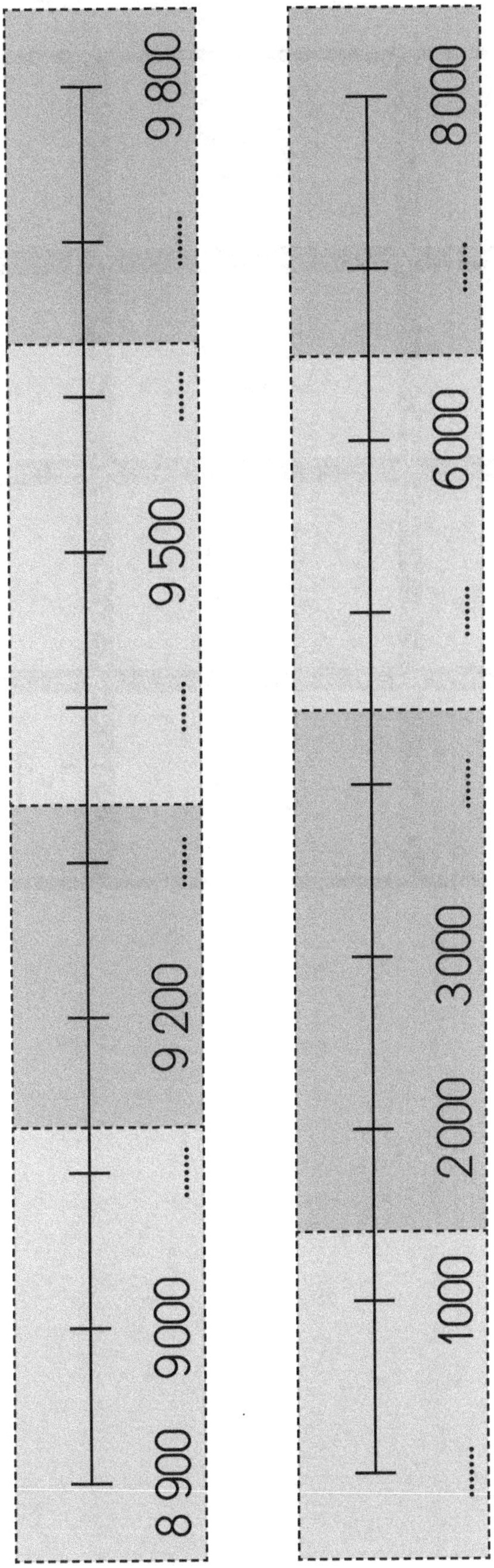

Les étiquettes nombres

► Cahier-livre p. 28

CONSIGNES
- À photocopier
- À découper
- À distribuer aux binômes

20	60	180
100	300	900
50	150	450
204	612	1 836

Les étiquettes nombres ► Cahier-livre p. 32

CONSIGNES
- À photocopier
- À découper
- À distribuer aux binômes

trente-deux-mille-huit-cent-quatre-vingt-treize	32 893	3dm 2um 8c 9d et 3u
vingt-cinq-mille-neuf-cent-soixante-dix-neuf	25 979	2dm 5um 9c 7d et 9u
cinquante-sept-mille-neuf-cent-deux	57 902	5dm 7um 9c et 2u
soixante-cinq-mille-cinq-cents	65 500	6dm 5um et 5c

Les étiquettes nombres ► Cahier-livre p. 34

CONSIGNES
- À photocopier
- À découper
- À distribuer aux binômes

42 117	10 000 + 10 000 + 10 000 + 10 000 + 1000 + 1000 + 100 + 10 + 7
33 214	(3 × 10 000) + (3 × 1000) + (2 × 100) + (1 × 10) + 4
89 006	80 000 + 9 000 + 6
77 777	(7 × 10 000) + (7 × 1000) + (7 × 100) + (7 × 10) + 7
99 006	90 000 + 9 000 + 6
67 057	(6 × 10 000) + (7 × 1000) + (5 × 10) + 7

Les puzzles

► Cahier-livre p. 38

CONSIGNES
- À photocopier
- À découper suivant les pointillés
- À distribuer aux groupes

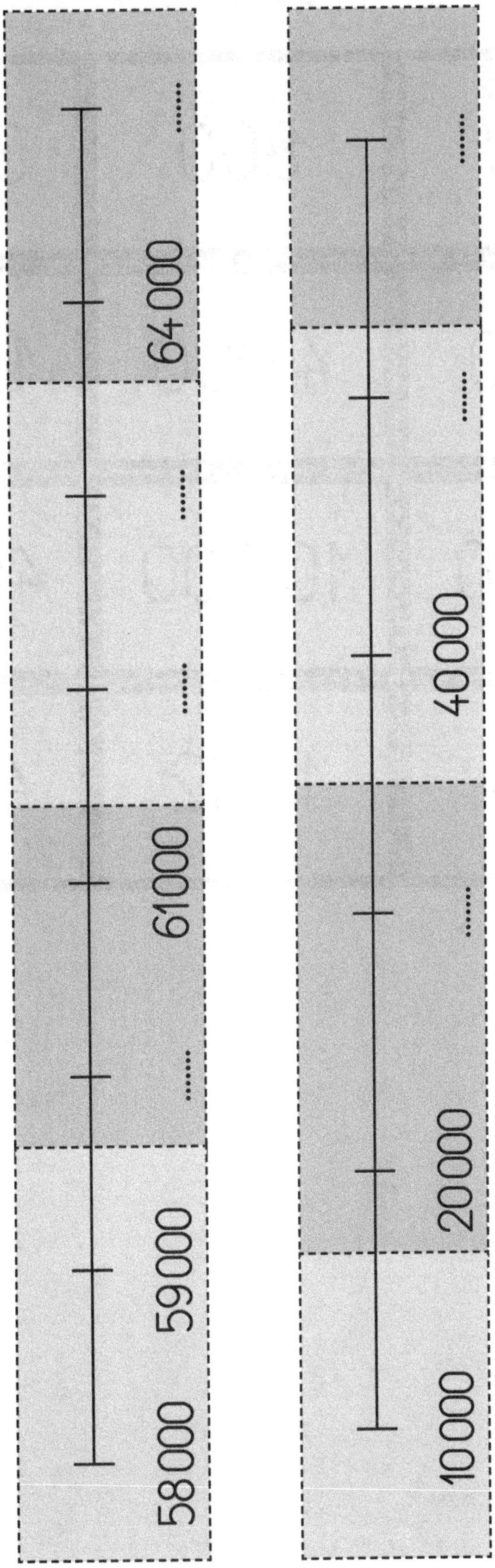

Les étiquettes nombres

Cahier-livre p. 40

CONSIGNES
- À photocopier
- À découper
- À distribuer aux binômes

200	800	3 200
1000	4 000	16 000
2 500	10 000	40 000
403	1 212	4 848

Les étiquettes nombres ► Cahier-livre p. 44

CONSIGNES
- À photocopier
- À découper
- À distribuer aux binômes

cinq-cent- seize-mille-cent-douze	516 112	5cm 1dm 6um 1c 1d et 2u
trois-cent-cinquante-cinq-mille-huit-cent	355 800	3cm 5dm 5um et 8c
cent-vingt-cinq-mille-deux-cent-soixante-dix-sept	125 277	1cm 2dm 5um 2c 7d et 7u
six-cent-vingt-deux-mille-neuf-cent-quatre-vingts	622 980	6cm 2dm 2um 9c et 8d

Les étiquettes nombres ► Cahier-livre p. 46

CONSIGNES
- À photocopier
- À découper
- À distribuer aux binômes

231 126	100 000 + 100 000 + 10 000 + 10 000 + 10 000 + 1000 + 100 + 10 + 10 + 6
313 452	(3 × 100 000) + (1 × 10 000) + (3 × 1000) + (4 × 100) + (5 × 10) + 2
669 009	600 000 + 60 000 + 9000 + 9
444 444	(4 × 100 000) + (4 × 10 000) + (4 × 1000) + (4 × 100) + (4 × 10) + 4
555 007	500 000 + 50 000 + 5000 + 7
849 027	(8 × 100 000) + (4 × 10 000) + (9 × 1000) + (2 × 10) + 7

 ► Cahier-livre p. 50

CONSIGNES

- À photocopier
- À découper suivant les pointillés
- À distribuer aux groupes

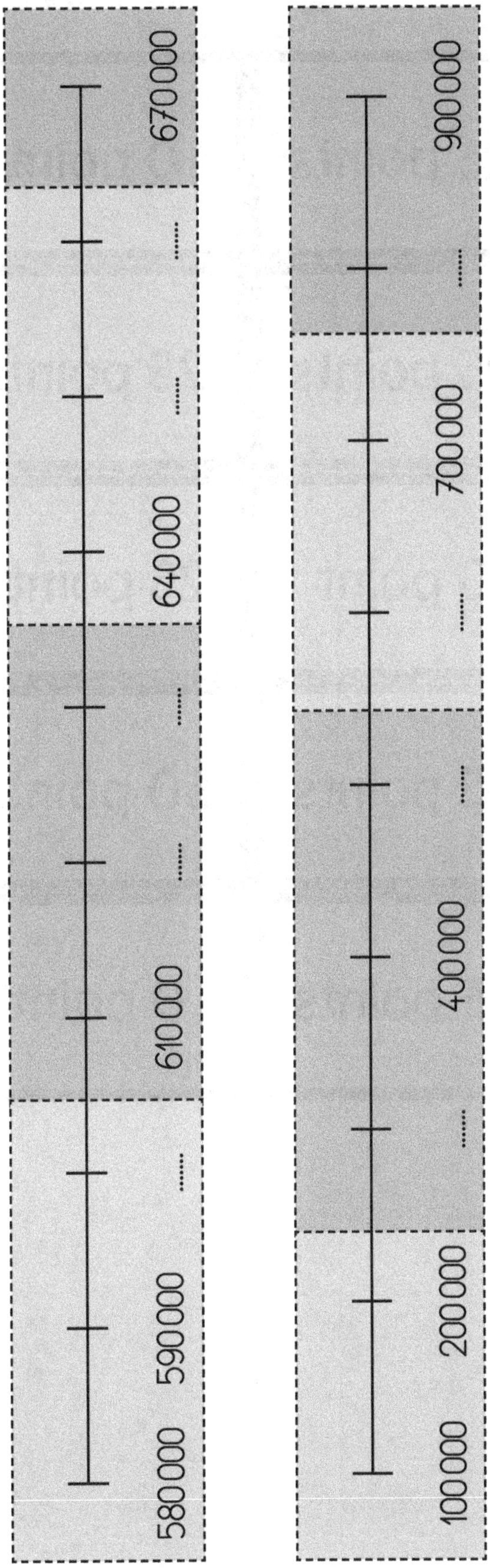

Les étiquettes-tirs

Cahier-livre p. 52

CONSIGNES
- À photocopier
- À découper
- À distribuer aux groupes

25 points	0 point
25 points	25 points
0 point	25 points
25 points	50 points
25 points	0 point

Les étiquettes-tirs

Cahier-livre p. 56

CONSIGNES
- À photocopier
- À découper
- À distribuer aux groupes

15 points	0 point	15 points
15 points	30 points	15 points
15 points	0 point	0 point
15 points	30 points	30 points

Les cartes énigmes

Cahier-livre p. 74

CONSIGNES
- À photocopier
- À découper
- À distribuer aux binômes

Cartes A

Un quadrillage de deux couleurs comporte 200 colonnes de 4 lignes. Combien contient-il de carreaux en tout ?

Un quadrillage de deux couleurs comporte 200 colonnes de 2 lignes. Combien contient-il de carreaux en tout ?

Un quadrillage de deux couleurs comporte 300 colonnes de 5 lignes. Combien contient-il de carreaux en tout ?

Un quadrillage de deux couleurs comporte 300 colonnes de 3 lignes. Combien contient-il de carreaux en tout ?

$200 \times 2 = 400$

$200 \times 4 = 800$

$300 \times 5 = 1\,500$

$300 \times 3 = 900$

Il contient 900 carreaux en tout.

Il contient 800 carreaux en tout.

Il contient 1 500 carreaux en tout.

Il contient 400 carreaux en tout.

Cartes B

Un quadrillage de deux couleurs comporte 30 colonnes de 2 lignes. Combien contient-il de carreaux en tout ?	Un quadrillage de deux couleurs comporte 40 colonnes de 4 lignes. Combien contient-il de carreaux en tout ?
Un quadrillage de deux couleurs comporte 20 colonnes de 5 lignes. Combien contient-il de carreaux en tout ?	Un quadrillage de deux couleurs comporte 50 colonnes de 3 lignes. Combien contient-il de carreaux en tout ?
$50 \times 3 = 150$	$20 \times 5 = 100$
$30 \times 2 = 60$	$40 \times 4 = 160$
Il contient 150 carreaux en tout.	Il contient 100 carreaux en tout.
Il contient 60 carreaux en tout.	Il contient 160 carreaux en tout.

Les cartes nombres ► Cahier-livre p. 82

CONSIGNES
- À photocopier
- À découper
- À distribuer aux groupes

Atteindre 45 Sans utiliser 5	Atteindre 32 Sans utiliser 3
Atteindre 28 Sans utiliser 8	Atteindre 50 Sans utiliser 0
Atteindre 12 Sans utiliser 1	Atteindre 23 Sans utiliser 2
Atteindre 26 Sans utiliser 6	Atteindre 48 Sans utiliser 4
Atteindre 49 Sans utiliser 9	Atteindre 70 Sans utiliser 7

Les cartes devinettes

► Cahier-livre p. 84

CONSIGNES
- À photocopier
- À découper
- À distribuer aux binômes

Je pense à un nombre.
Je lui retire 3, je lui ajoute 5
et j'obtiens 305.
Quel est ce nombre ?

Je pense à un nombre.
Je lui ajoute 3, je lui retire 5
et j'obtiens 305.
Quel est ce nombre ?

Je pense à un nombre.
Je le multiplie par 3, je lui
ajoute 5 et j'obtiens 305.
Quel est ce nombre ?

Je pense à un nombre.
Je le divise par 3, je lui
retire 5 et j'obtiens 305.
Quel est ce nombre ?

3 0 5 + 5 × 3 =

3 0 5 – 5 : 3 =

3 0 5 – 5 + 3 =

3 0 5 – 5 + 3 =

Ce nombre est 930.

Ce nombre est 100.

Ce nombre est 307.

Ce nombre est 303.

Les cartes recto-verso

Cahier-livre p. 100

CONSIGNES
- À photocopier
- À découper
- À distribuer aux groupes

694	4	18
75	750	894
652	742	70
48	58	830
625	50	9
9	796	882

Plier ici

Les dominos

► Cahier-livre p. 100

CONSIGNES
- À photocopier
- À découper
- À distribuer aux groupes

495	13
575	5
406	25
591	15
458	9
587	42
2	14
493	498
585	7
599	94
545	1
486	55

La grille des nombres inférieurs à 100

Cahier-livre p. 101

CONSIGNES
- À photocopier
- À découper
- À distribuer aux groupes

1	2	3	4	5	6	7	8	9	10
11	12	13	14	15	16	17	18	19	20
21	22	23	24	25	26	27	28	29	30
31	32	33	34	35	36	37	38	39	40
41	42	43	44	45	46	47	48	49	50
51	52	53	54	55	56	57	58	59	60
61	62	63	64	65	66	67	68	69	70
71	72	73	74	75	76	77	78	79	80
81	82	83	84	85	86	87	88	89	90
91	92	93	94	95	96	97	98	99	

La grille des nombres inférieurs à 1 000

► Cahier-livre p. 102

CONSIGNES
- À photocopier
- À découper
- À distribuer aux groupes

901	902	903	904	905	906	907	908	909	910
911	912	913	914	915	916	917	918	919	920
921	922	923	924	925	926	927	928	929	930
931	932	933	934	935	936	937	938	939	940
941	942	943	944	945	946	947	948	949	950
951	952	953	954	955	956	957	958	959	960
961	962	963	964	965	966	967	968	969	970
971	972	973	974	975	976	977	978	979	980
981	982	983	984	985	986	987	988	989	990
991	992	993	994	995	996	997	998	999	

Le labynombre ► Cahier-livre p. 103

CONSIGNES
- À photocopier
- À découper
- À distribuer aux binômes

12	55	4	768
220	110	8	384
440	1	19	192
880	25	40	96
6	12	24	48
3	23	50	70

Les mariages doubles

► Cahier-livre p. 103

CONSIGNES
- À photocopier
- À découper
- À distribuer aux binômes

306	612
244	488
423	846
499	998
370	740
162	324
407	814
252	504
175	350
329	658

Les mariages doubles

► Cahier-livre p. 103

CONSIGNES
- À photocopier
- À découper
- À distribuer aux binômes

20 + 30	100
24 + 20	88
42 + 400	884
200 + 100	600
400 + 10 + 2	824
30 × 3	180
50 × 4	400
3 × 101	606
500 – 50	900
100 – 25	150

Les mariages moitiés

Cahier-livre p. 103

CONSIGNES
- À photocopier
- À découper
- À distribuer aux binômes

812	406
288	144
842	421
900	450
704	352
866	433
950	475
506	253
450	225
858	429

Les mariages moitiés

Cahier-livre p. 103

CONSIGNES
- À photocopier
- À découper
- À distribuer aux binômes

20 + 30	25
24 + 20	22
42 + 400	221
200 + 100	150
400 + 10 + 2	206
30 × 3	45
50 × 4	100
102 × 2	102
450 – 50	200
175 – 25	75

La grille des nombres

► Cahier-livre p. 104

CONSIGNES
- À photocopier
- À découper
- À distribuer aux groupes

8 010	8 020	8 030	8 040	8 050	8 060	8 070	8 080
8 009	8 019	8 029	8 039	8 049	8 059	8 069	8 079
8 008	8 018	8 028	8 038	8 048	8 058	8 068	8 078
8 007	8 017	8 027	8 037	8 047	8 057	8 067	8 077
8 006	8 016	8 026	8 036	8 046	8 056	8 066	8 076
8 005	8 015	8 025	8 035	8 045	8 055	8 065	8 075
8 004	8 014	8 024	8 034	8 044	8 054	8 064	8 074
8 003	8 013	8 023	8 033	8 043	8 053	8 063	8 073
8 002	8 012	8 022	8 032	8 042	8 052	8 062	8 072
8 001	8 011	8 021	8 031	8 041	8 051	8 061	8 071

La grille des nombres

► Cahier-livre p. 104

CONSIGNES
- À photocopier
- À découper
- À distribuer aux groupes

9 010	9 020	9 030	9 040	9 050	9 060	9 070	9 080	9 090	
9 009	9 019	9 029	9 039	9 049	9 059	9 069	9 079	9 089	9 099
9 008	9 018	9 028	9 038	9 048	9 058	9 068	9 078	9 088	9 098
9 007	9 017	9 027	9 037	9 047	9 057	9 067	9 077	9 087	9 097
9 006	9 016	9 026	9 036	9 046	9 056	9 066	9 076	9 086	9 096
9 005	9 015	9 025	9 035	9 045	9 055	9 065	9 075	9 085	9 095
9 004	9 014	9 024	9 034	9 044	9 054	9 064	9 074	9 084	9 094
9 003	9 013	9 023	9 033	9 043	9 053	9 063	9 073	9 083	9 093
9 002	9 012	9 022	9 032	9 042	9 052	9 062	9 072	9 082	9 092
9 001	9 011	9 021	9 031	9 041	9 051	9 061	9 071	9 081	9 091

Les mariages ► Cahier-livre p. 104

CONSIGNES
- À photocopier
- À découper
- À distribuer aux binômes

DÉCOMPOSITION ADDITIVE

700	1000 = ? + 300
600	1000 = ? + 400
500	1000 = ? + 500
400	1000 = ? + 600
300	1000 = ? + 700
800	1000 = ? + 200
100	1000 = ? + 900
900	1000 = ? + 100
200	1000 = ? + 800
0	1000 = ? + 1000

DÉCOMPOSITION MULTIPLICATIVE

(9 × 100)	1000 = ? + (1 × 100)
(8 × 100)	1000 = ? + (2 × 100)
(7 × 100)	1000 = ? + (3 × 100)
(6 × 100)	1000 = ? + (4 × 100)
(1 × 100)	1000 = ? + (9 × 100)
(4 × 100)	1000 = ? + (6 × 100)
(2 × 100)	1000 = ? + (8 × 100)
(3 × 100)	1000 = ? + (7 × 100)
10	1000 = ? × 100
(5 × 100)	1000 = ? + (5 × 100)

Les cartes recto-verso

Cahier-livre p. 105

CONSIGNES
- À photocopier
- À découper
- À distribuer aux groupes

COMPLÉMENTS À MILLE

500	900	750
800	700	450
600	0	150

Plier ici

400	1000	850
200	300	550
500	100	250

Les dominos

► Cahier-livre p. 105

CONSIGNES
- À photocopier
- À découper
- À distribuer aux groupes

COMPLÉMENTS À MILLE

950 • 130	910 • 150	20 • 140	990 • 940
750 • 50	580 • 90	930 • 980	450 • 10
60 • 250	870 • 420	850 • 70	860 • 550

Les mariages

► Cahier-livre p. 105

CONSIGNES
- À photocopier
- À découper
- À distribuer aux binômes

DÉCOMPOSITION ADDITIVE/MULTIPLICATIVE

4 586	4 000 + 500 + 80 + 6
6 541	(6 × 1000) + (5 × 100) + (4 × 10) + 1
7 824	7 000 + 800 + 20 + 4
6 306	(6 × 1000) + (3 × 100) + 6
6 760	(6 × 1000) + (7 × 100) + (6 × 10)
5 092	5 000 + 90 + 2
8 995	8 000 + 900 + 90 + 5
7 521	(7 × 1000) + (5 × 100) + (2 × 10) + 1
6 750	(6 × 1000) + (7 × 100) + (5 × 10)
8 209	8 000 + 200 + 9

La grille des multiplications

► Cahier-livre p. 106

CONSIGNES
- À photocopier
- À découper
- À distribuer aux groupes

90	200	9 000	400	800	2 000
5 000	20	700	40	500	80
6 000	30	60	900	1 000	50
4 000	70	7 000	3 000	300	600
8 000	100	800	10	700	0

Les mariages

► Cahier-livre p. 106

CONSIGNES
- À photocopier
- À découper
- À distribuer aux binômes

DÉCOMPOSITION DE 10 000

7 000	10 000 = ? + 3 000
6 000	10 000 = ? + 4 000
5 000	10 000 = ? + 5 000
4 000	10 000 = ? + 6 000
3 000	10 000 = ? + 7 000
8 000	10 000 = ? + 2 000
1 000	10 000 = ? + 9 000
9 000	10 000 = ? + 1 000
2 000	10 000 = ? + 8 000
0	10 000 = ? + 10 000

DÉCOMPOSITION MULTIPLICATIVE

(9×1000)	$10\,000 = ? + (1 \times 1000)$
(8×1000)	$10\,000 = ? + (2 \times 1000)$
(7×1000)	$10\,000 = ? + (3 \times 1000)$
(6×1000)	$10\,000 = ? + (4 \times 1000)$
(1×1000)	$10\,000 = ? + (9 \times 1000)$
(4×1000)	$10\,000 = ? + (6 \times 1000)$
(2×1000)	$10\,000 = ? + (8 \times 1000)$
(3×1000)	$10\,000 = ? + (7 \times 1000)$
10	$10\,000 = ? \times 1000$
(5×1000)	$10\,000 = ? + (5 \times 1000)$

Les cartes recto-verso

► Cahier-livre p. 107

CONSIGNES
- À photocopier
- À découper
- À distribuer aux groupes

COMPLÉMENTS À 10 000

5 000	9 000	7 500
8 000	7 000	4 500
6 000	0	1 500
4 000	10 000	8 500
2 000	3 000	5 500
5 000	1 000	2 500

Plier ici

Les dominos ► Cahier-livre p. 107

CONSIGNES
- À photocopier
- À découper
- À distribuer aux groupes

COMPLÉMENTS À 10 000

9500 • 1 300	9 100 • 1500	200 • 1 400	9 900 • 9 400
7500 • 500	5 800 • 900	9 300 • 9 800	4500 • 100
600 • 2500	8 700 • 4 200	8500 • 700	8 600 • 5500

Les mariages ► Cahier-livre p. 107

CONSIGNES
- À photocopier
- À découper
- À distribuer aux binômes

DÉCOMPOSITION DE 10 000

45 286	40 000 + 5 000 + 200 + 80 + 6
65 451	(6 × 10 000) + (5 × 1000) + (4 × 100) + (5 × 10) + 1
78 024	70 000 + 8 000 + 20 + 4
63 036	(6 × 10 000) + (3 × 1000) + (3 × 10) + 6
60 760	(6 × 10 000) + (7 × 100) + (6 × 10)
55 092	50 000 + 5 000 + 90 + 2
89 995	80 000 + 9 000 + 900 + 90 + 5
75 921	(7 × 10 000) + (5 × 1000) + (9 × 100) + (2 × 10) + 1
67 050	(6 × 10 000) + (7 × 1000) + (5 × 10)
82 009	80 000 + 2 000 + 9

Les mariages

► Cahier-livre p. 108

CONSIGNES
- À photocopier
- À découper
- À distribuer aux binômes

TRIPLES

12	36
200	600
5 000	15 000
400	1 200
505	1 515
10 000	30 000
25 000	75 000
11 111	33 333
33 033	99 099
5 052	15 156

Les mariages

► Cahier-livre p. 108

CONSIGNES
- À photocopier
- À découper
- À distribuer aux binômes

TRIPLES

20 + 30	150
24 + 20	132
40 + 400	1 320
200 + 100	900
3000 + 10 + 1	9 033
30 × 3	270
500 × 4	6 000
2 × 102	612
4 500 – 500	12 000
105 – 50	165

Les mariages
► Cahier-livre p. 109

CONSIGNES
- À photocopier
- À découper
- À distribuer aux binômes

NOMBRE 1000000

70 000	100 000 = ? + 30 000
60 000	100 000 = ? + 40 000
50 000	100 000 = ? + 50 000
40 000	100 000 = ? + 60 000
30 000	100 000 = ? + 70 000
80 000	100 000 = ? + 20 000
10 000	100 000 = ? + 90 000
90 000	100 000 = ? + 10 000
20 000	100 000 = ? + 80 000
0	100 000 = ? + 100 000

DÉCOMPOSITION MULTIPLICATIVE

(9 × 10 000)	100 000 = ? + (1 × 10 000)
(8 × 10 000)	100 000 = ? + (2 × 10 000)
(7 × 10 000)	100 000 = ? + (3 × 10 000)
(6 × 10 000)	100 000 = ? + (4 × 10 000)
(1 × 10 000)	100 000 = ? + (9 × 10 000)
(4 × 10 000)	100 000 = ? + (6 × 10 000)
(2 × 10 000)	100 000 = ? + (8 × 10 000)
(3 × 10 000)	100 000 = ? + (7 × 10 000)
10	100 000 = ? × 10 000
(5 × 10 000)	100 000 = ? + (5 × 10 000)

Les cartes recto-verso

► Cahier-livre p. 109

CONSIGNES
- À photocopier
- À découper
- À distribuer aux groupes

COMPLÉMENTS À 100 000

50 000	90 000	75 000
80 000	70 000	45 000
60 000	0	15 000
40 000	100 000	85 000
20 000	30 000	55 000
50 000	10 000	25 000

Plier ici

Les dominos

► Cahier-livre p. 109

CONSIGNES
- À photocopier
- À découper
- À distribuer aux groupes

COMPLÉMENTS À 10 000

95 000 • 13 000	91 000 • 15 000	2 000 • 14 000	99 000 • 94 000
75 000 • 5 000	58 000 • 9 000	93 000 • 98 000	45 000 • 1000
6 000 • 25 000	87 000 • 42 000	85 000 • 7 000	86 000 • 55 000

Les mariages

Cahier-livre p. 110

CONSIGNES
- À photocopier
- À découper
- À distribuer aux binômes

543 258	500 000 + 40 000 + 3 000 + 200 + 50 + 8
843 527	800 000 + 40 000 + 3 000 + 500 + 20 + 7
403 036	400 000 + 3 000 + 30 + 6
640 670	600 000 + 40 000 + 600 + 70
507 240	500 000 + 7 000 + 200 + 40
582 513	(5 × 100 000) + (8 × 10 000) + (2 × 1000) + (5 × 100) + (1 × 10) + 3
928 321	(9 × 100 000) + (2 × 10 000) + (8 × 1000) + (3 × 100) + (2 × 10) + 1
932 511	(9 × 100 000) + (3 × 10 000) + (2 × 1000) + (5 × 100) + (1 × 10) + 1
319 087	(3 × 100 000) + (1 × 10 000) + (9 × 1000) + (8 × 10) + 7
452 036	(4 × 100 000) + (5 × 10 000) + (2 × 1000) + (3 × 10) + 6

Les mariages ► Cahier-livre p. 110

CONSIGNES
- À photocopier
- À découper
- À distribuer aux binômes

LES QUADRUPLES

70	280
300	1 200
2 000	8 000
10 000	40 000
5 000	20 000
40 000	160 000
22	88
210	840
20 008	80 032
220 009	880 036

12 + 13	100
25 + 25	200
200 + 100	1 200
500 + 504	4 016
200 + 300	2 000
6 000 + 4 000	40 000
100 + 11	444
4 000 + 1000	20 000
20 000 + 10 000	120 000
20 000 + 5 000	100 000

La grille des multiplications

► Cahier-livre p. 110

CONSIGNES
- À photocopier
- À découper
- À distribuer aux groupes

4 000	200 000	90 000	3 000	50 000	100 000
60 000	7 000	800 000	2 000	70 000	900 000
6 000	300 000	80 000	1 000	400 000	40 000
9 000	70 000	500 000	5 000	30 000	600 000
8 000	100 000	20 000	0	700 000	10 000

Les mariages

► Cahier-livre p. 111

CONSIGNES
- À photocopier
- À découper
- À distribuer aux binômes

ORDRE DE GRANDEUR D'UNE ADDITION

300	130 + 151
400	210 + 206
500	343 + 160
600	273 + 330
700	150 + 555
5 000	1 411 + 3 505
4 000	2 080 + 1 925
3 000	1 535 + 1 455
2 000	1000 + 995
1000	820 + 179

Les mariages

► Cahier-livre p. 111

CONSIGNES
- À photocopier
- À découper
- À distribuer aux binômes

ORDRE DE GRANDEUR D'UNE SOUSTRACTION

200	222 – 18
300	410 – 106
400	543 – 150
550	673 – 120
650	800 – 155
3 000	4 411 – 1 405
4 000	5 080 – 1 100
5 000	7 505 – 2 495
6 000	9 000 – 2 995
7 000	8 200 – 1 209

Les mariages

► Cahier-livre p. 113

CONSIGNES
- À photocopier
- À découper
- À distribuer aux binômes

DÉCOMPOSER 1 000 000

(100 000 + 100 000 + 100 000 + 100 000 + 100 000) + (100 000 + 100 000 + 100 000 + 100 000 + 100 000)	(100 000 × 5) + (100 000 × 5)
100 000 + 100 000 + 100 000 + 100 000 + 100 000 + 100 000 + 100 000 + 100 000 + 100 000 + 100 000	100 000 × 10
20 0000 + 20 0000 + 20 0000 + 20 0000 + 20 0000	200 000 × 5
500 000 + 50 0000	500 000 × 2
300 000 + 300 000 + 300 000 + 100 000	(300 000 × 3) + (100 000 × 1)
700 000 + 300 000	(700 000 × 1) + (300 000 × 1)
400 000 + 400 000 + 200 000	(400 000 × 2) + (200 000 × 1)
800 000 + 200 000	(800 000 × 1) + (200 000 × 1)

(100 000 + 100 000 + 100 000 + 100 000 + 100 000) + (100 000 + 100 000 + 100 000) + (100 000 + 100 000)	(100 000 × 5) + (100 000 × 3) + (100 000 × 2)
600 000 + 400 000	(600 000 × 1) + (400 000 × 1)

Les cartes recto-verso

Cahier-livre p. 113

CONSIGNES
- À photocopier
- À découper
- À distribuer aux groupes

150 000	60 000	475 000
350 000	70 000	455 000
20 000	40 000	495 000

Plier ici

980 000	960 000	505 000
650 000	930 000	545 000
850 000	940 000	525 000

Les dominos

► Cahier-livre p. 113

CONSIGNES
- À photocopier
- À découper
- À distribuer aux groupes

COMPLÉMENTS À 1 000 000

900 000 • 500 000	1 000 000 • 800 000	700 000 • 1 000 000	999 999 • 400 000
800 000 • 100 000	100 000 • 0	300 000 • 300 000	400 000 • 1
600 000 • 200 000	500 000 • 900 000	200 000 • 700 000	0 • 600 000

Les mariages

► Cahier-livre p. 115

CONSIGNES
- À photocopier
- À découper
- À distribuer aux binômes

ORDRE DE GRANDEUR MULTIPLICATION

40	13 × 3
100	33 × 3
100	24 × 4
150	29 × 5
600	99 × 6
1000	110 × 9
250	31 × 8
1000	33 × 30
350	7 × 49
1500	160 × 9

Les mariages

Cahier-livre p. 115

CONSIGNES
- À photocopier
- À découper
- À distribuer aux binômes

ORDRE DE GRANDEUR QUOTIENT

3	10 : 3
4	13 : 3
5	19 : 4
6	29 : 5
10	59 : 6
11	78 : 7
20	163 : 8
30	273 : 9
100	799 : 8
1000	7 005 : 7

Axe de symétrie ► Cahier-livre p. 136

CONSIGNES
- À photocopier
- À distribuer aux élèves

1. Figure 1
Hexagone

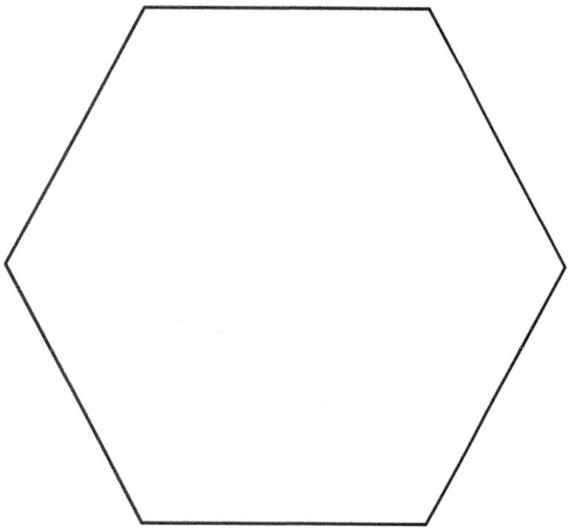

2. Figure 2

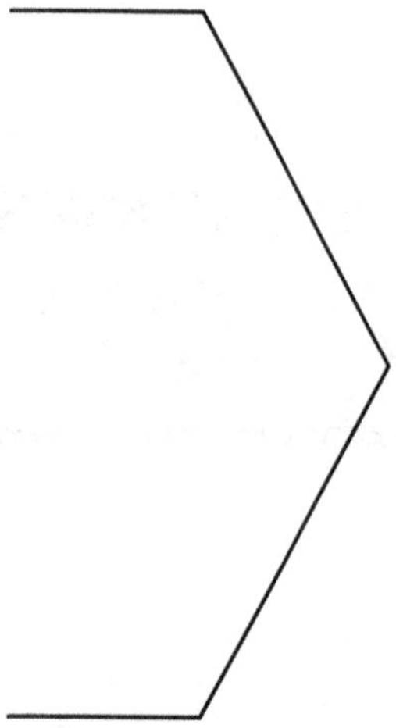

Figures symétriques ► Cahier-livre p. 138

CONSIGNES
- À photocopier
- À distribuer aux élèves

Figure modèle A

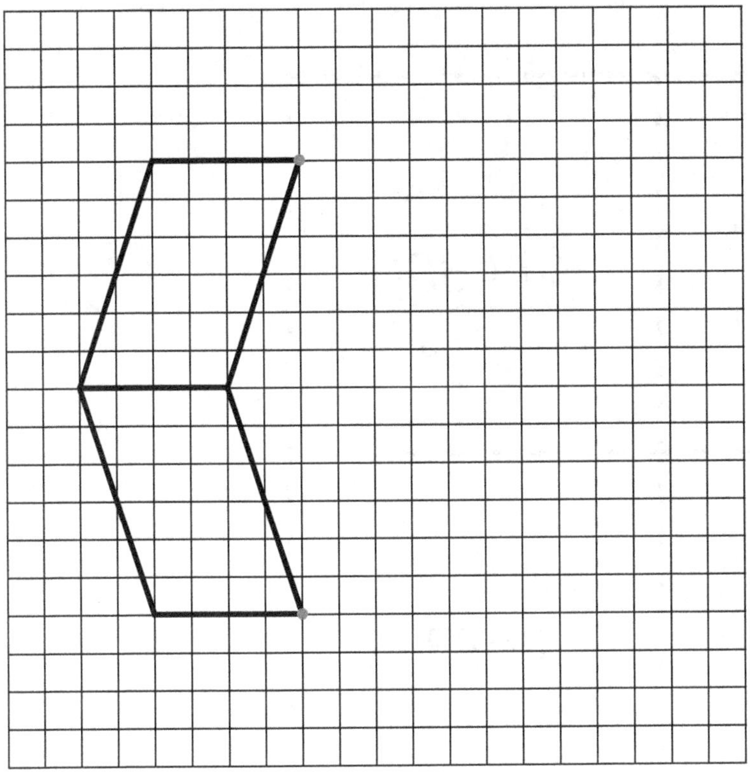

Correction

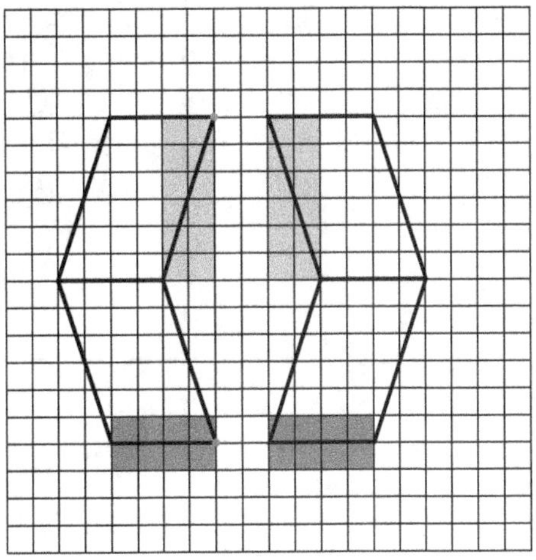

Figure modèle B

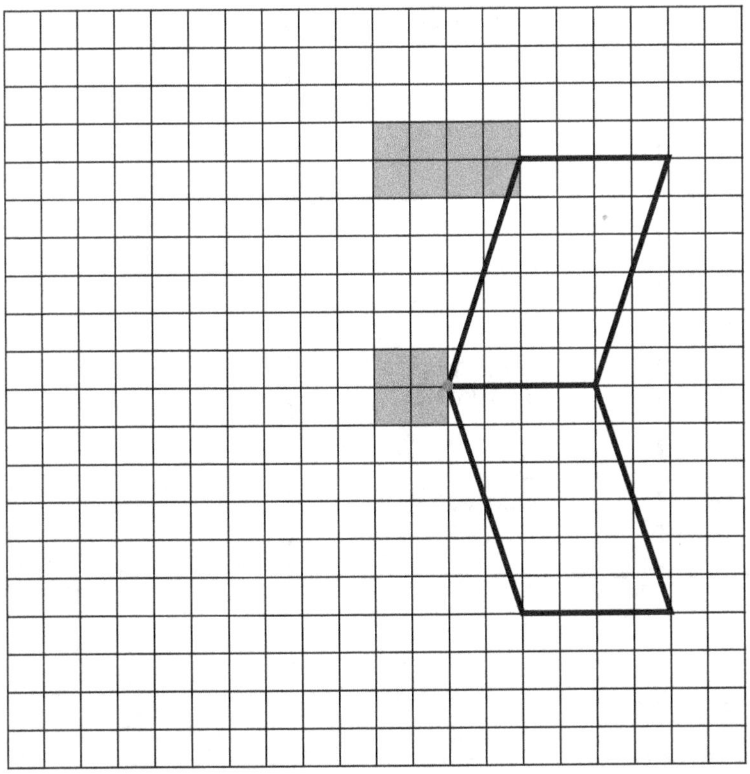

Correction

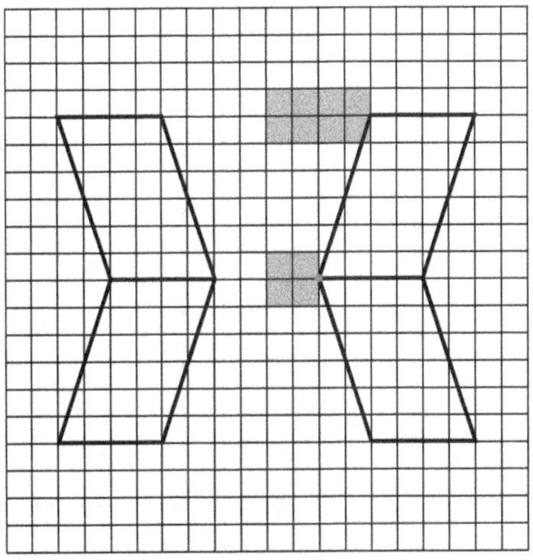

Les cartes-heures

► Cahier-livre p. 146

CONSIGNES
- À photocopier
- À découper
- À distribuer aux groupes

Le plan du terrain

► Cahier-livre p. 148

CONSIGNES
- À photocopier
- À distribuer aux groupes

 ► Cahier-livre p. 152

CONSIGNES
- À photocopier
- À distribuer aux groupes

Les étiquettes masses

► Cahier-livre p. 154

CONSIGNES
- À photocopier
- À découper
- À distribuer aux groupes

1 900 g	1 200 g
1 300 g	2 200 g
900 g	700 g
2 500 g	2 800 g
3 300 g	2 kg 200 g
1 kg 400 g	4 kg

Les masses marquées

► Cahier-livre p. 154

CONSIGNES
- À photocopier
- À découper
- À distribuer (pour 5 élèves)

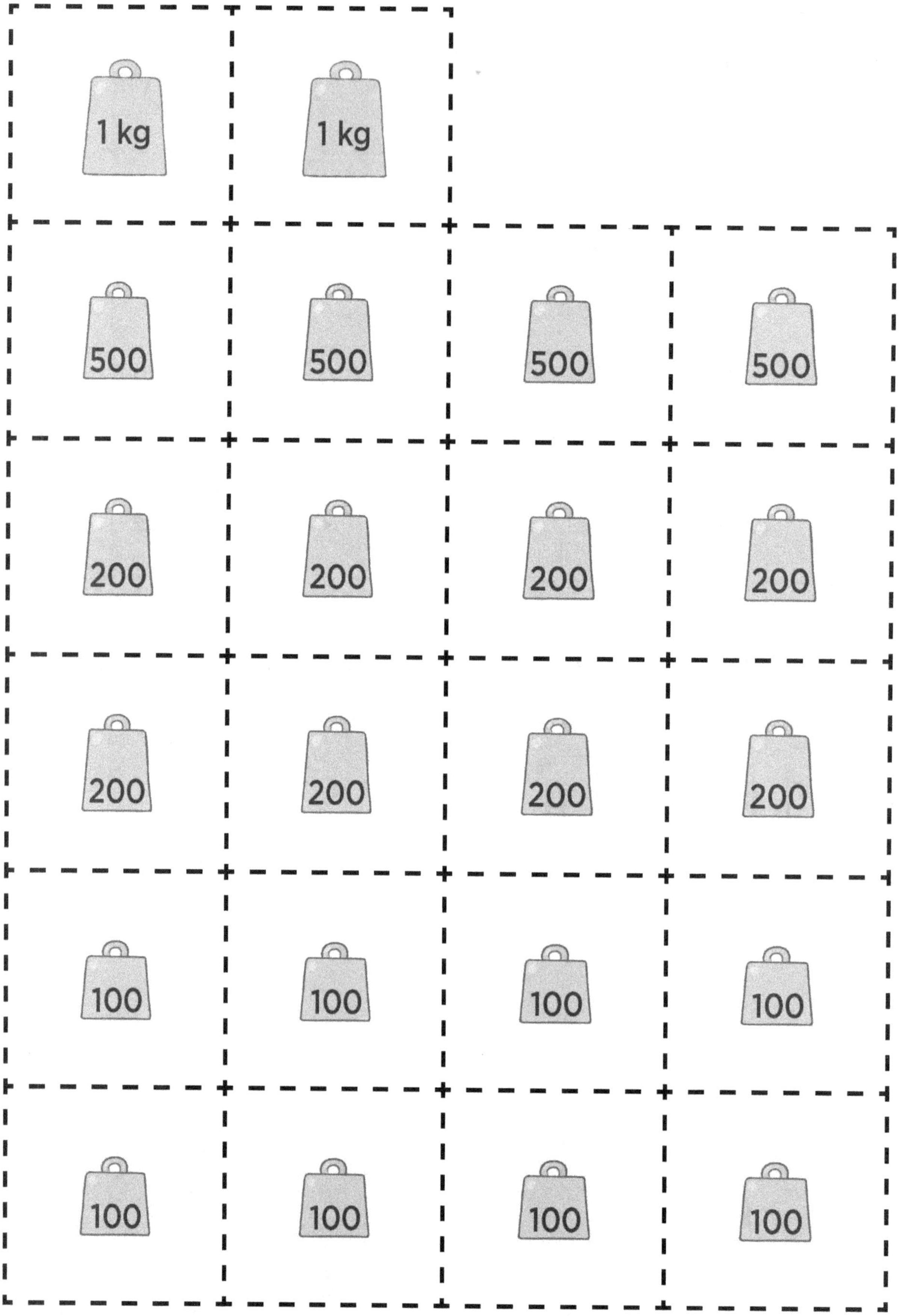

Cartes-choix

Cahier-livre p. 166

CONSIGNES
- À photocopier
- À découper
- À distribuer aux binômes

 Malika pratique l'escrime.	 Malika pratique	 Malika pratique	 Hugo pratique ....
 Hugo pratique	 Lisa pratique	 Sami pratique	 Sami pratique ....

Tableau d'activités sportives
Cahier-livre p. 166

CONSIGNES
- À photocopier
- À distribuer aux élèves

Futsal	Escrime	Natation	Skate board	Handball
	Sami	Sami		
Hugo		Hugo		
	Malika		Malika	Malika
Lisa				

Tableau à double entrée

	Futsal	Escrime	Natation	Skate board	Handball
Sami		x			
Hugo					
Malika					
Lisa					

Fréquentation de la médiathèque

► Cahier-livre p. 168

CONSIGNES
- À photocopier
- À distribuer aux binômes

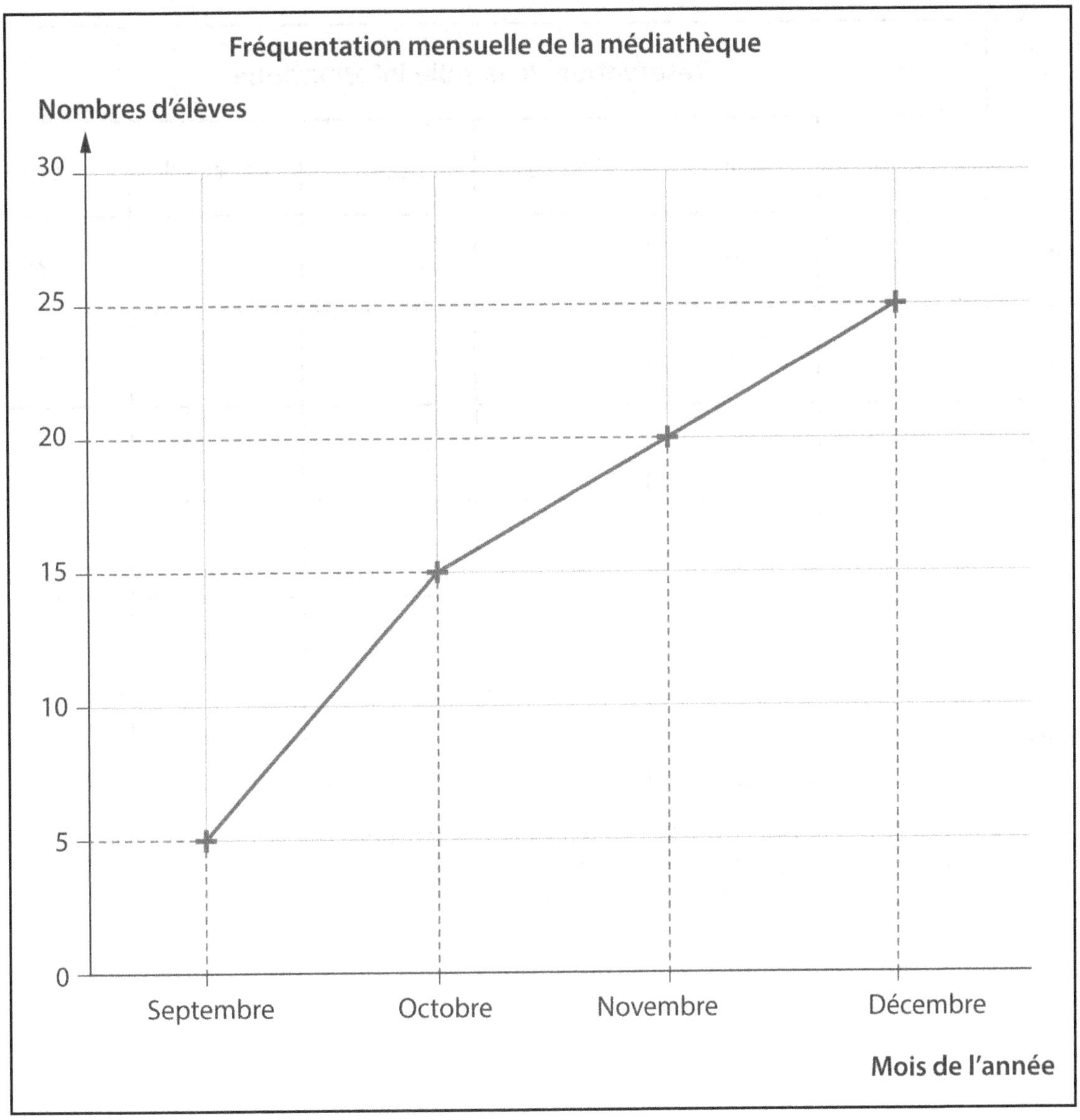

Fréquentation mensuelle de la médiathèque			
Septembre	Octobre	Novembre	Décembre
5	....	....	....

Tableau de réservation

Cahier-livre p. 170

CONSIGNES
- À photocopier
- À distribuer aux binômes

	Réservation de la salle informatique					
	Lundi	Mardi	Mercredi	Jeudi	Vendredi	**Total**
CP		x				2
CE1		x	x			2
CE2	x	x				3
CM1	x		x	x		4
CM2	x					3
Total		5	2		0	

Le lundi, les CE2, CM1 et CM2 vont en salle informatique ; pas les autres.
Le jeudi, il y a 4 classes qui partent en informatique.
Les CE2 vont en informatique trois fois dans la semaine.

Températures

► Cahier-livre p. 172

CONSIGNES
- À photocopier
- À distribuer aux binômes

Relevé mensuel des températures de la cour de l'école						
Mois	Juillet	Août	Septembre	Octobre	Novembre	Décembre
Température (degré)	20	25	20	15	10	5

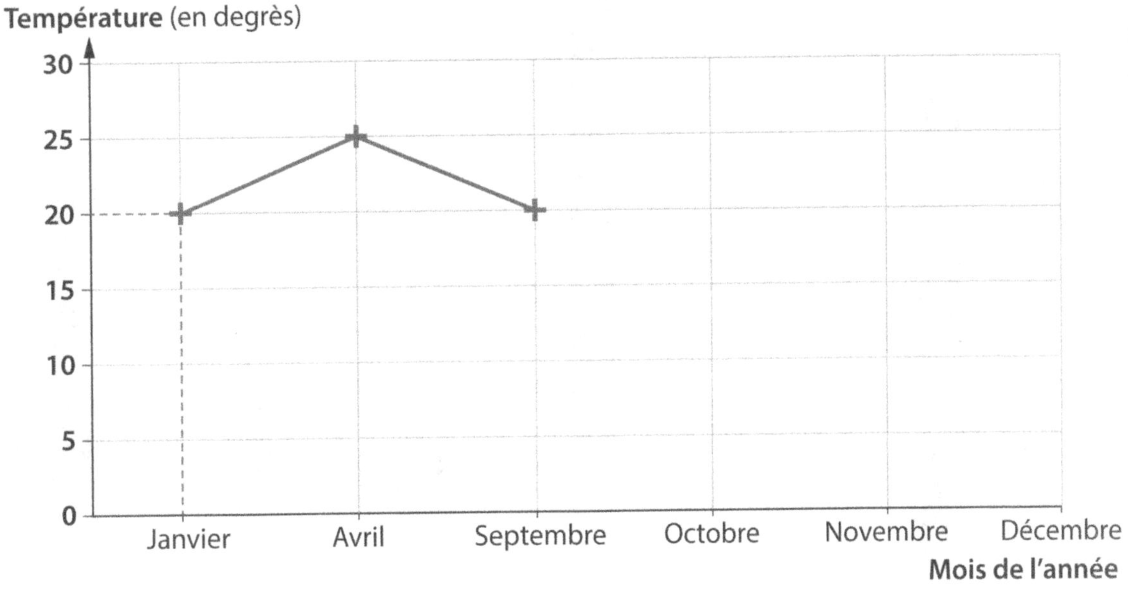

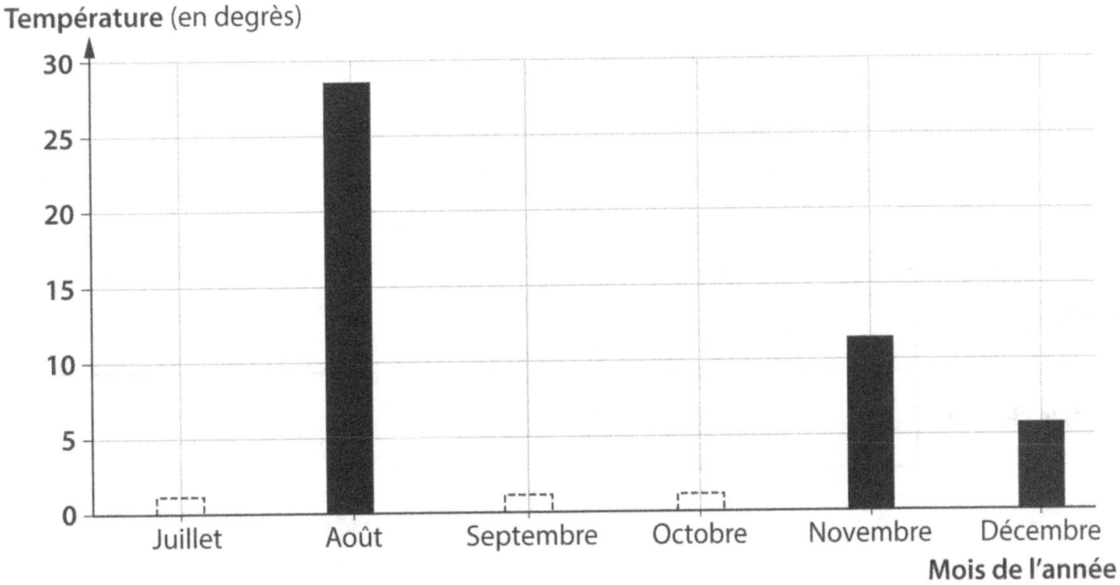

Élections des délégués de classe – Cahier-livre p. 174

CONSIGNES
- À photocopier
- À distribuer aux binômes

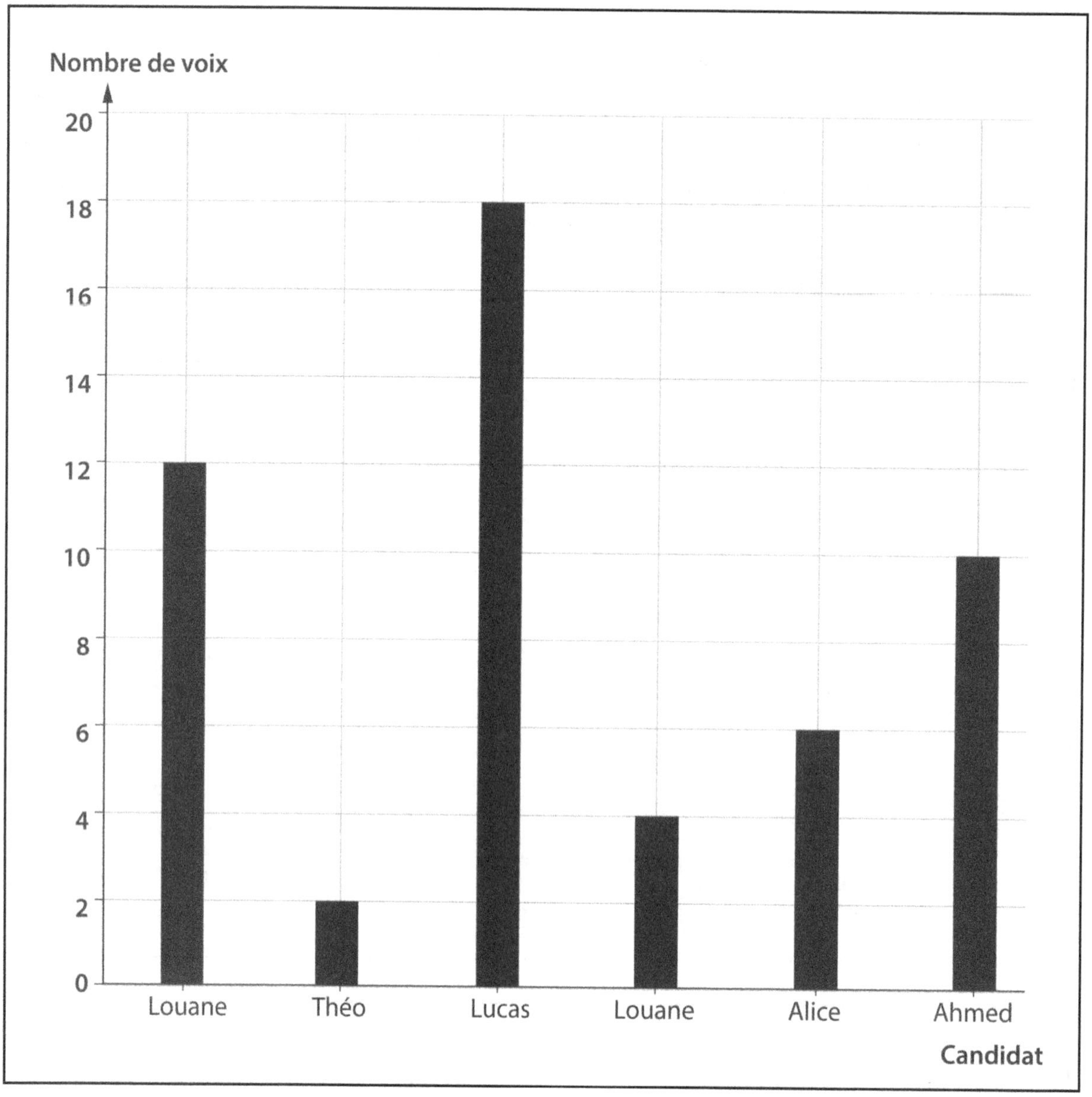

Résultats des élections			
Candidat	....	....	....
Nombre de voix	....	....	....

Imprimé en France sur les presses numériques de Dupli-print – 95330 Domont
N° d'imprimeur : 2015072085 - Dépôt légal : août 2015
N° d'édition : 70119204-01